农作物品种是农业科技的重要组成部分，在某种意义上说，是农业科技的核心。

夏美武

2018年9月1日

1986—2015 衢州农作物品种三十年

◎ 陈建明　徐南昌　主编

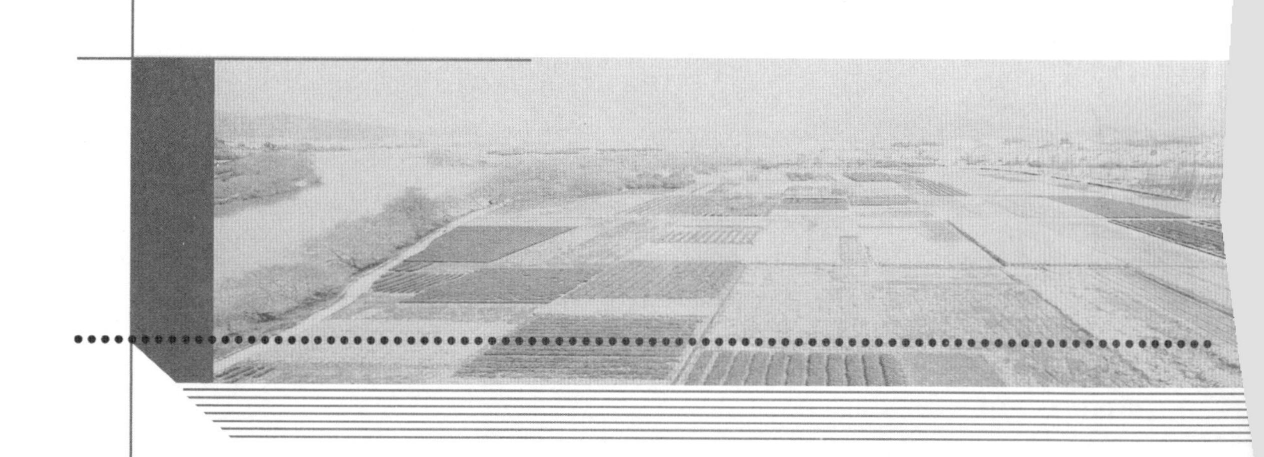

中国农业科学技术出版社

图书在版编目（CIP）数据

1986—2015 衢州农作物品种三十年 / 陈建明，徐南昌主编 .—北京：中国农业科学技术出版社，2018. 11

ISBN 978-7-5116-3891-5

Ⅰ. ①1…　Ⅱ. ①陈…②徐…　Ⅲ. ①作物-品种-介绍-衢州-1986-2015　Ⅳ. ①S329. 255. 3

中国版本图书馆 CIP 数据核字（2018）第 215296 号

责任编辑　白姗姗
责任校对　贾海霞

出 版 者　中国农业科学技术出版社
北京市中关村南大街 12 号　邮编：100081
电　　话　（010）82106638（编辑室）　（010）82109702（发行部）
（010）82109709（读者服务部）
传　　真　（010）82106650
网　　址　http://www.castp.cn
经 销 者　各地新华书店
印 刷 者　北京富泰印刷有限责任公司
开　　本　787mm×1 092mm　1/16
印　　张　23. 5
字　　数　590 千字
版　　次　2018 年 11 月第 1 版　2018 年 11 月第 1 次印刷
定　　价　150. 00 元

《1986—2015衢州农作物品种三十年》

编　委　会

主　　编：陈建明　徐南昌

编写人员（按姓氏笔画排序）：

王玉祥　王宏航　方蔚航　占才水　卢王印
许　奕　江德权　何水清　吴汉平　汪成法
汪明德　李诚永　张　鑫　周成丽　周明火
郑　强　骆　英　胡依君　夏　秋　袁敏良
傅松福　程渭树　程慧林　颜贞龙

序

民以食为天，农以种为先。农作物品种大面积推广应用，离不开政策、生产方式、生活水平及科技水平大背景。

20世纪80年代中后期，家庭联产承包制蓬勃发展，农业精耕细作，对高产品种需求迫切，农民种粮积极性高涨；进入90年代，生产力水平较大幅度提高，农民选择农作物品种向优质方向转变；21世纪以来，农业多种经营快速发展，2004年起国家及各级政府全面实行种粮补贴政策，鼓励培育种植大户，2006年起全面取消农业税，大范围实施农业机械购置补贴政策，继之实行粮食最低保护价格政策。规模经营持续发展，机械化水平迅速提高，以机耕、机插、机收、病虫统防统治为代表的社会化服务有效开展。

本书系统地收集了1986—2015年浙江省衢州市农作物主要品种及面积数据，按作物种类分为：水稻、小麦、大麦、大豆、蚕（豌）豆、玉米、高粱、甘薯、马铃薯、油菜、花生、棉花、西瓜等，其中水稻又分为常规早籼、杂交早籼、常规晚籼、杂交晚籼、常规晚粳、杂交晚粳、常规晚糯、杂交晚糯等。通过主要品种30年来的面积统计、种植年限统计，从中寻找发现十大品种、累计种植面积超百万亩品种、累计种植年限超20年品种。全书通过翔实统计每年农作物品种的变化，既揭示主栽品种的变化与发展历程，也展现了当地生产力发展和农作制度的演变过程，反映了国家及省市政府农业政策的变化与当地生产水平的提高，体现了浙江省乃至我国农作物育种水平的变迁，体现了品种演变背后的衢州农业发展史，展现了衢州改革开放的成就。

本书对于农作物品种育种者、种子生产者、种子经营者、推广者、种植者将产生启示与启发。

胡培松

2018年8月23日

前　言

衢州位于浙江省西部，钱塘江上游，金（华）衢（州）盆地西端，南接福建南平，西连江西上饶、景德镇，北邻安徽黄山，东与省内金华、丽水、杭州三市相交。“居浙右之上游，控鄱阳之肘腋，制闽越之喉吭，通宣歙之声势”。川陆所会，四省通衢。地理坐标为位于东经118°01′15″~119°20′20″，北纬28°15′26″~29°30′00″。东西宽127.5千米，南北长140.25千米，总面积8 844.6平方千米。

衢州市域属亚热带季风气候区。全年四季分明，冬夏长，春秋短，光热充足，降水丰沛，气温适中，无霜期长，具有“春早秋短，夏冬长，温适，光足，旱涝明显”的特征。全年冬季风强于夏季风，最多风向市区、常山为东北偏东风向，龙游、江山为东北风，开化为北风。境内地貌多样，春夏之交，复杂的地形条件有助于静止锋的滞留，增加降水机遇。盛夏之际，台风较难深入境内，影响较小，晴热天气较多。太阳辐射总量，全市在101.9~113.5千卡/平方厘米，其地区分布不均衡，低丘、平原高于高丘、山地。全年日照时数1 785.7~2 118.6小时。年平均气温为16.3~17.4℃，>10℃活动积温5 152~5 508℃，无霜期251~261天。降水地域差异明显，各地年平均降水量在1 500~2 300毫米，沿江河谷平原在1 700毫米以下，向两侧丘陵山地递增，递增率为40~80毫米/100米，其中以3—6月增率最大。南北山区降水多于中部平原，西部降水多于东部。

衢州历史悠久，文化底蕴深厚。考古资料表明，远在五六万年前，境内气候温和，雨量充沛，丛林密布，是一个鸟语花香、马嘶鹿鸣、猿啼虎啸、野牛成群、野猪结队的原始天地。我们的祖先就在这里繁衍生息。夏、商、西周三代这里属于越之地。春秋初为姑蔑国，后为越国西部姑蔑地，县治即今龙游。东汉初平三年（192年）析太末置新安县，衢县自此而建。南朝陈永定三年（559年）一度置信安郡，为衢地设领县建制之始。唐武德四年（621年）置衢州，旋废；垂拱二年（686年）复置，此后千余年，至1949年新中国成立，衢城历为州府路道区的治署所在。1949—1955年是浙江省衢州专员公署驻地，1985年建为省辖市，现辖柯城区、衢江区、龙游县、江山市、常山县、开化县3县1市2区。1994年衢州被国务院命名为国家级历史文化名城。

衢州市农业资源丰富，是一个传统农业大市，2004年以来先后五次被评为浙江省粮食生产先进市，龙游县（2006年）、衢江区（2007年、2012年）、江山市（2010年）先后被评为全国粮食生产先进县。为了系统地了解衢州市1986年以来农作物品种情况，我们根据 1986—2002 年衢州市种子公司和 2003—2015 年衢州市种子管理站提供的农作物品种相关报表，收集了 1986—2015 年水稻、小麦、大麦、大豆、玉米、蚕（豌）豆、马铃薯、甘薯、棉花、油菜、花生、西瓜、高粱等 800 多个品种情况，编写了《1986—2015 衢州农作物品种三十年》，供广大农民和基层农业科技人员阅读和参考。在编写过程中，有不当之处，敬请读者批评指正。

编　者

2018 年 8 月

目　　录

第一章 概　　况

根据浙江省衢州市种子公司1986—2002年种子工作情况相关报表和浙江省衢州市种子管理站2003—2015年农作物品种相关报表统计，衢州市1986—2015年在水稻、小麦、大麦、大豆、玉米、蚕（豌）豆、马铃薯、甘薯、棉花、油菜、花生、西瓜、高粱等农作物中，有878个品种列入农作物主要品种统计，其中，水稻389个，小麦27个，大麦15个，大豆74个，玉米129个，蚕（豌）豆21个，马铃薯12个，甘薯23个，棉花45个，油菜66个，花生14个，西瓜57个，高粱6个。在水稻主要品种中，其中，常规早（籼）稻74个，杂交早（籼）稻36个，常规晚籼稻3个，杂交晚籼稻184个，常规晚粳稻32个，杂交晚粳稻（含籼粳杂交稻）23个，常规晚糯稻35个，杂交晚糯稻2个。878个农作物主要品种30年累计种植面积达8680.16万亩*。

一、水　稻

累计种植面积十大品种依次是：汕优10号、协优46、浙733、金早47、汕优6号、浙辐802、汕优64、两优培九、二九丰、中浙优1号。

水稻按类别分为以下几种。

1. 常规早籼稻

浙733、金早47、浙辐802、二九丰、舟优903、广陆矮4号、浙852、中早1号、中156、辐8-1。

2. 杂交早籼稻

金优402、汕优48-2、威优402、威优35、K优402、中优402、早优49辐、汕优21、株两优02、威优48-2。

3. 杂交晚籼稻

汕优10号、协优46、汕优6号、汕优64、两优培九、中浙优1号、汕优桂33、Ⅱ优46、Ⅱ优92、汕优63。

4. 常规晚粳稻

矮粳23、秀水11、秀水27、秀水110、秀水1067、秀水134、秀水37、浙粳22、秀水09、中嘉129。

5. 杂交晚粳稻（含籼粳杂交稻）

甬优9号、甬优15、甬优12、春优84、甬优538、甬优17、浙优18、甬优2640、甬优1540、甬优6号。

6. 常规晚糯稻

祥湖84、绍糯9714、绍糯119、矮双2号、浙糯5号、祥湖25、浙农大454、春江03、甬糯34、航育1号。

二、小　麦

累计种植面积十大品种依次是：浙麦1号、钱江2号、浙麦2号、核组8号、浙麦3号、丽麦16、温麦10号、温麦8号、扬麦12、扬麦4号。

---

* 1亩≈667平方米，1公顷=15亩。全书同

三、大　麦

累计种植面积十大品种依次是：浙农大 3 号、沪麦 4 号、浙农大 6 号、早熟 3 号、秀麦 1 号、浙农大 2 号、浙啤 1 号、花 30、苏啤 1 号、舟麦 1 号。

四、大　豆

累计种植面积十大品种依次是：浙春 3 号、浙春 2 号、衢鲜 1 号、白花豆、矮脚早、台湾 75、六月半、野猪戳、衢鲜 2 号、衢鲜 3 号。

五、蚕（豌）豆

累计种植面积十大品种依次是：中豌 4 号、慈溪大白蚕、中豌 6 号、青皮蚕豆、浙豌 1 号、改良甜脆豌、日本寸蚕、白花大粒、中豌 2 号、慈蚕 1 号（慈溪大粒）。

六、玉　米

累计种植面积十大品种依次是：丹玉 13、苏玉 1 号、农大 108、济单 7 号、郑单 958、掖单 12、科糯 986、掖单 13、苏玉糯 1 号、苏玉糯 2 号。

七、高　粱

累计种植面积六大品种依次是：湘两优糯粱 1 号、湘两优糯粱 2 号、红高粱、湘两优 1 号、地方品种、糯高粱。

八、甘　薯

累计种植面积十大品种依次是：徐薯 18、胜利百号、南薯 88、心香、浙薯 13、浙薯 132、浙薯 6025、东方红、渝紫 263、浙薯 75。

九、马铃薯

累计种植面积十大品种依次是：东农 303、克新 4 号、中薯 3 号、本地种、蒙古种、克新 6 号、大西洋、克新 2 号、费乌瑞它、克新 2 号。

十、油　菜

累计种植面积十大品种依次是：九二-13 系、高油 605、九二-58 系、浙双 72、华杂 4 号、601、浙油 18、浙油 50、浙大 619、沪油 15。

十一、花　生

累计种植面积十大品种依次是：天府 3 号、衢江黑花生、小京生、粤油 551-116、大红袍、白沙 06、天府 10 号、本地种、中育黑 1 号、白沙。

十二、棉　花

累计种植面积十大品种依次是：中棉 12 号、浙萧棉 9 号、沪棉 204、浙萧棉 1 号、中棉所 29、湘杂棉 8 号、慈抗杂 3 号、湘杂棉 3 号、910、中棉所 28。

十三、西　瓜

累计种植面积十大品种依次是：早佳（84-24）、平 87-14、西农 8 号、早春红玉、浙蜜 3 号、拿比特、京欣 1 号、红玲、美抗 9 号、浙蜜 5 号。

具体面积详见表 1-1 至表 1-13。

表 1-1　累计种植面积最大的前十个品种情况（1）

单位：万亩

一、水稻		1. 常规早籼稻		2. 杂交早籼稻		3. 杂交晚籼稻		4. 常规晚粳稻		5. 杂交晚粳稻		6. 常规晚糯稻	
品种	面积	品种	面积	品种	面积	品种	面积	品种	面积	品种	面积	品种	面积
汕优 10 号	443.33	浙 733	252.19	金优 402	70.98	汕优 10 号	443.33	矮粳 23	20.08	甬优 9 号	37.42	祥湖 84	76.33
协优 46	428.55	金早 47	236.41	汕优 48-2	34.19	协优 46	428.55	秀水 11	16.21	甬优 15	26.87	绍糯 9714	58.48
浙 733	252.19	浙辐 802	165.25	威优 402	25.56	汕优 6 号	182.04	秀水 27	11.78	甬优 12	10.87	绍糯 119	34.06
金早 47	236.41	二九丰	133.28	威优 35	13.39	汕优 64	161.44	秀水 110	7.95	春优 84	7.69	矮双 2 号	24.11
汕优 6 号	182.04	舟优 903	100.27	K 优 402	8.6	两优培九	134.97	秀水 1067	6.65	甬优 538	7.27	浙糯 5 号	17.81
浙辐 802	165.25	广陆矮 4 号	86.03	中优 402	8.48	中浙优 1 号	125.23	秀水 134	6.34	甬优 17	4.67	祥湖 25	15.5
汕优 64	161.44	浙 852	81.22	早优 49 辐	6.94	汕优桂 33	86.48	秀水 37	5.54	浙优 18	0.97	浙农大 454	9.55
两优培九	134.97	中早 1 号	74.51	汕优 21	5.68	Ⅱ优 46	77.51	浙粳 22	5.54	甬优 2640	0.8	春江 03	9.02
二九丰	133.28	中 156	64.55	株两优 02	4.94	Ⅱ优 92	65.91	秀水 09	2.27	甬优 1540	0.77	甬糯 34	8.26
中浙优 1 号	125.23	辐 8-1	62.43	威优 48-2	4.86	汕优 63	60.66	中嘉 129	1.92	甬优 6 号	0.56	航育 1 号	8.08

表 1-2　累计种植面积最大的前十个品种情况（2）

单位：万亩

二、小麦	
品种	面积
浙麦 1 号	318.06
钱江 2 号	56.57
浙麦 2 号	39.94
核组 8 号	21.12
浙麦 3 号	9.51
丽麦 16	7.31
温麦 10 号	5.34
温麦 8 号	5.05
扬麦 12	3.62
扬麦 4 号	2.92

表 1-3　累计种植面积最大的前十个品种情况（3）

单位：万亩

三、大麦	
品种	面积
浙农大 3 号	13.71
沪麦 4 号	13.22
浙农大 6 号	6.72
早熟 3 号	6.49
秀麦 1 号	5.9
浙农大 2 号	5.54
浙啤 1 号	4.32
花 30	3.23
苏啤 1 号	1.61
舟麦 1 号	1.6

表 1-4　累计种植面积最大的前十个品种情况（4）

单位：万亩

四、大豆	
品种	面积
浙春 3 号	96.11
浙春 2 号	71.61
衢鲜 1 号	45.36
白花豆	33.43
矮脚早	27.4
台湾 75	26.37
六月半	20.3
野猪戳	18.83
衢鲜 2 号	17.82
衢鲜 3 号	17.4

表 1-5　累计种植面积最大的前十个品种情况（5）

单位：万亩

五、蚕（豌）豆	
品种	面积
中豌 4 号	51.51
慈溪大白蚕	24.67
中豌 6 号	19.72
青皮蚕豆	5.87
浙豌 1 号	2.41
改良甜脆豌	1.1
日本寸蚕	0.67
白花大粒	0.62
中豌 2 号	0.6
慈蚕 1 号	0.54

表 1-6　累计种植面积最大的前十个品种情况（6）

单位：万亩

六、玉米	
品种	面积
丹玉 13	46.59
苏玉 1 号	34.33
农大 108	26.5
济单 7 号	19.96
郑单 958	17.41
掖单 12	14.24
科糯 986	14.03
掖单 13	10.69
苏玉糯 1 号	9.73
苏玉糯 2 号	7.39

表 1-7 累计种植面积最大的前六个品种情况（7）

单位：万亩

七、高粱	
品种	面积
湘两优糯粱 1 号	3.27
湘两优糯粱 2 号	1.29
红高粱	0.92
湘两优 1 号	0.2
地方品种	0.06
糯高粱	0.02

表 1-8 累计种植面积最大的前十个品种情况（8）

单位：万亩

八、甘薯	
品种	面积
徐薯 18	117.18
胜利百号	58.97
南薯 88	43.8
心香	20.78
浙薯 13	14.34
浙薯 132	5.11
浙薯 6025	5.01
东方红	4.8
渝紫 263	3.36
浙薯 75	3.24

表 1-9 累计种植面积最大的前十个品种情况（9）

单位：万亩

九、马铃薯	
品种	面积
东农 303	34.61
克新 4 号	18.47
中薯 3 号	9.01
本地种	0.96
蒙古种	0.95
克新 6 号	0.83
大西洋	0.75
克新 2 号	0.21
费乌瑞它	0.2
克新 2 号	0.11

表 1-10 累计种植面积最大的前十个品种情况（10）

单位：万亩

十、油菜	
品种	面积
九二-13 系	260.44
高油 605	229.3
九二-58 系	190.52
浙双 72	175
华杂 4 号	72.29
601（79601）	56.86
浙油 18	45.73
浙油 50	38.8
浙大 619	34.76
沪油 15	19.6

表 1-11 累计种植面积最大的前十个品种情况（11）

单位：万亩

十一、花生	
品种	面积
天府 3 号	8.24
衢江黑花生	3.89
小京生	2.74
粤油 551-116	2.15
大红袍	1.84
白沙 06	1.1
天府 10 号	1.09
本地种	0.61
中育黑 1 号	0.32
白沙	0.25

表 1-12 累计种植面积最大的前十个品种情况（12）

单位：万亩

十二、棉花	
品种	面积
中棉 12 号	14.21
浙萧棉 9 号	11.26
沪棉 204	9.26
浙萧棉 1 号	8.26
中棉所 29	5.87
湘杂棉 8 号	4.87
慈抗杂 3 号	4.68
湘杂棉 3 号	3.6
910	3.21
中棉所 28	3.11

表 1-13 累计种植面积最大的前十个品种情况（13） 单位：万亩

十三、西瓜					
品种	面积	品种	面积	品种	面积
早佳（84-24）	45.49	浙蜜 3 号	5.97	美抗 9 号	2.44
平 87-14	12.52	拿比特	4.15	浙蜜 5 号	2.12
西农 8 号	9.21	京欣 1 号	3.61		
早春红玉	8.96	红玲	3.53		

1986—2015 年衢州市累计种植面积超过 100 万亩的品种有 17 个。按面积大小排序，分别是：杂交晚籼稻“汕优 10 号”443.33 万亩、“协优 46”428.55 万亩、小麦“浙麦 1 号”318.06 万亩、油菜“九二-13 系”260.44 万亩，常规早籼稻“浙 733”252.19 万亩、“金早 47”236.41 万亩、油菜“高油 605”229.30 万亩、“九二-58 系”190.52 万亩、杂交晚籼稻“汕优 6 号”182.04 万亩、油菜“浙双 72”175.00 万亩、常规早稻“浙辐 802”165.25 万亩、杂交晚籼稻“汕优 64”161.44 万亩、“两优培九”134.97 万亩、常规早稻“二九丰”133.28 万亩、杂交晚籼稻“中浙优 1 号”125.23 万亩、甘薯“徐薯 18”117.18 万亩、常规早稻“舟优 903”100.27 万亩。按作物类别分，累计种植面积超过 100 万亩的品种，水稻（其中，常规早籼稻 5 个、杂交晚籼稻 6 个）11 个、小麦 1 个、甘薯 1 个、油菜 4 个，详见表 1-14。

表 1-14　累计种植面积超过 100 万亩的品种情况

作物	类别	品种	面积（万亩）
水稻	常规早籼稻	浙 733	252.19
		金早 47	236.41
		浙辐 802	165.25
		二九丰	133.28
		舟优 903	100.27
	杂交晚籼稻	汕优 10 号	443.33
		协优 46	428.55
		汕优 6 号	182.04
		汕优 64	161.44
		两优培九	134.97
		中浙优 1 号	125.23
小麦		浙麦 1 号	318.06
甘薯		徐薯 18	117.18
油菜		九二-13 系	260.44
		高油 605	229.30
		九二-58 系	190.52
		浙双 72	175.00

1986—2015 年的三十年中，累计种植年限超过 20 年的品种有 22 个。甘薯“徐薯 18”30 年、玉米“苏玉 1 号”28 年、甘薯“胜利百号”28 年、大豆“矮脚早”27 年、玉米“丹玉 13”27 年、小麦“浙麦 1 号”25 年、油菜“九二-58 系”25 年、杂交晚籼稻“协优 46”24 年、杂交晚籼稻“汕优 63”24 年、大豆“浙春 2 号”24 年、大豆“白花豆”24 年、甘薯“南薯 88”24 年、油菜“九二-13 系”24 年、大麦“浙农大 3 号”23 年、杂交晚籼稻“汕优 10 号”22 年、小麦“浙麦 2 号”22 年、杂交晚籼稻“Ⅱ优 92”21 年、小麦“核组 8 号”21 年、小麦“钱江 2 号”21 年、杂交晚籼稻“Ⅱ优 46”20 年、大豆“浙春 3 号”20 年、油菜“高油 605”20 年。

累计种植年限超过 20 年的品种共 22 个，其中，水稻 5 个、小麦 4 个、大麦 1 个、大豆 4 个、玉米 2 个、甘薯 3 个、油菜 3 个，详见表 1-15。

表 1-15　累计种植年限超过 20 年的品种情况

作物	类别	品种	累计种植面积（万亩）	累计种植年限（年）
水稻	杂交晚籼稻	协优 46	428. 55	24
		汕优 63	60. 66	24
		汕优 10 号	443. 33	22
		Ⅱ优 92	65. 91	21
		Ⅱ优 46	77. 51	20
小麦		浙麦 1 号	318. 06	25
		浙麦 2 号	39. 94	22
		核组 8 号	21. 12	21
		钱江 2 号	56. 57	21
大麦		浙农大 3 号	13. 71	23
大豆		矮脚早	27. 40	27
		浙春 2 号	71. 61	24
		白花豆	33. 43	24
		浙春 3 号	96. 11	20
玉米		苏玉 1 号	34. 33	28
		丹玉 13	46. 59	27
甘薯		徐薯 18	117. 18	30
		胜利百号	58. 97	28
		南薯 88	43. 80	24
油菜		九二-58 系	190. 52	25
		九二-13 系	260. 44	24
		高油 605	229. 30	20

1986—2015 年的三十年间，水稻、小麦、大麦、大豆、蚕（豌）豆、玉米、高粱、甘薯、马铃薯、油菜、花生、棉花、西瓜等农作物，累计种植面积9 183. 96万亩，其中，主要品种种植面积 8 680. 16万亩、占 94. 51%，主要品种数量 878 个，平均每个品种种植面积 9. 89 万亩，主要品种累计种植年限4 340年次，平均每个品种每年种植面积 2. 00 万亩，未在年报中标明品种名称的其他品种种植面积 503. 80 万亩、占 5. 49%。

1986—2015 年的三十年间，水稻，主要品种种植面积 5 331. 13 万亩，主要品种数量 389 个，平均每个品种种植面积 13. 70 万亩，主要品种累计种植年限 1 755 年（次），平均每个品种每年种植面积 3. 04 万亩，品种集中度较高。其中，常规早籼稻主要品种种植面积 1 985. 16 万亩，主要品种数量 74 个，平均每个品种种植面积 26. 83 万亩，主要品种累计种植年限 379 年（次），平均每个品种每年种植面积 5. 24 万亩，品种集中度最高；杂交晚籼稻主要品种种植面积 2 610. 56 万亩，主要品种数量 184 个，平均每个品种种植面积 14. 19 万亩，主要品种累计种植年限 853 年（次），平均每个品种每年种植面积 3. 06 万亩；常规晚糯稻主要品种种植面积 325. 33 万亩，主要品种数量 35 个，平均每个品种种植面积 9. 30 万亩，主要品种累计种植年限 173 年（次），平均每个品种每年种植面积 1. 88 万亩；杂交晚粳稻自 2006 年至 2015 年主要品种种植面积 99. 73 万亩，主要品种数量 23 个，平均每个品种种植面积 4. 34 万亩，主要品种累计种植年限 56 年（次），平均每个品种每年种植面积 1. 78 万亩。

1986—2015年的三十年间，油菜主要品种种植面积1 253万亩，主要品种数量66个，平均每个品种种植面积18.98万亩，主要品种累计种植年限285年（次），平均每个品种每年种植面积4.40万亩，品种集中度高。

1986—2015年的三十年间，小麦主要品种种植面积482.16万亩，主要品种数量27个，平均每个品种种植面积17.86万亩，主要品种累计种植年限193年（次），平均每个品种每年种植面积2.50万亩。

1986—2015年的三十年间，甘薯主要品种种植面积287.93万亩，主要品种数量23个，平均每个品种种植面积12.52万亩，主要品种累计种植年限171年（次），平均每个品种每年种植面积1.68万亩。详见表1-16至表1-19。

表1-16 1986—2015三十年主要农作物品种种植面积和种植年限情况

作物类别	累计种植面积（万亩）	1. 主要品种种植面积（万亩）	主要品种数量（个）	平均每个品种种植面积（万亩）	主要品种累计种植年限（年次）	平均每个品种每年种植面积（万亩）	2. 其他品种种植面积（万亩）
1. 水稻	5 597.98	5 331.13	389	13.70	1 755	3.04	266.85
①常规早籼	2 113.76	1 985.16	74	26.83	379	5.24	128.60
②杂交早籼	215.41	207.89	36	5.77	146	1.42	7.52
③常规晚籼	0.84	0.84	3	0.28	6	0.14	0
④杂交晚籼	2 685.50	2 610.56	184	14.19	853	3.06	74.94
⑤常规晚粳	112.30	92.65	32	2.90	129	0.72	19.65
⑥杂交晚粳	99.76	99.73	23	4.34	56	1.78	0.03
⑦常规晚糯	361.44	325.33	35	9.30	173	1.88	36.11
⑧杂交晚糯	8.97	8.97	2	4.49	13	0.69	0
2. 小麦	511.63	482.16	27	17.86	193	2.50	29.47
3. 大麦	72.93	64.75	15	4.32	116	0.56	8.18
4. 大豆	603.04	544.85	74	7.36	468	1.16	58.19
5. 蚕（豌）豆	115.91	109.8	21	5.23	135	0.81	6.11
6. 玉米	353.3	304.65	129	2.36	583	0.52	48.65
7. 高粱	5.78	5.76	6	0.96	29	0.20	0.02
8. 甘薯	318.63	287.93	23	12.52	171	1.68	30.70
9. 马铃薯	76.80	66.18	12	5.52	59	1.12	10.62
10. 油菜	1 285.2	1 253	66	18.98	285	4.40	32.20
11. 花生	25.49	22.77	14	1.63	82	0.28	2.72
12. 棉花	95.45	89.56	45	1.99	192	0.47	5.89
13. 西瓜	121.82	117.62	57	2.06	272	0.43	4.20
合 计	9 183.96	8 680.16	878	9.89	4 340	2.00	503.80

表 1-17　衢州市 1986—2015 年农作物面积统计　　　单位：万亩

年份	1. 水稻	①常规 早籼稻	②杂交 早籼稻	③常规 晚籼稻	④杂交 晚籼稻	⑤常规 晚粳稻	⑥杂交 晚粳稻	⑦常规 晚糯稻	⑧杂交 晚糯稻	2. 小麦	3. 大麦
1986	214. 35	103. 98	4. 25		78. 85	13. 16		14. 11		40. 48	7. 95
1987	228. 24	103. 32	7. 19		90. 01	11. 01		16. 71		40. 4	7. 95
1988	232. 83	107. 55	4. 27		89. 23	11. 66		20. 12		43. 82	7. 23
1989	231. 03	109. 39	1. 49		96. 36	8. 20		15. 59		43. 17	4. 31
1990	224. 56	110. 22	0. 63		97. 68	4. 53		11. 50		48. 82	3. 74
1991	232. 74	105. 92	4. 16		105. 61	3. 96		13. 09		46. 83	4. 27
1992	234. 3	96. 67	13. 78		103. 46	3. 89		16. 50		39. 71	3. 29
1993	219. 59	93. 76	5. 96		100. 12	4. 55		15. 20		31. 91	2. 21
1994	219. 78	97. 50	3. 02		103. 99	3. 86		11. 41		27. 6	2. 90
1995	217. 45	100. 63	1. 67		100. 25	2. 45		12. 45		22. 25	2. 08
1996	223. 41	92. 37	10. 13		106. 73	1. 86		12. 32		20. 01	5. 97
1997	222. 73	84. 48	17. 83		103. 36	4. 12		12. 94		18. 65	5. 09
1998	222. 02	83. 32	19. 92		104. 15	2. 41		12. 22		19. 01	3. 99
1999	217. 69	80. 53	18. 72		106. 50	2. 42		9. 52		17. 38	3. 86
2000	188. 13	65. 62	12. 51		91. 75	2. 72		15. 53		9. 35	1. 42
2001	168. 84	54. 60	6. 37		94. 88	1. 73		11. 26		5. 07	0. 51
2002	163. 87	44. 89	7. 00		103. 39	0. 80		7. 79		5. 11	0. 94
2003	133. 52	40. 89	3. 68		79. 95	2. 00		7. 00		3. 65	0. 24
2004	161. 36	45. 75	10. 89		94. 26	0. 70		9. 76		3. 95	0. 26
2005	161. 38	47. 75	10. 88		86. 21	1. 63	0. 30	14. 61		2. 55	0. 54
2006	162. 90	45. 62	10. 96		90. 86	1. 84	0. 16	13. 46		3. 01	0. 58
2007	158. 44	48. 45	7. 31		87. 59	2. 40	0	12. 69		3. 03	0. 36
2008	158. 90	50. 04	9. 19		85. 27	1. 90	0. 45	11. 60	0. 45	2. 78	0. 53
2009	164. 33	49. 88	7. 61	0. 20	91. 16	1. 87	2. 00	10. 66	0. 95	2. 47	0. 33
2010	159. 50	49. 17	6. 95	0. 30	84. 79	3. 18	3. 15	10. 91	1. 05	2. 04	0. 49
2011	149. 13	44. 94	4. 05	0. 02	83. 30	2. 75	2. 09	10. 33	1. 65	1. 90	0. 39
2012	144. 59	42. 28	3. 05	0. 22	75. 56	3. 07	9. 46	10. 08	0. 87	1. 87	0. 43
2013	138. 72	44. 60	0. 47	0. 10	60. 98	2. 24	20. 43	8. 25	1. 65	1. 54	0. 42
2014	135. 03	46. 08	0. 30	0	49. 05	2. 67	28. 19	7. 34	1. 40	1. 70	0. 37
2015	108. 62	23. 56	1. 17	0	40. 20	2. 72	33. 53	6. 49	0. 95	1. 57	0. 28
合计	5 597. 98	2 113. 76	215. 41	0. 84	2 685. 5	112. 3	99. 76	361. 44	8. 97	511. 63	72. 93

（续表）

年份	4. 大豆	5. 蚕(豌)豆	6. 玉米	7. 高粱	8. 甘薯	9. 马铃薯	10. 油菜	11. 花生	12. 棉花	13. 西瓜	合计
1986	5. 88		7. 86		6. 57		38. 82	1. 01	4. 91		327. 83
1987	8. 68		7. 84		8. 61		38. 37	1. 08	4. 89		346. 06
1988	6. 42		7. 48		8. 27		36. 40	0. 38	2. 49		345. 32
1989	7. 48	0. 12	7. 94		8. 50		36. 35	0. 47	1. 83		341. 20
1990	8. 88	0. 44	7. 81		8. 39		38. 34	0. 77	2. 72		344. 47
1991	7. 92	2. 77	8. 84		10. 26		38. 38	0. 93	2. 08		355. 02
1992	8. 78	1. 68	11. 00		10. 12		42. 61		3. 06		354. 55
1993	8. 28	2. 10	7. 83		9. 29		30. 55		3. 67		315. 43
1994	10. 63	1. 80	5. 73		9. 59		39. 90		3. 81		321. 74
1995	20. 44	1. 61	5. 14		12. 93		51. 42		4. 84		338. 16
1996	22. 60	1. 78	5. 86		11. 39		46. 10		6. 13		343. 25
1997	28. 05	2. 50	12. 93		13. 48		45. 45		5. 66		354. 54
1998	24. 30	3. 22	11. 07		13. 87		45. 15		6. 70		349. 33
1999	19. 13	3. 65	12. 00		14. 52	4. 21	45. 57		3. 17		341. 18
2000	32. 80	3. 98	11. 58		12. 45	4. 27	41. 84		2. 39		308. 21
2001	34. 49	4. 34	10. 44		13. 81	4. 57	43. 25		2. 76		288. 08
2002	38. 08	3. 72	8. 53		8. 01	4. 13	40. 17		1. 06		273. 62
2003	23. 34	2. 98	11. 32		8. 77	3. 07	38. 06		2. 26		227. 21
2004	25. 34	6. 58	11. 39		10. 95	3. 49	37. 08		2. 40	3. 03	265. 83
2005	24. 65	3. 82	11. 01	0. 27	12. 56	3. 74	37. 51	1. 31	2. 04	4. 81	266. 19
2006	27. 16	4. 47	12. 25	0. 22	12. 59	4. 13	37. 19	1. 22	2. 36	12. 11	280. 19
2007	26. 42	4. 83	12. 10	0. 24	12. 40	4. 05	37. 54	1. 91	2. 63	6. 64	270. 59
2008	26. 86	5. 74	14. 91	0. 36	13. 75	5. 49	42. 91	1. 74	3. 76	14. 05	291. 78
2009	28. 01	6. 98	18. 84	0. 55	9. 93	4. 62	45. 35	1. 94	3. 21	13. 18	299. 74
2010	22. 73	6. 69	18. 47	0. 72	10. 48	5. 56	52. 11	2. 18	2. 69	12. 57	296. 23
2011	21. 48	9. 27	19. 63	0. 63	9. 42	5. 54	51. 02	2. 03	3. 08	11. 72	285. 24
2012	21. 85	8. 18	20. 65	0. 79	10. 23	3. 91	50. 55	2. 20	3. 07	11. 83	280. 15
2013	19. 03	7. 05	17. 17	0. 62	6. 96	4. 82	53. 35	1. 80	2. 74	11. 05	265. 27
2014	19. 50	7. 70	17. 68	0. 64	10. 23	5. 73	51. 78	2. 32	2. 21	10. 33	265. 22
2015	23. 83	7. 91	18. 00	0. 74	10. 30	5. 47	52. 08	2. 20	0. 83	10. 50	242. 33
合计	603. 04	115. 91	353. 3	5. 78	318. 63	76. 80	1 285. 2	25. 49	95. 45	121. 82	9 183. 96

表 1-18　衢州市 1986—2015 年主要品种数量统计　　单位：个

年份	1. 水稻	①常规早籼	②杂交早籼	③常规晚籼	④杂交晚籼	⑤常规晚粳	⑥杂交晚粳	⑦常规晚糯	⑧杂交晚糯	2. 小麦	3. 大麦
1986	30	10	2		6	6		6		6	5
1987	40	12	4		8	9		7		6	5
1988	44	15	6		11	6		6		6	5
1989	42	17	4		10	6		5		7	6
1990	39	17	5		8	5		4		7	6
1991	37	16	5		8	4		4		8	6
1992	36	14	7		7	4		4		5	4
1993	29	12	4		8	2		3		6	2
1994	29	12	2		9	2		4		5	2
1995	39	17	2		12	3		5		6	2
1996	35	14	3		10	3		5		6	3
1997	37	14	5		10	3		5		6	4
1998	44	16	6		14	3		5		5	4
1999	48	17	6		18	3		4		5	4
2000	46	16	6		17	2		5		6	3
2001	44	16	5		17	2		4		5	3
2002	44	14	4		20	2		4		5	3
2003	41	10	4		20	2		5		5	2
2004	49	12	5		23	2		7		6	3
2005	61	9	3		38	1	1	9		9	3
2006	68	9	3		42	4	1	9		8	3
2007	87	13	4		56	4		10		8	3
2008	98	11	7		59	6	3	10	2	8	3
2009	109	12	9	1	67	6	3	9	2	10	2
2010	105	13	6	1	66	6	3	8	2	10	4
2011	101	10	5	1	64	7	5	7	2	7	5
2012	89	8	4	2	55	6	6	6	2	7	5
2013	98	8	8	1	58	6	12	4	1	5	6
2014	90	8	6		54	7	10	4	1	4	6
2015	96	7	6		58	7	12	5	1	6	4
合计	1 755	379	146	6	853	129	56	173	13	193	116

（续表）

年份	4. 大豆	5. 蚕(豌)豆	6. 玉米	7. 高粱	8. 甘薯	9. 马铃薯	10. 油菜	11. 花生	12. 棉花	13. 西瓜	合计
1986	6		8		2		4	2	2		65
1987	7		7		2		4	3	3		77
1988	10		7		3		6	2	3		86
1989	9	2	9		5		5	2	3		90
1990	8	2	7		4		5	1	3		82
1991	5	1	3		3		5	1	2		71
1992	5	1	3		3		5		2		64
1993	6	1	3		3		3		2		55
1994	8	1	4		3		5		2		59
1995	8	1	3		3		3		3		68
1996	8	1	3		3		4		3		66
1997	6	1	4		3		4		3		68
1998	8	2	7		3		6		9		88
1999	7	2	6		3	2	5		7		89
2000	8	3	7		3	2	5		8		91
2001	9	3	9		3	2	5		5		88
2002	13	3	10		3	2	5		3		91
2003	15	3	11		3	2	6		2		90
2004	16	5	10		3	3	6		5	9	115
2005	17	4	14	1	9	2	9	4	8	15	156
2006	18	5	15	2	9	2	9	4	6	19	168
2007	20	5	23	1	11	2	9	8	10	14	201
2008	29	8	33	2	11	4	11	8	11	24	250
2009	32	10	52	3	11	4	19	7	11	24	294
2010	35	12	49	3	9	7	32	7	13	24	310
2011	30	12	48	3	11	4	15	7	12	30	285
2012	32	12	52	3	10	4	16	7	9	24	270
2013	31	11	54	4	10	5	20	7	15	28	294
2014	31	12	60	4	11	6	32	6	16	30	308
2015	31	12	62	3	11	6	22	6	11	31	301
合计	468	135	583	29	171	59	285	82	192	272	4 340

表 1-19 衢州市 1986—2015 年农作物主要品种面积统计 单位：万亩

年份	1. 水稻	①常规早籼稻	②杂交早籼稻	③常规晚籼稻	④杂交晚籼稻	⑤常规晚粳稻	⑥杂交晚粳稻	⑦常规晚糯稻	⑧杂交晚糯稻	2. 小麦	3. 大麦
1986	198. 08	92. 16	4. 25		78. 61	11. 38		11. 68		38. 90	7. 75
1987	206. 84	89. 97	7. 19		86. 38	8. 17		15. 13		38. 82	7. 75
1988	220. 99	98. 53	4. 27		89. 13	10. 36		18. 70		41. 32	7. 19
1989	214. 19	99. 53	0. 94		94. 66	5. 07		13. 99		41. 07	4. 27
1990	212. 50	100. 40	0. 57		96. 71	3. 95		10. 87		43. 68	3. 71
1991	222. 32	100. 56	4. 07		102. 91	3. 65		11. 13		46. 12	3. 84
1992	228. 39	93. 24	13. 61		103. 16	3. 58		14. 80		37. 09	1. 24
1993	212. 65	89. 77	5. 90		100. 12	4. 24		12. 62		30. 25	1. 02
1994	205. 64	89. 40	2. 84		101. 92	2. 78		8. 70		25. 10	2. 30
1995	212. 37	98. 49	1. 45		99. 09	2. 24		11. 10		21. 59	1. 26
1996	211. 56	84. 49	8. 40		106. 01	1. 55		11. 11		17. 30	5. 97
1997	214. 09	82. 38	17. 25		100. 74	2. 44		11. 28		17. 45	4. 54
1998	214. 93	79. 55	19. 90		101. 34	2. 05		12. 09		18. 13	3. 11
1999	214. 42	79. 12	18. 61		105. 46	2. 21		9. 02		16. 69	3. 58
2000	176. 30	62. 82	12. 01		88. 40	0. 65		12. 42		8. 94	1. 22
2001	151. 56	53. 53	6. 37		83. 80	0. 55		7. 31		4. 79	0. 50
2002	153. 30	44. 78	7. 00		95. 49	0. 30		5. 73		4. 66	0. 85
2003	125. 53	34. 89	3. 68		79. 15	1. 85		5. 96		3. 35	0. 24
2004	149. 46	39. 86	9. 58		89. 96	0. 40		9. 66		3. 60	0. 26
2005	145. 84	44. 15	10. 88		75. 73	1. 26	0. 30	13. 52		2. 30	0. 43
2006	156. 22	41. 52	10. 91		89. 63	1. 49	0. 16	12. 51		2. 77	0. 37
2007	142. 33	41. 34	6. 61		81. 26	2. 08	0	11. 04		2. 69	0. 30
2008	147. 04	44. 17	8. 00		80. 70	1. 90	0. 42	11. 40	0. 45	2. 46	0. 34
2009	161. 98	49. 88	7. 61	0. 20	89. 11	1. 87	2. 00	10. 36	0. 95	2. 47	0. 33
2010	156. 51	49. 17	6. 95	0. 30	82. 00	3. 18	3. 15	10. 71	1. 05	2. 04	0. 49
2011	149. 13	44. 94	4. 05	0. 02	83. 30	2. 75	2. 09	10. 33	1. 65	1. 90	0. 39
2012	144. 59	42. 28	3. 05	0. 22	75. 56	3. 07	9. 46	10. 08	0. 87	1. 87	0. 43
2013	138. 72	44. 60	0. 47	0. 10	60. 98	2. 24	20. 43	8. 25	1. 65	1. 54	0. 42
2014	135. 03	46. 08	0. 30		49. 05	2. 67	28. 19	7. 34	1. 40	1. 70	0. 37
2015	108. 62	23. 56	1. 17		40. 20	2. 72	33. 53	6. 49	0. 95	1. 57	0. 28
合计	5 331. 13	1 985. 16	207. 89	0. 84	2 610. 56	92. 65	99. 73	325. 33	8. 97	482. 16	64. 75

（续表）

年份	4.大豆	5.蚕（豌）豆	6.玉米	7.高粱	8.甘薯	9.马铃薯	10.油菜	11.花生	12.棉花	13.西瓜	合计
1986	4.11		1.74		6.50		38.81	0.71	4.91		301.51
1987	8.00		2.08		7.68		38.36	0.77	4.89		315.19
1988	6.02		2.46		5.94		34.94	0.25	2.49		321.60
1989	6.32	0.12	7.92		5.14		35.08	0.39	1.83		316.33
1990	8.01	0.44	3.18		7.61		37.94	0.27	2.30		319.64
1991	7.01	2.32	6.76		8.79		37.92	0.81	1.94		337.83
1992	7.37	1.21	7.17		9.02		42.07		2.08		335.64
1993	6.58	1.70	5.69		6.59		29.74		3.67		297.89
1994	9.26	1.40	4.63		8.35		37.60		3.81		298.09
1995	18.16	1.42	4.59		10.12		49.13		4.84		323.48
1996	19.54	1.32	5.01		10.53		45.18		6.13		322.54
1997	23.44	1.53	10.75		11.91		43.31		5.08		332.10
1998	20.56	2.74	8.74		12.32		40.37		6.58		327.48
1999	14.49	3.24	10.76		13.50	2.68	43.69		3.02		326.07
2000	28.05	3.60	9.99		11.22	2.73	41.54		2.30		285.89
2001	31.12	4.00	8.50		12.60	3.59	41.65		2.27		260.58
2002	32.74	3.55	7.51		6.10	3.33	38.67		0.86		251.57
2003	21.06	2.91	9.72		7.52	2.24	36.70		1.36		210.63
2004	22.07	6.42	10.18		10.65	2.23	35.37		1.99	2.65	244.88
2005	20.43	3.64	9.65	0.26	12.25	2.47	36.19	1.16	1.87	4.06	240.55
2006	23.32	4.38	11.29	0.21	10.91	3.01	35.15	0.89	2.12	10.53	261.17
2007	24.96	4.58	11.37	0.24	11.93	3.04	35.68	1.51	2.05	5.80	246.48
2008	26.00	5.50	14.53	0.36	13.20	5.23	41.67	1.44	3.64	13.40	274.81
2009	27.91	6.98	18.83	0.55	9.93	4.62	45.35	1.89	3.01	13.18	297.03
2010	22.63	6.69	18.47	0.72	10.48	5.54	52.11	2.13	2.59	12.57	292.97
2011	21.48	9.27	19.63	0.63	9.42	5.54	51.02	2.03	3.08	11.72	285.24
2012	21.85	8.18	20.65	0.79	10.23	3.91	50.55	2.20	3.07	11.83	280.15
2013	19.03	7.05	17.17	0.62	6.96	4.82	53.35	1.80	2.74	11.05	265.27
2014	19.50	7.70	17.68	0.64	10.23	5.73	51.78	2.32	2.21	10.33	265.22
2015	23.83	7.91	18.00	0.74	10.30	5.47	52.08	2.20	0.83	10.50	242.33
合计	544.85	109.80	304.65	5.76	287.93	66.18	1 253.0	22.77	89.56	117.62	8 680.16

第二章　农作物主要品种累计种植面积

1986—2015 年，三十年农作物的主要品种累计种植面积，按水稻（常规早籼稻、杂交早籼稻、常规晚籼稻、杂交晚籼稻、常规晚粳稻、杂交晚粳稻（含籼粳杂交稻）、常规晚糯稻、杂交晚糯稻、小麦、大麦、大豆、蚕（豌）豆、玉米、高粱、甘薯、马铃薯、油菜、花生、棉花、西瓜等类别统计，按品种的面积大小，以万亩为单位，排序如下。

一、水　稻

（一）常规早籼稻

浙 733　252.19，金早 47　236.41，浙辐 802　165.25，二九丰 133.28，舟优 903　100.27，广陆矮 4 号　86.03，浙 852　81.22，中早 1 号　74.51，中 156　64.55，辐 8-1　62.43，中早 22　57.68，中嘉早 17　57.41，嘉育 948　55.36，中早 39　54.51，泸早 872　49.18，辐籼 6 号　37.90，泸红早 1 号　35.11，中组 1 号　30.61，浙 9248　23.00，嘉早 935　22.26，中嘉早 32　22.24，浙农 8010　21.18，中丝 2 号　19.78，金早 09　18.88，杭 959　17.39，嘉育 253　16.33，辐 756　15.53，早莲 31　14.07，金早 22　13.98，7307　12.85，天禾 1 号　12.03，辐 8970　11.09，浙辐 762　10.51，嘉育 293　8.34，浙 106　8.02，浙辐 218　6.64，甬籼 57　6.54，嘉籼 758　6.40，浙辐 9 号 6.19，中浙 1 号　5.58，嘉早 41　5.30，作五 4.96，甬籼 15　4.70，HA-7　3.49，中 857　3.40，浙农 921　3.15，衢育 860　3.13，浙 8619　2.86，嘉兴香米　2.60，红突 31　2.49，8004　2.09，温 220　1.54，浙 101　1.35，温 814　1.35，嘉兴 8 号　1.25，辐 9136　1.22，辐 8329　0.88，二九青　0.86，浙 952　0.80，71 早一号　0.67，中早 35　0.65，金早 50　0.50，台早 733　0.46，中优早 2 号　0.45，浙 103　0.45，中早 4 号 0.37，湖北 22　0.31，籼辐 9759　0.30，浙 408　0.30，温 926　0.30，湘早籼 3 号　0.10，浙 105　0.10，杭早 3 号　0.03，5010　0.02。

（二）杂交早籼稻

金优 402　70.98，汕优 48-2　34.19，威优 402　25.56，威优 35　13.39，K 优 402　8.60，中优 402　8.48，早优 49 辐　6.94，汕优 21　5.68，株两优 02　4.94，威优 48-2　4.86，中优 66　4.20，中优 974　2.51，汕优 1126　2.35，金优 207　2.00，优 I 华联 2 号　1.57，株两优 609　1.43，威优 1126　1.19，金优 974　1.11，陵两优 268　1.01，早优 48-2　0.88，汕优 16　0.81，Ⅱ优 92　0.81，汕优 638　0.79，汕优 64　0.71，威优华联 2 号　0.66，汕优 614　0.50，珍优 48-2　0.50，优 I 402　0.40，陵两优 104　0.27，汕优 102　0.18，汕优早 4　0.12，威优 331　0.11，T 优 535　0.10，T 优 15　0.02，两优 6 号　0.02，陆两优 173　0.02。

（三）常规晚籼稻

赣晚籼 30　0.52，黄华占　0.30，赣晚籼 3 号　0.02。

（四）杂交晚籼稻

汕优 10 号　443.33，协优 46　428.55，汕优 6 号　182.04，汕优 64　161.44，两优培九　134.97，中浙优 1 号　125.23，汕优桂 33　86.48，Ⅱ优 46　77.51，Ⅱ优 92　65.91，汕优 63　60.66，协优 92　48.64，协优 963　48.03，新两优 6 号　39.74，钱优 1 号

38.32，协优413　34.34，中浙优8号　32.09，粤优938　32.00，Ⅱ优3027　28.29，Ⅱ优838　26.42，Ⅱ优7954　22.68，协优9308　17.25，Ⅱ优084　17.09，Y两优689　16.81，国稻1号　15.53，Ⅱ优63　14.91，金优987　14.64，丰两优1号　13.80，准两优608　13.65，Ⅱ优906　13.64，扬两优6号　13.35，协优315　13.12，Ⅱ优8220　12.84，丰两优香1号　12.09，内5优8015　11.74，汕优92　11.11，岳优9113　10.31，协优7954　9.81，天优华占　8.95，金优207　8.36，协优5968　8.35，协优63　8.13，深两优5814　7.98，中优6号　7.73，钱优0508　7.38，两优6326　7.11，E福丰优11　7.06，C两优396　7.00，冈优827　6.53，Y两优1号　6.42，协优914　6.09，中百优1号　5.97，Ⅱ优明86　5.73，Ⅱ优航1号　5.65，钱优0506　5.62，富优1号　5.50，两优363　5.35，国稻6号　4.30，中优66　3.80，Ⅱ优2070　3.60，天优998　3.56，Ⅱ优6078　3.49，红良优5号　3.45，中优205　3.14，华两优1206　3.10，川香优2号　3.07，Ⅱ优8006　3.03，汕优桂34　2.75，协优9516　2.62，76优2674　2.53，C两优608　2.50，国丰1号　2.43，钱优0612　2.29，丰优191　2.28，汕优20964　2.21，协优702　2.00，威优35　1.91，中优208　1.91，D优527　1.90，Y两优2号　1.86，丰源优272　1.84，Y两优6号　1.84，新香优80　1.83，协优982　1.81，中优1176　1.81，深两优865　1.70，C两优87　1.67，Ⅱ优64　1.50，甬优1512　1.50，威优64　1.42，汕优85　1.41，协优205　1.38，国丰2号　1.33，中浙优10号　1.31，洛优8号　1.26，Y两优5867　1.24，泰优1号　1.15，中优448　1.10，川香优6号　1.05，内2优111　1.03，丰优22　1.01，协优T2000　1.00，Ⅱ优1259　1.00，钱优911　1.00，广两优9388　1.00，Y两优302　0.97，中优9号　0.92，红莲优6号　0.91，菲优600　0.91，Ⅱ优162　0.90，华优18　0.84，Ⅱ优6216　0.83，威优77　0.80，丰优559　0.80，德农2000　0.80，安两优318　0.80，中优161　0.80，齐优1068　0.77，盐两优888　0.75，内香优3号　0.73，协优4090　0.70，宜香优1577　0.70，新优188　0.70，内2优3015　0.70，Y两优9918　0.70，协优9312　0.69，泸香658　0.66，新两优1号　0.65，钱优2号　0.62，两优0293　0.60，D优781　0.60，钱优0618　0.57，汕优2号　0.53，Ⅱ优2186　0.50，内香优18　0.50，研优1号　0.50，皖优153　0.50，协优728　0.50，钱优930　0.47，丰优香占　0.45，菲优E1　0.43，池优S162　0.40，两优2186　0.40，华优2号　0.40，协优64　0.36，菲优多系1号　0.36，新两优343　0.35，C两优343　0.31，K优404　0.30，钱优M15　0.30，Ⅱ优1273　0.30，宜香3003　0.28，浙辐两优12　0.26，汕优413　0.25，丰优9号　0.25，五优308　0.25，天两优616　0.24，汕优早4　0.20，Ⅱ优42　0.20，D优68　0.20，倍丰3号　0.20，中浙优2号　0.20，天优湘99　0.20，丰两优6号　0.19，深两优884　0.17，Ⅱ优508　0.16，新两优223　0.15，准两优527　0.15，泸优9803　0.15，钱优0501　0.12，Ⅱ优218　0.10，宜香优10号　0.10，川香8号　0.10，D优17　0.10，钱优100　0.10，两优688　0.10，岳优712　0.10，五丰优T025　0.10，湘菲优8118　0.10，Ⅱ优371　0.10，汕优06　0.10，Ⅱ优98　0.06，钱优817　0.05，国稻8号　0.03，351优1号　0.02。

（五）常规晚粳稻

矮粳23　20.08，秀水11　16.21，秀水27　11.78，秀水110　7.95，秀水1067　6.65，秀水134　6.34，秀水37　5.54，浙粳22　5.54，秀水09　2.27，中嘉129　1.92，浙粳30　1.57，秀水48　1.20，秀水123　1.01，原粳7号　0.60，秀水

63　0.60，明珠1号　0.51，原粳35　0.49，秀水03　0.45，寒丰　0.40，浙粳88　0.40，秀水128　0.20，绍粳18　0.20，浙粳59　0.16，2R4　0.10，秀水04　0.10，粳谷98-11　0.10，浙粳60　0.10，宁88　0.08，T8340　0.05，8140　0.02，嘉33　0.02，83-46　0.01。

（六）杂交晚粳稻（含籼粳杂交稻）

甬优9号　37.42，甬优15　26.87，甬优12　10.87，春优84　7.69，甬优538　7.27，甬优17　4.67，浙优18　0.97，甬优2640　0.80，甬优1540　0.77，甬优6号　0.56，浙优12号　0.35，甬优11号　0.35，浙优10号　0.30，嘉乐优2号　0.25，春优658　0.20，嘉优2号　0.14，嘉优5号　0.07，嘉禾优555　0.07，甬优8号　0.04，秀优5号　0.03，甬优720　0.02，常优5号　0.01，秀优378　0.01。

（七）常规晚糯稻

祥湖84　76.33，绍糯9714　58.48，绍糯119　34.06，矮双2号　24.11，浙糯5号　17.81，祥湖25　15.50，浙农大454　9.55，春江03　9.02，甬糯34　8.26，航育1号　8.08，R817　7.82，春江683　6.30，双糯4号　5.94，农大514　5.70，祥湖301　5.42，浙糯2号　5.10，春江糯　4.89，浙糯36　4.28，春江糯2号　4.23，祥湖85　3.66，柯香糯　3.08，绍糯87-86　2.36，本地糯　1.20，谷香四号　1.15，甬糯5号　1.11，祥湖24　0.36，绍糯7954　0.33，加糯13　0.25，春江糯3号　0.24，嘉65　0.20，祥湖13　0.17，矮糯21　0.15，祥湖914　0.10，香糯4号　0.05，浙糯65　0.04。

（八）杂交晚糯稻

甬优10号　6.75，甬优5号　2.22。

二、小　麦

浙麦1号　318.06，钱江2号　56.57，浙麦2号　39.94，核组8号　21.12，浙麦3号　9.51，丽麦16　7.31，温麦10号　5.34，温麦8号　5.05，扬麦12　3.62，扬麦4号　2.92，浙农大105　2.90，扬麦5号　2.61，扬麦158　2.52，扬麦3号　0.96，丽麦79　0.81，浙丰2号　0.73，6071　0.60，扬麦11　0.48，钱江3号　0.30，扬麦18　0.22，辐鉴36　0.15，宁麦6号　0.12，核组1号　0.11，扬麦13　0.07，扬麦19　0.07，扬麦10号　0.04，扬麦20　0.03。

三、大　麦

浙农大3号　13.71，沪麦4号　13.22，浙农大6号　6.72，早熟3号　6.49，秀麦1号　5.90，浙农大2号　5.54，浙啤1号　4.32，花30　3.23，苏啤1号　1.61，舟麦1号　1.60，浙啤3号　1.57，秀麦11　0.44，浙啤4号　0.17，矮209　0.13，浙啤33　0.10。

四、大　豆

浙春3号　96.11，浙春2号　71.61，衢鲜1号　45.36，白花豆　33.43，矮脚早　27.40，台湾75　26.37，六月半　20.30，野猪戳　18.83，衢鲜2号　17.82，衢鲜3号　17.40，衢秋2号　16.66，辽鲜1号　16.44，引豆9701　9.92，衢鲜5号　9.55，诱处4号　8.90，一把抓　8.79，春丰早　8.18，六月拔　7.44，矮脚毛豆　6.65，台湾292　6.30，衢秋1号　5.19，日本青　5.10，湖西豆　4.87，浙春5号　4.43，毛蓬青　4.03，八月拔　3.81，婺春1号　3.15，浙鲜豆5号　3.00，高雄2号　2.91，沪95-1　2.55，六月豆　2.46，三花豆　2.41，地方品种　2.39，407　2.21，黄金1号　2.05，浙农6号　1.92，青酥2号　1.88，浙秋豆2号　1.81，浙鲜豆6号　1.41，毛豆3号

1.38，穗稻黄　1.05，浙鲜豆3号　1.00，六月白　0.80，九月拔　0.80，皖豆15　0.75，浙农8号　0.64，兰溪大黄豆　0.62，冬豆　0.60，青皮豆　0.56，春绿　0.50，8157（开交8157）　0.43，引豆1号　0.40，浙鲜豆7号　0.39，五月拔　0.38，沪宁95-1　0.35，浙秋豆3号　0.27，浙鲜豆2号　0.25，萧垦8901　0.25，苏豆8号　0.25，萧农越秀　0.24，合丰25　0.22，十月黄（十月拔）　0.20，绿鲜70　0.20，华春18　0.20，浙春1号　0.19，萧农秋艳　0.17，台湾88　0.12，皖豆　0.12，浙鲜豆8号　0.12，浙鲜豆4号　0.11，沈鲜3号　0.10，早生75　0.10，菜用大豆　0.03，白毛大黄豆　0.02。

五、蚕（豌）豆

中豌4号　51.51，慈溪大白蚕　24.67，中豌6号　19.72，青皮蚕豆　5.87，浙豌1号　2.41，改良甜脆豌　1.10，日本寸蚕　0.67，白花大粒　0.62，中豌2号　0.60，慈蚕1号（慈溪大粒）　0.54，本地豌豆　0.50，食荚1号　0.39，青豆（豌）　0.27，大青皮　0.25，蚕豆地方品种　0.22，利丰蚕豆　0.16，食荚豌豆　0.15，小青蚕　0.05，大白扁蚕豆　0.05，珍珠绿（蚕）　0.05。

六、玉　米

丹玉13　46.59，苏玉1号　34.33，农大108　26.50，济单7号　19.96，郑单958　17.41，掖单12　14.24，科糯986　14.03，掖单13　10.69，苏玉糯1号　9.73，苏玉糯2号　7.39，郑单14　6.69，西玉3号　6.14，燕禾金2000　5.21，虎单2号　5.06，丹玉26　4.70，万甜2000　4.26，美玉8号　4.14，京科糯2000　3.99，浙糯9703　3.55，珍糯2号　3.32，苏玉10号　3.28，登海605　3.19，超甜3号　2.71，华珍　2.68，浙凤糯2号　2.65，浚单18　2.24，超甜2000　2.08，京甜紫花糯　2.03，绿色超人　1.84，虎单5号　1.70，燕禾金2005　1.67，珍珠糯　1.57，浙甜2018　1.47，掖单4号　1.39，都市丽人　1.17，浙凤甜2号　1.16，杭玉糯1号　1.08，中单206　1.00，沪玉糯3号　0.92，东单1号　0.86，吉单118　0.85，旅曲　0.70，丹玉6号　0.69，金凤（甜）5号　0.67，科糯991　0.66，鲁玉3号　0.65，沪玉糯1号　0.65，中糯301　0.64，浙糯玉5号　0.61，农大3138　0.59，西玉1号　0.57，苏玉2号　0.56，苏玉4号　0.54，中糯2号　0.54，浙糯玉1号　0.47，超甜4号　0.43，浙甜6号　0.42，泰玉1号　0.40，美玉7号　0.37，承玉19　0.37，美晶　0.36，鲁玉5号　0.35，吉单131　0.30，金银糯　0.30，超甜15　0.30，浙凤糯5号　0.29，美玉3号　0.28，丰乐21　0.26，浙凤单1号　0.26，科甜98-1　0.24，蠡玉35　0.23，万糯　0.22，先甜5号　0.22，掖单1号　0.20，超甜204　0.20，苏玉糯202　0.20，浙单11　0.20，浙糯玉4号　0.19，嵊科甜208　0.19，金玉甜1号　0.19，浙糯玉6号　0.16，金银蜜脆　0.15，钱江糯1号　0.15，美玉6号　0.15，脆甜糯5号　0.15，苏玉21　0.15，苏玉糯6号　0.15，农大60　0.14，丽晶　0.14，超甜135　0.13，浙甜2088　0.13，超甜2018　0.12，浙凤糯3号　0.11，户单2000　0.10，登海9号　0.10，澳玉糯3号　0.10，东糯3号　0.10，中单18　0.10，美玉13号　0.10，金糯628　0.10，华穗2000　0.10，脆甜糯6号　0.09，浙凤甜3号　0.07，超甜1号　0.06，浙丰甜2号　0.06，渝糯1号　0.06，浙甜4号　0.05，沪玉糯2号　0.05，白玉糯　0.05，浙大糯玉2号　0.05，科甜2号　0.05，浙大糯玉3号　0.05，正甜68　0.05，科甜1号　0.05，熟甜3号　0.04，京糯208　0.04，农大105　0.03，浙凤甜　0.03，天糯一号　0.03，金玉甜2号　0.03，彩糯8号　0.02，甜玉2号　0.01，中单2号　0.01，珍糯　0.01，翠蜜5号　0.01，蜜玉8号　0.01，嵊科金银838　0.01，沪紫黑糯

0.01，苏花糯2号　0.01。

七、高　粱

湘两优糯粱1号　3.27，湘两优糯粱2号　1.29，红高粱　0.92，湘两优1号　0.20，地方品种　0.06，糯高粱　0.02。

八、甘　薯

徐薯18　117.18，胜利百号　58.97，南薯88　43.80，心香　20.78，浙薯13　14.34，浙薯132　5.11，浙薯6025　5.01，东方红　4.80，渝紫263　3.36，浙薯75　3.24，紫薯1号　2.71，红皮白心　2.02，地方品种　2.01，浙紫薯1号　1.21，红红1号　0.95，浙薯1号　0.81，紫薯1号　0.51，浙薯3号　0.47，76-9　0.15，浙薯602　0.15，花本1号　0.15，浙薯2号　0.10，金玉（浙薯1257）　0.10。

九、马铃薯

东农303　34.61，克新4号　18.47，中薯3号　9.01，本地种　0.96，蒙古种　0.95，克新6号　0.83，大西洋　0.75，克新2号　0.21，费乌瑞它　0.20，克新2号　0.11，荷兰7号　0.05，郑薯3号　0.03。

十、油　菜

九二-13系　260.44，高油605　229.30，九二-58系　190.52，浙双72　175.00，华杂4号　72.29，601(79601)　56.86，浙油18　45.73，浙油50　38.80，浙大619　34.76，沪油15　19.60，浙双6号　19.17，油研10号　16.78，土油菜　15.40，浙油优1号　10.37，浙油758　7.22，鉴七　5.35，浙双758　4.93，沣油737　4.47，绵新油68　3.81，中双11号　3.81，德油8号　3.68，秦油8号　3.57，绵新油78　2.49，秦油7号　2.12，油研9号　1.82，宁杂19号　1.65，浙油优2号　1.50，沪油16　1.40，浙大622　1.32，沪油杂1号　1.31，3063　1.25，宁海7号　1.25，沪油21　1.20，湘杂油1号　1.14，油研818　1.11，华油杂95　1.10，中油杂1号　1.07，盐油杂3号　0.99，德核杂油8号　0.85，中双9号　0.71，中双8号　0.70，浙油51　0.60，华浙油0742　0.56，81-350　0.50，杂选84-1　0.50，浙杂2号　0.45，浙油28　0.35，华杂3号　0.30，浙双8号　0.30，浙油杂2号　0.27，油研7号　0.26，油研817　0.25，中油杂15号　0.20，华湘油11号　0.18，浙油19　0.16，华油杂62　0.16，福油518　0.16，油研8号　0.15，油研5号　0.13，中油杂898　0.13，农华油101　0.12，宁杂21号　0.12，中油88　0.11，平头油菜　0.10，黔油28号　0.10。

十一、花　生

天府3号　8.24，衢江黑花生　3.89，小京生　2.74，粤油551-116　2.15，大红袍　1.84，白沙06　1.10，天府10号　1.09，本地种　0.61，中育黑1号　0.32，白沙　0.25，天府2号　0.18，四粒红　0.14，地方品种　0.10，一把抓　0.07，小洋生　0.05。

十二、棉　花

中棉12号　14.21，浙萧棉9号　11.26，沪棉204　9.26，浙萧棉1号　8.26，中棉所29　5.87，湘杂棉8号　4.87，慈抗杂3号　4.68，湘杂棉3号　3.60，910　3.21，中棉所28　3.11，慈抗3号　1.83，泗棉3号　1.61，91490　1.55，兴地棉1号　1.53，南农6号　1.37，慈抗 F_2　1.30，湘杂棉11号　1.26，苏棉8号　1.25，浙凤棉1号　1.20，鄂杂棉10号　1.03，中棉所59　1.01，浙棉11号　0.82，湘杂棉2号　0.78，浙1793　0.76，中棉所63　0.50，泗杂棉8号　0.46，金杂棉3号　0.40，苏棉12　0.36，浙

棉 10 号　0. 35，沪棉　0. 33，创 075　0. 22，创杂棉 21 号　0. 21，苏杂棉 3 号　0. 20，国丰棉 12　0. 17，徐岱 8 号　0. 16，慈抗 F_1　0. 15，南抗 3 号　0. 11，中棉所 87　0. 08，中棉所 27　0. 07，慈爱杂 1 号　0. 06，鄂杂棉 29　0. 04，泗棉　0. 02，苏棉 8 号　0. 02，苏棉 9 号　0. 01，中棉 9 号　0. 01。

十三、西　瓜

早佳（84-24）　45. 49，平 87-14　12. 52，西农 8 号　9. 21，早春红玉　8. 96，浙蜜 3 号　5. 97，拿比特　4. 15，京欣 1 号　3. 61，红玲　3. 53，美抗 9 号　2. 44，浙蜜 5 号　2. 12，欣抗　2. 01，地雷王　1. 86，丰抗 1 号　1. 59，丰抗 8 号　1. 50，美抗 6 号　1. 45，抗病京欣　1. 26，佳乐　1. 10，秀芳　1. 09，特小凤　1. 01，黑美人　0. 74，小兰　0. 56，浙蜜 1 号　0. 48，新红宝　0. 46，新澄　0. 40，科农九号　0. 40，抗病 948　0. 40，浙蜜 4 号　0. 36，欣秀　0. 36，蜜童　0. 25，丽芳　0. 19，西域星　0. 16，麒麟　0. 15，华蜜冠军　0. 15，巨龙　0. 15，利丰 1 号　0. 15，利丰 2 号　0. 15，利丰 3 号　0. 15，超级地雷王　0. 13，浙蜜 6 号　0. 11，盛兰　0. 10，春光　0. 09，丰乐 5 号　0. 08，浙蜜 2 号　0. 08，科农 3 号　0. 07，金蜜 2 号　0. 06，卫星 2 号　0. 05，美都　0. 05，西农 10 号　0. 05，小芳　0. 05，翠玲　0. 05，超甜地雷王　0. 05，极品小兰　0. 02，新金兰　0. 02，中科 1 号　0. 01，万福来　0. 01，甘露　0. 01。

第三章　各年度农作物主要品种面积

自1986—2015年，共三十年。衢州市各年度农作物主要品种种植面积，按品种面积大小排序，以万亩为单位。

一、1986年农作物主要品种及面积

常规早（籼）稻：早熟品种（0.51万亩）：二九青　0.51。

中熟品种（56.33万亩）：二九丰　36.05，浙辐802　19.67，“8004”　0.61。

迟熟品种（47.14万亩）：广陆矮4号　28.57，辐756　3.68，红突31　1.99，71早一号　0.67，湖北22　0.31，“7307”　0.10，其他　11.82。

杂交早（籼）稻（4.25万亩）：威优35　3.83，汕优16　0.42。

杂交晚籼稻（合计78.85万亩）：汕优6号　58.85，汕优64　9.67，汕优桂33　8.55，汕优63　1.32，威优35　0.17，汕优2号　0.05，其他　0.24。

常规晚粳稻（13.16万亩）：矮粳23　8.52，秀水27　2.03，秀水48　0.5，寒丰0.3，“81-40”　0.02，“83-46”　0.01，其他　1.78。

常规晚糯稻（14.11万亩）：矮双2号　5.74，柯香糯　2.5，双糯4号　1.67，R817　1.07，祥湖25（C8325）　0.45，加糯13　0.25，其他　2.43。

小麦（40.48万亩）：浙麦1号（908）　33.21，浙麦2号　3.1，浙麦3号（352）1.72，扬麦4号　0.62，扬麦5号　0.19，宁麦6号　0.06，其他　1.58。

大麦（7.95万亩）：沪麦4号　2.76，早熟3号　1.94，浙啤1号　1.4，浙农大2号0.85，舟麦1号　0.8，其他　0.2。

大豆（5.88万亩）：六月豆　1.75，矮脚早　1.44，白花豆　0.6，穗稻黄　0.2，兰溪大黄豆　0.1，毛蓬青　0.02，其他　1.77。

蚕（豌）豆：未统计。

玉米（7.85万亩）：虎单5号　0.68，苏玉1号　0.53，丹玉6号　0.3，旅曲　0.1，东单1号　0.1，中单206　0.01，甜玉2号　0.01，其他　6.12。

马铃薯：未统计。

甘薯（6.57万亩）：胜利百号　6.34，徐薯18　0.16，其他　0.07。

棉花（4.91万亩）：沪棉204　4.66，浙萧棉1号　0.25。

油菜（38.82万亩）：九二-13系　32.52，土油菜　5.02，“3063”　1.25，九二-58系0.02，其他　0.01。

绿肥：未统计。

花生（1.01万亩）：天府3号　0.38，粤油551-116　0.33，其他　0.3。

（备注：参考资料《衢州市种子公司1986年种子工作情况统计年报》）

二、1987年农作物主要品种及面积

常规早（籼）稻：早熟品种（0.14万亩）：二九青　0.14。

中熟品种（65.31万亩）：二九丰　41.26，浙辐802　21.49，HA-7　0.99，“8004”0.72，其他　0.85。

迟熟品种（37.87万亩）：广陆矮4号　20.56，“7307”　2.89，辐756　0.64，作五

0.64，红突31　0.5，辐8-1　0.12，“5010”　0.02，其他　12.5。

杂交早（籼）稻（7.19万亩）：威优35　6.53，汕优64　0.5，汕优16　0.1，汕优21　0.06。

杂交晚籼稻（合计90.01万亩）：汕优6号　53.77，汕优64　15.37，汕优桂33　11.55，汕优63　3.98，汕优85　1.2，威优35　0.44，威优64　0.04，协优64　0.03，其他　3.63。

常规晚粳稻（11.01万亩）：矮粳23　3.9，秀水27　3.7，秀水11（C84-11）　0.2，2R4　0.1，寒丰　0.1，中嘉129（H129）　0.09，T8340　0.05，秀水48　0.02，秀水04　0.01，其他　2.84。

常规晚糯稻（16.71万亩）：矮双2号　9.54，R817　3.33，祥湖25　1.53，柯香糯0.4，双糯4号　0.15，祥湖84　0.13，香糯4号　0.05，其他　1.58。

小麦（40.40万亩）：浙麦1号　33.13，浙麦2号　3.1，浙麦3号（352）　1.72，扬麦4号　0.62，扬麦5号　0.19，宁麦6号　0.06，其他　1.58。

大麦（7.95万亩）：沪麦4号　2.77，早熟3号　1.94，浙啤1号　1.4，浙农大2号0.84，舟麦1号　0.8，其他　0.2。

大豆（8.68万亩）：矮脚早　3.42，六月拔　3.03，白花豆　0.83，穗稻黄　0.42，毛蓬青　0.16，兰溪大黄豆　0.12，白毛大黄豆　0.02，其他　0.68。

蚕（豌）豆：未统计。

玉米（7.84万亩）：中单206　0.76，虎单5号　0.45，苏玉1号　0.41，旅曲　0.28，丹玉6号　0.1，丹玉13　0.07，中单2号　0.01，其他　5.76。

马铃薯：未统计。

甘薯（8.61万亩）：胜利百号　6.34，徐薯18　1.34，其他　0.93。

棉花（4.89万亩）：沪棉204　3.34，浙萧棉1号　1.39，徐岱8号　0.16。

油菜（38.37万亩）：九二-13系　32.07，土油菜　5.02，宁海7号　1.25，九二-58系　0.02，其他　0.01。

绿肥：未统计。

花生（1.08万亩）：粤油551-116　0.44，天府3号　0.28，小洋生　0.05，其他　0.31。

（备注：参考资料《衢州市种子公司1987年种子工作情况统计年报》）

三、1988年农作物主要品种及面积

常规早（籼）稻：早熟品种（0.21万亩）：二九青　0.21。

中熟品种（63.96万亩）：浙辐802　27.65，二九丰　24.2，“73-07”　4.64，HA-7　2.5，早莲31　1.21，“8004”　0.57，中857　0.36，浙852　0.1，其他　2.73。

迟熟品种（43.38万亩）：广陆矮4号　17.2，辐8-1　10.41，辐756　4.36，作五4.32，泸红早1号　0.77，辐8329　0.03，其他　6.29。

杂交早（籼）稻（4.27万亩）：威优35　2.81，汕优21　0.54，汕优614　0.5，汕优64　0.21，威优331　0.11，汕优16　0.1。

杂交晚籼稻（合计89.23万亩）：汕优6号　34.88，汕优64　23.7，汕优桂33　21.6，汕优63　3.57，协优46　2.0，威优35　1.3，威优64　1.01，汕优2号　0.49，汕优85　0.21，汕优早4　0.2，协优64　0.17，其他　0.1。

常规晚粳稻（11.66 万亩）：矮粳 23　4.92，秀水 27　3.37，中嘉 129（H129）　0.92，秀水 11　0.78，秀水 48　0.28，秀水 04　0.09，其他　1.3。

常规晚糯稻（20.12 万亩）：祥湖 25　5.67，矮双 2 号　5.56，祥湖 84　3.49，R817　2.25，双糯 4 号　1.55，柯香糯　0.18，其他　1.42。

小麦（43.82 万亩）：浙麦 1 号　32.26，浙麦 2 号　4.27，浙麦 3 号　3.39，扬麦 3 号　0.96，丽麦 16　0.24，扬麦 5 号　0.2，其他　2.50。

大麦（7.23 万亩）：沪麦 4 号　3.95，早熟 3 号　1.75，浙农大 2 号　0.84，浙啤 1 号　0.59，浙农大 3 号　0.06，其他　0.04。

大豆（6.42 万亩）：野猪戳　1.53，矮脚早　1.22，一把抓　0.94，六月拔　0.61，白花豆　0.56，三花豆　0.41，兰溪大黄豆　0.4，穗稻黄　0.22，毛蓬青　0.12，湖西豆　0.01，其他　0.4。

蚕（豌）豆：未统计。

玉米（7.48 万亩）：苏玉 1 号　0.69，虎单 5 号　0.57，旅曲　0.32，丹玉 6 号　0.25，丹玉 13　0.24，中单 206　0.2，东单 1 号　0.19，其他　5.02。

马铃薯：未统计。

甘薯（8.27 万亩）：徐薯 18　2.86，胜利百号　2.72，红皮白心　0.36，其他　2.33。

棉花（2.49 万亩）：浙萧棉 1 号　1.74，沪棉 204　0.72，中棉 12 号　0.03。

油菜（36.4 万亩）：九二-13 系　21.97，九二-58 系　6.95，“601（79601）”　3.32，土油菜　1.7，“81-350”　0.5，杂选 84-1　0.5，其他　1.46。

绿肥：未统计。

花生（0.38 万亩）：粤油 551-116　0.17，天府 3 号　0.08，其他　0.13。

（备注：参考资料《衢州市种子公司 1988 年种子工作情况统计年报》）

四、1989 年农作物主要品种及面积

常规早（籼）稻：中熟品种（64.3 万亩）：浙辐 802　27.66，二九丰　19.97，早莲 31　4.73，“73－07”　2.59，中 857　2.22，浙 852　1.67，浙辐 9 号　0.36，嘉籼 758　0.29，“8004”　0.19，湘早籼 3 号　0.1，其他　4.52。

迟熟品种（45.09 万亩）：辐 8-1　15.78，广陆矮 4 号　10.06，泸红早 1 号　6.0，中浙 1 号　3.4，辐 756　3.35，辐 8329　0.85，浙 8619　0.31，其他　5.34。

杂交早（籼）稻（1.49 万亩）：汕优 21　0.55，汕优 16　0.19，威优 35　0.15，汕优早 4　0.05，其他　0.55。

杂交晚籼稻（合计 96.36 万亩）：汕优 6 号　31.53，汕优桂 33　21.54，汕优 64　20.13，汕优 63　9.02，协优 46（协优 10 号）　5.26，汕优 10 号　4.23，汕优桂 34　2.0，威优 64　0.37，76 优 2674　0.42，协优 64　0.16，其他　1.7。

常规晚粳稻（8.2 万亩）：矮粳 23　1.83，中嘉 129　0.91，秀水 11　0.82，秀水 27　0.7，秀水 37　0.55，秀水 48　0.26，其他　3.13。

常规晚糯稻（15.59 万亩）：祥湖 84　6.38，祥湖 85　3.66，矮双 2 号　1.47，双糯 4 号　1.31，R817　1.17，其他　1.6。

小麦（43.17 万亩）：浙麦 1 号　35.36，浙麦 2 号　4.0，浙麦 3 号　1.28，“6071”　0.25，丽麦 16　0.13，钱江 2 号　0.04，扬麦 5 号　0.01，其他　2.1。

大麦（4.31 万亩）：沪麦 4 号　1.91，浙农大 2 号　0.84，早熟 3 号　0.66，浙农大 3

号　0.39，秀麦1号　0.24，浙啤1号　0.23，其他　0.04。

大豆（7.48万亩）：野猪戳　1.85，白花豆　1.4，三花豆　1.1，一把抓　1.0，矮脚早　0.7，穗稻黄　0.15，毛蓬青　0.06，六月拔　0.04，湖西豆　0.02，其他　1.16。

蚕（豌）豆（0.12万亩）：大白蚕　0.1，小青蚕　0.02。

玉米（7.94万亩）：虎单2号　5.06，丹玉13　1.01，鲁玉3号　0.65，鲁玉5号　0.35，东单1号　0.31，苏玉4号　0.24，苏玉1号　0.23，丹玉6号　0.04，中单206　0.03，其他　0.02。

马铃薯（0.82万亩）：未分品种统计。

甘薯（8.5万亩）：徐薯18　2.58，胜利百号　1.86，红皮白心　0.45，“76-9”　0.15，浙薯2号　0.1，其他　3.36。

棉花（1.83万亩）：浙萧棉1号　1.51，沪棉204　0.29，中棉12号　0.03。

油菜（36.35万亩）：九二-13系　16.99，九二-58系　8.57，“601（79601）”　6.5，浙优油1号　2.01，土油菜　1.01，其他　1.27。

绿肥（31.96万亩）：紫云英　27.41，其他　4.55。

花生（0.47万亩）：天府3号　0.26，粤油551-116　0.13，其他　0.08。

（备注：参考资料《衢州市种子公司1989年种子工作情况统计年报》）

五、1990年农作物主要品种及面积

常规早（籼）稻：中熟品种（57.13万亩）：浙辐802　20.59，浙852　8.31，二九丰　7.85，浙辐9号　4.95，早莲31　4.35，嘉籼758　3.24，“73-07”　2.03，中156（87-156）　1.58，中857　0.82，其他　3.41。

迟熟品种（53.09万亩）：辐8-1　13.83，辐籼6号　10.26，泸红早1号　9.85，广陆矮4号　6.32，辐756　2.46，中浙1号　2.18，浙8619　0.98，浙733　0.8，其他　6.41。

杂交早（籼）稻（0.63万亩）：汕优21　0.36，威优35　0.07，汕优早4　0.07，威优48-2　0.05，汕优638　0.02，其他　0.06。

杂交晚籼稻（合计97.68万亩）：汕优10号　37.2，汕优64　33.38，汕优桂33　13.02，协优46　5.54，汕优63　3.53，汕优6号　2.75，汕优桂34　0.75，76优2674　0.54，其他　0.97。

常规晚粳稻（4.53万亩）：秀水11　2.15，秀水27　0.96，矮粳23　0.48，秀水37　0.22，秀水48　0.14，其他　0.58。

常规晚糯稻（11.5万亩）：祥湖84　7.71，祥湖25　1.87，矮双2号　0.79，双糯4号　0.5，其他　0.63。

小麦（48.82万亩）：浙麦1号　37.48，浙麦2号　3.35，钱江2号　0.87，浙麦3号　0.8，扬麦5号　0.5，“6071”　0.35，丽麦16　0.33，其他　5.14。

大麦（3.74万亩）：浙农大2号　0.95，浙农大3号　0.87，沪麦4号　0.85，秀麦1号　0.63，浙啤1号　0.3，早熟3号　0.11，其他　0.03。

大豆（8.88万亩）：矮脚早　2.67，野猪戳　2.36，一把抓　1.5，三花豆　0.9，浙春2号　0.45，穗稻黄　0.06，湖西豆　0.04，毛蓬青　0.03，其他　0.87。

蚕（豌）豆（0.44万亩）：大白蚕　0.41，小青蚕　0.03。

玉米（7.81万亩）：掖单4号　1.09，吉单118　0.85，苏玉1号　0.36，吉单

131　0.3，苏玉 4 号　0.3，东单 1 号　0.16，丹玉 13　0.12，其他　4.63。

马铃薯（4.11 万亩）：未分品种统计。

甘薯（8.39 万亩）：徐薯 18　5.2，胜利百号　1.95，红皮白心　0.31，浙薯 602　0.15，其他　0.78。

棉花（2.72 万亩）：浙萧棉 1 号　1.88，沪棉 204　0.25，中棉 12 号　0.17，其他　0.42。

油菜（38.34 万亩）：九二-13 系　24.95，“601”　6.29，浙优油 1 号　2.98，九二-58 系　2.91，土油菜　0.81，其他　0.4。

绿肥（34.19 万亩）：紫云英　33.69，其他　0.5。

花生（0.77 万亩）：粤油 551-116　0.27，其他　0.5。

（备注：参考资料《衢州市种子公司 1990 年种子工作情况统计年报》）

六、1991 年农作物主要品种及面积

常规早（籼）稻：中熟品种（56.95 万亩）：中 156（87－156）　16.66，浙 852　15.71，浙辐 802　9.13，二九丰　3.95，浙辐 762　3.64，早莲 31　3.09，嘉籼 758　1.33，浙辐 9 号　0.88，其他　2.56。

迟熟品种（48.97 万亩）：辐籼 6 号　10.79，辐 8-1　10.76，浙 733　10.6，泸红早 1 号　8.98，广陆矮 4 号　3.0，辐 756　1.04，浙 8619　0.97，杭早 3 号　0.03，其他　2.8。

杂交早（籼）稻（4.16 万亩）：汕优 21　1.67，汕优 48-2　0.82，汕优 1126　0.7，汕优 638　0.45，威优 48-2　0.43，其他　0.09。

杂交晚籼稻（合计 105.61 万亩）：汕优 10 号　50.95，协优 46　23.15，汕优 64　19.94，汕优桂 33　3.8，汕优 63　2.35，76 优 2674　1.57，汕优 20964　0.89，汕优 6 号　0.26，其他　2.7。

常规晚粳稻（3.96 万亩）：秀水 11　2.42，秀水 27　0.69，秀水 37　0.32，矮粳 23　0.22，其他　0.31。

常规晚糯稻（13.09 万亩）：祥湖 84　8.9，祥湖 25　1.14，双糯 4 号　0.76，矮双 2 号　0.33，其他　1.96。

小麦（46.83 万亩）：浙麦 1 号　32.96，钱江 2 号　7.47，浙麦 2 号　3.12，扬麦 5 号　1.02，浙麦 3 号　0.6，丽麦 16　0.5，丽麦 79　0.3，辐鉴 36　0.15，其他　0.71。

大麦（4.27 万亩）：浙农大 2 号　1.12，沪麦 4 号　0.91，秀麦 1 号　0.72，浙农大 3 号　0.6，浙啤 1 号　0.4，早熟 3 号　0.09，其他　0.43。

大豆（7.92 万亩）：野猪戳　2.94，矮脚早　2.45，白花豆　0.6，一把抓　0.6，浙春 2 号　0.42，其他　0.91。

蚕（豌）豆（2.77 万亩）：大白蚕　2.32，其他　0.45。

玉米（8.84 万亩）：丹玉 13　6.27，苏玉 1 号　0.39，东单 1 号　0.1，其他　2.08。

马铃薯（3.96 万亩）：未分品种统计。

甘薯（10.26 万亩）：徐薯 18　4.42，胜利百号　3.47，红皮白心　0.9，其他　1.47。

棉花（2.08 万亩）：浙萧棉 1 号　1.49，中棉 12 号　0.45，其他　0.14。

油菜（38.38 万亩）：九二-13 系　16.38，九二-58 系　9.67，“601（79601）”　8.49，浙优油 1 号　2.98，土油菜　0.4，其他　0.46。

绿肥（34.86 万亩）：紫云英　34.31，其他　0.55。

花生（0.93万亩）：粤油551-116　0.81，其他　0.12。

（备注：参考资料《衢州市种子公司1991年工作情况统计年报》）

七、1992年农作物主要品种及面积

常规早（籼）稻：中熟品种（48.99万亩）：中156（87-156）　21.1，浙852　15.74，浙辐802　5.55，浙辐762　3.21，嘉籼758　1.12，早莲31　0.69，嘉育293（嘉88-293）　0.35，其他　1.23。

迟熟品种（47.68万亩）：浙733　19.57，辐籼6号　12.25，辐8-1　6.81，泸红早1号　3.77，泸早872　2.16，浙8619　0.6，广陆矮4号　0.32，其他　2.2。

杂交早（籼）稻（13.78万亩）：汕优48-2　4.62，威优48-2　3.98，汕优21　1.8，威优1126　1.19，汕优1126　1.04，威优华联2号　0.66，汕优638　0.32，其他　0.17。

杂交晚籼稻（合计103.46万亩）：协优46　42.63，汕优10号　35.96，汕优64　13.57，汕优桂33　5.19，汕优63　3.73，汕优20964　1.32，Ⅱ优46　0.76，其他　0.3。

常规晚粳稻（3.89万亩）：秀水11　2.09，秀水37　0.95，秀水27　0.33，矮粳23　0.21，其他　0.31。

常规晚糯稻（16.5万亩）：祥湖84　11.11，祥湖25　1.88，绍糯87-86　1.13，矮双2号　0.68，其他　1.7。

小麦（39.71万亩）：浙麦1号　23.16，钱江2号　9.51，丽麦16　2.63，浙麦2号　1.28，丽麦79　0.51，其他　2.62。

大麦（3.29万亩）：秀麦1号　0.77，浙农大3号　0.3，浙农大2号　0.1，沪麦4号　0.07，其他　2.05。

大豆（8.78万亩）：野猪戳　2.55，矮脚早　1.71，浙春2号　1.27，白花豆　1.09，一把抓　0.75，其他　1.41。

蚕（豌）豆（1.68万亩）：大白蚕　1.21，其他　0.47。

玉米（11.0万亩）：丹玉13　4.94，掖单12　1.87，苏玉1号　0.36，其他　3.83。

马铃薯（3.57万亩）：未分品种统计。

甘薯（10.12万亩）：徐薯18　5.07，胜利百号　3.08，南薯88　0.87，其他　1.1。

棉花（3.06万亩）：中棉12号　1.37，浙萧棉9号　0.71，其他　0.98。

油菜（42.61万亩）：九二-13系　16.2，九二-58系　12.68，“601（79601）”　7.13，鉴七　5.35，土油菜　0.71，其他　0.54。

绿肥（34.82万亩）：紫云英　34.12，其他　0.7。

（备注：参考资料《1992年衢州市种子公司工作情况统计表》）

八、1993年农作物主要品种及面积

常规早（籼）稻：中熟品种（44.65万亩）：浙852　15.74，中156（87-156）　14.76，浙辐802　7.71，嘉兴香米　2.6，浙辐762　1.0，嘉籼758　0.32，舟优903　0.15，其他　2.37。

迟熟品种（49.11万亩）：浙733　29.32，泸早872　10.05，辐籼6号　3.45，泸红早1号　2.5，辐8-1　2.17，其他　1.62。

杂交早（籼）稻（5.96万亩）：汕优48-2　4.6，汕优21　0.7，威优48-2　0.4，汕优1126　0.2，其他　0.06。

杂交晚籼稻（合计 100.12 万亩）：汕优 10 号　48.61，协优 46　31.06，汕优 64　5.34，汕优 92　5.07，Ⅱ优 92　4.45，汕优 63　4.11，Ⅱ优 46　1.0，汕优桂 33　0.48。

常规晚粳稻（4.55 万亩）：秀水 11　3.39，秀水 37　0.85，其他　0.31。

常规晚糯稻（15.2 万亩）：祥湖 84　10.72，祥湖 25　1.0，绍糯 87－86　0.9，其他　2.58。

小麦（31.91 万亩）：钱江 2 号　16.26，浙麦 1 号　11.78，丽麦 16　1.54，扬麦 5 号　0.5，浙麦 2 号　0.16，核组 8 号　0.01，其他　1.66。

大麦（2.21 万亩）：秀麦 1 号　0.77，浙农大 3 号　0.25，其他　1.19。

大豆（8.28 万亩）：浙春 2 号　1.88，矮脚早　1.6，野猪戳　1.5，白花豆　0.99，一把抓　0.5，“407”　0.11，其他　1.7。

蚕（豌）豆（2.1 万亩）：大白蚕　1.7，其他　0.4。

玉米（7.83 万亩）：丹玉 13　4.5，掖单 12　0.75，苏玉 1 号　0.44，其他　2.14。

马铃薯（2.68 万亩）：未分品种统计。

甘薯（9.29 万亩）：徐薯 18　3.59，胜利百号　1.9，南薯 88　1.1，其他　2.7。

棉花（3.67 万亩）：中棉 12 号　1.9，浙萧棉 9 号　1.77。

油菜（30.55 万亩）：九二－13 系　14.34，九二－58 系　9.8，“601”　5.6，其他　0.81。

绿肥（25.97 万亩）：未分品种统计。

（备注：参考资料《衢州市种子公司 1993 年种子工作情况统计年报》）

九、1994 年农作物主要品种及面积

常规早（籼）稻：中熟品种（39.12 万亩）：浙 852　11.92，浙辐 802　10.97，舟优 903　6.34，中 156（87-156）　2.32，浙辐 762　2.06，嘉籼 758　0.1，其他　5.41。

迟熟品种（58.38 万亩）：浙 733　37.61，泸早 872　12.13，泸红早 1 号　2.05，浙农 8010　1.45，辐 8-1　1.3，辐籼 6 号　1.15，其他　2.69。

杂交早（籼）稻（3.02 万亩）：汕优 48-2　2.43，汕优 1126　0.41，其他　0.18。

杂交晚籼稻（合计 103.99 万亩）：汕优 10 号　41.27，协优 46　38.96，汕优 64　9.17，汕优 63　4.64，Ⅱ优 92　4.02，汕优 92　2.19，Ⅱ优 63　0.8，汕优桂 33　0.75，Ⅱ优 46　0.12，其他　2.07。

常规晚粳稻（3.86 万亩）：秀水 11　1.75，秀水 37　1.03，其他　1.08。

常规晚糯稻（11.41 万亩）：祥湖 84　6.77，春江 03　1.2，祥湖 25　0.4，绍糯 87-86　0.33，其他　2.71。

小麦（27.6 万亩）：浙麦 1 号　17.1，钱江 2 号　5.7，浙麦 2 号　1.6，核组 8 号　0.5，丽麦 16　0.2，其他　2.5。

大麦（2.9 万亩）：浙农大 3 号　1.7，秀麦 1 号　0.6，其他　0.6。

大豆（10.63 万亩）：野猪戳　2.5，浙春 2 号　1.68，白花豆　1.49，矮脚早　1.45，“407”　1.06，一把抓　1.0，毛蓬青　0.05，浙春 3 号　0.03，其他　1.37。

蚕（豌）豆（1.8 万亩）：大白蚕　1.4，其他　0.4。

玉米（5.73 万亩）：丹玉 13　2.1，掖单 12　1.25，苏玉 1 号　0.98，掖单 4 号　0.3，其他　1.1。

马铃薯（2.7万亩）：未分品种统计。

甘薯（9.59万亩）：徐薯18　3.93，胜利百号　2.23，南薯88　2.19，其他　1.24。

棉花（3.81万亩）：浙萧棉9号　2.11，中棉12号　1.7。

油菜（39.9万亩）：九二-58系　20.7，九二-13系　9.6，“601”　5.7，浙优油2号　1.5，浙优油1号　0.1，其他　2.3。

绿肥（33.3万亩）：未分品种统计。

（备注：参考资料《1994年衢州市种子公司统计年报》）

十、1995年农作物主要品种及面积

常规早（籼）稻：中熟品种（45.12万亩）：舟优903　13.09，浙辐802　6.77，浙辐218　6.64，浙852　6.3，中早1号　5.0，中156（87-156）　3.2，浙9248（92-48）　1.78，浙辐762　0.6，其他　1.74。

迟熟品种（55.51万亩）：浙733　41.12，泸早872　5.63，浙农8010　3.37，辐8-1　1.25，泸红早1号　1.19，嘉育293　0.8，衢育860（“860”）　0.7，“7307”　0.6，中优早2号　0.45，其他　0.4。

杂交早（籼）稻（1.67万亩）：汕优48-2　1.27，汕优102　0.18，其他　0.22。

杂交晚籼稻（合计100.25万亩）：汕优10号　47.37，协优46　26.79，Ⅱ优92　8.49，协优413　4.16，汕优63　2.98，汕优64　2.5，协优92　2.09，Ⅱ优46　1.95，Ⅱ优63　1.1，汕优92　1.05，协优63　0.36，汕优413　0.25，其他　1.16。

常规晚粳稻（2.45万亩）：秀水11　0.86，秀水1067（丙1067）　0.7，秀水37　0.68，其他　0.21。

常规晚糯稻（12.45万亩）：祥湖84　7.96，浙糯2号　1.6，祥湖25　0.91，春江03　0.62，航育1号　0.01，其他　1.35。

小麦（22.25万亩）：浙麦1号　12.43，核组8号　3.71，钱江2号　3.55，温麦8号　1.5，浙麦2号　0.3，丽麦16　0.1，其他　0.66。

大麦（2.08万亩）：浙农大3号　1.0，秀麦1号　0.26，其他　0.82。

大豆（20.44万亩）：浙春2号　7.4，矮脚早　2.6，野猪戳　2.3，白花豆　1.93，一把抓　1.5，浙春3号　1.18，“407”　1.04，毛蓬青　0.21，其他　2.28。

蚕（豌）豆（1.61万亩）：大白蚕　1.42，其他　0.19。

玉米（5.14万亩）：苏玉1号　2.15，丹玉13　2.04，掖单12　0.4，其他　0.55。

马铃薯（3.22万亩）：未分品种统计。

甘薯（12.93万亩）：徐薯18　6.96，南薯88　2.3，胜利百号　0.86，其他　2.81。

棉花（4.84万亩）：中棉12号　3.52，浙萧棉9号　0.8，“910”　0.52。

油菜（51.42万亩）：九二-58系　23.33，九二-13系　21.07，“601”　4.73，其他　2.29。

绿肥（32.74万亩）：未分品种统计。

（备注：参考资料《1995年衢州市种子公司年报》）

十一、1996年农作物主要品种及面积

常规早（籼）稻：中熟品种（41.64万亩）：中早1号　14.39，舟优903　11.03，浙9248　3.42，浙852　3.2，中156　2.43，浙辐802　2.15，嘉育293　0.64，其他　4.38。

迟熟品种（50.73万亩）：浙733　34.68，泸早872　8.8，浙农8010　1.29，中丝2号

1.0，衢育 860　0.82，中早 4 号　0.37，辐 9136　0.27，其他　3.5。

杂交早（籼）稻（10.13 万亩）：汕优 48-2　6.54，K 优 402　1.77，威优 402　0.09，其他　1.73。

杂交晚籼稻（合计 106.73 万亩）：汕优 10 号　41.21，协优 46　25.79，协优 413　8.19，Ⅱ优 46　7.38，Ⅱ优 92　7.0，协优 92　5.0，汕优 63　4.47，汕优 64　3.27，汕优 92　2.1，Ⅱ优 63　1.6，其他　0.72。

常规晚粳稻（1.86 万亩）：秀水 1067（丙 1067）　1.05，秀水 11　0.3，秀水 37　0.2，其他　0.31。

常规晚糯稻（12.32 万亩）：祥湖 84　4.89，春江 03　2.5，浙糯 2 号　2.3，航育 1 号　0.77，祥湖 25　0.65，其他　1.21。

小麦（20.01 万亩）：浙麦 1 号　7.55，核组 8 号　4.63，钱江 2 号　2.92，丽麦 16　1.4，温麦 8 号　0.5，浙麦 2 号　0.3，其他　2.71。

大麦（5.97 万亩）：浙农大 3 号　2.88，浙农大 6 号　1.92，秀麦 1 号　1.17。

春大豆（10.71 万亩）：浙春 2 号　6.47，浙春 3 号　2.01，婺春 1 号　0.5，其他　1.73。

秋大豆（11.89 万亩）：浙春 2 号　3.34，白花豆　1.97，矮脚早　1.48，野猪戳　1.3，一把抓　1.0，婺春 1 号　0.6，浙春 3 号　0.47，毛蓬青　0.4，其他　1.33。

蚕（豌）豆（1.78 万亩）：大白蚕　1.32，其他　0.46。

春玉米（2.2 万亩）：苏玉 1 号　1.02，掖单 13　0.5，丹玉 13　0.38，其他　0.29。

秋玉米（3.66 万亩）：丹玉 13　1.56，苏玉 1 号　1.24，掖单 13　0.3，其他　0.56。

马铃薯（5.3 万亩）：未分品种统计。

甘薯（11.39 万亩）：徐薯 18　6.41，南薯 88　3.07，胜利百号　1.05，其他　0.86。

棉花（6.13 万亩）：中棉 12 号　3.43，浙萧棉 9 号　1.5，“910”　1.2。

油菜（46.1 万亩）：九二-58 系　26.45，九二-13 系　13.16，“601”　3.77，“605”　1.8，其他　0.92。

绿肥（29.83 万亩）：未分品种统计。

（备注：参考资料《1996 年衢州市种子公司年报》）

十二、1997 年农作物主要品种及面积

常规早（籼）稻：中熟品种（45.33 万亩）：舟优 903　18.08，中早 1 号　14.35，浙 9248　4.9，浙辐 802　1.73，嘉育 293　1.67，浙 852　1.5，中 156　0.9，浙农 921　0.6，其他　1.6。

迟熟品种（39.15 万亩）：浙 733　24.18，泸早 872　5.5，浙农 8010　4.62，中丝 2 号　2.44，衢育 860　1.21，辐 9136　0.7，其他　0.5。

杂交早（籼）稻（17.83 万亩）：威优 402　6.41，K 优 402　4.93，汕优 48-2　4.36，金优 402　1.0，早优 49 辐　0.55，其他　0.58。

杂交晚籼稻（合计 103.36 万亩）：汕优 10 号　37.59，协优 46　30.8，Ⅱ优 46　9.8，Ⅱ优 92　7.32，协优 413　5.69，汕优 63　4.25，汕优 64　2.54，协优 92　1.5，Ⅱ优 63　0.95，汕优 92　0.3，其他　2.62。

常规晚粳稻（4.12 万亩）：秀水 1067　1.24，秀水 11　0.7，秀水 37　0.5，其他　1.68。

常规晚糯稻（12.94 万亩）：航育 1 号　3.18，祥湖 84　3.17，春江 03　2.35，绍糯 119　1.68，浙糯 2 号　0.9，其他　1.66。

小麦（18.65 万亩）：浙麦 1 号　9.7，浙麦 2 号　3.36，钱江 2 号　2.29，温麦 8 号　1.36，核组 8 号　0.5，丽麦 16　0.24，其他　1.2。

大麦（5.09 万亩）：浙农大 6 号　2.4，浙农大 3 号　1.14，苏啤 1 号　0.51，秀麦 1 号　0.49，其他　0.55。

春大豆（14.95 万亩）：浙春 2 号　8.73，浙春 3 号　2.32，矮脚早　1.35，婺春 1 号　0.68，其他　1.87。

秋大豆（13.1 万亩）：浙春 2 号　7.07，白花豆　2.0，毛蓬青　0.69，婺春 1 号　0.35，浙春 3 号　0.25，其他　2.74。

蚕（豌）豆（2.5 万亩）：大白蚕　1.53，其他　0.97。

春玉米（8.74 万亩）：苏玉 1 号　3.54，掖单 13　3.45，掖单 12　0.55，丹玉 13　0.49，其他　0.71。

秋玉米（4.19 万亩）：丹玉 13　1.17，苏玉 1 号　0.94，掖单 13　0.61，其他　1.47。

马铃薯（3.58 万亩）：未分品种统计。

甘薯（13.48 万亩）：胜利百号　4.59，徐薯 18　4.23，南薯 88　3.09，其他　1.57。

棉花（5.66 万亩）：中棉 12 号　2.29，浙萧棉 9 号　1.55，“910”　1.24，其他　0.58。

油菜（45.45 万亩）：九二-58 系　24.89，九二-13 系　14.04，“601”　2.36，“605”　2.02，其他　2.14。

绿肥（33.11 万亩）：未分品种统计。

（备注：参考资料《1997 年衢州市种子公司年报》）

十三、1998 年农作物主要品种及面积

常规早（籼）稻：中熟品种（57.55 万亩）：舟优 903　26.68，中早 1 号　10.1，浙 9248　6.86，浙辐 802　3.03，嘉育 948　2.25，嘉育 293　1.92，中 156　1.6，浙农 921　1.06，浙 852　0.81，嘉早 935　0.8，其他　2.44。

迟熟品种（25.77 万亩）：浙 733　14.64，浙农 8010　3.81，泸早 872　3.74，中丝 2 号　1.6，衢育 860　0.4，辐 9136　0.25，其他　1.33。

杂交早（籼）稻（19.92 万亩）：汕优 48-2　5.51，威优 402　5.07，早优 49 辐　3.7，金优 402　3.5，K 优 402　1.12，优 I 华联 2 号　1.0，其他　0.02。

杂交晚籼稻（合计 104.15 万亩）：协优 46　32.08，汕优 10 号　31.11，协优 413　13.45，Ⅱ优 46　7.69，Ⅱ优 92　5.39，协优 92　3.5，汕优 63　2.49，Ⅱ优 6078　1.85，协优 T2000　1.0，协优 63　0.8，汕优 64　0.73，威优 77　0.6，Ⅱ优 63　0.45，汕优 92　0.2，其他　2.81。

常规晚粳稻（2.41 万亩）：秀水 1067　1.34，秀水 11　0.47，秀水 37　0.24，其他　0.36。

常规晚糯稻（12.22 万亩）：绍糯 119　5.59，航育 1 号　3.25，祥湖 84　2.22，春江 03　0.83，浙糯 2 号　0.2，其他　0.13。

小麦（19.01 万亩）：浙麦 1 号　11.33，浙麦 2 号　2.2，核组 8 号　2.13，钱江 2 号　2.03，温麦 8 号　0.44，其他　0.88。

大麦（3.99 万亩）：浙农大 3 号 2.17，浙农大 6 号 0.55，秀麦 1 号 0.25，花 30 0.14，其他 0.88。

春大豆（8.32 万亩）：浙春 2 号 3.57，浙春 3 号 2.54，婺春 1 号 0.5，矮脚早 0.05，其他 1.66。

秋大豆（15.98 万亩）：白花豆 5.33，浙春 2 号 3.87，湖西豆 1.39，毛蓬青 1.29，衢秋 1 号（毛蓬青 3 号） 1.04，浙春 3 号 0.78，婺春 1 号 0.2，其他 2.08。

蚕（豌）豆（3.22 万亩）：中豌 4 号 1.75，大白蚕 0.99，其他 0.48。

春玉米（3.82 万亩）：苏玉 1 号 1.25，丹玉 13 1.15，掖单 12 0.39，西玉 3 号 0.32，苏玉糯 1 号 0.31，其他 0.4。

秋玉米（7.25 万亩）：丹玉 13 1.93，苏玉 1 号 1.56，掖单 13 1.52，郑单 14 0.31，其他 1.93。

马铃薯（4.82 万亩）：未分品种统计。

甘薯（13.87 万亩）：徐薯 18 5.75，南薯 88 3.82，胜利百号 2.75，其他 1.55。

棉花（6.7 万亩）：中棉所 28 1.53，中棉 12 号 1.2，苏棉 8 号 1.0，“91490” 1.0，泗棉 3 号 0.95，浙棉 10 号 0.35，“910” 0.25，浙棉 11 号 0.2，浙萧棉 9 号 0.1，其他 0.12。

油菜（45.15 万亩）：九二-58 系 16.1，“605” 14.6，九二-13 系 6.1，“601” 2.97，华杂 3 号 0.3，浙双 72 0.3，其他 4.78。

绿肥（30.29 万亩）：未分品种统计。

（备注：参考资料《1998 年衢州市种子公司年报》）

十四、1999 年农作物主要品种及面积

常规早（籼）稻：中熟品种（68.11 万亩）：嘉育 948 19.94，舟优 903 16.99，辐 8970 10.09，嘉早 935 7.99，浙 9248 4.61，中早 1 号 4.31，浙辐 802 1.15，嘉兴 8 号 0.75，嘉育 293 0.56，浙 852 0.22，浙农 921 0.09，其他 1.41。

迟熟品种（12.42 万亩）：浙 733 6.01，浙农 8010 1.9，中丝 2 号 1.48，金早 22（金 9322） 1.26，泸早 872 1.17，浙 952 0.6。

杂交早（籼）稻（18.72 万亩）：金优 402 7.89，威优 402 5.41，早优 49 辐 2.39，汕优 48-2 1.57，K 优 402 0.78，优 I 华联 2 号 0.57，其他 0.11。

杂交晚籼稻（合计 106.5 万亩）：协优 46 41.28，汕优 10 号 28.92，Ⅱ优 46 8.81，协优 92 7.9，Ⅱ优 92 3.75，Ⅱ优 63 2.9，汕优 63 2.56，协优 413 2.03，协优 63 1.69，Ⅱ优 64 1.5，协优 9516 1.02，Ⅱ优 838 0.93，汕优 64 0.69，Ⅱ优 6078 0.68，协优 914 0.24，汕优 92 0.2，威优 77 0.2，协优 963 0.16，其他 1.04。

常规晚粳稻（2.42 万亩）：秀水 1067 1.42，明珠 1 号 0.51，秀水 11 0.28，其他 0.21。

常规晚糯稻（9.52 万亩）：绍糯 119 6.49，祥湖 84 1.45，航育 1 号 0.72，春江 03 0.36，其他 0.5。

小麦（17.38 万亩）：浙麦 1 号 7.8，浙麦 2 号 5.06，钱江 2 号 1.61，核组 8 号 1.27，温麦 8 号 0.95，其他 0.69。

大麦（3.86 万亩）：浙农大 3 号 1.21，苏啤 1 号 1.1，浙农大 6 号 0.86，花 30 0.41，其他 0.28。

春大豆（6.39万亩）：浙春2号　2.85，浙春3号　1.97，矮脚早　0.77，婺春　1号　0.07，其他　0.73。

秋大豆（12.74万亩）：白花豆　3.2，浙春3号　2.25，浙春2号　1.35，衢秋1号　1.17，湖西豆　0.76，婺春1号　0.1，其他　3.91。

蚕（豌）豆（3.65万亩）：中豌4号　2.1，大白蚕　1.14，其他　0.41。

春玉米（5.53万亩）：苏玉1号　1.46，丹玉13　1.45，郑单14　1.37，掖单12　0.32，苏玉糯1号　0.3，西玉3号　0.28，其他　0.35。

秋玉米（6.47万亩）：丹玉13　1.74，掖单12　1.71，苏玉1号　1.05，郑单14　1.08，其他　0.89。

马铃薯（4.21万亩）：克新4号　1.63，东农303　1.05，其他　1.53。

甘薯（14.52万亩）：徐薯18　6.69，南薯88　4.68，胜利百号　2.13，其他　1.02。

棉花（3.17万亩）：中棉所28　1.28，浙棉11号　0.5，“91490”　0.4，泗棉3号　0.28，中棉12号　0.25，中棉所29　0.16，苏棉8号　0.15，其他　0.15。

油菜（45.57万亩）：605（高油605）　20.61，九二-58系　9.21，华杂4号　5.2，九二-13系　4.45，浙油758　4.22，其他　1.88。

绿肥（31.9万亩）：黑麦草　14.31，其他　17.59。

（备注：参考资料《1999年衢州市种子公司年报》）

十五、2000年农作物主要品种及面积

常规早（籼）稻：中熟品种（36.78万亩）：嘉育948　13.47，嘉早935　7.21，舟优903　3.71，中早1号　3.45，嘉早41　3.0，辐8970　1.0，浙9248　0.98，浙农921　0.6，嘉兴8号　0.5，嘉育293　0.15，其他　2.8。

迟熟品种（28.84万亩）：中丝2号　8.1，金早22　7.08，中组1号　6.0，浙733　5.17，浙农8010　2.4。

杂交早（籼）稻（12.51万亩）：金优402　7.01，威优402　3.21，汕优48-2　0.97，早优48-2　0.42，早优49辐　0.3，优Ⅰ402　0.1，其他　0.5。

杂交晚籼稻（合计91.75万亩）：协优46　33.11，汕优10号　15.03，Ⅱ优46　11.82，协优92　8.2，汕优63　3.88，Ⅱ优92　3.81，Ⅱ优63　2.15，协优63　2.14，协优914　1.81，两优培九　1.54，协优963　1.5，Ⅱ优3027　1.0，协优413　0.82，Ⅱ优6078　0.66，Ⅱ优838　0.34，协优9516　0.3，汕优64　0.29，其他　3.35。

常规晚粳稻（2.72万亩）：秀水1067　0.45，原粳7号　0.2，其他　2.07。

常规晚糯稻（15.53万亩）：绍糯119　9.92，浙农大454　1.15，祥湖84　0.6，春江03　0.6，航育1号　0.15，其他　3.11。

小麦（9.35万亩）：浙麦1号　3.51，浙麦2号　2.91，钱江2号　1.17，核组8号　0.85，温麦8号　0.3，温麦10号　0.2，其他　0.41。

大麦（1.42万亩）：浙农大6号　0.7，花30　0.4，浙农大3号　0.12，其他　0.2。

春大豆（22.37万亩）：浙春3号　14.92，浙春2号　4.06，矮脚早　0.96，婺春1号　0.15，其他　2.28。

秋大豆（10.43万亩）：浙春3号　3.72，白花豆　1.2，湖西豆 1.05，浙春2号　0.99，衢秋1号　0.8，诱处4号　0.2，其他　2.47。

蚕（豌）豆（3.98 万亩）：中豌 4 号　2.45，大白蚕　0.9，中豌 6 号　0.25，其他　0.38。

春玉米（6.18 万亩）：苏玉 1 号　1.32，郑单 14　0.95，丹玉 13　0.95，掖单 12　0.73，西玉 3 号　0.68，浙糯 9703　0.5，苏玉糯 1 号　0.48，其他　0.57。

秋玉米（5.4 万亩）：丹玉 13　1.28，掖单 12　1.12，苏玉 1 号　0.99，郑单 14　0.69，西玉 3 号　0.3，其他　1.02。

马铃薯（4.27 万亩）：克新 4 号　1.77，东农 303　0.96，其他　1.54。

甘薯（12.45 万亩）：徐薯 18　5.02，南薯 88　4.93，胜利百号　1.27，其他　1.23。

棉花（2.39 万亩）：中棉所 29　0.95，中棉所 28　0.3，泗棉 3 号　0.26，中棉 12 号　0.22，湘杂棉 2 号　0.2，“91490”　0.15，浙棉 11 号　0.12，苏棉 8 号　0.1，其他　0.09。

油菜（41.84 万亩）：高油 605　18.8，华杂 4 号　11.83，九二-58 系　4.81，浙双 72　3.0，九二-13 系　2.3，“605”　0.8，其他　0.3。

绿肥（32.2 万亩）：黑麦草　13.76，其他　18.44。

（备注：参考资料《2000 年衢州市种子公司年报》）

十六、2001 年农作物主要品种及面积

常规早（籼）稻：中熟品种（28.47 万亩）：嘉育 948　12.51，中早 1 号　7.25，嘉早 935　3.22，舟优 903　2.87，嘉早 41　1.0，浙农 921　0.7，嘉育 293　0.6，浙 9248　0.25，其他　0.07。

迟熟品种（26.13 万亩）：浙 733　9.52，中组 1 号　5.08，金早 22　3.31，金早 47　3.12，中丝 2 号　2.5，浙农 8010　0.9，金早 50　0.5，浙农 952　0.2，其他　1.0。

杂交早（籼）稻（6.37 万亩）：金优 402　5.43，汕优 48-2　0.32，早优 48-2　0.3，优Ⅰ402　0.3，金优 974　0.02。

杂交晚籼稻（合计 94.88 万亩）：协优 46　26.23，两优培九　21.2，协优 963　9.54，汕优 10 号　6.75，Ⅱ优 46　5.9，协优 92　4.5，Ⅱ优 3027　2.2，汕优 63　1.38，Ⅱ优 838　1.25，Ⅱ优 63　1.05，协优 63　0.92，Ⅱ优 92　0.88，Ⅱ优 8220　0.8，协优 9516　0.4，协优 914　0.35，Ⅱ优 6078　0.3，汕优 64　0.15，其他　11.08

常规晚粳稻（1.73 万亩）：秀水 1067　0.3，原粳 7 号　0.25，其他　1.18。

常规晚糯稻（11.26 万亩）：绍糯 119　3.85，浙农大 454　1.9，谷香四号　1.0，春江 03　0.56，其他　3.95。

小麦（5.07 万亩）：浙麦 1 号　2.61，核组 8 号　0.9，钱江 2 号　0.72，浙农大 105　0.5，温麦 10 号　0.06，其他　0.28。

大麦（0.51 万亩）：花 30　0.2，浙农大 3 号　0.16，浙农大 6 号　0.14，其他　0.01。

春大豆（21.51 万亩）：浙春 3 号　16.79，浙春 2 号　2.02，台湾 292　0.4，矮脚早 0.35，黄金 1 号　0.15，其他　1.8。

秋大豆（12.98 万亩）：浙春 3 号　6.7，白花豆　1.5，衢秋 1 号　1.3，湖西豆 1.0，浙春 2 号　0.56，诱处 4 号　0.35，其他　1.57。

蚕（豌）豆（4.34 万亩）：中豌 4 号　2.32，大白蚕　1.2，中豌 6 号　0.48，其他　0.34。

春玉米（6.21 万亩）：郑单 14　1.14，苏玉 1 号　0.8，苏玉糯 1 号　0.8，掖单

12　0.64，丹玉 13　0.57，西玉 3 号　0.5，科糯 986　0.5，浙糯 9703　0.18，农大 108　0.15，其他　0.93。

秋玉米（4.23 万亩）：苏玉 1 号　1.16，郑单 14　0.7，西玉 3 号　0.68，丹玉 13　0.41，掖单 12　0.27，其他　1.01。

马铃薯（4.57 万亩）：东农 303　2.1，克新 4 号　1.49，其他　0.98。

甘薯（13.81 万亩）：徐薯 18　6.23，南薯 88　3.43，胜利百号　2.94，其他　1.21。

棉花（2.76 万亩）：中棉所 29　1.04，湘杂棉 2 号　0.51，慈抗 3 号　0.5，泗棉 3 号　0.12，中棉 12 号　0.1，其他　0.49。

油菜（43.25 万亩）：华杂 4 号　15.84，高油 605　13.7，浙双 72　8.26，九二-58 系　3.05，九二-13 系　0.8，其他　1.6。

绿肥（26.91 万亩）：黑麦草　16.27，其他　10.64。

（备注：参考资料《衢州市种子公司 2001 年年报》）

十七、2002 年农作物主要品种及面积

常规早（籼）稻：中熟品种（12.54 万亩）：嘉育 948　4.72，中早 1 号　2.4，嘉早 935　2.16，舟优 903　1.33，嘉早 41　1.3，嘉育 293　0.23，浙 9248　0.2，浙农 921　0.1，其他　0.1。

迟熟品种（32.35 万亩）：金早 47　16.2，中组 1 号　8.83，浙 733　5.23，浙农 8010　0.93，中丝 2 号　0.75，金早 22　0.4，其他　0.01。

杂交早（籼）稻（7 万亩）：金优 402　6.64，早优 48-2　0.16，金优 974　0.1，汕优 48-2　0.1。

杂交晚籼稻：

①单季杂交晚籼稻（合计 42.83 万亩）：两优培九　20.08，协优 9308　6.36，Ⅱ优 838　6.0，协优 46　2.07，协优 963　1.53，粤优 938　1.49，Ⅱ优 8220　1.0，协优 7954　0.6，汕优 10 号　0.5，其他　3.2。

②连作杂交晚籼稻（合计 60.56 万亩）：协优 46　17.63，协优 963　13.08，Ⅱ优 838　6.4，Ⅱ优 46　4.47，协优 92　3.3，汕优 10 号　3.16，Ⅱ优 3027　2.7，Ⅱ优 92　1.59，Ⅱ优 63　1.1，金优 207　0.5，新香优 80　0.5，Ⅱ优 8220　0.4，汕优 63　0.39，协优 63　0.25，汕优 64　0.24，协优 9516　0.15，其他　4.7。

常规晚粳稻（0.8 万亩）：秀水 1067　0.15，原粳 7 号　0.15，其他　0.5。

常规晚糯稻（7.79 万亩）：绍糯 119　3.58，浙农大 454　1.75，绍糯 9714　0.25　，谷香四号　0.15，其他　2.06。

小麦（5.11 万亩）：浙麦 1 号　1.73，核组 8 号　1.5，钱江 2 号　0.84，浙农大 105　0.3，温麦 10 号　0.29，其他　0.45。

大麦（0.94 万亩）：花 30　0.53，浙农大 3 号　0.17，浙农大 6 号　0.15，其他　0.09。

春大豆（27.27 万亩）：浙春 3 号（包括套种）　20.57，黄金 1 号　1.4，六月白　0.8，矮脚毛豆　0.7，矮脚早　0.68，浙春 5 号　0.6，辽鲜 1 号　0.5，台湾 292　0.43，其他　1.59。

秋大豆（10.81 万亩）：白花豆　3.22，浙春 3 号　1.26，诱处 4 号　1.05，浙春 2 号　0.73，衢秋 1 号　0.5，湖西豆 0.3，其他　3.75。

蚕（豌）豆（3.72 万亩）：中豌 4 号　2.04，大白蚕　0.93，中豌 6 号　0.58，其他　0.17。

春玉米（5.73 万亩）：苏玉糯 1 号　1.02，苏玉 1 号　0.8，丹玉 13　0.56，掖单 12　0.38，西玉 3 号　0.32，掖单 13　0.3，农大 108　0.28，科糯 986　0.25，郑单 14　0.15，浙糯 9703　0.1，其他　0.14。

秋玉米（4.23 万亩）：掖单 12　1.15，丹玉 13　0.92，苏玉 1 号　0.43，农大 108　0.25，郑单 14　0.2，西玉 3 号　0.2，科糯 986　0.1，苏玉糯 1 号　0.1，其他　0.88。

马铃薯（4.13 万亩）：东农 303　2.24，克新 4 号　1.09，其他　0.8。

甘薯（8.01 万亩）：徐薯 18　2.85，胜利百号　1.8，南薯 88　1.45，其他　1.91。

棉花（1.06 万亩）：中棉所 29　0.47，慈抗 3 号　0.33，湘杂棉 2 号　0.06，其他　0.2。

油菜（40.17 万亩）：华杂 4 号　15.5，高油 605　10.65，浙双 72　9.23，九二-58 系 2.79，九二-13 系　0.5，其他　1.5。

绿肥（26.27 万亩）：黑麦草　17.47，其他　8.8。

（备注：参考资料《衢州市种子公司 2002 年年报》）

十八、2003 年农作物主要品种及面积

常规早（籼）稻：中熟品种（7.0 万亩）：嘉育 948　1.5，中早 1 号　1.0，嘉早 935　0.5，其他　4.0。

迟熟品种（33.89 万亩）：金早 47　15.03，中组 1 号　9.1，浙 733　3.97，金早 22　1.93，中早 22　1.0，浙农 8010　0.51，中丝 2 号　0.35，其他　2.0。

杂交早（籼）稻（3.68 万亩）：金优 402　2.56，中优 974　0.41，金优 974　0.41，汕优 48-2　0.3。

杂交晚籼稻：

①单季杂交晚籼稻（合计 47.45 万亩）：两优培九　12.47，粤优 938　8.9，协优 7954　7.2，协优 9308　7.12，协优 963　3.09，Ⅱ优 838　2.93，Ⅱ优明 86　2.5，Ⅱ优 8220　1.44，协优 46　1.0，其他　0.8。

②连作杂交晚籼稻（合计 32.5 万亩）：协优 46　8.72，协优 963　6.63，Ⅱ优 3027　5.67，汕优 10 号　3.82，协优 92　2.13，Ⅱ优 63　1.01，Ⅱ优 46　0.97，Ⅱ优 92　0.89，协优 63　0.83，汕优 63　0.55，汕优 64　0.54，新香优 80　0.53，协优 914　0.21。

常规晚粳稻（2 万亩）：秀水 110（丙 98110）　1.25，秀水 63　0.6，其他　0.15。

常规晚糯稻（7 万亩）：浙农大 454　2.97，春江 683　1.2，绍糯 119　0.94，绍糯 9714　0.6　，春江糯 2 号　0.25，其他　1.04。

小麦（3.65 万亩）：浙麦 1 号　1.42，核组 8 号　1.0，钱江 2 号　0.35，温麦 10 号 0.3，浙农大 105　0.28，其他　0.3。

大麦（0.24 万亩）：花 30　0.14，浙农大 3 号　0.1。

春大豆（16.1 万亩）：浙春 3 号　2.95，台湾 292　2.4，衢鲜 1 号　2.0，辽鲜 1 号 1.85，矮脚毛豆　1.78，台湾 75　1.7，浙春 5 号　1.5，黄金 1 号　0.5，矮脚早　0.32，引豆 9701　0.3，其他　0.8。

秋大豆（7.24 万亩）：浙春 2 号　2.43，诱处 4 号　1.1，白花豆　1.05，浙春 3 号　0.5，衢秋 1 号　0.38，湖西豆 0.3，其他　1.48。

蚕（豌）豆（2.98 万亩）：中豌 4 号　1.48，大白蚕　0.82，中豌 6 号　0.61，其他　0.07。

春玉米（4.30 万亩）：农大 108　1.62，苏玉糯 1 号　1.01，苏玉 1 号　0.75，西玉 3 号　0.43，掖单 12　0.4，科糯 986　0.4，丹玉 13　0.23，掖单 13　0.2，中糯 2 号　0.19，浙糯 9703　0.07，其他　0.43。

秋玉米（5.59 万亩）：苏玉 1 号　1.65，掖单 12　0.93，丹玉 13　0.86，农大 108　0.52，西玉 3 号　0.19，郑单 14　0.1，科糯 986　0.1，苏玉糯 1 号　0.07，其他　1.17。

马铃薯（3.07 万亩）：东农 303　1.39，克新 4 号　0.85，其他　0.83。

甘薯（8.77 万亩）：南薯 88　3.85，徐薯 18　2.77，胜利百号　0.9，其他　1.25。

棉花（2.26 万亩）：慈抗 3 号　1.0，湘杂棉 3 号　0.36，其他　0.9。

油菜（38.06 万亩）：浙双 72　12.6，华杂 4 号　9.8，高油 605　8.9，九二-58 系　2.8，九二-13 系　1.4，沪油 15　1.2，其他　1.36。

绿肥（20.32 万亩）：黑麦草　13.43，其他　6.89。

（备注：参考资料衢州市种子管理站 2003 年春花作物、早稻、晚秋作物分品种面积统计表）

十九、2004 年农作物主要品种及面积

常规早（籼）稻：中熟品种（11.35 万亩）：中早 1 号　3.85，杭 959　1.73，G00-253（即“嘉育 253”）1.0，嘉育 293　0.53，浙 103　0.45，嘉早 935　0.38，嘉育 948　0.22，其他　3.19。

迟熟品种（34.40 万亩）：金早 47　20.3，浙 733　6.42，中早 22　1.82，中组 1 号　1.60，中丝 2 号　1.56，其他　2.7。

杂交早（籼）稻（10.89 万亩）：金优 402　5.38，中优 402　2.27，中优 974　0.85，金优 974　0.58，中优 66　0.5，其他　1.31。

杂交晚籼稻（94.26 万亩）：粤优 938　12.02，两优培九　11.95，协优 46　10.65，Ⅱ优 46　8.18，协优 92　5.17，Ⅱ优 084　4.76，Ⅱ优 3027　4.29，Ⅱ优 838　4.23，汕优 10 号　3.88，中优 6 号　3.8，协优 963　3.59，中浙优 1 号　3.5，Ⅱ优 8220　3.18，Ⅱ优 92　2.94，Ⅱ优 7954　2.29，协优 914　2.23，Ⅱ优 2070　1.32，协优 63　0.5，Ⅱ优 63　0.48，Ⅱ优明 86　0.42，汕优 64　0.22，协优 9312　0.21，汕优 63　0.15，其他　4.3。

常规晚粳稻（0.70 万亩）：秀水 110　0.3，粳谷 98-11　0.1，其他　0.3。

常规晚糯稻（9.76 万亩）：春江糯 2 号　2.68，春江 683　2.6，绍糯 9714　2.0，农大 454　1.29，绍糯 119　0.55，浙糯 36　0.3，春江糯 3 号　0.24，其他　0.1。

小麦（3.95 万亩）：浙麦 1 号　1.7，浙农大 105　0.65，核组 8 号　0.48，钱江 2 号　0.37，温麦 10 号　0.2，扬麦 158　0.2，其他　0.35。

大麦（0.26 万亩）：花 30　0.1，浙农大 3 号　0.1，浙啤 4 号　0.06。

春大豆（10.44 万亩）：台湾 75　2.2，辽鲜 1 号　1.78，浙春 2 号　1.24，浙春 3 号　0.78，矮脚早　0.6，矮脚毛豆　0.4，台湾 292　0.35，台湾 88　0.12，其他　2.97。

夏秋大豆（14.9 万亩）：诱处 4 号　3.0，六月半　2.98，浙春 2 号　2.75，衢鲜 1 号　2.52，浙春 3 号　1.85，白花豆　0.88，八月拔　0.2，高雄 2 号　0.2，皖豆　0.12，8157　0.1，其他　0.3。

蚕（豌）豆（春花作物 4.83 万亩）：中豌 4 号　2.12，大白蚕　1.31，中豌 6 号　1.08，蚕豆地方品种　0.21，其他　0.11。

豌豆（晚秋作物 1.75 万亩）：中豌 4 号　1.4，中豌 2 号　0.2，中豌 6 号　0.1，其他　0.05。

春玉米（5.1 万亩）：农大 108　1.18，科糯 986　0.85，苏玉糯 1 号　0.7，苏玉 1 号　0.55，西玉 3 号　0.5，丹玉 13　0.5，掖单 1 号　0.2，科糯 991　0.2，其他　0.42。

夏秋玉米（6.29 万亩）：农大 108　2.62，丹玉 13　1.45，科糯 986　0.6，掖单 12　0.48，西玉 3 号　0.2，中糯 2 号　0.15，其他　0.79。

马铃薯（春花作物 2.78 万亩）：东农 303　1.04，克新 4 号　0.71，郑薯 3 号　0.02，其他　1.01。

马铃薯（晚秋作物 0.71 万亩）：东农 303　0.45，郑薯 3 号　0.01，其他　0.25。

甘薯（10.95 万亩）：徐薯 18　7.46，浙薯 13　2.41，南薯 88　0.78，其他　0.3。

棉花（2.4 万亩）：慈抗 F_2　1.30，湘杂棉 3 号　0.2，中棉所 29　0.2，慈抗 F_1　0.15，沪棉 0.14，其他　0.41。

油菜（37.08 万亩）：高油 605　9.05，浙双 72　8.56，九二-13 系　8.41，华杂 4 号　4.15，沪油 15　2.9，九二-58 系　2.3，其他　1.71。

西瓜（3.03 万亩）：西农 8 号　0.75，早佳（原名 84-24）　0.5，京欣系列 0.35，早春红玉 0.3，拿比特 0.25，麒麟　0.15，新橙 0.15，新红宝 0.1，浙蜜 3 号　0.1，其他　0.38。

绿肥（15.25 万亩）：黑麦草　8.10，紫云英　1.05，其他　6.1。

（备注：参考资料衢州市种子管理站 2004 年春花作物、夏季作物、晚秋作物分品种面积统计表。将常规早稻“金早 47”从中熟调整为迟熟，“杭 959”从迟熟调整为中熟）

二十、2005 年农作物主要品种及面积

常规早（籼）稻（47.75 万亩）：金早 47　21.85，中早 22　13.29，杭 959　5.05，浙 733　1.27，天禾 1 号　1.0，中早 1 号　0.75，嘉育 293　0.43，籼辐 9759　0.3，嘉育 948　0.21，其他　3.6。

杂交早（籼）稻（10.88 万亩）：金优 402　8.33，中优 402　1.55，中优 66　1.0。

杂交晚籼稻（86.21 万亩）：协优 46　6.86　中优 6 号　6.1　两优培九　6.09　中浙优 1 号　5.7，粤优 938　5.64，Ⅱ优 084　5.16，Ⅱ优 3027　4.36，协优 963　4.05，汕优 10 号　3.26，Ⅱ优 46　3.2，Ⅱ优 7954　2.94，Ⅱ优 92　2.45，富优 1 号　2.24，协优 5968　2.03，Ⅱ优 8220　1.62，协优 92　1.2，Ⅱ优明 86　1.08，D 优 527　1.0，金优 987　1.0，丰两优 1 号　0.94，Ⅱ优航 1 号　0.8，丰优 559　0.8，金优 207　0.8，新香优 80　0.8，中优 448　0.8，国丰 1 号　0.7，国丰 2 号　0.7，新两优 1 号　0.65，Ⅱ优 63　0.59，汕优 63　0.5，Ⅱ优 8006　0.45，K 优 404　0.3，协优 9312　0.23，菲优多系 1 号　0.16，协优 7954　0.16，协优 914　0.15，Ⅱ优 838　0.12，协优 63　0.1，其他　10.48。

杂交晚粳稻（0.3 万亩）：甬优 6 号　0.3。

常规晚粳稻（1.63万亩）：秀水110　1.26，其他　0.37。

常规晚糯稻（14.61万亩）：绍糯9714　3.75，春江683　2.5，浙大514　2.2，春江糯1.75，春江糯2号　1.05，浙糯36　0.97，浙糯5号　0.53，农大454　0.42，绍糯119　0.35，其他　1.09。

小麦（2.55万亩）：核组8号　0.65，浙麦1号（908）0.64，钱江2号　0.38，温麦10号　0.25，浙麦2号　0.2，浙农大105　0.08，扬麦158　0.05，扬麦4号　0.04，核组1号　0.01，其他　0.25。

大麦（0.54万亩）：浙啤3号　0.37，浙啤4号　0.04，花30　0.02，其他　0.11。

春大豆（10.73万亩）：台湾75　2.25，浙春5号　2.0，浙春3号　1.28，浙春2号0.9，日本青　0.9，矮脚毛豆　0.63，沪95-1　0.6，引豆9701　0.5，辽鲜1号　0.3，台湾292　0.25，其他　1.12。

夏秋大豆（13.92万亩）：衢秋2号　2.4，六月半　2.08，衢鲜1号　1.62，诱处4号1.05，毛蓬青　1.0，白花豆　0.82，浙春2号　0.8，浙秋豆2号　0.6，台湾75　0.23，日本青　0.21，辽鲜1号　0.01，其他　3.1。

蚕（豌）豆（春花作物2.67万亩）：大白蚕　0.52，青皮蚕豆　0.1，中豌4号1.52，中豌6号　0.4，其他　0.13。

豌豆（晚秋作物1.15万亩）：中豌4号　0.89，中豌6号　0.21，其他　0.05。

春玉米（5.3万亩）：科糯986　1.03，农大108　0.8，苏玉糯2号　0.75，苏玉糯1号　0.73，西玉3号　0.48，掖单12　0.44，丹玉13　0.4，郑单958　0.2，西玉1号0.03，掖单13　0.03，农大105　0.03，熟甜3号　0.02，珍糯　0.01，其他　0.35。

夏秋玉米（5.71万亩）：农大108　1.84，苏玉1号　0.81，丹玉13　0.8，苏玉糯2号　0.34，西玉3号　0.33，掖单13　0.33，科糯986　0.25，其他　1.01。

马铃薯（春花作物2.88万亩）：东农303　1.26，克新4号　0.58，其他　1.04。

马铃薯（晚秋作物0.86万亩）：东农303　0.44，克新4号　0.19，其他　0.23。

甘薯（12.56万亩）：徐薯18　4.24，浙薯13　2.45，南薯88　2.15，胜利百号1.55，红红1号　0.95，浙6025　0.51，紫薯1号　0.2，金玉（浙薯1257）　0.1，心香0.1，其他　0.31。

花生（1.31万亩）：小京生0.46，天府3号　0.35，白沙0.25，中育黑1号　0.1，其他　0.15。

棉花（2.04万亩）：慈抗杂3号　1.0，中棉所29　0.32，湘杂棉3号　0.23，苏棉12　0.11，沪棉0.1，南抗3号　0.08，泗棉0.02，苏棉9号　0.01，其他　0.17。

油菜（37.51万亩）：浙双72　16.1，高油605　9.71，华杂4号　4.44，浙双6号4.4，九二-13系　0.51，沪油15　0.5，九二-58系　0.33，中双8号　0.1，油研9号0.1，其他　1.32。

西瓜（4.81万亩）：早佳（原名84-24）　1.13，西农8号　0.7，早春红玉0.6，地雷王0.55，丰乐87-14　0.31，京欣1号　0.15，浙蜜4号　0.1，丰抗1号　0.1，新红宝0.09，拿比特0.08，华蜜冠军0.08，美抗6号　0.08，浙蜜3号　0.03，盛兰　0.03，欣秀　0.03，其他　0.75。

绿肥（8.79万亩）：紫云英　5.73，宁波种　2.0，其他　1.06。

牧草（5.08万亩）：黑麦草　4.43，苏丹草　0.21，东丹草　0.07，其他　0.37。

蔺草（0.01 万亩）：其他　0.1。

高粱（0.27 万亩）：湘两优糯 1 号　0.26，其他　0.01。

麻（0.1 万亩）：苎麻　0.1。

糖蔗（0.86 万亩）：温联果蔗　0.51，本地青皮　0.34，其他　0.01。

（备注：根据衢州市种子管理站提供的数据，重新整理而成。杂交晚籼稻“协优 9568”改为“协优 5968”，甘薯“新香”改为“心香”）

二十一、2006 年农作物主要品种及面积

常规早（籼）稻（45.62 万亩）：金早 47　16.62，中早 22　10.12，杭 959　3.66，中早 1 号　3.38，浙 106　3.4，天禾 1 号　2.45，浙 733　1.38，嘉育 293　0.28，嘉育 948　0.23，其他　4.1。

杂交早（籼）稻（10.96 万亩）：金优 402　6.78，中优 402　3.03，中优 66　1.1，其他　0.05。

杂交晚籼稻（90.86 万亩）：国稻 1 号　12.08，Ⅱ优 7954　9.99，中浙优 1 号　7.44，两优培九　6.36，协优 46　5.26，Ⅱ优 906　3.94，金优 987　3.86，Ⅱ优 084　3.21，Ⅱ优航 1 号　3.15，Ⅱ优 3027　2.67，粤优 938　2.28，协优 5968　2.27，Ⅱ优 46　2.18，Ⅱ优 92　2.15，Ⅱ优 838　2.12，协优 963　1.93，Ⅱ优 8220　1.85，协优 982　1.81，丰两优 1 号　1.72，Ⅱ优 8006　1.12，富优 1 号　1.05，协优 9308　1.02，中优 205　0.95，红莲优 6 号　0.91，Ⅱ优明 86　0.86，冈优 827　0.83，协优 92　0.8，内香优 3 号　0.73，协优 4090　0.7，汕优 10 号　0.64，金优 207　0.5，Ⅱ优 2070　0.4，池优 S162　0.4，协优 205　0.38，Ⅱ优 2186　0.35，协优 9516　0.3，D 优 527　0.3，宜香 3003　0.28，Ⅱ优 63　0.23，汕优 63　0.21，Ⅱ优 42　0.2，菲优多系 1 号　0.2，其他　1.23。

杂交晚粳稻（0.16 万亩）：甬优 6 号　0.16。

常规晚粳稻（1.84 万亩）：秀水 110　0.91，浙粳 30　0.26，秀水 09　0.2，秀水 03　0.12，其他　0.35。

常规晚糯稻（13.46 万亩）：浙糯 5 号　4.93，绍糯 9714　2.36，浙大 514　2.0，春江糯　1.45，浙糯 36　0.62，祥湖 84　0.43，祥湖 24　0.36，绍糯 119　0.21，矮糯 21　0.15，其他　0.95。

小麦（3.01 万亩）：扬麦 4 号　1.06，核组 8 号　0.54，浙麦 2 号　0.4，浙农大 105　0.26，浙麦 1 号　0.21，温麦 10 号　0.15，核组 1 号　0.1，扬麦 158　0.05，其他　0.24。

大麦（0.58 万亩）：花 30　0.20，浙啤 3 号　0.14，浙啤 4 号　0.03，其他　0.21。

春大豆（9.8 万亩）：台湾 75　2.41，浙春 2 号　1.03，矮脚毛豆　0.95，浙春 3 号　0.94，辽鲜 1 号　0.87，台湾 292　0.8，沪 95-1　0.7，日本青　0.6，引豆 9701　0.08，8157　0.03，地方品种　0.02，其他　1.37。

夏秋大豆（17.36 万亩）：浙春 3 号　5.42，衢秋 2 号　3.6，衢鲜 1 号　3.08，白花豆　1.05，六月半　0.9，矮脚毛豆　0.27，浙秋豆 3 号　0.27，台湾 75　0.14，辽鲜 1 号　0.11，菜用大豆　0.03，春丰早 0.02，其他　2.47。

蚕豆（0.76 万亩）：大白蚕　0.56，青皮蚕豆　0.2。

豌豆（春花作物 2.33 万亩）：中豌 4 号　1.65，中豌 6 号　0.49，本地豌豆　0.19。

豌豆（晚秋作物 1.38 万亩）：中豌 4 号　1.06，中豌 6 号　0.23，其他　0.09。

春玉米（5.99万亩）：科糯986　1.03，苏玉糯1号　0.87，苏玉糯2号　0.8，农大108　0.51，掖单12　0.46，苏玉1号　0.44，掖单13　0.43，西玉1号　0.38，郑单958　0.32，丹玉13　0.17，西玉3号　0.12，熟甜3号　0.02，超甜3号　0.01，其他0.43。

夏秋玉米（6.26万亩）：农大108　1.23，科糯986　1.09，苏玉1号　1.04，苏玉糯2号　0.67，丹玉13　0.43，泰玉1号　0.4，掖单13　0.32，西玉3号　0.29，西玉1号0.16，户单2000　0.1，其他　0.53。

马铃薯（春花作物3.05万亩）：东农303　1.24，克新4号　1.03，其他　0.78。

马铃薯（晚秋作物1.08万亩）：东农303　0.6，克新4号　0.14，其他　0.34。

甘薯（12.59万亩）：徐薯18　4.02，东方红　1.5，胜利百号　1.4，南薯88　1.19，浙薯13　1.0，浙6025　0.75，浙薯132　0.6，心香　0.3，花本1号　0.05，其他　1.68。

花生（1.22万亩）：小京生0.37，天府3号　0.35，中育黑1号　0.1，一把抓0.07，其他　0.33。

棉花（2.36万亩）：中棉所29　1.21，南农6号　0.42，慈抗杂3号　0.18，湘杂棉3号　0.11，苏棉12　0.11，沪棉　0.09，其他　0.24。

油菜（37.19万亩）：浙双72　16.12，高油605　11.91，华杂4号　3.39，浙双6号1.0，九二-58系　0.88，九二-13系　0.83，沪油15　0.5，中双8号　0.5，油研9号0.02，其他　2.04。

西瓜（夏季作物6.39万亩）：早佳　2.79，早春红玉　0.59，地雷王　0.54，西农8号0.41，丰乐87-14　0.28，浙蜜3号　0.24，拿比特　0.16，京欣1号　0.14，浙蜜4号0.14，美抗6号　0.12，新红宝　0.09，春光　0.09，丰抗1号　0.08，丰抗8号　0.02，新澄　0.02，华蜜冠军　0.02，其他　0.66。

西瓜（晚秋作物5.72万亩）：早佳84-24　2.25，地雷王　0.43，87-14　0.4，西农八号　0.33，美抗6号　0.23，浙蜜3号　0.23，早春红玉　0.21，美抗9号　0.2，新红宝0.11，浙蜜4号　0.09，盛兰　0.07，拿比特　0.06，华蜜冠军　0.05，京欣一号　0.05，欣秀　0.04，新澄　0.04，丰抗1号　0.01，其他　0.92。

绿肥（12.36万亩）：宁波大桥种　11.28，其他　1.08。

牧草（9.68万亩）：黑麦草　5.6，苏丹草　0.97，东丹草　0.46，其他　2.65。

高粱（0.22万亩）：湘两优糯1号　0.19，糯高粱　0.02，其他　0.01。

甘蔗（0.89万亩）：温联果蔗　0.54，本地青皮　0.34，其他　0.01。

（备注：根据衢州市种子管理站提供的数据，重新整理而成。杂交晚籼稻“协优9568　1.27”改为“协优5968　1.27”，并与当年协优5968　1.0合并，改为“协优5968　2.27”）

二十二、2007年农作物主要品种及面积

常规早（籼）稻（48.45万亩）：金早47　18.23，中早22　6.9，杭959　4.68，天禾1号　3.02，中早1号　3.08，浙106　2.0，甬籼57　1.74，浙733　0.7，嘉育948　0.31，浙101　0.2，温220　0.2，嘉育293　0.18，嘉育253　0.1，其他　7.11。

杂交早（籼）稻（7.31万亩）：金优402　4.9，中优402　0.61，中优974　0.6，中优66　0.5，其他　0.7。

杂交晚籼稻（87.59万亩）：中浙优1号　18.55，两优培九　9.55，协优46　4.05，扬两优 6 号　3.57，Ⅱ优 7954　3.16，冈优 827　2.7，丰两优 1 号　2.38，Ⅱ优 3027　2.2，红良优 5 号　2.1，Ⅱ优 8220　1.95，富优 1 号　1.91，协优 5968　1.9，川香优 2 号　1.6，Ⅱ优 46　1.46，协优 963　1.44，钱优 1 号　1.32，Ⅱ优 92　1.3，协优 315　1.25，Ⅱ优 838　1.18，中优 205　1.17，粤优 938　1.07，Ⅱ优 084　1.05，协优 7954　1.05，Ⅱ优航 1 号　0.95，中优 208　0.95，协优 92　0.9，国丰 1 号　0.9，泰优 1 号　0.75，中优 6 号　0.71，Ⅱ优 8006　0.61，协优 205　0.6，Ⅱ优明 86　0.57，Ⅱ优 2070　0.53，丰优 191　0.5，汕优 10 号　0.47，协优 9308　0.45，协优 9516　0.45，新两优 6 号　0.44，Ⅱ优 63　0.4，协优 63　0.34，内香优 18　0.3，D 优 527　0.3，金优 987　0.28，Ⅱ优 6216　0.2，Ⅱ优 162　0.2，宜香优 1577　0.2，D 优 68　0.2，倍丰 3 号　0.2，两优 0293　0.2，汕优 63　0.15，Ⅱ优 2186　0.15，协优 914　0.1，丰优香占 0.1，Ⅱ优 218　0.1，研优 1 号　0.1，协优 9312　0.05，其他　6.33。

常规晚粳稻（2.4 万亩）：秀水 110　1.35，浙粳 30　0.3，秀水 09　0.28，原粳 35　0.15，其他　0.32。

常规晚糯稻（12.69 万亩）：浙糯 5 号　5.83，绍糯 9714　2.66，浙糯 36　0.63，春江糯　0.59，浙大 514　0.5，绍糯 119　0.31，祥湖 84　0.27，浙糯 2 号　0.1，绍糯 7954　0.08，农大 454　0.07，其他　1.65。

小麦（3.03 万亩）：核组 8 号　0.76，扬麦 4 号　0.58，浙麦 2 号　0.4，浙麦 1 号　0.39，温麦 10 号　0.25，浙农大 105　0.16，钱江 2 号　0.1，扬麦 158　0.05，其他　0.34。

大麦（0.36 万亩）：花 30　0.14，浙啤 3 号　0.14，浙啤 4 号　0.02，其他　0.06。

春大豆（10.63 万亩）：台湾 75　3.27，辽鲜 1 号　1.16，引豆 9701　1.03，春风早　0.83，台湾 292　0.7，浙春 3 号　0.66，浙春 2 号　0.64，日本青　0.55，地方品种　0.55，矮脚毛豆　0.13，其他　1.11。

夏秋大豆（15.79 万亩）：衢鲜 1 号　4.44，衢秋 2 号　3.82，六月半　1.7，浙春 3 号　1.4，台湾 75　0.85，白花豆　0.67，浙春 2 号　0.6，矮脚早　0.41，诱处 4 号　0.4，引豆 9701　0.35，高雄 2 号　0.3，六月豆　0.2，皖豆 15　0.2，八月拔　0.1，其他　0.35。

蚕豆（0.94 万亩）：大白蚕　0.59，青皮蚕豆　0.28，其他　0.07。

豌豆（春花作物 2.05 万亩）：中豌 4 号　1.46，中豌 6 号　0.46，其他　0.13

豌豆（晚秋作物 1.84 万亩）：中豌 4 号　1.37，中豌 6 号　0.36，本地种　0.06，其他　0.05。

春玉米（5.36 万亩）：科糯 986　1.52，农大 108　0.98，苏玉糯 2 号　0.51，苏玉 1 号　0.48，掖单 13　0.47，丹玉 13　0.37，郑单 958　0.32，苏玉糯 1 号　0.24，珍糯 2 号　0.21，杭玉糯 1 号　0.03，超甜 3 号　0.01，万甜 2000　0.03，其他　0.19。

夏秋玉米（6.74 万亩）：

①普通夏秋玉米（2.96 万亩）：农大 108　0.85，苏玉 1 号　0.65，郑单 958　0.6，丹玉 13　0.41，掖单 13　0.2，西玉 3 号　0.17，农大 3138　0.05，其他　0.03。

②夏秋糯玉米（3.55 万亩）：科糯 986　1.18，苏玉糯 2 号　1.12，苏玉糯 1 号　0.36，中糯 2 号　0.2，科糯 991　0.1，浙凤糯 2 号　0.05，都市丽人　0.02，珍珠糯　0.01，其他　0.51。

③夏秋甜玉米（0.23 万亩）：超甜 2000　0.14，浙凤甜　0.03，超甜 3 号　0.02，超甜

2018　0.02，超甜204　0.02。

马铃薯（春花作物2.92万亩）：东农303　1.28，克新4号　0.91，其他　0.73。

马铃薯（晚秋作物1.13万亩）：东农303　0.64，克新4号　0.21，其他　0.28。

甘薯（12.4万亩）：徐薯18　3.58，胜利百号　1.6，地方品种　1.4，渝紫263　1.1，浙6025　0.87，心香　0.83，浙薯132　0.8，南薯88　0.7，东方红　0.6，浙薯13　0.4，紫薯1号　0.05，其他　0.47。

花生（1.91万亩）：天府3号　0.39，本地种　0.39，大红袍　0.35，中育黑　0.12，小京生　0.11，白沙06　0.1，天府2号　0.03，天府10号　0.02，其他　0.4。

棉花（2.63万亩）：慈抗杂3号　0.91，湘杂棉11号　0.37，湘杂棉8号　0.23　中棉所29　0.21，南农6号　0.2，浙1793　0.06，苏棉12　0.03，苏棉8号　0.02，中棉9号　0.01，湘杂棉2号　0.01，其他　0.58。

油菜（37.54万亩）：高油605　16.06，浙双72　11.21，浙双6号　2.95，沪油15　2.6，华杂4号　1.63，九二-58系　0.56，九二-13系　0.55，中双8号　0.1，油研9号　0.02，其他　1.86。

西瓜（6.64万亩）：早佳3.08，早春红玉0.58，美抗6号　0.51，平87-14　0.34，丰抗1号　0.25，西农8号　0.25，欣秀　0.21，京欣1号　0.18，浙蜜3号　0.17，拿比特0.1，丰抗8号　0.04，新澄　0.03，新红宝　0.03，浙蜜4号　0.03，其他　0.84。

绿肥（12.36万亩）：宁波种　6.87，紫云英　4.4，其他　1.09。

牧草（9.04万亩）：黑麦草　4.65，苏丹草　1.32，其他　3.07。

蔺草（0.16万亩）：其他　0.16。

高粱（0.24万亩）：红高粱　0.24。

糖蔗（1.02万亩）：义红　0.48，兰溪白皮　0.18，本地种　0.05，其他　0.3。

其他作物（0.2万亩）。

（备注：根据衢州市种子管理站提供的数据，整理而成）

二十三、2008年农作物主要品种及面积

常规早（籼）稻（50.04万亩）：金早47　15.51，中早22　10.91，中嘉早32　6.63，天禾1号　3.56，杭959　2.27，嘉育253　1.93，中早1号　1.2，甬籼57　0.95，浙106　0.67，温220　0.34，浙101　0.2，其他　5.87。

杂交早（籼）稻（9.19万亩）：金优402　5.36，汕优48-2　0.78，中优402　0.62，株两优02　0.43，Ⅱ优92　0.41，中优974　0.2，中优66　0.2，其他　1.19。

杂交晚籼稻：

①单季杂交晚籼稻（58.78万亩）：中浙优1号　16.6，两优培九　10.55，新两优6号3.87，协优315　3.6，Ⅱ优906　3.2，扬两优6号　2.3，国稻1号　1.5，E福丰优11　1.5，丰两优1号　1.3，中浙优8号　0.85，Ⅱ优7954　0.8，红良优5号　0.8，Ⅱ优084　0.75，钱优1号　0.75，冈优827　0.7，川香优2号　0.6，协优963　0.5，Ⅱ优航1号　0.5，中优205　0.5，金优987　0.5，粤优938　0.3，国丰1号　0.3，宜香优1577　0.3，富优1号　0.3，D优527　0.3，Ⅱ优8006　0.3，协优7954　0.3，泰优1号0.3，中优6号　0.3，两优2186　0.3，Ⅱ优2070　0.25，两优0293　0.2，协优63　0.2，天优998　0.2，Ⅱ优明86　0.2，Ⅱ优838　0.2，内香优18　0.2，Ⅱ优162　0.2，丰两优香1号　0.2，协优9312　0.2，协优205　0.15，研优1号　0.1，Ⅱ优63　0.1，国稻6号

0.1，宜香优 10 号　0.1，汕优 63　0.05，其他　1.46。

②连作杂交晚籼稻（26.49 万亩）：新两优 6 号　3.88，协优 46　3.3，钱优 1 号　2.25，Ⅱ优 92　2.2，金优 207　2，协优 92　1.4，丰两优 1 号　1.2，协优 315　1.1，Ⅱ优 3027　1，丰优 191　0.85，协优 5968　0.75，协优 9308　0.7，协优 914　0.5，汕优 10 号　0.4，Ⅱ优 46　0.4，德农 2000　0.35，金优 987　0.3，汕优 10 号　0.3，中优 208　0.3，Ⅱ优 8220　0.2，其他　3.11。

杂交晚粳稻（0.45 万亩）：甬优 9 号　0.22，嘉乐优 2 号　0.1，甬优 6 号　0.1，其他　0.03。

杂交晚糯稻（0.45 万亩）：甬优 5 号　0.3，甬优 10 号　0.15。

常规晚粳稻（1.9 万亩）：

①单季常规晚粳稻（1.35 万亩）：秀水 110　0.62，秀水 03　0.3，原粳 35　0.2，秀水 123　0.1，秀水 09　0.07，浙粳 30　0.06。

②连作常规晚粳稻（0.55 万亩）：秀水 110　0.33，浙粳 30　0.12，秀水 09　0.10。

常规晚糯稻（11.6 万亩）：绍糯 9714　6.34，浙糯 5 号　1.83，本地糯　1.2，浙糯 36　0.7，浙大 514　0.5，春江糯　0.4，甬糯 5 号　0.2，祥湖 84　0.13，春江糯 2 号　0.05，绍糯 7954　0.05，其他　0.2。

小麦（2.78 万亩）：核组 8 号　0.66，浙麦 2 号　0.45，温麦 10 号　0.41，浙麦 1 号　0.35，扬麦 158　0.24，浙农大 105　0.15，钱江 3 号　0.1，钱江 2 号　0.1，其他　0.32。

大麦（0.53 万亩）：花 30　0.17，浙啤 3 号　0.15，浙啤 4 号　0.02，其他　0.19。

春大豆（10.71 万亩）：台湾 75　3.29，春丰早　1.39，引豆 9701　1.21，辽鲜 1 号　0.95，日本青　0.75，浙春 3 号　0.43，台湾 292　0.36，沪 95-1　0.3，矮脚早　0.29，浙春 2 号　0.25，矮脚毛豆　0.2，六月半　0.17，六月拔　0.12，地方品种　0.1，青酥 2 号　0.05，青皮豆　0.04，六月豆　0.04，合丰 25　0.02，其他　0.75。

夏秋大豆（16.15 万亩）：衢鲜 1 号　5.2，衢秋 2 号　2.35，浙春 3 号　1.3，六月半　1.2，台湾 75　0.9，浙春 2 号　0.7，地方品种　0.6，九月拔　0.6，六月拔　0.6，白花豆　0.55，诱处 4 号　0.5，引豆 9701　0.45，高雄 2 号　0.3，日本青　0.2，皖豆 15　0.2，衢鲜 2 号　0.1，八月拔　0.1，青皮豆　0.1，十月黄　0.05，萧农越秀　0.04，其他　0.11。

蚕豆（1.32 万亩）：青皮蚕豆　0.89，慈溪大白蚕　0.33，大青皮　0.01，本地种　0.01，其他　0.08。

豌豆（春花作物 2.25 万亩）：中豌 4 号　1.47，中豌 6 号　0.51，地方品种　0.1，中豌 2 号　0.01，其他　0.16。

豌豆（晚秋作物 2.17 万亩）：中豌 4 号　1.38，中豌 6 号　0.64，本地种　0.15。

春玉米（6.35 万亩）：

①普通春玉米（3.55 万亩）：农大 108　1.03，苏玉 1 号　0.71，丹玉 13　0.59，郑单 958　0.51，掖单 13　0.23，济单 7 号　0.14，农大 3138　0.13，登海 9 号　0.1，其他　0.11。

②春糯玉米（2.38 万亩）：科糯 98-6　1.06，苏玉糯 1 号　0.39，珍糯 2 号　0.21，苏玉糯 2 号　0.16，浙凤糯 2 号　0.12，科糯 991　0.1，都市丽人　0.07，浙糯玉 1 号　0.02，沪玉糯 1 号　0.01，其他　0.24。

③春甜玉米（0.42 万亩）：浙甜 2018　0.1，超甜 3 号　0.1，万甜 2000　0.1，金银蜜脆　0.03，科甜 98-1　0.03，超甜 204　0.02，浙凤甜 2 号　0.02，其他　0.02。

夏秋玉米（8.56 万亩）：

①普通夏秋玉米（4.33 万亩）：丹玉 13　1.4，农大 108　1.22，苏玉 1 号　0.66，郑单 958　0.35，掖单 13　0.18，济单 7 号　0.15，农大 3138　0.12，丹玉 26　0.1，西玉 3 号　0.1，农大 60　0.05。

②夏秋糯玉米（3 万亩）：科糯 98-6　1.12，苏玉糯 2 号　0.52，京科糯 2000　0.3，苏玉糯 1 号　0.26，都市丽人　0.23，浙凤糯 2 号　0.22，美玉 8 号　0.2，浙糯玉 1 号　0.05，科糯 991　0.03，燕禾金 2000　0.03，沪玉糯 1 号　0.02，京甜紫花糯　0.02。

③夏秋甜玉米（1.23 万亩）：浙甜 2018　0.51，超甜 3 号　0.4，超甜 2000　0.26，万甜 2000　0.04，浙凤甜 2 号　0.01，其他　0.01。

马铃薯（春花作物 2.74 万亩）：东农 303　1.75，克新 4 号　0.73，其他　0.26。

马铃薯（晚秋作物 2.75 万亩）：东农 303　1.54，本地种　0.6，克新 6 号　0.32，克新 4 号　0.29。

甘薯（13.75 万亩）：徐薯 18　4.36，胜利百号　1.52，浙薯 132　1.17，心香　1.1，渝紫 263　1.06，浙薯 13　1，南薯 88　1，地方品种　0.55，浙 6025　0.5，东方红　0.5，浙薯 75　0.44，其他　0.55。

花生（1.74 万亩）：天府 3 号　0.64，衢江黑花生　0.2，小京生　0.16，天府 10 号　0.15，本地种　0.12，地方品种　0.1，大红袍　0.04，天府 2 号　0.03，其他　0.3。

棉花（3.76 万亩）：湘杂棉 3 号　0.98，浙 1793　0.7，中棉所 29　0.63，湘杂棉 8 号　0.47，南农 6 号　0.21，湘杂棉 11 号　0.18，苏棉 12　0.11，慈抗杂 3 号　0.1，中棉所 12　0.1，浙凤棉 1 号　0.1，慈杂 1 号　0.06，其他　0.12。

绿肥（9.13 万亩）：宁波种　3，安徽种 2.97，浙紫 5 号　2.2，其他　0.96。

牧草（4.51 万亩）：黑麦草　3.39，苏丹草　0.84，墨西哥玉米　0.16，其他　0.12。

油菜（42.91 万亩）：高油 605　17.25，浙双 72　13.95，浙双 6 号　4.77，沪油 15　2.2，浙优油 1 号　1.8，浙双 758　0.5，油研 9 号　0.5，中油杂 1 号　0.3，油研 10 号　0.2，九二 13 系　0.1，华杂 4 号　0.1，其他　1.24。

西瓜（夏季作物 7.93 万亩）：早佳（8424）　3.69，西农 8 号　1.24，美抗九号　0.5，平 87-14　0.37，早春红玉 0.33，丰抗 1 号　0.27，京欣一号　0.21，拿比特 0.2，浙蜜 3 号　0.17，美抗 6 号　0.14，红玲 0.08，抗病京欣 0.06，卫星 2 号　0.05，丰乐 5 号　0.03，浙蜜 2 号　0.02，浙蜜 5 号　0.02，丰抗 8 号　0.02，地雷王 0.01，新红宝 0.01，科农九号　0.01，其他　0.5。

西瓜（晚秋作物 6.12 万亩）：早佳 1.3，平 87-14　1.14，浙蜜 3 号　0.82，红玲 0.77，浙蜜 5 号　0.64，秀芳 0.5，黑美人 0.26，浙蜜 1 号　0.25，特小凤　0.12，西农 8 号　0.12，丰抗 8 号　0.05，其他　0.15。

甘蔗（1.36 万亩）：本地种　0.55，红皮甘蔗　0.25，温联果蔗　0.21，义红 1 号　0.17，兰溪白皮　0.13，本地紫红皮　0.05。

高粱（0.36 万亩）：湘两优糯粱 1 号　0.30，地方品种　0.06。

其他作物（0.2 万亩）。

（备注：根据衢州市种子管理站提供的数据整理而成）

二十四、2009 年农作物主要品种及面积

常规早（籼）稻（49.88 万亩）：金早 47　25.6，中嘉早 32　7.45，中早 22　7.3，嘉育 253　6.15，天禾 1 号　1.43，甬籼 57　0.7，浙 101　0.35，浙 106　0.35，金早 09　0.3，中嘉早 17　0.1，浙 105　0.1，温 220　0.05。

杂交早（籼）稻（7.61 万亩）：金优 402　2.05，金优 207　2，威优 402　1.96，珍优 48-2　0.5，中优 66　0.4，中优 974　0.3，中优 402　0.2，Ⅱ优 92　0.1，株两优 02　0.1。

常规晚粳稻（1.87 万亩）。

①单季常规晚粳稻（0.31 万亩）：秀水 110　0.12，秀水 09　0.1，浙粳 30　0.09。

②连作常规晚粳稻（1.56 万亩）：秀水 110　0.56，秀水 123　0.4，浙粳 22　0.25，秀水 09　0.16，浙粳 30　0.14，原粳 35　0.05。

常规晚糯稻（10.66 万亩）：绍糯 9714　6.22，浙糯 5 号　1.6，绍糯 119　0.54，春江糯　0.5，浙大 514　0.5，浙糯 36　0.4，嘉 65　0.2，绍糯 7954　0.2，甬糯 5 号　0.2，其他　0.3。

常规晚籼稻（0.2 万亩）：赣晚籼 30　0.2。

杂交晚籼稻：

①单季杂交晚籼稻（61.19 万亩）：中浙优 1 号　15.35，两优培九　9.8，钱优 1 号　4.55，新两优 6 号　3.75，协优 315　3.2，国稻 6 号　3.18，两优 6326　2，中浙优 8 号　1.97，扬两优 6 号　1.62，金优 987　1.5，Ⅱ优 92　1.3，E 福丰优 11　1.3，中优 1176　1.1，冈优 827　1，协优 9308　1，Ⅱ优 084　0.6，钱优 0508　0.6，Ⅱ优 7954　0.55，红良优 5 号　0.55，丰两优 1 号　0.5，皖稻 153　0.5，中百优 1 号　0.5，丰两优香 1 号　0.4，粤优 938　0.3，中优 205　0.3，国稻 1 号　0.26，川香优 2 号　0.25，协优 205　0.25，Ⅱ优 46　0.2，Ⅱ优航 1 号　0.2，Y 两优 1 号　0.2，川香优 6 号　0.2，珞优 8 号　0.2，天优 998　0.2，协优 7954　0.15，国丰一号　0.12，Ⅱ优 162　0.1，Ⅱ优 3027　0.1，Ⅱ优 838　0.1，Ⅱ优明 86　0.1，川香 8 号　0.1，两优 2186　0.1，钱优 0612　0.1，泰优 1 号　0.1，岳优 9113　0.1，中优 6 号　0.1，中浙优 2 号　0.1，其他 0.44。

②连作杂交晚籼稻（29.97 万亩）：协优 46　3.2，新两优 6 号　3.1，钱优 1 号　2.86，中百优 1 号　2.46，金优 207　2，丰两优 1 号　1.5，Ⅱ优 92　1.15，Ⅱ优 3027　1.1，协优 315　1.1，协优 92　0.85，Ⅱ优 46　0.8，协优 5968　0.8，丰两优香 1 号　0.7，岳优 9113　0.6，协优 963　0.59，中优 208　0.55，德农 2000　0.5，金优 987　0.5，钱优 0506　0.5，协优 914　0.5，汕优 10 号　0.4，天优华占　0.4，Ⅱ优 8220　0.3，安两优 318　0.3，丰优 191　0.3，中优 9 号　0.3，国稻 1 号　0.2，天优 998　0.2，新优 188　0.2，D 优 17　0.1，钱优 100　0.1，钱优 M15　0.1，宜香优 1577　0.1，其他 1.61。

杂交晚粳稻：

①单季杂交晚粳稻（1.7 万亩）：甬优 9 号　1.2，浙优 12 号　0.3，春优 658　0.2。

②连作杂交晚粳（0.3 万亩）：甬优 9 号　0.3。

杂交晚糯稻：

①单季杂交晚糯稻（0.55 万亩）：甬优 10 号　0.35，甬优 5 号　0.2。

②连作杂交晚糯（0.4万亩）：甬优10号　0.2，甬优5号　0.2。

小麦（2.47万亩）：温麦10号　0.8，核组8号　0.45，扬麦158　0.2，浙麦2号　0.2，浙麦1号　0.2，钱江3号　0.2，浙丰2号　0.18，钱江2号　0.12，扬麦13　0.07，浙农大105　0.05。

大麦（0.33万亩）：花30　0.18，浙啤3号　0.15。

春大豆（9.7万亩）：台湾75　1.75，春丰早　1.25，辽鲜1号　1.24，地方品种　0.62，浙春3号　0.6，浙鲜豆5号　0.53，六月半　0.5，引豆9701　0.43，浙鲜豆3号　0.37，矮脚毛豆　0.3，日本青　0.3，浙春2号　0.3，台湾292　0.26，矮脚早　0.25，衢鲜2号　0.25，六月豆　0.2，浙春5号　0.18，青酥2号　0.13，六月拔　0.1，青皮豆　0.1，浙春1号　0.04。

夏秋大豆（18.31万亩）：衢鲜1号　7.1，衢秋2号　2.05，六月半　1.49，六月豆　1.1，台湾75　1，诱处4号　0.9，八月拔　0.85，高雄2号　0.7，辽鲜1号　0.65，冬豆　0.6，衢鲜2号　0.4，白花豆　0.35，引豆9701　0.22，绿鲜70　0.2，矮脚早　0.11，九月拔　0.1，六月拔　0.1，萧农越秀　0.1，浙春2号　0.08，十月黄　0.05，浙春1号　0.05，浙春3号　0.01，其他　0.1。

蚕豆（1.35万亩）：青皮蚕豆　0.69，慈溪大白蚕　0.43，慈溪大粒　0.2，大青皮　0.02，白花大粒　0.01。

豌豆（春花作物2.31万亩）：中豌4号　1.75，中豌6号　0.45，中豌2号　0.11。

豌豆（晚秋作物3.32万亩）：中豌4号　2.5，中豌6号　0.66，浙豌1号　0.15，食荚1号　0.01。

春玉米（6.81万亩）：

①普通春玉米（3.38万亩）：农大108　0.87，郑单958　0.5，济单7号　0.4，苏玉1号　0.37，丹玉13　0.36，掖单13　0.32，苏玉10号　0.3，丹玉26　0.2，农大3138　0.06。

②春糯玉米（2.76万亩）：燕禾金　1.05，科糯98-6　0.55，京甜紫花糯　0.2，苏玉糯2号　0.17，杭玉糯1号　0.12，苏玉糯1号　0.12，沪玉糯1号　0.08，都市丽人　0.06，浙凤糯2号　0.06，金银糯　0.05，科糯991　0.05，浙凤糯5号　0.05，浙糯玉4号　0.05，珍糯2号　0.05，珍珠糯玉米　0.05，沪玉糯3号　0.02，中糯301　0.02，浙糯玉1号　0.01。

③春甜玉米（0.67万亩）：超甜3号　0.19，华珍　0.09，万甜2000　0.08，浙甜2018　0.07，绿色超人　0.06，美晶　0.05，超甜204　0.03，浙凤甜2号　0.03，超甜135　0.02，超甜1号　0.01，翠蜜5号　0.01，浙丰甜2号　0.01，浙甜4号　0.01，浙甜6号　0.01。

夏秋玉米（12.03万亩）：

①普通夏秋玉米（6.73万亩）：农大108　2.75，丹玉13　1.29，丹玉26　0.7，苏玉1号　0.65，郑单958　0.6，济单7号　0.5，农大3138　0.12，掖单13　0.08，西玉3号　0.04。

②夏秋糯玉米（3.12万亩）：科糯98-6　0.63，苏玉糯1号　0.32，京科糯2000　0.3，浙凤糯2号　0.27，京甜紫花糯　0.2，苏玉糯2号　0.2，杭玉糯1号　0.15，燕禾金2000　0.15，澳玉糯3号　0.1，东糯3号　0.1，沪玉糯3号　0.1，美玉8号

0.1，珍珠糯　0.1，中糯 301　0.1，都市丽人　0.05，沪玉糯 1 号　0.05，科糯 991　0.05，钱江糯 1 号　0.05，渝糯 1 号　0.05，万糯　0.03，浙糯玉 1 号　0.02。

③夏秋甜玉米（2.18 万亩）：超甜 2000　0.7，超甜 3 号　0.28，华珍　0.26，浙甜 2018　0.26，金凤甜 5 号　0.2，万甜 2000　0.2，超甜 204　0.11，美晶　0.1，金凤 5 号　0.04，蜜玉 8 号　0.01，浙凤甜 2 号　0.01，其他　0.01。

马铃薯（春花作物 2.48 万亩）：东农 303　1.92，克新 4 号　0.56。

马铃薯（晚秋作物 2.14 万亩）：东农 303　1.37，克新 4 号　0.55，费乌瑞它　0.2，克新 6 号　0.02。

甘薯（9.93 万亩）：徐薯 18　1.76，浙薯 132　1.25，渝紫 263　1.2，浙薯 13　1.1，南薯 88　1，浙薯 75　1，紫薯 1 号　0.7，浙薯 6025　0.7，心香　0.63，胜利百号　0.49，浙薯 3 号　0.1。

花生（1.94 万亩）：天府 3 号　0.75，衢江黑花生　0.45，天府 10 号　0.4，小京生 0.12，白沙 06　0.1，本地种　0.04，天府 2 号　0.03，其他　0.05。

棉花（3.21 万亩）：湘杂棉 3 号　0.68，慈抗杂 3 号　0.6，金杂棉 3 号　0.4，兴地棉 1 号　0.35，浙凤棉 1 号　0.22，湘杂棉 11 号　0.21，湘杂棉 8 号　0.15，中棉所 29　0.15，南农 6 号　0.14，中棉所 12　0.1，中棉所 27　0.01，其他　0.2。

绿肥（7.7 万亩）：宁波种　4.6，浙紫 5 号　2.3，安徽种　0.7，平湖种　0.1。

牧草（4.37 万亩）：黑麦草　3.18，苏丹草　1.05，墨西哥玉米　0.14。

油菜（45.35 万亩）：浙双 72　15.55，高油 605　13.3，沪油 15　4，浙双 6 号　3.2，浙油 18　2.7，油研 10 号　2.3，德油 8 号　1，沪油杂 1 号　0.7，浙双 758　0.5，湘杂油 1 号　0.5，中油杂 1 号　0.4，油研 9 号　0.3，沪油 16　0.2，中双 9 号　0.2，土油菜 0.1，秦油 7 号　0.1，华杂 4 号　0.1，秦油 8 号　0.1，浙双 8 号（原名浙油 17）　0.1。

西瓜（夏季作物 6.74 万亩）：早佳　1.9，平 87-14　1.34，西农 8 号　0.7，早春红玉 0.62，拿比特 0.43，京欣一号　0.33，浙蜜 3 号　0.32，丰抗 1 号　0.21，地雷王　0.15，红玲　0.12，抗病京欣　0.12，美抗九号　0.12，欣抗　0.1，美都　0.05，美抗 6 号 0.05，特小凤　0.05，小兰　0.05，丰抗 8 号　0.03，欣秀　0.02，秀芳　0.02，中科 1 号　0.01。

西瓜（晚秋作物 6.44 万亩）：早佳　1.9，平 87-14　0.91，拿比特　0.55，西农 8 号 0.5，京欣 1 号　0.4，早春红玉　0.35，浙蜜 5 号　0.31，欣抗　0.3，浙蜜 3 号　0.3，红玲　0.25，美抗 9 号　0.2，抗病京欣　0.15，丰抗 8 号　0.1，秀芳　0.1，黑美人　0.05，浙蜜 1 号　0.05，特小凤　0.02。

甘蔗（0.85 万亩）：青皮甘蔗　0.3，红皮甘蔗　0.25，义红 1 号　0.12，本地种 0.1，本地紫红皮　0.05，兰溪白皮　0.03。

高粱（0.55 万亩）：湘两优糯粱 1 号　0.35，红高粱　0.1，湘两优糯粱 2 号　0.1。

（备注：根据衢州市种子管理站提供的数据整理而成。甘薯“浙薯 6025　0.5”与“浙 6025　0.2”合并，改为“浙薯 6025　0.7”）

二十五、2010 年农作物主要品种及面积

常规早（籼）稻（49.17 万亩）：金早 47　24.15，中嘉早 32　6.66，嘉育 253　5.25，金早 09　3.45，中早 22　3.34，甬籼 57　2.15，中嘉早 17　1.3，温 220　0.95，浙 106　0.7，天禾 1 号　0.57，浙 101　0.3，浙 408　0.3，中早 39　0.05。

杂交早（籼）稻（6.95万亩）：威优402　2.5，株两优02　2.15，金优402　1.45，中优66　0.5，中优402　0.2，中优974　0.15。

常规晚籼稻（0.3万亩）：赣晚籼30　0.3。

常规晚粳稻（3.18万亩）：

①单季常规晚粳稻（0.65万亩）：秀水110　0.33，秀水123　0.1，秀水09　0.08，浙粳30　0.08，浙粳22　0.06。

②连作常规晚粳稻（2.53万亩）：浙粳22　1.9，秀水110　0.25，秀水09　0.15，浙粳30　0.15，宁88　0.08。

常规晚糯稻（10.91万亩）：绍糯9714　5.87，浙糯5号　1.99，祥湖301　1.15，甬糯34　1，浙糯36　0.25，春江糯　0.2，甬糯5号　0.2，绍糯119　0.05，其他　0.2。

杂交晚籼稻：

①单季杂交晚籼稻（52.36万亩）：中浙优1号　14.67，两优培九　6.43，新两优6号　4.36，中浙优8号　3.45，Ⅱ优906　2.4，钱优1号　1.93，扬两优6号　1.6，金优987　1.5，两优6326　1.4，协优315　1.4，E福丰优11　1.11，Ⅱ优1259　1，冈优827　0.9，Ⅱ优084　0.72，钱优0612　0.7，Ⅱ优838　0.6，协优9308　0.6，钱优0508　0.55，国稻6号　0.51，深两优5814　0.5，Ⅱ优7954　0.45，汕优63　0.4，丰两优1号　0.35，C两优87　0.3，研优1号　0.3，中优448　0.3，珞优8号　0.28，Y两优1号　0.23，两优363　0.22，中优205　0.22，Ⅱ优92　0.2，川香优6号　0.2，丰优22　0.2，汕优10号　0.2，中百优1号　0.2，中优1176　0.2，丰两优香1号　0.15，中优6号　0.15，Ⅱ优6216　0.13，钱优0501　0.12，华优18　0.1，内2优3015　0.1，中浙优2号　0.1，国稻8号　0.03，351优1号　0.02，川香优2号　0.02，国丰一号　0.01，其他　0.85。

②连作杂交晚籼稻（32.43万亩）：钱优1号　7.07，新两优6号　5.03，岳优9113　2.2，钱优0506　1.95，丰两优香1号　1.53，Ⅱ优92　1.45，天优华占　1.15，金优987　1，中百优1号　1，华两优1206　0.9，中优161　0.8，协优46　0.73，Ⅱ优3027　0.7，安两优318　0.5，丰源优272　0.5，两优363　0.5，协优315　0.5，新优188　0.5，国稻1号　0.35，协优963　0.35，丰两优1号　0.3，协优5968　0.3，中浙优1号　0.25，钱优M15　0.2，天优998　0.2，Ⅱ优46　0.12，中优208　0.11，Ⅱ优8220　0.1，汕优10号　0.1，协优728　0.1，其他　1.94。

杂交晚粳稻：

①单季杂交晚粳稻（2.65万亩）：甬优9号　2.5，浙优10号　0.1，嘉乐优2号　0.05。

②连作杂交晚粳稻（0.5万亩）：甬优9号　0.5。

杂交晚糯稻：

①单季杂交晚糯稻（0.65万亩）：甬优5号　0.4，甬优10号　0.25。

②连作杂交晚糯稻（0.4万亩）：甬优10号　0.2，甬优5号　0.2。

小麦（2.04万亩）：扬麦158　0.51，核组8号　0.43，温麦10号　0.27，浙农大105　0.27，钱江2号　0.17，浙麦2号　0.12，浙丰2号　0.1，扬麦12　0.08，浙麦1号　0.05，扬麦10号　0.04。

大麦（0.49万亩）：花30　0.2，浙农大3号　0.19，浙啤3号　0.07，矮209　0.03。

春大豆（7.25 万亩）：台湾 75　1.72，辽鲜 1 号　1.23，引豆 9701　0.7，地方品种　0.5，六月半　0.45，沪 95-1　0.4，浙鲜豆 5 号　0.4，浙鲜豆 3 号　0.35，春丰早 0.3，衢鲜 2 号　0.25，日本青　0.2，浙春 5 号　0.15，六月拔　0.1，青酥 2 号　0.1，台湾 292　0.1，浙春 1 号　0.1，浙农 8 号　0.1，六月豆　0.05，浙春 2 号　0.02，矮脚早 0.01，浙春 3 号　0.01，矮脚毛豆　0.01。

夏秋大豆（15.48 万亩）：衢鲜 1 号　6.26，衢鲜 2 号　2.4，六月半　1.83，衢秋 2 号　1，青酥 2 号　0.5，浙秋豆 2 号　0.5，八月拔　0.4，高雄 2 号　0.36，台湾 75　0.31，引豆 9701　0.3，浙鲜豆 2 号　0.25，六月豆　0.23，皖豆 15　0.2，矮脚早　0.19，白花豆 0.15，九月拔　0.1，沈鲜 3 号　0.1，萧农越秀　0.1，诱处 4 号　0.1，矮脚毛豆　0.08，青皮豆　0.02，其他　0.1。

春玉米（7.84 万亩）：

①普通春玉米（3.97 万亩）：农大 108　0.94，郑单 958　0.88，苏玉 10 号　0.6，丹玉 13　0.5，济单 7 号　0.4，苏玉 1 号　0.3，丹玉 26　0.2，掖单 13　0.1，农大 3138　0.05。

②春糯玉米（3.22 万亩）：科糯 98-6　0.72，珍糯 2 号　0.4，美玉 8 号　0.35，浙凤糯 2 号　0.3，燕禾金 2000　0.26，京甜紫花糯　0.25，苏玉糯 1 号　0.22，沪玉糯 3 号 0.14，杭玉糯 1 号　0.13，沪玉糯 1 号　0.05，金银糯　0.05，美玉 6 号　0.05，浙凤糯 5 号　0.05，浙糯玉 1 号　0.05，珍珠糯玉米　0.05，都市丽人　0.05，燕禾金 2005　0.05，苏玉糯 2 号　0.03，中糯 301　0.02。

③春甜玉米（0.65 万亩）：超甜 3 号　0.17，绿色超人 0.14，华珍　0.11，万甜 2000　0.09，美晶 0.06，浙甜 2018　0.04，超甜 204　0.02，浙凤甜 2 号　0.01，超甜 135　0.01。

夏秋玉米（10.63 万亩）：

①普通夏秋玉米（5.37 万亩）：农大 108　1.2，丹玉 26　1，济单 7 号　0.9，郑单 958　0.76，掖单 13　0.66，丹玉 13　0.32，苏玉 1 号　0.3，苏玉 2 号　0.1，中单 18　0.1，农大 3138　0.02，西玉 3 号　0.01。

②夏秋糯玉米（3.33 万亩）：京科糯 2000　0.55，珍糯 2 号　0.5，科糯 98-6　0.4，苏玉糯 2 号　0.38，京甜紫花糯　0.3，燕禾金 2000　0.3，美玉 8 号　0.24，浙凤糯 2 号 0.17，沪玉糯 3 号　0.1，中糯 301　0.1，苏玉糯 1 号　0.08，美玉 3 号　0.05，浙糯 5 号 0.05，浙糯玉 5 号　0.05，都市丽人　0.05，渝糯 1 号　0.01。

③夏秋甜玉米（1.93 万亩）：万甜 2000　0.5，超甜 2000　0.4，超甜 3 号　0.34，金凤甜 5 号　0.2，浙甜 2018　0.12，超甜 4 号　0.1，超甜 15　0.1，华珍　0.06，浙凤甜 2 号　0.06，金银蜜脆　0.05。

蚕豆（1.37 万亩）：慈溪大白蚕　0.58，青皮蚕豆　0.46，利丰蚕豆　0.11，慈溪大粒 0.1，白花大粒　0.05，大白扁蚕豆　0.05，大青皮　0.02。

豌豆（春季作物 2.36 万亩）：中豌 4 号　1.87，中豌 6 号　0.42，青豆 0.05，中豌 2 号　0.02。

豌豆（夏秋作物 2.96 万亩）：中豌 4 号　1.73，中豌 6 号　1.07，浙豌 1 号　0.16。

马铃薯（春季作物 3.2 万亩）：东农 303　1.35，克新 4 号　0.85，中薯 3 号　0.75，大西洋　0.15，荷兰 7 号　0.05，克新 6 号　0.05。

马铃薯（夏秋作物 2.36 万亩）：中薯 3 号　1.04，东农 303　0.61，本地种　0.36，克新 4 号　0.23，克新 6 号　0.1，其他　0.02。

甘薯（10.48 万亩）：心香　3.99，徐薯 18　2.55，浙薯 13　0.95，浙紫薯 1 号　0.71，南薯 88　0.7，胜利百号　0.63，浙薯 75　0.5，浙薯 132　0.39，地方品种　0.06。

花生（2.18 万亩）：衢江黑花生　0.7，天府 3 号　0.68，大红袍　0.25，白沙 06　0.2，小京生　0.14，四粒红　0.1，本地种　0.06，其他　0.05。

棉花（2.69 万亩）：慈抗杂 3 号　0.72，湘杂棉 8 号　0.45，湘杂棉 3 号　0.28，湘杂棉 11 号　0.25，中棉所 29　0.22，兴地棉 1 号　0.21，浙凤棉 1 号　0.12，南农 6 号　0.1，中棉所 59　0.1，中棉所 27　0.06，南抗 3 号　0.03，中棉所 12　0.03，鄂杂棉 10 号　0.02，其他　0.1。

苎麻：0.06 万亩。

绿肥（10.95 万亩）：宁波种　5.3，浙紫 5 号　2.18，安徽种　1.46，箭舌碗豆　0.8，弋阳种　0.77，平湖种　0.37，三叶草　0.07。

牧草（3.1 万亩）：黑麦草　2.56，苏丹草　0.5，墨西哥玉米　0.04。

油菜（52.11 万亩）：浙油 18　11.54，高油 605　11.2，浙双 72　10.55，沪油 15　3.4，油研 10 号　2.73，浙双 758　1.47，浙油 50　1.45，德油 8 号　1.18，秦油 8 号　1.14，九二－58 系　0.8，九二－13 系　0.7，浙双 6 号　0.65，土油菜 0.63，浙大 619　0.5，浙优油 1 号　0.5，沪油 16　0.4，中油杂 1 号　0.37，中双 9 号　0.36，浙油 28　0.35，华杂 4 号　0.31，油研 7 号　0.26，湘杂油 1 号　0.24，沪油杂 1 号　0.21，秦油 7 号　0.21，浙双 8 号（原名浙油 17）　0.2，中油杂 15 号　0.2，油研 8 号　0.15，油研 5 号　0.13，平头油菜　0.1，油研 9 号　0.08，浙油 19　0.07，浙杂 2 号　0.03。

西瓜（夏季作物 5.5 万亩）：早佳　2.07，早春红玉　1.05，平 87-14　0.42，西农 8 号　0.39，欣抗　0.22，京欣一号　0.2，美抗九号　0.18，拿比特　0.18，地雷王　0.18，浙蜜 3 号　0.15，红玲　0.09，丰抗 1 号　0.08，丰抗 8 号　0.07，抗病京欣　0.07，美抗 6 号　0.07，丽芳　0.02，新红宝　0.02，秀芳　0.02，万福来　0.01，西域星　0.01。

西瓜（晚秋作物 7.07 万亩）：早佳　2.39，平 87-14　0.93，拿比特　0.6，西农 8 号　0.5，早春红玉　0.5，浙蜜 3 号　0.49，京欣 1 号　0.3，浙蜜 5 号　0.29，红玲　0.27，蜜童　0.25，特小凤　0.21，黑美人　0.14，抗病京欣　0.1，丰抗 8 号　0.1。

甘蔗（1.34 万亩）：青皮甘蔗　0.34，红皮甘蔗　0.33，兰溪白皮　0.28，本地紫红皮　0.19，义红 1 号　0.12，本地种　0.08。

高粱（0.72 万亩）：湘两优糯粱 1 号　0.53，湘两优糯粱 2 号　0.15，红高粱　0.04。

（备注：根据衢州市种子管理站提供的数据整理而成）

二十六、2011 年农作物主要品种及面积

常规早（籼）稻（44.94 万亩）：金早 47　17.64，中嘉早 17　8.95，中早 39　8.75，金早 09　3.75，中早 22　1.85，中嘉早 32　1，甬籼 57　1，浙 106　0.9，嘉育 253　0.8，浙 101　0.3。

杂交早（籼）稻（4.05 万亩）：金优 402　1.35，株两优 02　1.3，威优 402　0.8，株两优 609　0.4，Ⅱ优 92　0.2。

常规晚籼稻（0.2 万亩）：湘晚籼 3 号　0.02。

常规晚粳稻（2.75 万亩）：

①单季常规晚粳稻（0.86 万亩）：秀水 123　0.26，秀水 110　0.21，浙粳 22　0.13，秀水 09　0.12，浙粳 30　0.08，秀水 134　0.04，嘉 33　0.02。

②连作常规晚粳稻（1.89 万亩）：浙粳 22　1.35，秀水 110　0.26，秀水 09　0.15，浙粳 30　0.13。

常规晚糯稻（10.33 万亩）：绍糯 9714　6.86，浙糯 5 号　1，甬糯 34　1，祥湖 301　0.83，甬糯 5 号　0.23，浙糯 36　0.21，春江糯 2 号　0.2。

杂交晚籼稻：

①单季杂交晚籼稻（53.3 万亩）：中浙优 1 号　12.83，两优培九　7.47，中浙优 8 号　4.81，新两优 6 号　3.91，内 5 优 8015　2.36，Ⅱ优 906　1.8，扬两优 6 号　1.56，钱优 1 号　1.56，金优 987　1.5，两优 6326　1.3，C 两优 396　1.03，E 福丰优 11　1，深两优 5814　1，Y 两优 689　0.94，丰两优 1 号　0.73，钱优 0612　0.73，钱优 0508　0.7，华优 18　0.64，菲优 600　0.54，国稻 6 号　0.51，Ⅱ优 7954　0.5，菲优 E1　0.43，两优 363　0.43，丰两优香 1 号　0.41，中百优 1 号　0.41，Ⅱ优 084　0.4，冈优 827　0.4，川香优 2 号　0.3，C 两优 87　0.3，D 优 781　0.3，珞优 8 号　0.28，Y 两优 1 号　0.27，中优 1176　0.24，国丰一号　0.2，川香优 6 号　0.2，Ⅱ优 162　0.2，Ⅱ优 92　0.2，丰优 22　0.2，华优 2 号　0.2，中优 6 号　0.16，天优 998　0.1，浙辐两优 12　0.1，内 2 优 3015　0.1，协优 963　0.05。

②连作杂交晚籼稻（30 万亩）：钱优 1 号　6.86，新两优 6 号　3.34，岳优 9113　2.88，天优华占　1.9，Ⅱ优 92　1.8，丰两优香 1 号　1.66，钱优 0506　1.58，金优 207　1.2，丰两优 1 号　0.73，中百优 1 号　0.73，两优 363　0.7，协优 315　0.67，天优 998　0.56，国稻 1 号　0.56，金优 987　0.5，协优 702　0.5，丰优 191　0.42，协优 46　0.4，内 2 优 111　0.36，Ⅱ优 3027　0.3，协优 5968　0.3，Ⅱ优 46　0.3，中优 9 号　0.3，泸香 658　0.3，钱优 2 号　0.28，钱优 0618　0.27，协优 92　0.2，德农 2000　0.2，丰优香占　0.2。

杂交晚粳稻：

①单季杂交晚粳稻（1.79 万亩）：甬优 9 号　1.61，浙优 10 号　0.1，嘉乐优 2 号　0.05，嘉优 2 号　0.02，常优 5 号　0.01。

②连作杂交晚粳稻（0.3 万亩）：甬优 9 号　0.3。

杂交晚糯稻：

①单季杂交晚糯稻（1.15 万亩）：甬优 10 号　0.75，甬优 5 号　0.4。

②连作杂交晚糯稻（0.5 万亩）：甬优 10 号　0.3，甬优 5 号　0.2。

小麦（1.90 万亩）：扬麦 12　0.52，温麦 10 号　0.46，扬麦 11　0.34，扬麦 158　0.2，浙丰 2 号　0.2，浙农大 105　0.1，核组 8 号　0.08。

大麦（0.39 万亩）：花 30　0.12，浙农大 3 号　0.1，浙啤 3 号　0.09，秀麦 11　0.06，矮 209　0.02。

春大豆（6.4 万亩）：台湾 75　1.37，辽鲜 1 号　0.93，浙鲜豆 5 号　0.8，春丰早 0.71，引豆 9701　0.55，日本青　0.29，浙鲜豆 6 号　0.25，青酥 2 号　0.25，台湾 292　0.2，沪 95-1　0.18，浙农 6 号　0.15，六月半　0.12，开交 8157　0.1，引豆 1 号　0.1，早生 75　0.1，浙农 8 号　0.1，矮脚早　0.1，浙鲜豆 7 号　0.05，矮脚毛豆　0.05。

夏秋大豆（15.08 万亩）：衢鲜 1 号　5.35，衢鲜 2 号　3.3，六月半　1.8，衢鲜 3 号

1.55，八月拔　0.76，浙秋豆2号　0.39，辽鲜1号　0.33，春丰早　0.3，引豆9701　0.28，高雄2号　0.2，衢秋2号　0.2，合丰25　0.2，诱处4号　0.15，台湾75　0.1，浙春3号　0.1，萧垦8901　0.05，矮脚毛豆　0.02。

春玉米（9.13万亩）：

①普通春玉米（3.81万亩）：农大108　1.12，郑单958　0.95，济单7号　0.58，丹玉13　0.3，丹玉26　0.3，浚单18　0.22，掖单13　0.17，苏玉1号　0.15，农大3138　0.02。

②春糯玉米（4.28万亩）：科糯98-6　0.93珍糯2号　0.45，燕禾金2000　0.4，京科糯2000　0.35，美玉8号　0.35，苏玉糯2号　0.32，浙凤糯2号　0.25，京甜紫花糯　0.15，都市丽人　0.15，沪玉糯3号　0.11，杭玉糯1号　0.1，沪玉糯1号　0.1，燕禾金2005　0.1，苏玉糯1号　0.1，浙糯玉1号　0.06，中糯301　0.05，沪玉糯2号　0.05，浙凤糯5号　0.05，珍珠糯玉米　0.05，科糯991　0.05，美玉3号　0.05，金银糯　0.05，白玉糯　0.01。

③春甜玉米（1.04万亩）：万甜2000　0.36，绿色超人0.25，华珍　0.17，超甜3号　0.12，嵊科甜208　0.05，金银蜜脆　0.05，浙凤甜2号　0.03，浙甜2018　0.01。

夏秋玉米（10.5万亩）：

①普通夏秋玉米（4.92万亩）：济单7号　1.44，农大108　1.11，丹玉26　1，苏玉1号　0.4，浚单18　0.39，掖单13　0.19，郑单958　0.15，苏玉2号　0.14，蠡玉35　0.08，农大3138　0.02。

②夏秋糯玉米（3.71万亩）：苏玉糯2号　0.62，美玉8号　0.54，京科糯2000　0.53，珍珠糯　0.5，科糯98-6　0.39，浙凤糯2号　0.3，燕禾金2000　0.28，苏玉糯1号　0.16，京甜紫花糯　0.1，沪玉糯3号　0.1，中糯301　0.1，万糯　0.05，都市丽人　0.04。

③夏秋甜玉米（1.87万亩）：万甜2000　0.5，超甜3号　0.35，浙凤甜2号　0.21，华珍　0.18，超甜2000　0.15，浙甜2018　0.11，金凤5号　0.1，超甜15　0.1，绿色超人　0.1，先甜5号　0.05，美晶0.02。

蚕豆（1.29万亩）：青皮蚕豆　0.68，慈溪大白蚕　0.49，白花大粒　0.06，日本寸蚕0.03，慈溪大粒　0.02，利丰蚕豆　0.01。

豌豆（春季作物3.53万亩）：中豌4号　2.04，中豌6号　1.11，浙豌1号　0.25，中豌2号　0.05，青豆0.05，食荚豌豆0.03。

豌豆（秋季作物4.45万亩）：中豌4号　2.37，中豌6号　1.59，浙豌1号　0.45，中豌2号　0.04。

马铃薯（春季作物3.01万亩）：东农303　1.46，中薯3号　0.83，克新4号　0.72。

马铃薯（秋季作物2.53万亩）：中薯3号　1.08，东农303　1.06，克新4号　0.25，克新6号　0.14。

甘薯（9.42万亩）：心香　3.33，徐薯18　2.53，紫薯1号　0.6，浙薯13　0.58，南薯88　0.55，浙薯75　0.5，胜利百号　0.4，浙薯6025　0.36，浙薯132　0.3，浙薯3号　0.16，浙薯1号　0.11。

花生（2.03万亩）：天府3号　0.75，衢江黑花生　0.52，大红袍　0.3，白沙06　0.2，小京生　0.16，天府10号　0.08，四粒红　0.02。

棉花（3.08 万亩）：湘杂棉 8 号　1.08，浙凤棉 1 号　0.38，慈抗杂 3 号　0.31，兴地棉 1 号　0.25，中棉所 29　0.22，中棉所 59　0.22，南农 6 号　0.2，湘杂棉 11 号　0.15，湘杂棉 3 号　0.12，鄂杂棉 10 号　0.06，苏杂棉 3 号　0.05，中棉所 12　0.04。

麻（0.07 万亩）：苎麻　0.07。

绿肥（9.61 万亩）：宁波种　5.38，浙紫 5 号　2，弋阳种　1.35，安徽种　0.8，三叶草　0.07，苜蓿　0.01。

牧草（3.37 万亩）：黑麦草　2.05，苏丹草　0.74，墨西哥玉米　0.33，紫色苜蓿　0.25。

油菜（51.02 万亩）：浙油 18　11.92，浙双 72　11.45，高油 605　10，浙油 50　6.26，油研 10 号　2.49，浙大 619　2.1，沪油 15 号　1.6，秦油 8 号　1.1，浙双 758　1，九二-58 系　0.8，浙双 6 号　0.8，九二-13 系　0.6，德油 8 号　0.5，沪油杂 1 号　0.2，湘杂油 1 号　0.2。

西瓜（夏季作物 4.76 万亩）：早佳 2.05，早春红玉 0.68，平 87-14　0.38，欣抗 0.21，西农 8 号　0.2，美抗九号　0.19，丰抗 1 号　0.14，京欣一号　0.12，浙蜜 3 号　0.1，拿比特 0.09，丰抗 8 号　0.08，红玲 0.08，抗病京欣 0.06，特小凤 0.06，佳乐 0.05，巨龙 0.05，浙蜜 5 号　0.05，美抗 6 号　0.05，西域星 0.05，科农九号　0.02，丽芳　0.01，新澄　0.01，新红宝　0.01，欣秀　0.01，浙蜜 6 号　0.01。

西瓜（晚秋作物 6.96 万亩）：早佳　2.39，平 87-14　0.9，早春红玉　0.6，浙蜜 3 号　0.52，西农 8 号　0.5，拿比特 0.36，京欣 1 号　0.3，浙蜜 5 号　0.25，红玲　0.25，小兰　0.21，秀芳　0.18，黑美人　0.1，特小凤　0.1，丰抗 8 号　0.1，抗病京欣　0.1，超甜地雷王　0.08，极品小兰　0.02。

甘蔗（1.44 万亩）：青皮甘蔗　0.39，红皮甘蔗　0.29，本地红皮　0.26，兰溪白皮　0.25，义红 1 号　0.23，本地紫红皮　0.02。

高粱（0.63 万亩）：湘两优糯粱 1 号　0.41，湘两优糯粱 2 号　0.18，红高粱　0.04。

（备注：根据衢州市种子管理站提供的数据整理而成。甘薯“浙薯 6025　0.24”与“浙 6025　0.12”合并，改为“浙薯 6025　0.36”）

二十七、2012 年农作物主要品种及面积

常规早（籼）稻（42.28 万亩）：金早 47　17.02，中早 39　9.91，中嘉早 17　8.9，金早 09　3.7，中早 22　1.15，嘉育 253　0.8，中嘉早 32　0.5，甬籼 15　0.3。

杂交早（籼）稻（3.05 万亩）：金优 402　1.35，株两优 02　0.8，株两优 609　0.8，Ⅱ优 92　0.1。

常规晚籼稻（0.22 万亩）：黄华占 0.2，湘晚籼 3 号　0.02。

常规晚粳稻（3.07 万亩）：浙粳 22　1.45，秀水 134　0.86，秀水 09　0.28，秀水 110　0.2，浙粳 30　0.16，秀水 123　0.12。

常规晚糯稻（10.08 万亩）：绍糯 9714　6.93，甬糯 34　1.3，祥湖 301　1.27，甬糯 5 号　0.28，浙糯 36　0.2，浙糯 5 号　0.1。

杂交晚籼稻（75.56 万亩）：中浙优 1 号　12.78，钱优 1 号　6.29，新两优 6 号　6.09，中浙优 8 号　5.39，两优培九　4.91，内 5 优 8015　3.08，钱优 0508　2.77，两优 363　2.7，Y 两优 689　2.54，C 两优 396　2.36，金优 987　2，丰两优香 1 号　1.8，岳优 9113　1.51，Ⅱ优 906　1.5，E 福丰优 11　1.35，天优华占　1.33，金优 207　1.2，扬两

优6号　1.15，两优6326　1.1，Ⅱ优92　1.08，丰两优1号　0.98，深两优5814　0.92，Y两优1号　0.79，钱优0612　0.76，钱优0506　0.76，天优998　0.58，国稻1号　0.58，Ⅱ优7954　0.5，中百优1号　0.47，Ⅱ优084　0.4，协优728　0.4，菲优600　0.37，内2优111　0.37，中优9号　0.32，川香优2号　0.3，D优781　0.3，中浙优10号　0.3，协优315　0.3，钱优0618　0.3，泸香658　0.3，钱优2号　0.29，中优1176　0.27，丰优191　0.21，中优6号　0.21，两优0293　0.2，川香优6号　0.2，Ⅱ优162　0.2，丰优22　0.2，华优2号　0.2，Y两优9918　0.2，珞优8号　0.15，华优18　0.1，内2优3015　0.1，C两优87　0.05，两优688　0.05。

杂交晚粳稻（9.46万亩）：甬优9号　4.49，甬优12　3.22，甬优15　1.5，嘉优2号　0.1，浙优10号　0.1，嘉乐优2号　0.05。

杂交晚糯稻（0.87万亩）：甬优10号　0.55，甬优5号　0.32。

小麦（1.87万亩）：扬麦12　0.82，温麦10号　0.35，扬麦158　0.25，浙丰2号　0.25，浙农大105　0.1，扬麦11号　0.06，核组8号　0.04。

大麦（0.43万亩）：花30　0.14，浙啤3号　0.11，浙农大3号　0.1，秀麦11　0.05，矮209　0.03。

春大豆（6.6万亩）：辽鲜1号　1.05，台湾75　0.99，引豆9701　0.78，六月半　0.65，浙鲜豆5号　0.62，春丰早　0.52，浙农6号　0.38，日本青　0.3，六月豆　0.25，苏豆8号　0.25，青酥2号　0.25，浙鲜豆6号　0.22，浙农8号　0.1，矮脚早　0.1，浙鲜豆4号　0.05，矮脚毛豆　0.05，六月拔　0.02，浙鲜豆7号　0.02。

夏秋大豆（15.25万亩）：衢鲜2号　5.33，衢鲜1号　2.68，衢鲜3号　2.35，六月半　1.75，衢鲜5号　0.5，辽鲜1号　0.37，八月拔　0.35，高雄2号　0.35，浙秋豆2号　0.29，春丰早　0.2，华春18　0.2，浙春2号　0.15，衢秋2号　0.15，皖豆15　0.15，开交8157　0.15，诱处4号　0.1，十月拔　0.1，矮脚毛豆　0.08。

春玉米（9.94万亩）：

①普通春玉米（4.92万亩）：济单7号　1.63，郑单958　1.02，农大108　0.71，苏玉10号　0.56，丹玉26　0.3，丹玉13　0.25，浚单18　0.25，掖单13　0.1，苏玉1号　0.1。

②春糯玉米（4.07万亩）：科糯98-6　0.65，燕禾金2005　0.4，珍糯2号　0.4，浙凤糯2号　0.32，燕禾金2000　0.3，美玉8号　0.24，京甜紫花糯　0.22，美玉7号　0.22，杭玉糯1号　0.15，浙糯玉1号　0.15，脆甜糯5号　0.15，苏玉糯2号　0.15，沪玉糯1号　0.14，京科糯2000　0.1，沪玉糯3号　0.1，浙凤糯5号　0.1，苏玉糯1号　0.1，都市丽人　0.1，中糯301　0.05，白玉糯　0.03。

③春甜玉米（0.95万亩）：万甜2000　0.33，绿色超人　0.15，华珍　0.13，超甜3号　0.12，嵊科甜208　0.05，美晶　0.05，浙凤甜2号　0.04，浙甜2018　0.04，先甜5号　0.02，浙甜4号　0.01，超甜4号　0.01。

夏秋玉米（10.71万亩）：

①夏秋普通玉米（5.16万亩）：济单7号　1.82，郑单958　0.95，农大108　0.8，丹玉26　0.8，苏玉2号　0.3，登海605　0.24，丹玉13　0.1，苏玉1号　0.1，浚单18　0.05。

②夏秋糯玉米（3.73万亩）：京科糯2000　0.6，珍珠糯　0.5，浙凤糯2号　0.46，苏

玉糯1号　0.42，科糯98-6　0.39，美玉8号　0.38，燕禾金2000　0.28，京甜紫花糯　0.25，沪玉糯3号　0.1，中糯301　0.1，沪玉糯1号　0.06，都市丽人　0.05，美玉3号　0.05，京糯208　0.04，天糯一号　0.03，万糯　0.02。

③夏秋甜玉米（1.82万亩）：万甜2000　0.5，超甜3号　0.33，绿色超人　0.25，浙甜2018　0.17，华珍　0.17，超甜2000　0.13，金凤5号　0.1，超甜15　0.1，浙凤甜2号　0.03，金银蜜脆　0.02，浙甜2088　0.02。

蚕豆（1.71万亩）：青皮蚕豆　0.8，慈溪大白蚕　0.6，白花大粒　0.16，慈溪大粒　0.08，日本寸蚕　0.05，利丰蚕豆　0.02。

豌豆（春季作物3.57万亩）：中豌4号　2.09，中豌6号　1.1，浙豌1号　0.14，食荚豌豆　0.14，中豌2号　0.05，青豆　0.05。

豌豆（晚秋作物2.9万亩）：中豌4号　1.42，中豌6号　1.2，浙豌1号　0.18，中豌2号　0.1。

马铃薯（春季作物2.8万亩）：东农303　1.15，中薯3号　0.95，克新4号　0.7。

马铃薯（晚秋作物1.11万亩）：东农303　0.49，克新4号　0.33，克新6号　0.2，中薯3号　0.09。

甘薯（10.225万亩）：心香　3.83，徐薯18　2.39，浙薯13　1.03，紫薯1号　0.68，浙薯1号　0.5，浙薯75　0.5，南薯88　0.465，浙薯6025　0.32，浙薯132　0.3，浙薯3号　0.21。

花生（2.2万亩）：天府3号　0.78，衢江黑花生　0.72，小京生　0.22，大红袍　0.22，白沙06　0.2，天府10号　0.04，四粒红　0.02。

棉花（3.07万亩）：湘杂棉8号　1.12，鄂杂棉10号　0.5，慈抗杂3号　0.34，兴地棉1号　0.3，湘杂棉3号　0.26，浙凤棉1号　0.25，中棉所59　0.2，中棉所29　0.05，苏杂棉3号　0.05。

麻（0.08万亩）：苎麻　0.08。

绿肥（10.53万亩）：宁波种　5.05，浙紫5号　2，弋阳种　1.6，苜蓿　0.81，安徽种　0.7，平湖种　0.3，三叶草　0.07。

牧草（4.34万亩）：黑麦草　2.54，苏丹草　0.93，墨西哥玉米　0.6，紫色苜蓿　0.27。

油菜（50.55万亩）：浙双72　11.57，高油605　9.08，浙油18　8.9，浙油50　7.5，浙大619　5.4，油研10号　2.7，浙双758　0.9，沪油16　0.8，绵新油68　0.8，浙双6号　0.7，秦油8号　0.6，宁杂19号　0.5，德油8号　0.5，沪油15号　0.3，湘杂油1号　0.2，华油杂95　0.1。

西瓜（夏季作物5.15万亩）：早佳　2.54，早春红玉　0.62，平87-14　0.32，欣抗　0.25，京欣一号　0.2，美抗九号　0.17，浙蜜3号　0.16，丰抗1号　0.13，西农8号　0.11，秀芳　0.1，红玲　0.08，丰抗8号　0.05，佳乐　0.05，巨龙　0.05，抗病京欣　0.05，拿比特　0.05，浙蜜5号　0.05，美抗6号　0.05，西域星　0.05，科农九号　0.03，丽芳　0.02，小兰　0.01，特小凤　0.01。

夏秋西瓜（晚秋作物6.68万亩）：早佳2.47，平87-14　1.05，早春红玉0.61，西农8号　0.55，浙蜜3号　0.45，京欣1号　0.3，拿比特　0.21，红玲　0.2，抗病京欣　0.2，秀芳　0.12，小兰　0.12，浙蜜5号　0.1，黑美人　0.1，特小凤　0.1，丰抗8号　0.1。

甘蔗（2.32万亩）：青皮甘蔗　1，红皮甘蔗　0.7，义红1号　0.24，兰溪白皮　0.2，本地红皮 0.18。

高粱（0.79万亩）：湘两优糯粱1号 0.53，湘两优糯粱2号 0.21，红高粱 0.05。

（备注：根据衢州市种子管理站提供的数据整理而成。“浙薯6025 0.22”与“浙6025 0.1”合并，改为“浙薯6025 0.32”）

二十八、2013年农作物主要品种及面积

常规早（籼）稻（44.6万亩）：中嘉早17 13.6，金早47 12.4，中早39 12.3，金早09 4.0，温814 0.9，甬籼15 0.6，中早35 0.5，嘉育253 0.3。

杂交早（籼）稻（0.47万亩）：陵两优104 0.22，株两优609 0.1，陵两优268 0.05，株两优02 0.03，T优15 0.02，两优6号 0.02，威优402 0.02，陆两优173 0.01。

常规晚籼稻（0.1万亩）：黄华占 0.10。

常规晚粳稻（2.24万亩）：

①单季常规晚粳稻（1.2万亩）：秀水134 0.98，秀水09 0.2，秀水123 0.02。

②连作常规晚粳稻（1.04万亩）：秀水134 0.8，浙粳22 0.1，秀水09 0.06，原粳35 0.05，秀水03 0.03。

常规晚糯稻（8.25万亩）：绍糯9714 5.14，甬糯34 1.84，祥湖301 1.17，祥湖914 0.1。

杂交晚籼稻：

①单季杂交晚籼稻（43.81万亩）：中浙优1号 9.17，中浙优8号 5.25，两优培九 4.42，Y两优689 4.09，内5优8015 2.95，Y两优1号 2.26，深两优5814 2.22，C两优396 2.1，C两优608 1.16，Ⅱ优2070 1.1，新两优6号 0.84，两优6326 0.83，Ⅱ优906 0.8，C两优87 0.6，丰两优1号 0.56，钱优1号 0.56，E福丰优11 0.5，Y两优302 0.5，扬两优6号 0.49，丰两优香1号 0.48，Y两优5867 0.4，天优998 0.32，Ⅱ优6216 0.3，新两优343 0.25，国丰一号 0.2，Ⅱ优8006 0.2，川香优6号 0.15，珞优8号 0.15，新两优223 0.15，C两优343 0.15，丰优22 0.14，钱优0508 0.13，金优987 0.1，Ⅱ优1273 0.1，Ⅱ优航1号 0.05，准两优527 0.05，浙辐两优12 0.05，中浙优10号 0.03，钱优930 0.01。

②连作杂交晚籼稻（17.17万亩）：准两优608 4.5，协优702 1.5，天优华占 1.48，钱优0508 1.42，钱优1号 1.27，岳优9113 1.15，丰两优香1号 0.78，新两优6号 0.75，丰源优272 0.62，国丰2号 0.45，中浙优1号 0.38，钱优0506 0.36，丰两优1号 0.33，天优998 0.32，内2优111 0.3，丰优9号 0.2，两优363 0.2，中百优1号 0.2，金优207 0.16，扬两优6号 0.15，Ⅱ优92 0.1，宜香优1577 0.1，德农2000 0.1，岳优712 0.1，五丰优T025 0.1，湘菲优8118 0.1，钱优2号 0.05。

杂交晚粳稻：

①单季杂交晚粳稻（16.93万亩）：甬优9号 6.83，甬优15 5.24，甬优12 2.93，春优84 1.35，浙优18 0.26，甬优17 0.1，嘉优5号 0.07，浙优12号 0.05，甬优538 0.05，秀优5号 0.03，嘉优2号 0.02。

②连晚杂交晚粳稻（3.5万亩）：甬优9号 2.45，甬优15 1，甬优8号 0.04，浙优18 0.01。

杂交晚糯稻：

①单季杂交晚糯稻（1.35 万亩）：甬优 10 号　1.35。

②连作杂交晚糯稻（0.3 万亩）：甬优 10 号　0.3。

小麦（1.54 万亩）：扬麦 12　0.63，温麦 10 号　0.49，扬麦 158　0.31，扬麦 11 号　0.08，核组 8 号　0.03。

大麦（0.42 万亩）：浙啤 3 号　0.11，秀麦 11　0.11，花 30　0.07，浙农大 3 号　0.05，浙啤 33　0.05，矮 209　0.03。

春大豆（6.69 万亩）：引豆 9701　1.09，台湾 75　0.97，辽鲜 1 号　0.85，春丰早　0.53，浙鲜豆 5 号　0.5，浙农 6 号　0.45，六月半　0.3，六月拔　0.3，引豆 1 号　0.3，青酥 2 号　0.3，浙鲜豆 6 号　0.23，六月豆　0.18，日本青　0.15，浙鲜豆 3 号　0.1，矮脚早　0.1，矮脚毛豆　0.1，沪宁 95-1　0.07，五月拔　0.05，台湾 292　0.05，开交 8157　0.05，浙鲜豆 7 号　0.02。

夏秋大豆（12.34 万亩）：衢鲜 3 号　3.41，衢鲜 2 号　2.83，衢鲜 1 号　1.94，衢鲜 5 号　1.57，六月半　0.93，八月拔　0.35，辽鲜 1 号　0.33，高雄 2 号　0.22，衢秋 2 号　0.18，台湾 75　0.15，萧农秋艳　0.15，引豆 9701　0.1，萧垦 8901　0.1，春丰早　0.05，浙秋豆 2 号　0.03。

春玉米（10.2 万亩）：

①普通春玉米（5.48 万亩）：济单 7 号　2.25，郑单 958　1.45，苏玉 10 号　0.77，农大 108　0.45，登海 605　0.36，浚单 18　0.15，蠡玉 35　0.05。

②春糯玉米（3.45 万亩）：燕禾金 2005　0.47，京科糯 2000　0.35，珍糯 2 号　0.3，燕禾金 2000　0.28，科糯 98-6　0.28，美玉 8 号　0.24，浙凤糯 2 号　0.23，浙糯玉 6 号　0.15，苏玉糯 2 号　0.13，中糯 301　0.1，京甜紫花糯　0.1，杭玉糯 1 号　0.1，美玉 3 号　0.1，美玉 6 号　0.1，浙糯玉 4 号　0.09，沪玉糯 1 号　0.08，沪玉糯 3 号　0.05，浙大糯玉 2 号　0.05，浙糯玉 1 号　0.05，珍珠糯玉米　0.05，都市丽人　0.05，金银糯　0.05，钱江糯 1 号　0.05。

③春甜玉米（1.27 万亩）：万甜 2000　0.2，华珍　0.18，超甜 3 号　0.16，绿色超人　0.15，浙甜 6 号　0.12，超甜 135　0.08，浙甜 2018　0.06，嵊科甜 208　0.05，浙丰甜 2 号　0.05，浙凤甜 2 号　0.05，科甜 2 号　0.05，美晶　0.05，超甜 4 号　0.05，先甜 5 号　0.02。

夏秋玉米（6.97 万亩）：

①普通夏秋玉米（4.22 万亩）：济单 7 号　1.44，郑单 958　1.07，登海 605　0.77，农大 108　0.39，浚单 18　0.15，丹玉 26　0.1，蠡玉 35　0.1，苏玉 21　0.1，承玉 19　0.1。

②夏秋糯玉米（2.33 万亩）：燕禾金 2000　0.37，美玉 8 号　0.33，科糯 98-6　0.31，京科糯 2000　0.25，珍糯 2 号　0.2，浙糯玉 5 号　0.16，苏玉糯 2 号　0.12，京甜紫花糯　0.1，沪玉糯 3 号　0.1，浙凤糯 2 号　0.08，杭玉糯 1 号　0.07，苏玉糯 1 号　0.05，都市丽人　0.05，万糯　0.05，美玉 13 号　0.05，美玉 3 号　0.03，丽晶　0.01。

③夏秋甜玉米（0.42 万亩）：华珍　0.21，万甜 2000　0.08，绿色超人　0.05，浙凤甜 2 号　0.04，超甜 3 号　0.01，浙甜 2018　0.01，金凤甜 5 号　0.01，嵊科金银 838　0.01。

蚕豆（1.62 万亩）：慈溪大白蚕　0.75，青皮蚕豆　0.56，白花大粒　0.16，慈溪大粒　0.1，日本寸蚕　0.05。

豌豆（春季作物3.2万亩）：中豌4号　1.84，中豌6号　1.06，浙豌1号　0.15，食荚豌豆　0.1，青豆　0.05。

豌豆（晚秋作物2.23万亩）：中豌4号　1.16，中豌6号　0.82，浙豌1号　0.15，改良甜脆豌　0.10。

马铃薯（春季作物2.95万亩）：东农303　1.42，中薯3号　0.8，克新4号　0.63，克新2号　0.1。

马铃薯（晚秋作物1.87万亩）：东农303　0.88，克新4号　0.44，中薯3号　0.4，蒙古种　0.15。

甘薯（6.96万亩）：心香　2.35，徐薯18　2.32，浙薯13　1.02，紫薯1号　0.37，浙薯6025　0.3，浙薯1号　0.2，胜利百号　0.1，南薯88　0.1，浙薯132　0.1，浙薯75　0.1。

花生（1.8万亩）：天府3号　0.61，衢江黑花生　0.43，小京生　0.26，大红袍　0.18，天府10号　0.13，白沙06　0.1，天府2号　0.09。

棉花（2.74万亩）：湘杂棉8号　0.62，中棉所63　0.3，湘杂棉3号　0.28，慈抗杂3号　0.24，鄂杂棉10号　0.2，中棉所59　0.2，兴地棉1号　0.2，泗杂棉8号　0.2，浙凤棉1号　0.13，创075　0.1，创杂棉21号　0.1，湘杂棉11号　0.05，南农6号　0.05，苏杂棉3号　0.05，中棉所29　0.02。

油菜（53.35万亩）：浙大619　12.45，浙油50　10，浙油18　7.65，浙双72　7.5，高油605　5.7，油研10号　2.4，绵新油78　1.25，沪油21　1.2，绵新油68　1.1，秦油8号　0.7，油研9号　0.6，华油杂95　0.5，宁杂19号　0.5，德油8号　0.5，浙双6号　0.4，浙双758　0.3，沪油15号　0.2，沪油杂1号　0.2，中双9号　0.15，农华油101　0.05。

西瓜（夏季作物5.72万亩）：早佳　2.48，平87-14　0.5，早春红玉　0.3，欣抗　0.25，拿比特　0.2，浙蜜3号　0.2，美抗九号　0.2，西农8号　0.19，科农九号　0.18，京欣一号　0.13，丰抗1号　0.12，丰抗8号　0.1，丽芳　0.1，利丰1号　0.1，利丰2号　0.1，抗病京欣　0.1，特小凤　0.07，红玲　0.06，佳乐　0.05，巨龙　0.05，新澄　0.05，浙蜜5号　0.05，美抗6号　0.05，西域星　0.05，小兰　0.02，新金兰　0.02。

西瓜（晚秋作物5.33万亩）：早佳　2.22，平87-14　0.88，早春红玉　0.36，浙蜜3号　0.33，西农8号　0.25，红玲　0.21，欣抗　0.2，佳乐　0.2，拿比特　0.17，小兰　0.12，抗病948　0.1，浙蜜5号　0.08，抗病京欣　0.06，特小凤　0.05，丰乐5号　0.05，丰抗8号　0.05。

甘蔗（2.07万亩）：青皮甘蔗　0.7，红皮甘蔗　0.41，本地红皮　0.28，义红1号　0.23，兰溪白皮　0.23，紫皮甘蔗　0.1，本地青皮　0.1，本地紫红皮　0.02。

高粱（0.62万亩）：湘两优糯粱1号　0.24，湘两优糯粱2号　0.2，湘两优1号　0.1，红高粱　0.08。

绿肥（8.89万亩）：宁波种　4.5，浙紫5号　2，弋阳种　1.5，安徽种　0.85，三叶草　0.04。

牧草（3.3万亩）：黑麦草　2.03，苏丹草　0.63，紫色苜蓿　0.35，墨西哥玉米　0.29。

（备注：根据衢州市种子管理站提供的数据整理而成）

二十九、2014 年农作物主要品种及面积

常规早（籼）稻（46.08 万亩）：中嘉早 17　16.6，中早 39　15.5，金早 47　8.5，金早 09　2.78，甬籼 15　1.9，温 814　0.45，台早 733　0.2，中早 35　0.15。

杂交早（籼）稻（0.3 万亩）：株两优 02　0.08，株两优 609　0.08，陵两优 268　0.06，威优 402　0.05，陵两优 104　0.02，陆两优 173　0.01。

常规晚粳稻（2.67 万亩）：

①单季常规晚粳稻（1.8 万亩）：秀水 134　1.18，浙粳 22　0.2，浙粳 88　0.2，秀水 09　0.17，原粳 35　0.04，秀水 123　0.01。

②连作常规晚粳稻（0.87 万亩）：秀水 134　0.68，浙粳 22　0.10，浙粳 59　0.06，秀水 09　0.03。

常规晚糯稻（7.34 万亩）：绍糯 9714　4.62，甬糯 34　1.72，祥湖 301　0.85，祥湖 13　0.15。

杂交晚籼稻：

①单季杂交晚籼稻（36.74 万亩）：中浙优 8 号　5.45，中浙优 1 号　5.23，Y 两优 689　4.65，内 5 优 8015　2.23，Y 两优 1 号　1.88，深两优 5814　1.64，两优培九　1.51，华两优 1206　1.2，丰两优香 1 号　1.18，Ⅱ优 7954　1.1，C 两优 396　1.05，钱优 911　1，Y 两优 2 号　0.9，中浙优 10 号　0.82，C 两优 608　0.72，Y 两优 5867　0.56，钱优 1 号　0.45，扬两优 6 号　0.4，两优 363　0.4，内 2 优 3015　0.4，甬优 1512　0.34，钱优 930　0.3，天优 998　0.26，Y 两优 302　0.26，C 两优 87　0.25，丰优 22　0.22，丰两优 1 号　0.2，E 福丰优 11　0.2，两优 6326　0.2，盐两优 888　0.2，珞优 8 号　0.15，Y 两优 9918　0.15，丰两优 6 号　0.15，新两优 6 号　0.1，川香优 6 号　0.1，金优 987　0.1，Ⅱ优 1273　0.1，Ⅱ优 6216　0.1，C 两优 343　0.1，新两优 343　0.1，Ⅱ优 371　0.1，Ⅱ优 508　0.1，钱优 0508　0.08，浙辐两优 12　0.06，两优 688　0.05。

②连作杂交晚籼稻（12.31 万亩）：准两优 608　4.85，天优华占　1.88，岳优 9113　1.42，广两优 9388　1，丰两优香 1 号　0.62，钱优 0508　0.62，钱优 1 号　0.5，丰源优 272　0.35，新两优 6 号　0.28，钱优 0506　0.23，国丰 2 号　0.18，扬两优 6 号　0.12，中浙优 1 号　0.11，泸香 658　0.06，钱优 817　0.05，丰两优 1 号　0.04。

杂交晚粳稻：

①单季杂交晚粳稻（21.64 万亩）：甬优 9 号　7.33，甬优 15　6.97，甬优 12　3.37，春优 84　1.9，甬优 538　1.41，甬优 17　0.31，甬优 1540　0.22，浙优 18　0.13。

②连作杂交晚粳稻（6.55 万亩）：甬优 9 号　3.4，甬优 15　2，甬优 2640　0.45，甬优 11 号　0.35，甬优 17　0.2，浙优 18　0.15。

杂交晚糯稻：

①单季杂交晚糯稻（1.3 万亩）：甬优 10 号　1.3。

②连作杂交晚糯稻（0.1 万亩）：甬优 10 号　0.1。

小麦（1.7 万亩）：扬麦 12　0.85，温麦 10 号　0.52，扬麦 158　0.26，扬麦 19　0.07。

大麦（0.37 万亩）：秀麦 11　0.12，浙啤 3 号　0.1，花 30　0.07，浙农大 3 号　0.03，浙啤 33　0.03，矮 209　0.02。

春大豆（5.5 万亩）：毛豆 3 号　1.02，辽鲜 1 号　0.95，引豆 9701　0.65，春丰早

0.56，浙农6号　0.4，浙鲜豆6号　0.36，春绿　0.3，沪宁95-1　0.3，日本青　0.22，青酥2号　0.2，浙鲜豆5号　0.15，六月半　0.1，浙鲜豆7号　0.1，浙鲜豆3号　0.05，五月拔　0.03，浙鲜豆4号　0.03，六月拔　0.02，浙春3号　0.02，矮脚早　0.02，六月豆　0.01，浙春2号　0.01。

夏秋大豆（14万亩）：衢鲜3号　4.61，衢鲜5号　3.05，衢鲜1号　1.65，衢鲜2号　1.45，六月半　0.82，八月拔　0.5，衢秋2号　0.4，引豆9701　0.22，六月拔　0.2，浙春2号　0.2，矮脚毛豆　0.2，辽鲜1号　0.2，毛豆3号　0.2，高雄2号　0.18，萧垦8901　0.1，萧农秋艳　0.02。

春玉米（7.44万亩）：

①普通春玉米（4.2万亩）：济单7号　1.9，郑单958　1.18，苏玉10号　0.55，登海605　0.22，浚单18　0.16，承玉19　0.11，丰乐21　0.06，农大108　0.02。

②春糯玉米（2.42万亩）：美玉8号　0.31，燕禾金2005　0.26，科糯98-6　0.23，珍糯2号　0.2，燕禾金2000　0.19，浙糯玉5号　0.13，京科糯2000　0.11，浙凤糯2号　0.1，苏玉糯6号　0.1，都市丽人　0.1，金糯628　0.1，沪玉糯1号　0.06，浙糯玉1号　0.06，京甜紫花糯　0.05，浙大糯玉3号　0.05，珍珠糯玉米　0.05，美玉7号　0.05，金银糯　0.05，钱江糯1号　0.05，杭玉糯1号　0.04，浙凤糯5号　0.03，苏玉糯202　0.02，苏玉糯2号　0.02，彩糯8号　0.01，沪紫黑糯1号　0.01，浙凤糯3号　0.01，浙糯玉6号　0.01，白玉糯　0.01，脆甜糯6号　0.01。

③春甜玉米（0.81万亩）：华珍　0.19，万甜2000　0.18，浙凤甜2号　0.11，金玉甜1号　0.08，绿色超人　0.06，浙甜2018　0.04，超甜3号　0.04，浙甜4号　0.03，嵊科甜208　0.02，金玉甜2号　0.02，丽晶　0.01，先甜5号　0.01，浙甜6号　0.01，超甜135　0.01，超甜4号　0.01。

夏秋玉米（10.24万亩）：

①普通夏秋玉米（6.54万亩）：郑单958　2.41，济单7号　2.34，登海605　0.94，农大108　0.55，浚单18　0.2，承玉19　0.04，苏玉21　0.03，丰乐21　0.03。

②夏秋糯玉米（2.14万亩）：美玉8号　0.41，燕禾金2000　0.35，京科糯2000　0.26，珍糯2号　0.2，杭玉糯1号　0.13，浙糯玉5号　0.12，苏玉糯1号　0.1，浙凤糯2号　0.1，都市丽人　0.1，科糯98-6　0.08，科糯991　0.08，苏玉糯2号　0.06，珍珠糯　0.05，万糯　0.05，美玉13号　0.05。

③夏秋甜玉米（1.56万亩）：万甜2000　0.41，绿色超人　0.41，华珍　0.33，超甜2000　0.2，浙甜6号　0.07，超甜4号　0.06，浙凤甜2号　0.04，超甜3号　0.01，浙甜2018　0.01，金凤甜5号　0.01，浙凤甜3号　0.01。

蚕豆（1.72万亩）：青皮蚕豆　0.66，慈溪大白蚕　0.53，日本寸蚕　0.39，白花大粒　0.09，珍珠绿　0.05。

豌豆（春季作物3.33万亩）：中豌4号　1.82，中豌6号　1.13，浙豌1号　0.18，食荚豌豆　0.11，青豆　0.07，中豌2号　0.02。

豌豆（晚秋作物2.65万亩）：中豌4号　1.22，中豌6号　0.81，改良甜脆豌　0.40，浙豌1号　0.22。

马铃薯（春季作物2.76万亩）：东农303　1.18，中薯3号　1.03，克新4号　0.44，克新2号　0.11。

马铃薯（晚秋作物2.97万亩）：东农303　1.26，中薯3号　0.57，克新4号　0.44，蒙古种　0.40，大西洋　0.30。

甘薯（10.23万亩）：徐薯18　3.21，心香　2.12，胜利百号　1.6，东方红　1.2，浙薯13　0.89，紫薯1号　0.31，浙薯6025　0.3，南薯88　0.2，浙紫薯1号　0.2，浙薯132　0.1，浙薯75　0.1。

花生（2.32万亩）：天府3号　0.94，衢江黑花生　0.43，小京生　0.42，大红袍　0.3，天府10号　0.13，白沙06　0.1。

棉花（2.21万亩）：湘杂棉8号　0.48，慈抗杂3号　0.28，中棉所59　0.2，兴地棉1号　0.17，鄂杂棉10号　0.15，中棉所63　0.15，泗杂棉8号　0.15，湘杂棉3号　0.1，创075　0.1，创杂棉21号　0.1，国丰棉12　0.1，中棉所87　0.06，湘杂棉11号　0.05，南农6号　0.05，苏杂棉3号　0.05，中棉所29　0.02。

油菜（51.78万亩）：浙双72　10.62，高油605　10.59，浙大619　7.71，浙油50　7.45，浙油18　2.64，油研10号　2.4，沣油737　1.42，中双11号　1.19，绵新油68　0.91，绵新油78　0.84，盐油杂3号　0.63，华浙油0742　0.56，宁杂19号　0.55，华油杂95　0.5，秦油7号　0.49，油研818　0.46，浙油杂2号　0.42，秦油8号　0.33，沪油15号　0.2，油研9号　0.2，浙双6号　0.2，油研817　0.19，华湘油11号　0.18，华油杂62　0.16，浙双758　0.16，福油518　0.16，中油杂898　0.13，宁杂21号　0.12，中油88　0.11，黔油28号　0.1，浙油19　0.09，农华油101　0.07。

西瓜（夏季作物6.26万亩）：早佳　2.54，平87-14　0.42，美抗九号　0.38，西农8号　0.32，佳乐　0.3，早春红玉　0.3，浙蜜3号　0.27，拿比特　0.21，红玲　0.13，丰抗1号　0.12，抗病京欣　0.12，丰抗8号　0.11，科农九号　0.11，利丰3号　0.1，美抗6号　0.1，京欣一号　0.07，浙蜜5号　0.06，中科1号　0.05，利丰2号　0.05，抗病948　0.05，新澄　0.05，欣秀　0.05，浙蜜6号　0.05，特小凤　0.05，科农3号　0.05，西农10号　0.05，超甜地雷王　0.05，丽芳　0.04，小兰　0.03，欣抗　0.03。

西瓜（晚秋作物4.07万亩）：早佳　1.74，平87-14　0.7，西农8号　0.33，红玲　0.3，浙蜜3号　0.26，佳乐　0.2，欣抗　0.2，抗病948　0.1，丰抗8号　0.1，特小凤　0.07，拿比特　0.03，浙蜜5号　0.02，京欣1号　0.02。

甘蔗（1.57万亩）：本地红皮　0.38，本地青皮　0.29，兰溪白皮　0.27，青皮甘蔗　0.25，义红1号　0.21，紫皮甘蔗　0.1，本地紫红皮　0.06，红皮甘蔗　0.01。

高粱（0.64万亩）：湘两优糯粱1号　0.23，湘两优糯粱2号　0.21，红高粱　0.1，湘两优1号　0.1。

绿肥（6.74万亩）：宁波种　3.89，浙紫5号　1.5，弋阳种　0.75，安徽种　0.55，三叶草　0.05。

牧草（3.28万亩）：黑麦草　1.93，苏丹草　0.61，紫色苜蓿　0.4，墨西哥玉米　0.34。

（备注：根据衢州市种子管理站提供的数据整理而成）

三十、2015年农作物主要品种及面积

常规早（籼）稻（23.56万亩）：中早39　8，中嘉早17　7.96，金早47　4.24，甬籼15　1.9，金早09　0.9，温926　0.3，台早733　0.26。

杂交早（籼）稻（1.17万亩）：陵两优268　0.9，T优535　0.1，株两优02　0.05，

株两优 609　0.05，威优 402　0.04，陵两优 104　0.03。

常规晚粳稻（2.72 万亩）：

①单季常规晚粳稻（1.82 万亩）：秀水 134　1.2，秀水 128　0.2，绍粳 18　0.2，秀水 09　0.12，浙粳 60　0.1。

②连作常规晚粳稻（0.9 万亩）：秀水 134　0.6，浙粳 88　0.2，浙粳 59　0.1。

常规晚糯稻（6.49 万亩）：绍糯 9714　4.88，甬糯 34　1.40，祥湖 301　0.15，祥湖 13　0.02，浙糯 65　0.04。

杂交晚籼稻：

①单季杂交晚籼稻（32.01 万亩）：中浙优 8 号　4.92，Y 两优 689　4.59，中浙优 1 号　2.67，Y 两优 6 号　1.84，深两优 5814　1.7，深两优 865　1.7，甬优 1512　1.16，内 5 优 8015　1.12，华两优 1206　1，丰两优香 1 号　0.97，Y 两优 2 号　0.96，Y 两优 1 号　0.79，齐优 1068　0.77，两优培九　0.64，C 两优 608　0.62，盐两优 888　0.55，天优 998　0.52，C 两优 396　0.46，Ⅱ优 7954　0.4，Ⅱ优 8006　0.35，Y 两优 9918　0.35，两优 6326　0.28，Y 两优 5867　0.28，扬两优 6 号　0.27，钱优 0508　0.27，天两优 616　0.24，Y 两优 302　0.21，两优 363　0.2，C 两优 87　0.17，深两优 884　0.17，中浙优 10 号　0.16，钱优 930　0.16，岳优 9113　0.15，丰优香占　0.15，泸优 9803　0.15，钱优 1 号　0.1，E 福丰优 11　0.1，Ⅱ优 1273　0.1，准两优 527　0.1，Ⅱ优 6216　0.1，汕优 06　0.1，Ⅱ优 98　0.06，C 两优 343　0.06，Ⅱ优 508　0.06，丰优 22　0.05，珞优 8 号　0.05，浙辐两优 12　0.05，丰两优 1 号　0.04，Ⅱ优 084　0.04，丰两优 6 号　0.04，Ⅱ优 838　0.02。

②连作杂交晚籼稻（8.19 万亩）：准两优 608　4.3，丰两优香 1 号　1.21，天优华占　0.81，丰源优 272　0.37，岳优 9113　0.3，五优 308　0.25，钱优 0506　0.24，钱优 0508　0.24，天优湘 99　0.2，扬两优 6 号　0.12，天优 998　0.1，丰优 9 号　0.05。

杂交晚粳稻：

①单季杂交晚粳稻（28.42 万亩）：甬优 15　9.81，甬优 538　5.81，春优 84　4.44，甬优 9 号　3.08，甬优 17　3.2，甬优 12　1.35，甬优 1540　0.55，浙优 18　0.1，嘉禾优 555　0.07，秀优 378　0.01。

②连作杂交晚粳稻（5.11 万亩）：甬优 9 号　3.21，甬优 17　0.86，甬优 15　0.35，甬优 2640　0.35，浙优 18　0.32，甬优 720　0.02。

杂交晚糯稻：

①单季杂交晚糯稻（0.85 万亩）：甬优 10 号　0.85。

②连作杂交晚糯稻（0.1 万亩）：甬优 10 号　0.1。

小麦（1.57 万亩）：扬麦 12　0.72，温麦 10 号　0.34，扬麦 18　0.22，扬麦 158　0.2，浙麦 2 号　0.06，扬麦 20　0.03。

大麦（0.28 万亩）：浙啤 3 号　0.14，秀麦 11　0.10，浙农大 3 号　0.02，浙啤 33　0.02。

春大豆（8.74 万亩）：春丰早　1.48，辽鲜 1 号　0.73，台湾 75　0.7，引豆 9701　0.68，浙春 2 号　0.6，浙农 6 号　0.54，矮脚毛豆　0.5，日本青　0.4，沪宁 95-1　0.35，浙鲜豆 6 号　0.35，浙农 8 号　0.34，五月拔　0.3，青皮豆　0.3，六月拔　0.25，六月豆　0.2，春绿　0.2，浙鲜豆 7 号　0.2，毛豆 3 号　0.16，浙鲜豆 3 号　0.13，

浙鲜豆 8 号　0.12，青酥 2 号　0.1，六月半　0.08，浙鲜豆 4 号　0.03。

夏秋大豆（15.09 万亩）：衢鲜 3 号　5.48，衢鲜 5 号　4.43，衢鲜 1 号　1.52，衢鲜 2 号　1.51，衢秋 2 号　0.51，六月半　0.45，八月拔　0.2，六月拔　0.2，浙春 2 号　0.2，矮脚毛豆　0.2，高雄 2 号　0.1，浙春 3 号　0.1，台湾 75　0.07，辽鲜 1 号　0.05，春丰早　0.04，日本青　0.03。

春玉米 9.51 万亩。

普通春玉米（6.05 万亩）：济单 7 号　2.18，郑单 958　1.89，浚单 18　0.52，苏玉 10 号　0.5，登海 605　0.38，农大 108　0.15，浙凤单 1 号　0.15，承玉 19　0.1，浙单 11　0.1，丰乐 21　0.08。

春糯玉米（2.1 万亩）：燕禾金 2005　0.39，美玉 8 号　0.2，苏玉糯 202　0.18，燕禾金 2000　0.17，珍珠糯玉米　0.15，苏玉糯 1 号　0.12，京科糯 2000　0.1，珍糯 2 号　0.1，美玉 7 号　0.1，苏玉糯 2 号　0.1，京甜紫花糯　0.09，浙凤糯 3 号　0.07，脆甜糯 6 号　0.06，浙糯玉 4 号　0.05，苏玉糯 6 号　0.05，金银糯　0.05，科糯 98-6　0.04，杭玉糯 1 号　0.03，浙凤糯 2 号　0.02，彩糯 8 号　0.01，浙凤糯 5 号　0.01，苏花糯 2 号　0.01。

春甜玉米（1.36 万亩）：华珍　0.36，万甜 2000　0.23，绿色超人　0.11，科甜 98-1　0.1，金玉甜 1 号　0.09，浙甜 2088　0.08，先甜 5 号　0.05，正甜 68　0.05，浙凤甜 2 号　0.05，科甜 1 号　0.05，超甜 1 号　0.05，美晶　0.03，超甜 3 号　0.03，丽晶 0.02，嵊科甜 208　0.02，浙甜 2018　0.01，浙甜 6 号　0.01，超甜 135　0.01，金玉甜 2 号　0.01。

夏秋玉米（8.49 万亩）。

普通夏秋玉米（4.54 万亩）：济单 7 号　1.89，郑单 958　1.3，农大 108　0.36，登海 605　0.28，浚单 18　0.15，苏玉 1 号　0.11，浙凤单 1 号　0.11，浙单 11　0.1，农大 60　0.09，丰乐 21　0.09，苏玉 2 号　0.02，苏玉 21　0.02，承玉 19　0.02。

夏秋糯玉米（2.23 万亩）：燕禾金 2000　0.8，苏玉糯 1 号　0.3，美玉 8 号　0.25，苏玉糯 2 号　0.22，京科糯 2000　0.19，丽晶　0.1，浙糯玉 5 号　0.1，珍糯 2 号　0.1，科糯 98-6　0.05，杭玉糯 1 号　0.03，浙凤糯 3 号　0.03，万糯　0.02，脆甜糯 6 号　0.02，浙凤糯 2 号　0.01，珍珠糯　0.01。

夏秋甜玉米（1.72 万亩）：万甜 2000　0.43，华珍　0.24，浙甜 6 号　0.2，超甜 4 号 0.2，科甜 98-1　0.11，绿色超人　0.11，超甜 2000　0.1，华穗 2000　0.1，先甜 5 号 0.07，浙凤甜 3 号　0.06，浙甜 2088　0.03，超甜 3 号　0.02，金玉甜 1 号　0.02，浙甜 2018　0.01，浙凤甜 2 号　0.01，金凤甜 5 号　0.01。

蚕豆（1.64 万亩）：慈溪大白蚕　0.59，青皮蚕豆　0.55，大青皮　0.2，日本寸蚕 0.15，白花大粒　0.09，慈蚕 1 号（慈溪大粒）　0.04，利丰蚕豆　0.02。

豌豆（春季作物 3.63 万亩）：中豌 4 号　2.18，中豌 6 号　1.2，食荚豌豆　0.15，浙豌 1 号　0.1。

豌豆（晚秋作物 2.64 万亩）：中豌 4 号　1.06，中豌 6 号　0.7，改良甜脆豌　0.6，浙豌 1 号　0.28。

马铃薯（春季作物 2.19 万亩）：东农 303　1.08，中薯 3 号　0.81，克新 4 号　0.19，克新 2 号　0.11。

马铃薯（晚秋作物 3.28 万亩）：东农 303　1.4，中薯 3 号　0.66，克新 4 号　0.52，蒙古种　0.4，大西洋　0.3。

甘薯（10.3 万亩）：徐薯 18　2.7，心香　2.2，浙薯 13　1.51，胜利百号　1.5，东方红　1，浙薯 6025　0.4，紫薯 1 号　0.31，浙紫薯 1 号　0.3，南薯 88　0.18，浙薯 132　0.1，浙薯 75　0.1。

花生（2.2 万亩）：天府 3 号　1，衢江黑花生　0.44，小京生　0.32，大红袍　0.2，天府 10 号　0.14，白沙 06　0.1。

棉花（0.83 万亩）：湘杂棉 8 号　0.27，泗杂棉 8 号　0.11，鄂杂棉 10 号　0.1，中棉所 59　0.09，国丰棉 12　0.07，兴地棉 1 号　0.05，中棉所 63　0.05，鄂杂棉 29　0.04，创 075　0.02，中棉所 87　0.02，创杂棉 21 号　0.01。

油菜（52.08 万亩）：高油 605　13.57，浙双 72　11.43，浙大 619　6.6，浙油 50　6.14，沣油 737　3.05，中双 11 号　2.62，油研 10 号　1.56，浙大 622　1.32，绵新油 68　1，德核杂油 8 号　0.85，油研 818　0.65，秦油 7 号　0.62，浙油 51　0.6，绵新油 78　0.4，浙油 18　0.38，盐油杂 3 号　0.36，秦油 8 号　0.3，浙油杂 2 号　0.27，宁杂 19 号　0.1，浙双 6 号　0.1，浙双 758　0.1，油研 817　0.06。

西瓜（夏季作物 5.86 万亩）：早佳　2.32，西农 8 号　0.5，平 87-14　0.37，丰抗 8 号　0.3，美抗九号　0.3，浙蜜 3 号　0.28，红玲　0.25，早春红玉　0.24，京欣一号 0.16，拿比特　0.16，浙蜜 5 号　0.1，丰抗 1 号　0.08，抗病京欣　0.07，浙蜜 2 号 0.06，金蜜 2 号　0.06，佳乐　0.05，利丰 3 号　0.05，小芳　0.05，抗病 948　0.05，新澄　0.05，欣抗　0.05，浙蜜 6 号　0.05，特小凤　0.05，秀芳　0.05，科农九号　0.05，翠玲　0.05，超甜地雷王　0.05，甘露　0.01。

西瓜（晚秋作物 4.64 万亩）：早佳　1.74，平 87-14　0.56，红玲　0.39，浙蜜 3 号 0.38，西农 8 号　0.37，佳乐　0.2，欣抗　0.2，浙蜜 1 号　0.18，早春红玉　0.12，浙蜜 5 号　0.1，抗病 948　0.1，黑美人　0.09，丰抗 8 号　0.08，拿比特　0.06，特小凤 0.05，科农 3 号　0.02。

甘蔗（1.43 万亩）：本地青皮　0.35，本地红皮　0.28，兰溪白皮　0.22，青皮甘蔗 0.2，义红 1 号　0.18，紫皮甘蔗　0.1，本地紫红皮　0.08，红皮甘蔗　0.02。

高粱（0.74 万亩）：红高粱　0.27，湘两优糯粱 2 号　0.24，湘两优糯粱 1 号　0.23。

绿肥（6.45 万亩）：宁波种　4.35，浙紫 5 号　1.0，弋阳种　0.6，安徽种　0.5。

牧草（3.31 万亩）：黑麦草　2.17，苏丹草　0.44，紫色苜蓿　0.4，墨西哥玉米　0.3。

（备注：根据衢州市种子管理站提供的数据整理而成）

第四章 粮食作物品种及面积

根据1986—2015年三十年粮食作物品种统计年报的面积统计结果表明，粮食作物面积最大的均为水稻（表4-1）；第二大的作物，小麦十年（1986—1995），大豆二十年（1996—2015）；第三大的作物，大麦一年（1986）、大豆四年（1987、1990、1994、1995）、甘薯十年（1988、1989、1991、1992、1993、2000、2001、2005、2006、2007）、小麦四年（1996、1997、1998、1999）、玉米十一年（2002、2003、2004、2008、2009、2010、2011、2012、2013、2014、2015）。

三十年累计总面积表明，粮食作物面积最大的是水稻，第二大作物是大豆，第三大作物是小麦。

表4-1 衢州市1986—2015年粮食作物品种统计年报面积情况统计表 单位：万亩

年份	水稻	小麦	大麦	大豆	蚕（豌）豆	玉米	高粱	甘薯	马铃薯	最大作物	第二大作物	第三大作物
1986	214.35	40.48	7.95	5.88		7.86		6.57		水稻	小麦	大麦
1987	228.24	40.4	7.95	8.68		7.84		8.61		水稻	小麦	大豆
1988	232.83	43.82	7.23	6.42		7.48		8.27		水稻	小麦	甘薯
1989	231.03	43.17	4.31	7.48	0.12	7.94		8.5		水稻	小麦	甘薯
1990	224.56	48.82	3.74	8.88	0.44	7.81		8.39		水稻	小麦	大豆
1991	232.74	46.83	4.27	7.92	2.77	8.84		10.26		水稻	小麦	甘薯
1992	234.30	39.71	3.29	8.78	1.68	11.00		10.12		水稻	小麦	甘薯
1993	219.59	31.91	2.21	8.28	2.1	7.83		9.29		水稻	小麦	甘薯
1994	219.78	27.6	2.9	10.63	1.8	5.73		9.59		水稻	小麦	大豆
1995	217.45	22.25	2.08	20.44	1.61	5.14		12.93		水稻	小麦	大豆
1996	223.41	20.01	5.97	22.6	1.78	5.86		11.39		水稻	大豆	小麦
1997	222.73	18.65	5.09	28.05	2.5	12.93		13.48		水稻	大豆	小麦
1998	222.02	19.01	3.99	24.3	3.22	11.07		13.87		水稻	大豆	小麦
1999	217.69	17.38	3.86	19.13	3.65	12.00		14.52	4.21	水稻	大豆	小麦
2000	188.13	9.35	1.42	32.80	3.98	11.58		12.45	4.27	水稻	大豆	甘薯
2001	168.84	5.07	0.51	34.49	4.34	10.44		13.81	4.57	水稻	大豆	甘薯
2002	163.87	5.11	0.94	38.08	3.72	8.53		8.01	4.13	水稻	大豆	玉米
2003	133.52	3.65	0.24	23.34	2.98	11.32		8.77	3.07	水稻	大豆	玉米
2004	161.36	3.95	0.26	25.34	6.58	11.39		10.95	3.49	水稻	大豆	玉米
2005	161.38	2.55	0.54	24.65	3.82	11.01	0.27	12.56	3.74	水稻	大豆	甘薯
2006	162.90	3.01	0.58	27.16	4.47	12.25	0.22	12.59	4.13	水稻	大豆	甘薯
2007	158.44	3.03	0.36	26.42	4.83	12.1	0.24	12.4	4.05	水稻	大豆	甘薯
2008	158.80	2.78	0.53	26.86	5.74	14.91	0.36	13.75	5.49	水稻	大豆	玉米
2009	164.33	2.47	0.33	28.01	6.98	18.84	0.55	9.93	4.62	水稻	大豆	玉米
2010	159.50	2.04	0.49	22.73	6.69	18.47	0.72	10.48	5.56	水稻	大豆	玉米
2011	149.13	1.9	0.39	21.48	9.27	19.63	0.63	9.42	5.54	水稻	大豆	玉米

（续表）

年份	水稻	小麦	大麦	大豆	蚕（豌）豆	玉米	高粱	甘薯	马铃薯	最大作物	第二大作物	第三大作物
2012	144.58	1.87	0.43	21.85	8.18	20.65	0.79	10.23	3.91	水稻	大豆	玉米
2013	138.72	1.54	0.42	19.03	7.05	17.17	0.62	6.96	4.82	水稻	大豆	玉米
2014	135.03	1.7	0.37	19.50	7.7	17.68	0.64	10.23	5.73	水稻	大豆	玉米
2015	108.62	1.57	0.28	23.83	7.91	18.00	0.74	10.3	5.47	水稻	大豆	玉米
合计	5 597.87	511.63	72.93	603.04	115.91	353.3	5.78	318.63	76.80	水稻	大豆	小麦

备注：马铃薯 1989—1998 年未分品种统计，面积未计入

第一节　水稻品种及面积

水稻品种及面积，按常规早籼稻、杂交早籼稻、常规晚籼稻、杂交晚籼稻、常规晚粳稻、杂交晚粳稻（含籼粳杂交稻，下同）、常规晚糯稻、杂交晚糯稻进行分类统计（表 4-2）。

表 4-2　衢州市 1986—2015 年水稻品种年报面积情况统计表　　单位：万亩

年份	常规早籼稻	杂交早籼稻	常规晚籼稻	杂交晚籼稻	常规晚粳稻	杂交晚粳稻	常规晚糯稻	杂交晚糯稻	合计
1986	103.98	4.25		78.85	13.16		14.11		214.35
1987	103.32	7.19		90.01	11.01		16.71		228.24
1988	107.55	4.27		89.23	11.66		20.12		232.83
1989	109.39	1.49		96.36	8.20		15.59		231.03
1990	110.22	0.63		97.68	4.53		11.50		224.56
1991	105.92	4.16		105.61	3.96		13.09		232.74
1992	96.67	13.78		103.46	3.89		16.50		234.30
1993	93.76	5.96		100.12	4.55		15.20		219.59
1994	97.50	3.02		103.99	3.86		11.41		219.78
1995	100.63	1.67		100.25	2.45		12.45		217.45
1996	92.37	10.13		106.73	1.86		12.32		223.41
1997	84.48	17.83		103.36	4.12		12.94		222.73
1998	83.32	19.92		104.15	2.41		12.22		222.02
1999	80.53	18.72		106.50	2.42		9.52		217.69
2000	65.62	12.51		91.75	2.72		15.53		188.13
2001	54.60	6.37		94.88	1.73		11.26		168.84
2002	44.89	7.00		103.39	0.80		7.79		163.87
2003	40.89	3.68		79.95	2.00		7.00		133.52
2004	45.75	10.89		94.26	0.70		9.76		161.36
2005	47.75	10.88		86.21	1.63	0.30	14.61		161.38
2006	45.62	10.96		90.86	1.84	0.16	13.46		162.90
2007	48.45	7.31		87.59	2.40	0	12.69		158.44
2008	50.04	9.19		85.27	1.90	0.35	11.60	0.45	158.80

（续表）

年份	常规早籼稻	杂交早籼稻	常规晚籼稻	杂交晚籼稻	常规晚粳稻	杂交晚粳稻	常规晚糯稻	杂交晚糯稻	合计
2009	49.88	7.61	0.20	91.16	1.87	2.00	10.66	0.95	164.33
2010	49.17	6.95	0.30	84.79	3.18	3.15	10.91	1.05	159.50
2011	44.94	4.05	0.02	83.30	2.75	2.09	10.33	1.65	149.13
2012	42.28	3.05	0.22	75.56	3.07	9.45	10.08	0.87	144.58
2013	44.6	0.47	0.10	60.98	2.24	20.43	8.25	1.65	138.72
2014	46.08	0.30	0	49.05	2.67	28.19	7.34	1.40	135.03
2015	23.56	1.17	0	40.20	2.72	33.53	6.49	0.95	108.62
合计	2 113.76	215.41	0.84	2 685.5	112.3	99.65	361.44	8.97	5 597.87

据 1986—2015 年统计，衢州市水稻品种主要有 389 个，其中，常规早籼稻 74 个、杂交早籼稻 36 个、常规晚籼稻 3 个、杂交晚籼稻 184 个、常规晚粳稻 32 个、杂交晚粳稻 23 个、常规晚糯稻 35 个、杂交晚糯稻 2 个。

三十年中，389 个水稻品种，累计种植面积达 5 331.13 万亩，平均每个品种种植面积 13.70 万亩，按年次计算，389 个品种共种植 1755 年次，平均每个品种每年种植面积 3.04 万亩。

三十年中，累计种植面积超过 10 万亩的品种 85 个，其中，累计种植面积超过 400 万亩的品种 2 个，200 万~400 万亩的品种 2 个，100 万~200 万亩的品种 7 个，50 万~100 万亩的品种 16 个，10 万~50 万亩的品种 58 个。累计种植面积最大的品种是汕优 10 号，达 443.33 万亩。年种植面积最大的品种是汕优 6 号，1986 年达 58.85 万亩（表 4-3）。

三十年中，累计种植面积超过 10 万亩的品种 85 个，其中，常规早籼稻 33 个、杂交早籼稻 4 个、杂交晚籼稻 36 个、常规晚粳稻 3 个、杂交晚粳稻 3 个、常规晚糯稻 6 个。

三十年中，累计种植年限超过 10 年的品种 40 个，其中，超过 20 年的品种 5 个，15~19 年的品种 8 个，10~14 年的品种 27 个。累计种植年限最长的品种是协优 46、汕优 63，达 24 年（表 4-4）。

表 4-3　衢州市 1986—2015 年累计面积超过 10 万亩的水稻品种数量统计表　　单位：个

类型	>10 万亩	其中 10 万~50 万亩	50 万~100 万亩	100 万~200 万亩	200 万~400 万亩	400 万亩以上
常规早籼稻	33	19	9	3	2	
杂交早籼稻	4	3	1			
常规晚籼稻	0					
杂交晚籼稻	36	26	4	4		2
常规晚粳稻	3	3				
杂交晚粳稻	3	3				
常规晚糯稻	6	4	2			
杂交晚糯稻	0					
合　计	85	58	16	7	2	2

表 4-4　衢州市 1986—2015 年种植年限超过 10 年的水稻品种情况统计表

类型	品种	种植年限	种植起始年份	累计面积（万亩）
常规早籼稻	浙 733	18	1990	252.19
	金早 47	15	2001	236.41
	浙辐 802	14	1986	165.25
	中早 1 号	14	1995	74.51
	嘉育 293	13	1992	8.34
	浙 852	12	1988	81.22
	舟优 903	10	1993	100.27
	嘉育 948	10	1998	55.36
	浙农 8010	10	1994	21.18
	中早 22	10	2003	57.68
杂交早籼稻	金优 402	16	1997	70.98
	汕优 48-2	14	1991	34.19
	威优 402	11	1996	25.56
杂交晚籼稻	协优 46	24	1988	428.55
	汕优 63	24	1986	60.66
	汕优 10 号	22	1989	443.33
	Ⅱ优 92	21	1993	65.91
	Ⅱ优 46	20	1992	77.51
	汕优 64	19	1986	161.44
	两优培九	16	2000	134.97
	协优 92	16	1995	48.64
	Ⅱ优 63	15	1994	14.91
	协优 963	13	1999	48.03
	Ⅱ优 838	13	1999	26.42
	中浙优 1 号	12	2004	125.23
	Ⅱ优 3027	12	2000	28.29
	Ⅱ优 7954	11	2004	22.68
	丰两优 1 号	11	2005	13.8
	协优 63	11	1996	8.13
	Ⅱ优 084	10	2004	17.09
	金优 987	10	2005	14.64
	Ⅱ优 8220	10	2001	12.84
常规晚粳稻	秀水 11	13	1987	16.21
	秀水 110	10	2003	7.95
	秀水 37	10	1989	5.54
	秀水 09	10	2006	2.27
常规晚糯稻	祥湖 84	17	1987	76.33
	绍糯 9714	14	2002	58.48
	绍糯 119	13	1997	34.06
	祥湖 25	10	1986	15.5

一、常规早籼稻

1986—2015 年，品种年报累计统计结果表明，衢州市常规早籼稻品种 74 个（表 4-5），按种植年份次序统计，分别是：二九青、二九丰、浙辐 802、8004、广陆矮 4 号、辐 756、红突 31、71 早一号、湖北 22、7307、HA-7、作五、辐 8-1、5010、早莲 31、中 857、浙 852、泸红早 1 号、辐 8329、浙辐 9 号、嘉籼 758、湘早籼 3 号、中浙 1 号、浙 8619、中 156、辐籼 6 号、浙 733、浙辐 762、杭早 3 号、嘉育 293、泸早 872、嘉兴香米、舟优 903、浙农 8010、浙辐 218、中早 1 号、浙 9248、衢育 860、中优早 2 号、中丝 2 号、中早 4 号、辐 9136、浙农 921、嘉育 948、嘉早 935、辐 8970、嘉兴 8 号、金早 22、浙 952、嘉早 41、中组 1 号、金早 47、金早 50、中早 22、嘉育 253、浙 103、杭 959、天禾 1 号、籼辐 9759、浙 106、甬籼 57、浙 101、温 220、中嘉早 32、金早 09、中嘉早 17、浙 105、浙 408、中早 39、甬籼 15、温 814、中早 35、台早 733、温 926。

1986—2015 年，74 个品种，累计种植面积 1 985.16 万亩，平均每个品种种植面积 26.83 万亩，按年次计算，74 个品种共种植 379 年次，平均每个品种每年种植面积 5.24 万亩，品种集中度较高，主栽品种突出。

1986—2015 年的三十年中，累计面积超过 10 万亩的品种 33 个（表 4-6）。其中，累计面积 200 万~400 万亩的品种 2 个，浙 733　252.19 万亩，金早 47　236.41 万亩；累计面积 100 万~200 万亩的品种 3 个，浙辐 802　165.25 万亩，二九丰　133.28 万亩，舟优 903　100.27 万亩；累计面积 50 万~100 万亩的品种 9 个，广陆矮 4 号　86.03 万亩，浙 852　81.22 万亩，中早 1 号　74.51 万亩，中 156　64.55 万亩，辐 8-1　62.43 万亩，中早 22　57.68 万亩，中嘉早 17　57.41 万亩，中早 39　54.51 万亩，嘉育 948　55.36 万亩；累计面积 10 万~50 万亩的品种 19 个，泸早 872　49.18 万亩，辐籼 6 号　37.9 万亩，泸红早 1 号　35.11 万亩，中组 1 号　30.61 万亩，浙 9248　23 万亩，嘉早 935　22.26 万亩，中嘉早 32　22.24 万亩，浙农 8010　21.18 万亩，中丝 2 号　19.78 万亩，金早 09　18.88 万亩，杭 959　17.39 万亩，嘉育 253　16.33 万亩，辐 756　15.53 万亩，早莲 31　14.07 万亩，金早 22　13.98 万亩，7307　12.85 万亩，天禾 1 号　12.03 万亩，辐 8970　11.09 万亩，浙辐 762　10.51 万亩。

1986—2015 年，常规早籼稻三大主栽品种，共有 23 个品种（表 4-7），分别是：二九丰、广陆矮 4 号、浙辐 802、辐 8-1、辐籼 6 号、中 156、浙 852、浙 733、泸早 872、中早 1 号、舟优 903、嘉育 948、辐 8970、中丝 2 号、嘉早 935、金早 47、中组 1 号、中早 22、杭 959、中嘉早 32、嘉育 253、中早 39、中嘉早 17。1986—2015 年，常规早籼稻三大主栽品种面积，占总面积的比例，三十年平均为 64.77%。其中 2014 年最高，达 88.11%，1990 年最低，为 40.54%。2009—2015 连续 7 年三大主栽品种占总面积的比例，超过 70%，且从 2012 年起连续 4 年占比超过 80%。从三十年情况看，常规早籼稻三大主栽品种明确，且集中度较高。

1986—2015 年，年种植面积最大的常规早籼稻品种，三十年中出现过 9 个品种（表 4-8、表 4-9）：二九丰　2 年（1986—1987），浙辐 802　3 年（1988—1990），中 156　2 年（1991—1992），浙 733　5 年（1993—1997），舟优 903　1 年（1998），嘉育 948　3 年（1999—2001），金早 47　11 年（2002—2012），中嘉早 17　2 年（2013—2014）中早 39　1 年（2015）。

常规早籼稻单个品种，年种植面积最大的是二九丰，1987 年 41.26 万亩，占当年常规早籼稻总面积的 39.93%。常规早籼稻单个品种，1986—2015 年累计种植面积最大的品种是浙 733，达 252.19 万亩。

表 4-5　衢州市 1986—2015 年常规早籼稻品种面积统计表

年份	总面积（万亩）	主要品种数量（个）	新增主要品种数量（个）	新增主要品种名称	主要品种面积（万亩）	其他品种面积（万亩）
1986	103.98	10	10	二九青，二九丰，浙辐 802，8004，7307，广陆矮 4 号，辐 756，红突 31，71 早一号，湖北 22	92.16	11.82
1987	103.32	12	4	HA-7，作五，辐 8-1，501	89.97	13.35
1988	107.55	15	5	早莲 31，中 857，浙 852，泸红早 1 号，辐 8329	98.53	9.02
1989	109.39	17	5	浙辐 9 号，嘉籼 758，湘早籼 3 号，中浙 1 号，浙 8619	99.53	9.86
1990	110.22	17	3	中 156，辐籼 6 号，浙 733	100.40	9.82
1991	105.92	16	2	浙辐 762，杭早 3 号	100.56	5.36
1992	96.67	14	2	嘉育 293，泸早 872	93.24	3.43
1993	93.76	12	2	嘉兴香米，舟优 903	89.77	3.99
1994	97.50	12	1	浙农 8010	89.40	8.10
1995	100.63	17	5	浙辐 218，中早 1 号，浙 9248，衢育 860，中优早 2 号	98.49	2.14
1996	92.37	14	3	中丝 2 号，中早 4 号，辐 9136	84.49	7.88
1997	84.48	14	1	浙农 921	82.38	2.10
1998	83.32	16	2	嘉育 948，嘉早 935	79.55	3.77
1999	80.53	17	4	辐 8970，嘉兴 8 号，金早 22，浙 952	79.12	1.41
2000	65.62	16	2	嘉早 41，中组 1 号	62.82	2.80
2001	54.60	16	2	金早 47，金早 50	53.53	1.07
2002	44.89	14	0		44.78	0.11
2003	40.89	10	1	中早 22	34.89	6.00
2004	45.75	12	3	嘉育 253，浙 103，杭 959	39.86	5.89
2005	47.75	9	2	天禾 1 号，辐籼 9759	44.15	3.60
2006	45.62	9	1	浙 106	41.52	4.10
2007	48.45	13	3	浙 101，甬籼 57，温 220	41.34	7.11
2008	50.04	11	1	中嘉早 32 号	44.17	5.87
2009	49.88	12	3	金早 09，中嘉早 17，浙 105	49.88	
2010	49.17	13	2	浙 408，中早 39	49.17	
2011	44.94	10	0		44.94	
2012	42.28	8	1	甬籼 15	42.28	
2013	44.60	8	2	温 814，中早 35	44.6	
2014	46.08	8	1	台早 733	46.08	
2015	23.56	7	1	温 926	23.56	
合计	2 113.76	379	74		1 985.16	128.6

表4-6 衢州市1986—2015年累计面积10万亩以上的常规早籼稻品种情况统计表

品种名称	二九丰	浙辐802	广陆矮4号	辐756	7307	辐8-1	早莲31	浙852	泸红早1号	中156	辐籼6号	浙733
推广起始年	1986	1986	1986	1986	1986	1987	1988	1988	1988	1990	1990	1990
累计推广面积（万亩）	133.28	165.25	86.03	15.53	12.85	62.43	14.07	81.22	35.11	64.55	37.9	252.19
累计推广面积排名	4	3	6	27	30	10	28	7	17	9	16	1
推广年数（年）	6	14	8	6	6	9	5	12	8	9	5	18
年均推广面积（万亩）	22.21	11.80	10.75	2.59	2.14	6.94	2.81	6.77	4.39	7.17	7.58	14.01
年均推广面积排名	1	4	5	27	29	11	24	12	20	10	9	3
品种名称	泸早872	舟优903	浙农8010	中早1号	浙9248	中丝2号	嘉育948	嘉早935	辐8970	金早22	中组1号	金早47
推广起始年	1992	1993	1994	1995	1995	1996	1998	1998	1999	1999	2000	2001
累计推广面积（万亩）	49.18	100.27	21.18	74.51	23	19.78	55.36	22.26	11.09	13.98	30.61	236.41
累计推广面积排名	15	5	22	8	19	23	13	20	32	29	18	2
推广年数（年）	8	10	10	14	8	9	10	7	2	5	5	15
年均推广面积（万亩）	6.15	10.03	2.12	5.32	2.88	2.20	5.54	3.18	5.55	2.80	6.12	15.76
年均推广面积排名	13	6	30	18	23	28	17	22	16	25	14	2
品种名称	中早22	嘉育253	杭959	天禾1号	中嘉早32	金早09	中嘉早17	中早39	浙辐762			33个品种合计
推广起始年	2003	2004	2004	2005	2008	2009	2009	2010	1991			
累计推广面积（万亩）	57.68	16.33	17.39	12.03	22.24	18.88	57.41	54.51	10.51			1 885.02
累计推广面积排名	11	26	25	31	21	24	12	14	33			
推广年数（年）	10	8	5	6	5	7	7	6	5			268
年均推广面积（万亩）	5.77	2.04	3.48	2.01	4.45	2.70	8.20	9.09	2.10			
年均推广面积排名	15	32	21	33	19	26	8	7	31			

备注：其中5个品种（二九丰、浙辐802、广陆矮4号、辐756、7307）1985年前已在衢州市推广种植，实际推广起始年早于1986年，因1985年前未作统计

表 4-7 衢州市 1986—2015 年常规早籼稻三大主栽品种情况统计表

年份	总面积（万亩）	第一主栽品种	第一主栽品种面积（万亩）	第二主栽品种	第二主栽品种面积（万亩）	第三主栽品种	第三主栽品种面积（万亩）	三大主栽品种面积合计（万亩）	三大主栽品种占比（%）
1986	103. 98	二九丰	36. 05	广陆矮 4 号	28. 57	浙辐 802	19. 67	84. 29	81. 06
1987	103. 32	二九丰	41. 26	浙辐 802	21. 49	广陆矮 4 号	20. 56	83. 31	80. 63
1988	107. 55	浙辐 802	27. 65	二九丰	24. 2	广陆矮 4 号	17. 2	69. 05	64. 20
1989	109. 39	浙辐 802	27. 66	二九丰	19. 97	辐 8-1	15. 78	63. 41	57. 97
1990	110. 22	浙辐 802	20. 59	辐 8-1	13. 83	辐籼 6 号	10. 26	44. 68	40. 54
1991	105. 92	中 156	16. 66	浙 852	15. 71	辐籼 6 号	10. 79	43. 16	40. 75
1992	96. 67	中 156	21. 10	浙 733	19. 57	浙 852	15. 74	56. 41	58. 35
1993	93. 76	浙 733	29. 32	浙 852	15. 74	中 156	14. 76	59. 82	63. 80
1994	97. 50	浙 733	37. 61	泸早 872	12. 13	浙 852	11. 92	61. 66	63. 24
1995	100. 63	浙 733	41. 12	舟优 903	13. 09	浙辐 802	6. 77	60. 98	60. 60
1996	92. 37	浙 733	34. 68	中早 1 号	14. 39	舟优 903	11. 03	60. 10	65. 06
1997	84. 48	浙 733	24. 18	舟优 903	18. 08	中早 1 号	14. 35	56. 61	67. 01
1998	83. 32	舟优 903	26. 68	浙 733	14. 64	中早 1 号	10. 1	51. 42	61. 71
1999	80. 53	嘉育 948	19. 94	舟优 903	16. 99	辐 8970	10. 09	47. 02	58. 39
2000	65. 62	嘉育 948	13. 47	中丝 2 号	8. 1	嘉早 935	7. 21	28. 78	43. 86
2001	54. 60	嘉育 948	12. 51	浙 733	9. 52	中早 1 号	7. 25	29. 28	53. 63
2002	44. 89	金早 47	16. 20	中组 1 号	8. 83	浙 733	5. 23	30. 26	67. 41
2003	40. 89	金早 47	15. 03	中组 1 号	9. 1	浙 733	3. 97	28. 10	68. 72
2004	45. 75	金早 47	20. 30	浙 733	6. 42	中早 1 号	3. 85	30. 57	66. 82
2005	47. 75	金早 47	21. 85	中早 22	13. 29	杭 959	5. 05	40. 19	84. 17
2006	45. 62	金早 47	16. 62	中早 22	10. 12	杭 959	3. 66	30. 40	66. 64
2007	48. 45	金早 47	18. 23	中早 22	6. 90	杭 959	4. 68	29. 81	61. 53
2008	50. 04	金早 47	15. 51	中早 22	10. 91	中嘉早 32	6. 63	33. 05	66. 05
2009	49. 88	金早 47	25. 60	中嘉早 32	7. 45	中早 22	7. 3	40. 35	80. 89
2010	49. 17	金早 47	24. 15	中嘉早 32	6. 66	嘉育 253	5. 25	36. 06	73. 34
2011	44. 94	金早 47	17. 64	中嘉早 17	8. 95	中早 39	8. 75	35. 34	78. 64
2012	42. 28	金早 47	17. 02	中早 39	9. 91	中嘉早 17	8. 90	35. 83	84. 74
2013	44. 60	中嘉早 17	13. 60	金早 47	12. 40	中早 39	12. 30	38. 30	85. 87
2014	46. 08	中嘉早 17	16. 60	中早 39	15. 5	金早 47	8. 50	40. 60	88. 11
2015	23. 56	中早 39	8. 00	中嘉早 17	7. 96	金早 47	4. 24	20. 20	85. 74
合计	2 113. 76		676. 83		400. 42		291. 79	1 369. 04	64. 77

表 4-8　衢州市 1986—2015 年常规早籼稻种植面积最大的品种情况统计表

年份	总面积（万亩）	种植面积最大品种	最大品种种植面积（万亩）	占比（%）
1986	103. 98	二九丰	36. 05	34. 67
1987	103. 32	二九丰	41. 26	39. 93
1988	107. 55	浙辐 802	27. 65	25. 71
1989	109. 39	浙辐 802	27. 66	25. 29
1990	110. 22	浙辐 802	20. 59	18. 68
1991	105. 92	中 156	16. 66	15. 73
1992	96. 67	中 156	21. 10	21. 83
1993	93. 76	浙 733	29. 32	31. 27
1994	97. 50	浙 733	37. 61	38. 57
1995	100. 63	浙 733	41. 12	40. 86
1996	92. 37	浙 733	34. 68	37. 54
1997	84. 48	浙 733	24. 18	28. 62
1998	83. 32	舟优 903	26. 68	32. 02
1999	80. 53	嘉育 948	19. 94	24. 76
2000	65. 62	嘉育 948	13. 47	20. 53
2001	54. 60	嘉育 948	12. 51	22. 91
2002	44. 89	金早 47	16. 20	36. 09
2003	40. 89	金早 47	15. 03	36. 76
2004	45. 75	金早 47	20. 30	44. 37
2005	47. 75	金早 47	21. 85	45. 76
2006	45. 62	金早 47	16. 62	36. 43
2007	48. 45	金早 47	18. 23	37. 63
2008	50. 04	金早 47	15. 51	31. 00
2009	49. 88	金早 47	25. 60	51. 32
2010	49. 17	金早 47	24. 15	49. 12
2011	44. 94	金早 47	17. 64	39. 25
2012	42. 28	金早 47	17. 02	40. 26
2013	44. 60	中嘉早 17	13. 60	30. 49
2014	46. 08	中嘉早 17	16. 60	36. 02
2015	23. 56	中早 39	8. 00	33. 96
合计	2 113. 76		676. 83	32. 02

表 4-9　衢州市 1986—2015 年常规早籼稻品种面积统计表　　单位：万亩

年份	二九青	二九丰	浙辐802	8004	广陆矮4号	辐756	红突31	71早一号	湖北22	7307	HA-7	作五	辐8-1	5010	早莲31	中857	浙852
1986	0.51	36.05	19.67	0.61	28.57	3.68	1.99	0.67	0.31	0.1							
1987	0.14	41.26	21.49	0.72	20.56	0.64	0.50			2.89	0.99	0.64	0.12	0.02			
1988	0.21	24.20	27.65	0.57	17.2	4.36				4.64	2.5	4.32	10.41		1.21	0.36	0.1
1989		19.97	27.66	0.19	10.06	3.35				2.59			15.78		4.73	2.22	1.67
1990		7.85	20.59		6.32	2.46				2.03			13.83		4.35	0.82	8.31
1991		3.95	9.13		3.00	1.04							10.76		3.09		15.71
1992			5.55		0.32								6.81		0.69		15.74
1993			7.71										2.17				15.74
1994			10.97										1.30				11.92
1995			6.77							0.60			1.25				6.30
1996			2.15														3.20
1997			1.73														1.50
1998			3.03														0.81
1999			1.15														0.22
2000																	
2001																	
2002																	
2003																	
2004																	
2005																	
2006																	
2007																	
2008																	
2009																	
2010																	
2011																	
2012																	
2013																	
2014																	
2015																	
合计	0.86	133.28	165.25	2.09	86.03	15.53	2.49	0.67	0.31	12.85	3.49	4.96	62.43	0.02	14.07	3.40	81.22
种植年限	3	6	14	4	8	6	2	1	1	6	2	2	9	1	5	3	12

（续表）

年份	泸红早1号	辐8329	浙辐9号	嘉籼758	湘早籼3号	中浙1号	浙8619	中156	辐籼6号	浙733	浙辐762	杭早3号	嘉育293	泸早872	嘉兴香米	舟优903	浙农8010
1986																	
1987																	
1988	0.77	0.03															
1989	6.00	0.85	0.36	0.29	0.10	3.40	0.31										
1990	9.85		4.95	3.24		2.18	0.98	1.58	10.26	0.80							
1991	8.98		0.88	1.33			0.97	16.66	10.79	10.6	3.64	0.03					
1992	3.77			1.12			0.60	21.1	12.25	19.57	3.21		0.35	2.16			
1993	2.50			0.32				14.76	3.45	29.32	1.00			10.05	2.60	0.15	
1994	2.05			0.10				2.32	1.15	37.61	2.06			12.13		6.34	1.45
1995	1.19							3.20		41.12	0.60		0.80	5.63		13.09	3.37
1996								2.43		34.68			0.64	8.80		11.03	1.29
1997								0.90		24.18			1.67	5.50		18.08	4.62
1998								1.60		14.64			1.92	3.74		26.68	3.81
1999										6.01			0.56	1.17		16.99	1.90
2000										5.17			0.15			3.71	2.40
2001										9.52			0.60			2.87	0.90
2002										5.23			0.23			1.33	0.93
2003										3.97							0.51
2004										6.42			0.53				
2005										1.27			0.43				
2006										1.38			0.28				
2007										0.70			0.18				
2008																	
2009																	
2010																	
2011																	
2012																	
2013																	
2014																	
2015																	
合计	35.11	0.88	6.19	6.40	0.10	5.58	2.86	64.55	37.90	252.19	10.51	0.03	8.34	49.18	2.60	100.27	21.18
种植年限	8	2	3	6	1	2	4	9	5	18	5	1	13	8	1	10	10

（续表）

年份	浙辐218	中早1号	浙9248	衢育860	中优早2号	中丝2号	中早4号	辐9136	浙农921	嘉育948	嘉早935	辐8970	嘉兴8号	金早22	浙952	嘉早41	中组1号
1986																	
1987																	
1988																	
1989																	
1990																	
1991																	
1992																	
1993																	
1994																	
1995	6.64	5.00	1.78	0.70	0.45												
1996		14.39	3.42	0.82		1.00	0.37	0.27									
1997		14.35	4.90	1.21		2.44		0.70	0.60								
1998		10.10	6.86	0.40		1.60		0.25	1.06	2.25	0.80						
1999		4.31	4.61			1.48			0.09	19.94	7.99	10.09	0.75	1.26	0.60		
2000		3.45	0.98			8.10			0.60	13.47	7.21	1.00	0.50	7.08		3.00	6.00
2001		7.25	0.25			2.50			0.70	12.51	3.22			3.31	0.20	1.00	5.08
2002		2.40	0.20			0.75			0.10	4.72	2.16			0.40		1.30	8.83
2003		1.00				0.35				1.50	0.50			1.93			9.10
2004		3.85				1.56				0.22	0.38						1.60
2005		0.75								0.21							
2006		3.38								0.23							
2007		3.08								0.31							
2008		1.20															
2009																	
2010																	
2011																	
2012																	
2013																	
2014																	
2015																	
合计	6.64	74.51	23.00	3.13	0.45	19.78	0.37	1.22	3.15	55.36	22.26	11.09	1.25	13.98	0.80	5.30	30.61
种植年限	1	14	8	4	1	9	1	3	6	10	7	2	2	5	2	3	5

（续表）

年份	金早47	金早50	中早22	嘉育253	浙103	杭959	天禾1号	籼辐9759	浙106	甬籼57	浙101	温220	中嘉早32	金早09	中嘉早17	浙105	浙408
1986																	
1987																	
1988																	
1989																	
1990																	
1991																	
1992																	
1993																	
1994																	
1995																	
1996																	
1997																	
1998																	
1999																	
2000																	
2001	3.12	0.50															
2002	16.20																
2003	15.03		1.00														
2004	20.30		1.82	1.00	0.45	1.73											
2005	21.85		13.29			5.05	1.00	0.30									
2006	16.62		10.12			3.66	2.45		3.40								
2007	18.23		6.90	0.10		4.68	3.02		2.00	1.74	0.20	0.20					
2008	15.51		10.91	1.93		2.27	3.56		0.67	0.95	0.20	0.34	6.63				
2009	25.60		7.30	6.15			1.43		0.35	0.70	0.35	0.05	7.45	0.30	0.10	0.10	
2010	24.15		3.34	5.25			0.57		0.70	2.15	0.30	0.95	6.66	3.45	1.30		0.30
2011	17.64		1.85	0.80					0.90	1.00	0.30		1.00	3.75	8.95		
2012	17.02		1.15	0.80									0.50	3.70	8.90		
2013	12.40			0.30										4.00	13.6		
2014	8.50													2.78	16.6		
2015	4.24													0.90	7.96		
合计	236.41	0.50	57.68	16.33	0.45	17.39	12.03	0.30	8.02	6.54	1.35	1.54	22.24	18.88	57.41	0.10	0.30
种植年限	15	1	10	8	1	5	6	1	6	5	5	4	5	7	7	1	1

（续表）

年份	中早39	甬籼15	温814	中早35	台早733	温926
1986						
1987						
1988						
1989						
1990						
1991						
1992						
1993						
1994						
1995						
1996						
1997						
1998						
1999						
2000						
2001						
2002						
2003						
2004						
2005						
2006						
2007						
2008						
2009						
2010	0. 05					
2011	8. 75					
2012	9. 91	0. 30				
2013	12. 3	0. 60	0. 90	0. 50		
2014	15. 5	1. 90	0. 45	0. 15	0. 20	
2015	8. 00	1. 90			0. 26	0. 30
合计	54. 51	4. 70	1. 35	0. 65	0. 46	0. 30
种植年限	6	4	2	2	2	1

二、杂交早籼稻

1986—2015 年，品种年报累计结果表明，衢州市杂交早籼稻品种 36 个，按种植年份次序统计（表 4-10 至表 4-12），分别是：威优 35、汕优 16、汕优 64、汕优 21、汕优 614、威优 331、汕优早 4、威优 48-2、汕优 638、汕优 1126、汕优 48-2、威优 1126、威优华联 2 号、汕优 102、K 优 402、威优 402、金优 402、早优 49 辐、优 I 华联 2 号、早优 48-2、优 I 402、金优 974、中优 974、中优 402、中优 66、株两优 02、Ⅱ优 92、金优 207、珍优 48-2、株两优 609、陵两优 104、陵两优 268、T 优 15、两优 6 号、陆两优 173、T 优 535。

1986—2015 年，36 个品种，累计种植面积 207.89 万亩，平均每个品种种植面积 5.77 万亩，按年次计算，36 个品种共种植 146 年次，平均每个品种每年种植面积 1.42 万亩。

1986—2015 年的三十年中，累计面积超过 10 万亩的品种 4 个，分别是威优 35、汕优 48-2、威优 402、金优 402，以金优 402 面积最大，为 70.98 万亩。

表 4-10　衢州市 1986—2015 年杂交早籼稻品种累计面积和种植年限统计表

品种	累计面积（万亩）	累计种植年限（年）	品种	累计面积（万亩）	累计种植年限（年）
金优 402	70.98	16	早优 48-2	0.88	3
汕优 48-2	34.19	14	汕优 16	0.81	4
威优 402	25.56	11	Ⅱ优 92	0.81	4
威优 35	13.39	5	汕优 638	0.79	3
K 优 402	8.60	4	汕优 64	0.71	2
中优 402	8.48	7	威优华联 2 号	0.66	1
早优 49 辐	6.94	4	汕优 614	0.50	1
汕优 21	5.68	7	珍优 48-2	0.50	1
株两优 02	4.94	8	优 I 402	0.40	2
威优 48-2	4.86	4	陵两优 104	0.27	3
中优 66	4.20	7	汕优 102	0.18	1
中优 974	2.51	6	汕优早 4	0.12	2
汕优 1126	2.35	4	威优 331	0.11	1
金优 207	2.00	1	T 优 535	0.10	1
优 I 华联 2 号	1.57	2	T 优 15	0.02	1
株两优 609	1.43	5	两优 6 号	0.02	1
威优 1126	1.19	1	陆两优 173	0.02	2
金优 974	1.11	4			
陵两优 268	1.01	3	合计	207.89	146

表 4-11 衢州市 1986—2015 年杂交早籼稻品种面积统计表

年份	面积合计（万亩）	主要品种数量（个）	新增主要品种数量（个）	新增主要品种名称	主要品种面积小计（万亩）	其他品种面积（万亩）
1986	4. 25	2	2	威优 35，汕优 16	4. 25	
1987	7. 19	4	2	汕优 64，汕优 21	7. 19	
1988	4. 27	6	2	汕优 614，威优 331	4. 27	
1989	1. 49	4	1	汕优早 4	0. 94	0. 55
1990	0. 63	5	2	威优 48-2，汕优 638	0. 57	0. 06
1991	4. 16	5	2	汕优 1126，汕优 48-2	4. 07	0. 09
1992	13. 78	7	2	威优 1126，威优华联 2 号	13. 61	0. 17
1993	5. 96	4	0		5. 90	0. 06
1994	3. 02	2	0		2. 84	0. 18
1995	1. 67	2	1	汕优 102	1. 45	0. 22
1996	10. 13	3	2	K 优 402，威优 402	8. 40	1. 73
1997	17. 83	5	2	金优 402，早优 49 辐	17. 25	0. 58
1998	19. 92	6	1	优 I 华联 2 号	19. 90	0. 02
1999	18. 72	6	0		18. 61	0. 11
2000	12. 51	6	2	早优 48-2，优 I402	12. 01	0. 50
2001	6. 37	5	1	金优 974	6. 37	
2002	7. 00	4	0		7. 00	
2003	3. 68	4	1	中优 974	3. 68	
2004	10. 89	5	2	中优 402，中优 66	9. 58	1. 31
2005	10. 88	3	0		10. 88	
2006	10. 96	3	0		10. 91	0. 05
2007	7. 31	4	0		6. 61	0. 70
2008	9. 19	7	2	株两优 02，Ⅱ优 92	8. 00	1. 19
2009	7. 61	9	2	金优 207，珍优 48-2	7. 61	
2010	6. 95	6	0		6. 95	
2011	4. 05	5	1	株两优 609	4. 05	
2012	3. 05	4	0		3. 05	
2013	0. 47	8	5	陵两优 104，陵两优 268，T 优 15，两优 6 号，陆两优 173	0. 47	
2014	0. 30	6	0		0. 30	
2015	1. 17	6	1	T 优 535	1. 17	
合计	215. 41	146	36		207. 89	7. 52

表 4-12　衢州市 1986—2015 年杂交早籼稻品种面积统计表　　　单位：万亩

年份	威优 35	汕优 16	汕优 64	汕优 21	汕优 614	威优 331	汕优早 4	威优 48-2	汕优 638	汕优 1126	汕优 48-2	威优 1126
1986	3. 83	0. 42										
1987	6. 53	0. 10	0. 50	0. 06								
1988	2. 81	0. 10	0. 21	0. 54	0. 50	0. 11						
1989	0. 15	0. 19		0. 55			0. 05					
1990	0. 07			0. 36			0. 07	0. 05	0. 02			
1991				1. 67				0. 43	0. 45	0. 70	0. 82	
1992				1. 80				3. 98	0. 32	1. 04	4. 62	1. 19
1993				0. 70				0. 40		0. 20	4. 60	
1994										0. 41	2. 43	
1995											1. 27	
1996											6. 54	
1997											4. 36	
1998											5. 51	
1999											1. 57	
2000											0. 97	
2001											0. 32	
2002											0. 10	
2003											0. 30	
2004												
2005												
2006												
2007												
2008											0. 78	
2009												
2010												
2011												
2012												
2013												
2014												
2015												
合计	13. 39	0. 81	0. 71	5. 68	0. 5	0. 11	0. 12	4. 86	0. 79	2. 35	34. 19	1. 19
种植年限	5	4	2	7	1	1	2	4	3	4	14	1

（续表）

年份	威优华联2号	汕优102	K优402	威优402	金优402	早优49辐	优Ⅰ华联2号	早优48-2	优Ⅰ402	金优974	中优974	中优402
1986												
1987												
1988												
1989												
1990												
1991												
1992	0.66											
1993												
1994												
1995		0.18										
1996			1.77	0.09								
1997			4.93	6.41	1.00	0.55						
1998			1.12	5.07	3.50	3.70	1.00					
1999			0.78	5.41	7.89	2.39	0.57					
2000				3.21	7.01	0.30		0.42	0.10			
2001					5.43			0.30	0.30	0.02		
2002					6.64			0.16		0.10		
2003					2.56					0.41	0.41	
2004					5.38					0.58	0.85	2.27
2005					8.33							1.55
2006					6.78							3.03
2007					4.90						0.60	0.61
2008					5.36						0.2	0.62
2009				1.96	2.05						0.30	0.20
2010				2.50	1.45						0.15	0.20
2011				0.80	1.35							
2012					1.35							
2013				0.02								
2014				0.05								
2015				0.04								
合计	0.66	0.18	8.6	25.56	70.98	6.94	1.57	0.88	0.4	1.11	2.51	8.48
种植年限	1	1	4	11	16	4	2	3	2	4	6	7

（续表）

年份	中优66	株两优02	Ⅱ优92	金优207	珍优48-2	株两优609	陵两优104	陵两优268	T优15	两优6号	陆两优173	T优535
1986												
1987												
1988												
1989												
1990												
1991												
1992												
1993												
1994												
1995												
1996												
1997												
1998												
1999												
2000												
2001												
2002												
2003												
2004	0.50											
2005	1.00											
2006	1.10											
2007	0.50											
2008	0.2	0.43	0.41									
2009	0.40	0.10	0.10	2.00	0.50							
2010	0.50	2.15										
2011		1.30	0.20			0.40						
2012		0.80	0.10			0.80						
2013		0.03				0.10	0.22	0.05	0.02	0.02	0.01	
2014		0.08				0.08	0.02	0.06			0.01	
2015		0.05				0.05	0.03	0.90				0.10
合计	4.2	4.94	0.81	2	0.5	1.43	0.27	1.01	0.02	0.02	0.02	0.10
种植年限	7	8	4	1	1	5	3	3	1	1	2	1

三、常规晚籼稻

1986—2015 年，品种年报累计结果表明，衢州市常规晚籼稻品种 3 个，赣晚籼 30、黄华占、赣晚籼 3 号。

1986—2015 年，3 个品种，累计种植面积 0.84 万亩，平均每个品种种植面积 0.28 万亩，按年次计算，3 个品种共种植 6 年次，平均每个品种每年种植面积 0.14 万亩（表 4-13）。

表 4-13 衢州市 1986—2015 年常规晚籼稻品种面积统计表

年份	面积合计（万亩）	主要品种数量（个）	新增主要品种数量（个）	新增主要品种名称	主要品种面积小计（万亩）	其他品种面积（万亩）
1986						
1987						
1988						
1989						
1990						
1991						
1992						
1993						
1994						
1995						
1996						
1997						
1998						
1999						
2000						
2001						
2002						
2003						
2004						
2005						
2006						
2007						
2008						
2009	0.2	1	1	赣晚籼 30	0.2	0
2010	0.3	1	0		0.3	0
2011	0.02	1	0		0.02	0
2012	0.22	2	2	黄华占、赣晚籼 3 号	0.22	0
2013	0.1	1	0		0.1	0
2014	0		0			
2015	0		0			
合计	0.84	6	3		0.84	0

四、杂交晚籼稻

1986—2015 年，品种年报累计结果表明，衢州市杂交晚籼稻品种 184 个（表 4-14），按种植年份次序统计，分别是：汕优 6 号、汕优 64、汕优桂 33、汕优 63、威优 35、汕优 2 号、汕优 85、威优 64、协优 64、协优 46、汕优早 4、汕优 10 号、汕优桂 34、76 优 2674、汕优 20964、Ⅱ优 46、汕优 92、Ⅱ优 92、Ⅱ优 63、协优 413、协优 92、协优 63、汕优 413、Ⅱ优 6078、协优 T2000、威优 77、Ⅱ优 64、协优 9516、Ⅱ优 838、协优 914、协优 963、两优培九、Ⅱ优 3027、Ⅱ优 8220、金优 207、新香优 80、协优 9308、粤优 938、协优 7954、Ⅱ优明 86、Ⅱ优 084、中优 66、中浙优 1 号、Ⅱ优 7954、Ⅱ优 2070、协优 9312、中优 6 号、富优 1 号、协优 5968、D 优 527、金优 987、丰两优 1 号、Ⅱ优航 1 号、丰优 559、中优 448、国丰 1 号、国丰 2 号、新两优 1 号、Ⅱ优 8006、K 优 404、菲优多系 1 号、国稻 1 号、Ⅱ优 906、协优 982、中优 205、红莲优 6 号、冈优 827、内香优 3 号、协优 4090、池优 S162、协优 205、Ⅱ优 2186、宜香 3003、Ⅱ优 42、扬两优 6 号、红良优 5 号、川香优 2 号、钱优 1 号、协优 315、中优 208、泰优 1 号、丰优 191、新两优 6 号、内香优 18、Ⅱ优 6216、Ⅱ优 162、宜香优 1577、D 优 68、倍丰 3 号、两优 0293、丰优香占、Ⅱ优 218、研优 1 号、E 福丰优 11、中浙优 8 号、两优 2186、天优 998、丰两优香 1 号、国稻 6 号、宜香优 10 号、两优 6326、中优 1176、钱优 0508、皖优 153、中百优 1 号、Y 两优 1 号、川香优 6 号、洛优 8 号、川香 8 号、钱优 0612、岳优 9113、中浙优 2 号、德农 2000、钱优 0506、天优华占、安两优 318、中优 9 号、新优 188、D 优 17、钱优 100、钱优 M15、Ⅱ优 1259、深两优 5814、C 两优 87、两优 363、丰优 22、钱优 0501、华优 18、内 2 优 3015、国稻 8 号、351 优 1 号、华两优 1206、中优 161、丰源优 272、协优 728、内 5 优 8015、C 两优 396、Y 两优 689、菲优 600、菲优 E1、D 优 781、华优 2 号、浙辐两优 12、协优 702、内 2 优 111、泸香 658、钱优 2 号、钱优 0618、中浙优 10 号、Y 两优 9918、两优 688、C 两优 608、Y 两优 302、Y 两优 5867、新两优 343、新两优 223、C 两优 343、Ⅱ优 1273、准两优 527、钱优 930、准两优 608、丰优 9 号、岳优 712、五丰优 T025、湘菲优 8118、钱优 911、Y 两优 2 号、甬优 1512、盐两优 888、丰两优 6 号、Ⅱ优 371、Ⅱ优 508、广两优 9388、钱优 817、Y 两优 6 号，深两优 865，齐优 1068，天两优 616，深两优 884，泸优 9803，汕优 06，Ⅱ优 98，五优 308，天优湘 99。

1986—2015 年，184 个品种，累计种植面积 2610.56 万亩，平均每个品种种植面积 14.19 万亩，按年次计算，184 个品种共种植 853 年次，平均每个品种每年种植面积 3.06 万亩，品种集中度较高，主栽品种较突出。

三十年中，累计面积超过 10 万亩的品种 36 个（表 4-15）。其中，超过 400 万亩的品种 2 个，汕优 10 号、协优 46；100 万~200 万亩的品种 4 个，汕优 6 号、汕优 64、两优培九、中浙优 1 号；50 万~100 万亩的品种 4 个，汕优桂 33、Ⅱ优 46、Ⅱ优 92、汕优 63；10 万~50 万亩的品种 26 个，协优 92、协优 963、新两优 6 号、钱优 1 号、协优 413、中浙优 8 号、粤优 938、Ⅱ优 3027、Ⅱ优 838、Ⅱ优 7954、协优 9308、Ⅱ优 084、Y 两优 689、国稻 1 号、Ⅱ优 63、金优 987、丰两优 1 号、准两优 608、Ⅱ优 906、扬两优 6 号、协优 315、Ⅱ优 8220、丰两优香 1 号、内 5 优 8015、汕优 92、岳优 9113。

1986—2015 年，杂交晚籼稻三大主栽品种（表 4-16），共有 20 个品种，分别是：汕优 6 号、汕优 64、汕优桂 33、汕优 10 号、协优 46、Ⅱ优 92、协优 413、Ⅱ优 46、协优 963、两优培九、粤优938、中优6号、国稻1号、Ⅱ优7954、中浙优1号、新两优6号、钱优1号、准两优608、中浙优8号、Y两优689。

从1986—2015年三大品种占杂交晚籼稻总面积的比例看，1986年占97.75%，2015年占34.35%，三十年平均为62.08%，总体占比呈下降趋势，三大主栽品种面积占杂交晚籼稻总面积的比例，从1986年的90%以上，到1987—1995年的80%以上，到1996—1999年的70%以上，到2000—2001年的60%以上，到2002年的50%以上，降至2003—2015年（2008年除外）的40%以下，说明三大主栽品种的集中度下降，品种越来越分散。

1986—2015年，年种植面积最大的杂交晚籼稻品种（表4-17），三十年中出现过8个品种：汕优6号　4年（1986—1989年），汕优10号　7年（1990—1991年、1993—1997年），协优46　6年（1992年、1998—2001年、2005年），两优培九　2年（2002—2003年），粤优938　1年（2004年），国稻1号　1年（2006年），中浙优1号　7年（2007—2013年），中浙优8号　2年（2014—2015年）。

杂交晚籼稻单个品种，年种植面积最大的品种是汕优6号，1986年，面积58.85万亩，占当年杂交晚籼稻总面积的74.65%。

杂交晚籼稻单个品种，1986—2015年累计种植面积最大的品种是汕优10号，1986—2015年累计种植面积443.33万亩。

从1986—2015年种植面积最大的品种，在杂交晚籼稻总面积中占比情况看，从1986年的70%多，到1987年的50%多，1988—2000年降至30%~50%，2001年降至20%多，2002—2015年，降至10%~20%，个别年份甚至在10%以下。1986年全市杂交晚籼稻面积78.83万亩，当年种植面积最大的品种汕优6号58.85万亩，占74.65%。2015年全市杂交晚籼稻面积40.20万亩，当年种植面积最大的品种中浙优8号4.92万亩、占12.23%。据统计，杂交晚籼稻每年种植的品种，1986—1998年一般在10个左右（平均9.3个），1999—2004年一般在20个左右（平均19.2个），2005—2006年一般在40个左右（平均40个），2007—2015年一般在60个左右（平均59.7个），说明杂交晚籼稻主栽品种的集中度不断下降（表4-18）。

表4-14　衢州市1986—2015年杂交晚籼稻品种面积统计表

年份	面积合计（万亩）	主要品种数量（个）	新增主要品种数量（个）	新增主要品种名称	主要品种面积小计（万亩）	其他品种面积（万亩）
1986	78.85	6	6	汕优6号，汕优64，汕优桂33，汕优63，威优35，汕优2号	78.61	0.24
1987	90.01	8	3	汕优85，威优64，协优64	86.38	3.63
1988	89.23	11	2	协优46，汕优早4	89.13	0.10
1989	96.36	10	3	汕优10号，汕优桂34，76优2674	94.66	1.70
1990	97.68	8	0		96.71	0.97
1991	105.61	8	1	汕优20964	102.91	2.70
1992	103.46	7	1	Ⅱ优46	103.16	0.30
1993	100.12	8	2	汕优92，Ⅱ优92	100.12	0

（续表）

年份	面积合计（万亩）	主要品种数量（个）	新增主要品种数量（个）	新增主要品种名称	主要品种面积小计（万亩）	其他品种面积（万亩）
1994	103.99	9	1	Ⅱ优63	101.92	2.07
1995	100.25	12	4	协优413，协优92，协优63，汕优413	99.09	1.16
1996	106.73	10	0		106.01	0.72
1997	103.36	10	0		100.74	2.62
1998	104.15	14	3	Ⅱ优6078，协优T2000，威优77	101.34	2.81
1999	106.50	18	5	Ⅱ优64，协优9516，Ⅱ优838，协优914，协优963	105.46	1.04
2000	91.75	17	2	两优培九，Ⅱ优3027	88.40	3.35
2001	94.88	17	1	Ⅱ优8220	83.80	11.08
2002	103.39	20	5	金优207，新香优80，协优9308，粤优938，协优7954	95.49	7.90
2003	79.95	20	1	Ⅱ优明86	79.15	0.80
2004	94.26	23	6	Ⅱ优084，中优66，中浙优1号，Ⅱ优7954，Ⅱ优2070，协优9312	89.96	4.30
2005	86.21	38	15	中优6号，富优1号，协优5968，D优527，金优987，丰两优1号，Ⅱ优航1号，丰优559，中优448，国丰1号，国丰2号，新两优1号，Ⅱ优8006，K优404，菲优多系1号	75.73	10.48
2006	90.86	42	13	国稻1号，Ⅱ优906，协优982，中优205，红莲优6号，冈优827，内香优3号，协优4090，池优S162，协优205，Ⅱ优2186，宜香3003，Ⅱ优42	89.63	1.23
2007	87.59	56	19	扬两优6号，红良优5号，川香优2号，钱优1号，协优315，中优208，泰优1号，丰优191，新两优6号，内香优18，Ⅱ优6216，Ⅱ优162，宜香优1577，D优68，倍丰3号，两优0293，丰优香占，Ⅱ优218，研优1号	81.26	6.33
2008	85.27	59	7	E福丰优11，中浙优8号，两优2186，天优998，丰两优香1号，国稻6号，宜香优10号	80.70	4.57
2009	91.16	67	21	两优6326，中优1176，钱优0508，皖优153，中百优1号，Y两优1号，川香优6号，珞优8号，川香8号，钱优0612，岳优9113，中浙优2号，德农2000，钱优0506，天优华占，安两优318，中优9号，新优188，D优17，钱优100，钱优M15	89.11	2.05

（续表）

年份	面积合计（万亩）	主要品种数量（个）	新增主要品种数量（个）	新增主要品种名称	主要品种面积小计（万亩）	其他品种面积（万亩）
2010	84.79	66	14	Ⅱ优1259，深两优5814，C两优87，两优363，丰优22，钱优0501，华优18，内2优3015，国稻8号，351优1号，华两优1206，中优161，丰源优272，协优728	82.00	2.79
2011	83.30	64	13	内5优8015，C两优396，Y两优689，菲优600，菲优E1，D优781，华优2号，浙辐两优12，协优702，内2优111，泸香658，钱优2号，钱优0618	83.30	
2012	75.56	55	3	中浙优10号，Y两优9918，两优688	75.56	
2013	60.98	58	14	C两优608，Y两优302，Y两优5867，新两优343，新两优223，C两优343，Ⅱ优1273，准两优527，钱优930，准两优608，丰优9号，岳优712，五丰优T025，湘菲优8118	60.98	
2014	49.05	54	9	钱优911，Y两优2号，甬优1512，盐两优888，丰两优6号，Ⅱ优371，Ⅱ优508，广两优9388，钱优817	49.05	
2015	40.20	58	10	Y两优6号，深两优865，齐优1068，天两优616，深两优884，泸优9803，汕优06，Ⅱ优98，五优308，天优湘99	40.20	
合计	2 685.50	853	184		2 610.56	74.94

表4-15 衢州市1986—2015年累计面积10万亩以上的杂交晚籼稻品种情况统计表

品种名称	汕优6号	汕优64	汕优桂33	汕优63	协优46	汕优10号	Ⅱ优46	汕优92	Ⅱ优92	Ⅱ优63	协优413	协优92
推广起始年	1986	1986	1986	1986	1988	1989	1992	1993	1993	1994	1995	1995
累计推广面积（万亩）	182.04	161.44	86.48	60.66	428.55	443.33	77.51	11.11	65.91	14.91	34.34	48.64
累计推广面积排名	3	4	7	10	2	1	8	35	9	25	15	11
推广年数（年）	6	19	9	24	24	23	20	7	21	15	6	16
年均推广面积（万亩）	30.34	8.50	9.61	2.53	17.86	19.28	3.88	1.59	3.14	0.99	5.72	3.04
年均推广面积排名	1	7	5	20	3	2	14	29	17	36	8	18

（续表）

品种名称	Ⅱ优838	协优963	两优培九	Ⅱ优3027	Ⅱ优8220	协优9308	粤优938	Ⅱ优084	中浙优1号	Ⅱ优7954	金优987	丰两优1号
推广起始年	1999	1999	2000	2000	2001	2002	2002	2004	2004	2004	2005	2005
累计推广面积（万亩）	26.42	48.03	134.97	28.29	12.84	17.25	32.00	17.09	125.23	22.68	14.64	13.80
累计推广面积排名	19	12	5	18	32	21	17	22	6	20	26	27
推广年数（年）	13	13	16	12	10	7	8	10	12	11	10	11
年均推广面积（万亩）	2.03	3.69	8.44	2.36	1.28	2.46	4.00	1.71	10.44	2.06	1.46	1.25
年均推广面积排名	27	15	6	22	34	21	13	28	4	26	33	35
品种名称	国稻1号	Ⅱ优906	扬两优6号	钱优1号	协优315	新两优6号	中浙优8号	丰两优香1号	岳优9113	内5优8015	Y两优689	准两优608
推广起始年	2006	2006	2007	2007	2007	2007	2008	2008	2009	2011	2011	2013
累计推广面积（万亩）	15.53	13.64	13.35	38.32	13.12	39.74	32.09	12.09	10.31	11.74	16.81	13.65
累计推广面积排名	24	29	30	14	31	13	16	33	36	34	23	28
推广年数（年）	6	6	9	9	6	8	8	8	7	5	5	3
年均推广面积（万亩）	2.59	2.27	1.48	4.26	2.19	4.97	4.01	1.51	1.47	2.35	3.36	4.55
年均推广面积排名	19	24	31	11	25	9	12	30	32	23	16	10

表 4-16　衢州市 1986—2015 年杂交晚籼稻三大主栽品种情况统计表

年份	总面积（万亩）	第一主栽品种	第一主栽品种面积（万亩）	第二主栽品种	第二主栽品种面积（万亩）	第三主栽品种	第三主栽品种面积（万亩）	三大主栽品种面积合计（万亩）	三大主栽品种占比（%）
1986	78.61	汕优6号	58.85	汕优64	9.66	汕优桂33	8.55	77.06	98.03
1987	86.38	汕优6号	53.77	汕优64	15.37	汕优桂33	11.55	80.69	93.41
1988	89.13	汕优6号	34.88	汕优64	23.20	汕优桂33	21.60	79.68	89.40
1989	94.66	汕优6号	31.53	汕优桂33	21.54	汕优64	20.13	73.20	77.33
1990	96.71	汕优10号	37.20	汕优64	33.38	汕优桂33	13.02	83.60	86.44
1991	102.91	汕优10号	50.95	协优46	23.15	汕优64	19.94	94.04	91.38

（续表）

年份	总面积（万亩）	第一主栽品种	第一主栽品种面积（万亩）	第二主栽品种	第二主栽品种面积（万亩）	第三主栽品种	第三主栽品种面积（万亩）	三大主栽品种面积合计（万亩）	三大主栽品种占比（%）
1992	103.16	协优 46	42.63	汕优 10 号	35.96	汕优 64	13.57	92.16	89.34
1993	100.12	汕优 10 号	48.61	协优 46	31.06	汕优 64	5.34	85.01	84.91
1994	101.92	汕优 10 号	41.27	协优 46	38.96	汕优 64	9.17	89.40	87.72
1995	99.09	汕优 10 号	47.37	协优 46	26.79	Ⅱ优 92	8.49	82.65	83.41
1996	106.01	汕优 10 号	41.21	协优 46	25.79	协优 413	8.19	75.19	70.93
1997	100.74	汕优 10 号	37.59	协优 46	30.80	Ⅱ优 46	9.80	78.19	77.62
1998	101.34	协优 46	32.08	汕优 10 号	31.11	协优 413	13.45	76.64	75.63
1999	105.46	协优 46	41.28	汕优 10 号	28.92	Ⅱ优 46	8.81	79.01	74.92
2000	88.40	协优 46	33.11	汕优 10 号	15.03	Ⅱ优 46	11.82	59.96	67.83
2001	83.80	协优 46	26.23	两优培九	21.20	协优 963	9.54	56.97	67.98
2002	95.49	两优培九	20.08	协优 46	19.70	协优 963	14.61	54.39	56.96
2003	79.15	两优培九	12.47	协优 46	9.72	协优 963	9.72	31.91	40.32
2004	89.96	粤优 938	12.02	两优培九	11.95	协优 46	10.65	34.62	38.48
2005	75.73	协优 46	6.86	中优 6 号	6.10	两优培九	6.09	19.05	25.16
2006	89.63	国稻 1 号	12.08	Ⅱ优 7954	9.99	中浙优 1 号	7.44	29.51	32.92
2007	81.26	中浙优 1 号	18.55	两优培九	9.55	协优 46	4.05	32.15	39.56
2008	80.70	中浙优 1 号	16.60	两优培九	10.55	新两优 6 号	7.75	34.90	43.25
2009	89.11	中浙优 1 号	15.35	两优培九	9.80	钱优 1 号	7.41	32.56	36.54
2010	82.00	中浙优 1 号	14.92	新两优 6 号	9.39	钱优 1 号	9.00	33.31	40.62
2011	83.30	中浙优 1 号	12.83	钱优 1 号	8.42	两优培九	7.47	28.72	34.48
2012	75.56	中浙优 1 号	12.78	钱优 1 号	6.29	新两优 6 号	6.09	25.16	33.30
2013	60.98	中浙优 1 号	9.55	中浙优 8 号	5.25	准两优 608	4.50	19.30	31.65
2014	49.05	中浙优 8 号	5.45	中浙优 1 号	5.34	准两优 608	4.85	15.64	31.89
2015	40.20	中浙优 8 号	4.92	Y 两优 689	4.59	准两优 608	4.30	13.81	34.35
合计	2 610.56		833.02		538.56		296.9	1 668.48	63.91

表 4-17　衢州市 1986—2015 年杂交晚籼稻种植面积最大的品种情况统计表

年份	总面积（万亩）	面积最大品种	最大品种种植面积（万亩）	占比（%）
1986	78. 61	汕优 6 号	58. 85	74. 86
1987	86. 38	汕优 6 号	53. 77	62. 25
1988	89. 13	汕优 6 号	34. 88	39. 13
1989	94. 66	汕优 6 号	31. 53	33. 31
1990	96. 71	汕优 10 号	37. 20	38. 47
1991	102. 91	汕优 10 号	50. 95	49. 51
1992	103. 16	协优 46	42. 63	41. 32
1993	100. 12	汕优 10 号	48. 61	48. 55
1994	101. 92	汕优 10 号	41. 27	40. 49
1995	99. 09	汕优 10 号	47. 37	47. 81
1996	106. 01	汕优 10 号	41. 21	38. 87
1997	100. 74	汕优 10 号	37. 59	37. 31
1998	101. 34	协优 46	32. 08	31. 66
1999	105. 46	协优 46	41. 28	39. 14
2000	88. 40	协优 46	33. 11	37. 45
2001	83. 80	协优 46	26. 23	31. 30
2002	95. 49	两优培九	20. 08	21. 03
2003	79. 15	两优培九	12. 47	15. 75
2004	89. 96	粤优 938	12. 02	13. 36
2005	75. 73	协优 46	6. 86	9. 06
2006	89. 63	国稻 1 号	12. 08	13. 48
2007	81. 26	中浙优 1 号	18. 55	22. 83
2008	80. 70	中浙优 1 号	16. 60	20. 57
2009	89. 11	中浙优 1 号	15. 35	17. 23
2010	82. 00	中浙优 1 号	14. 92	18. 20
2011	83. 30	中浙优 1 号	12. 83	15. 40
2012	75. 56	中浙优 1 号	12. 78	16. 91
2013	60. 98	中浙优 1 号	9. 55	15. 66
2014	49. 05	中浙优 8 号	5. 45	11. 11
2015	40. 20	中浙优 8 号	4. 92	12. 24
合计	2 610. 56		833. 02	31. 91

表 4-18　衢州市 1986—2015 年杂交晚籼稻品种面积统计表　　单位：万亩

年份	汕优6号	汕优64	汕优桂33	汕优63	威优35	汕优2号	汕优85	威优64	协优64	协优46	汕优早4	汕优10号	汕优桂34	76优2674	汕优20964	Ⅱ优46	汕优92
1986	58.85	9.67	8.55	1.32	0.17	0.05											
1987	53.77	15.37	11.55	3.98	0.44		1.2	0.04	0.03								
1988	34.88	23.7	21.6	3.57	1.3	0.49	0.21	1.01	0.17	2.0	0.2						
1989	31.53	20.13	21.54	9.02				0.37	0.16	5.26		4.23	2.0	0.42			
1990	2.75	33.38	13.02	3.53						5.54		37.2	0.75	0.54			
1991	0.26	19.94	3.8	2.35						23.15		50.95		1.57	0.89		
1992		13.57	5.19	3.73						42.63		35.96			1.32	0.76	
1993		5.34	0.48	4.11						31.06		48.61				1.0	5.07
1994		9.17	0.75	4.64						38.96		41.27				0.12	2.19
1995		2.5		2.98						26.79		47.37				1.95	1.05
1996		3.27		4.47						25.79		41.21				7.38	2.1
1997		2.54		4.25						30.8		37.59				9.8	0.3
1998		0.73		2.49						32.08		31.11				7.69	0.2
1999		0.69		2.56						41.28		28.92				8.81	0.2
2000		0.29		3.88						33.11		15.03				11.82	
2001		0.15		1.38						26.23		6.75				5.9	
2002		0.24		0.39						19.7		3.66				4.47	
2003		0.54		0.55						9.72		3.82				0.97	
2004		0.22		0.15						10.65		3.88				8.18	
2005				0.5						6.86		3.26				3.2	
2006				0.21						5.26		0.64				2.18	
2007				0.15						4.05		0.47				1.46	
2008				0.05						3.3		0.7				0.4	
2009										3.2		0.4				1.0	
2010				0.4						0.73		0.3				0.12	
2011										0.4						0.3	
2012																	
2013																	
2014																	
2015																	
合计	182.04	161.44	86.48	60.66	1.91	0.54	1.41	1.42	0.36	428.55	0.2	443.33	2.75	2.53	2.21	77.51	11.11
种植年限	6	19	9	24	3	2	2	3	3	24	1	22	2	3	2	20	7

（续表）

年份	Ⅱ优92	Ⅱ优63	协优413	协优92	协优63	汕优413	Ⅱ优6078	协优T2000	威优77	Ⅱ优64	协优9516	Ⅱ优838	协优914	协优963	两优培九	Ⅱ优3027	Ⅱ优8220
1986																	
1987																	
1988																	
1989																	
1990																	
1991																	
1992																	
1993	4.45																
1994	4.02	0.8															
1995	8.49	1.1	4.16	2.09	0.36	0.25											
1996	7.0	1.6	8.19	5.0													
1997	7.32	0.95	5.69	1.5													
1998	5.39	0.45	13.45	3.5	0.8		1.85	1.0	0.6								
1999	3.75	2.9	2.03	7.9	1.69		0.68		0.2	1.5	1.02	0.93	0.24	0.16			
2000	3.81	2.15	0.82	8.2	2.14		0.66				0.3	0.34	1.81	1.5	1.54	1.0	
2001	0.88	1.05		4.5	0.92		0.3				0.4	1.25	0.35	9.54	21.2	2.2	0.8
2002	1.59	1.1		3.3	0.25						0.15	12.4		14.61	20.08	2.7	1.4
2003	0.89	1.01		2.13	0.83							2.93	0.21	9.72	12.47	5.67	1.44
2004	2.94	0.48		5.17	0.5							4.23	2.23	3.59	11.95	4.29	3.18
2005	2.45	0.59		1.2	0.1							0.12	0.15	4.05	6.09	4.36	1.62
2006	2.15	0.23		0.8							0.3	2.12		1.93	6.36	2.67	1.85
2007	1.3	0.4		0.9	0.34						0.45	1.18	0.1	1.44	9.55	2.2	1.95
2008	2.2	0.1		1.4	0.2							0.2	0.5	0.5	10.55	1.0	0.2
2009	2.45			0.85								0.1	0.5	0.59	9.8	1.2	0.3
2010	1.65											0.6		0.35	6.43	0.7	0.1
2011	2.0			0.2										0.05	7.47	0.3	
2012	1.08														4.91		
2013	0.1														4.42		
2014															1.51		
2015												0.02			0.64		
合计	65.91	14.91	34.34	48.64	8.13	0.25	3.49	1	0.8	1.5	2.62	26.42	6.09	48.03	134.97	28.29	12.84
种植年限	21	15	6	16	11	1	4	1	2	1	6	13	9	13	16	12	10

（续表）

年份	金优207	新香优80	协优9308	粤优938	协优7954	Ⅱ优明86	Ⅱ优084	中优66	中浙优1号	Ⅱ优7954	Ⅱ优2070	协优9312	中优6号	富优1号	协优5968	D优527	金优987
1986																	
1987																	
1988																	
1989																	
1990																	
1991																	
1992																	
1993																	
1994																	
1995																	
1996																	
1997																	
1998																	
1999																	
2000																	
2001																	
2002	0.5	0.5	6.36	1.49	0.6												
2003		0.53	7.12	8.9	7.2	2.5											
2004				12.02		0.42	4.76	3.8	3.5	2.29	1.32	0.21					
2005	0.8	0.8		5.64	0.16	1.08	5.16		5.7	2.94		0.23	6.1	2.24	2.03	1.0	1.0
2006	0.5		1.02	2.28		0.86	3.21		7.44	9.99	0.4			1.05	2.27	0.3	3.86
2007			0.45	1.07	1.05	0.57	1.05		18.55	3.16	0.53	0.05	0.71	1.91	1.9	0.3	0.28
2008	2		0.7	0.3	0.65	0.2	0.75		16.6	0.8	0.25	0.2	0.3	0.3	0.75	0.3	0.8
2009	2		1.0	0.3	0.15	0.1	0.6		15.35	0.55			0.1		0.8		2.0
2010			0.6				0.72		14.92	0.45			0.15		0.3		2.5
2011	1.2						0.4		12.83	0.5			0.16		0.3		2.0
2012	1.2						0.4		12.78	0.5			0.21				2.0
2013	0.16								9.55		1.1						0.1
2014									5.34	1.1							0.1
2015							0.04		2.67	0.40							
合计	8.36	1.83	17.25	32	9.81	5.73	17.09	3.8	125.23	22.68	3.6	0.69	7.73	5.5	8.35	1.9	14.64
种植年限	8	3	7	8	6	7	10	1	12	11	5	4	7	4	7	4	10

（续表）

年份	丰两优1号	Ⅱ优航1号	丰优559	中优448	国丰1号	国丰2号	新两优1号	Ⅱ优8006	K优404	菲优多系1号	国稻1号	Ⅱ优906	协优982	中优205	红莲优6号	冈优827
1986																
1987																
1988																
1989																
1990																
1991																
1992																
1993																
1994																
1995																
1996																
1997																
1998																
1999																
2000																
2001																
2002																
2003																
2004																
2005	0. 94	0. 8	0. 8	0. 8	0. 7	0. 7	0. 65	0. 45	0. 3	0. 16						
2006	1. 72	3. 15						1. 12		0. 2	12. 08	3. 94	1. 81	0. 95	0. 91	0. 83
2007	2. 38	0. 95			0. 9			0. 61						1. 17		2. 7
2008	2. 5	0. 5			0. 3			0. 3			1. 5	3. 2		0. 5		0. 7
2009	2. 0	0. 2			0. 12						0. 46			0. 3		1. 0
2010	0. 65			0. 3	0. 01						0. 35	2. 4		0. 22		0. 9
2011	1. 46				0. 2						0. 56	1. 8				0. 4
2012	0. 98										0. 58	1. 5				
2013	0. 89	0. 05			0. 2	0. 45		0. 2				0. 8				
2014	0. 24					0. 18										
2015	0. 04							0. 35								
合计	13. 80	5. 65	0. 8	1. 1	2. 43	1. 33	0. 65	3. 03	0. 3	0. 36	15. 53	13. 64	1. 81	3. 14	0. 91	6. 53
种植年限	11	6	1	2	7	3	1	6	1	2	6	6	1	5	1	6

（续表）

年份	内香优3号	协优4090	池优S162	协优205	Ⅱ优2186	宜香3003	Ⅱ优42	扬两优6号	红良优5号	川香优2号	钱优1号	协优315	中优208	泰优1号	丰优191	新两优6号	内香优18
1986																	
1987																	
1988																	
1989																	
1990																	
1991																	
1992																	
1993																	
1994																	
1995																	
1996																	
1997																	
1998																	
1999																	
2000																	
2001																	
2002																	
2003																	
2004																	
2005																	
2006	0.73	0.7	0.4	0.38	0.35	0.28	0.2										
2007				0.6	0.15			3.57	2.1	1.6	1.32	1.25	0.95	0.75	0.5	0.44	0.3
2008				0.15				2.3	0.8	0.6	3.0	4.7	0.3	0.3	0.85	7.75	0.2
2009				0.25				1.62	0.55	0.25	7.41	4.3	0.55	0.1	0.3	6.85	
2010								1.60		0.02	9.0	1.9	0.11			9.39	
2011								1.56		0.3	8.42	0.67			0.42	7.25	
2012								1.15		0.3	6.29	0.3			0.21	6.09	
2013								0.64			1.83					1.59	
2014								0.52			0.95					0.38	
2015								0.39			0.10						
合计	0.73	0.7	0.4	1.38	0.5	0.28	0.2	13.35	3.45	3.07	38.32	13.12	1.91	1.15	2.28	39.74	0.5
种植年限	1	1	1	4	2	1	1	9	3	6	9	6	4	3	5	8	2

（续表）

年份	Ⅱ优6216	Ⅱ优162	宜香优1577	D优68	倍丰3号	两优0293	丰优香占	Ⅱ优218	研优1号	E福丰优11	中浙优8号	两优2186	天优998	丰两优香1号	国稻6号	宜香优10号
1986																
1987																
1988																
1989																
1990																
1991																
1992																
1993																
1994																
1995																
1996																
1997																
1998																
1999																
2000																
2001																
2002																
2003																
2004																
2005																
2006																
2007	0.2	0.2	0.2	0.2	0.2	0.2	0.1	0.1	0.1							
2008		0.2	0.3			0.2			0.1	1.5	0.85	0.3	0.2	0.2	0.1	0.1
2009		0.1	0.1							1.3	1.97	0.1	0.4	1.1	3.18	
2010	0.13								0.3	1.11	3.45		0.2	1.68	0.51	
2011		0.2					0.2			1.0	4.81		0.66	2.07	0.51	
2012		0.2				0.2				1.35	5.39		0.58	1.8		
2013	0.3		0.1							0.5	5.25		0.64	1.26		
2014	0.1									0.2	5.45		0.26	1.8		
2015	0.1						0.15			0.1	4.92		0.62	2.18		
合计	0.83	0.9	0.7	0.2	0.2	0.6	0.45	0.1	0.5	7.06	32.09	0.4	3.56	12.09	4.3	0.1
种植年限	5	5	4	1	1	3	3	1	3	8	8	2	8	8	4	1

（续表）

年份	两优6326	中优1176	钱优0508	皖优153	中百优1号	Y两优1号	川香优6号	洛优8号	川香8号	钱优0612	岳优9113	中浙优2号	德农2000	钱优0506	天优华占	安两优318	中优9号
1986																	
1987																	
1988																	
1989																	
1990																	
1991																	
1992																	
1993																	
1994																	
1995																	
1996																	
1997																	
1998																	
1999																	
2000																	
2001																	
2002																	
2003																	
2004																	
2005																	
2006																	
2007																	
2008																	
2009	2	1.1	0.6	0.5	2.96	0.2	0.2	0.2	0.1	0.1	0.7	0.1	0.5	0.5	0.4	0.3	0.3
2010	1.4	0.2	0.55		1.2	0.23	0.2	0.28		0.7	2.2	0.1		1.95	1.15	0.5	
2011	1.3	0.24	0.7		1.14	0.27	0.2	0.28		0.73	2.88		0.2	1.58	1.9		0.3
2012	1.1	0.27	2.77		0.47	0.79	0.2	0.15		0.76	1.51			0.76	1.33		0.32
2013	0.83		1.55		0.2	2.26	0.15	0.15			1.15		0.1	0.36	1.48		
2014	0.2		0.7			1.88	0.1	0.15			1.42			0.23	1.88		
2015	0.28		0.51			0.79		0.05			0.45			0.24	0.81		
合计	7.11	1.81	7.38	0.5	5.97	6.42	1.05	1.26	0.1	2.29	10.31	0.2	0.8	5.62	8.95	0.8	0.92
种植年限	7	4	7	1	5	7	6	7	1	4	7	2	3	7	7	2	3

（续表）

年份	新优188	D优17	钱优100	钱优M15	Ⅱ优1259	深两优5814	C两优87	两优363	丰优22	钱优0501	华优18	内2优3015	国稻8号	351优1号	华两优1206	中优161	丰源优272
1986																	
1987																	
1988																	
1989																	
1990																	
1991																	
1992																	
1993																	
1994																	
1995																	
1996																	
1997																	
1998																	
1999																	
2000																	
2001																	
2002																	
2003																	
2004																	
2005																	
2006																	
2007																	
2008																	
2009	0.2	0.1	0.1	0.1													
2010	0.5			0.2	1.0	0.5	0.3	0.72	0.2	0.12	0.1	0.1	0.03	0.02	0.9	0.8	0.5
2011						1.0	0.3	1.13	0.2		0.64	0.1					
2012						0.92	0.05	2.7	0.2		0.1	0.1					
2013						2.22	0.6	0.2	0.14								0.62
2014						1.64	0.25	0.4	0.22			0.4			1.2		0.35
2015						1.70	0.17	0.2	0.05						1.0		0.37
合计	0.7	0.1	0.1	0.3	1.0	7.98	1.67	5.35	1.01	0.12	0.84	0.7	0.03	0.02	3.1	0.8	1.84
种植年限	2	1	1	2	1	6	6	6	6	1	3	4	1	1	3	1	4

（续表）

年份	协优728	内5优8015	C两优396	Y两优689	菲优600	菲优E1	D优781	华优2号	浙辐两优12	协优702	内2优111	泸香658	钱优2号	钱优0618	中浙优10号	Y两优9918	两优688
1986																	
1987																	
1988																	
1989																	
1990																	
1991																	
1992																	
1993																	
1994																	
1995																	
1996																	
1997																	
1998																	
1999																	
2000																	
2001																	
2002																	
2003																	
2004																	
2005																	
2006																	
2007																	
2008																	
2009																	
2010	0. 10																
2011		2. 36	1. 03	0. 94	0. 54	0. 43	0. 3	0. 2	0. 10	0. 50	0. 36	0. 30	0. 28	0. 27			
2012	0. 40	3. 08	2. 36	2. 54	0. 37		0. 3	0. 2			0. 37	0. 30	0. 29	0. 3	0. 30	0. 20	0. 05
2013		2. 95	2. 10	4. 09					0. 05	1. 50	0. 3		0. 05		0. 03		
2014		2. 23	1. 05	4. 65					0. 06			0. 06			0. 82	0. 15	0. 05
2015		1. 12	0. 46	4. 59					0. 05						0. 16	0. 35	
合计	0. 50	11. 74	7. 00	16. 81	0. 91	0. 43	0. 6	0. 4	0. 26	2. 00	1. 03	0. 66	0. 62	0. 57	1. 31	0. 70	0. 10
种植年限	2	5	5	5	2	1	2	2	4	2	3	3	3	2	4	3	2

（续表）

年份	C两优608	Y两优302	Y两优5867	新两优343	新两优223	C两优343	Ⅱ优1273	准两优527	钱优930	准两优608	丰优9号	岳优712	五丰优T025	湘菲优8118	钱优911	Y两优2号	甬优1512
1986																	
1987																	
1988																	
1989																	
1990																	
1991																	
1992																	
1993																	
1994																	
1995																	
1996																	
1997																	
1998																	
1999																	
2000																	
2001																	
2002																	
2003																	
2004																	
2005																	
2006																	
2007																	
2008																	
2009																	
2010																	
2011																	
2012																	
2013	1.16	0.50	0.40	0.25	0.15	0.15	0.10	0.05	0.01	4.50	0.20	0.10	0.10	0.10			
2014	0.72	0.26	0.56	0.10		0.1	0.10		0.30	4.85					1.00	0.90	0.34
2015	0.62	0.21	0.28			0.06	0.10	0.10	0.16	4.30	0.05					0.96	1.16
合计	2.50	0.97	1.24	0.35	0.15	0.31	0.30	0.15	0.47	13.65	0.25	0.10	0.10	0.10	1.00	1.86	1.50
种植年限	3	3	3	2	1	3	3	2	3	3	2	1	1	1	1	2	2

（续表）

年份	盐两优888	丰两优6号	Ⅱ优371	Ⅱ优508	广两优9388	钱优817	Y两优6号	深两优865	齐优1068	天两优616	深两优884	泸优9803	汕优06	Ⅱ优98	五优308	天优湘99
1986																
1987																
1988																
1989																
1990																
1991																
1992																
1993																
1994																
1995																
1996																
1997																
1998																
1999																
2000																
2001																
2002																
2003																
2004																
2005																
2006																
2007																
2008																
2009																
2010																
2011																
2012																
2013																
2014	0.20	0.15	0.10	0.10	1.00	0.05										
2015	0.55	0.04		0.06			1.84	1.70	0.77	0.24	0.17	0.15	0.10	0.06	0.25	0.20
合计	0.75	0.19	0.10	0.16	1.00	0.05	1.84	1.70	0.77	0.24	0.17	0.15	0.10	0.06	0.25	0.20
种植年限	2	2	1	2	1	1	1	1	1	1	1	1	1	1	1	1

五、常规晚粳稻

1986—2015 年，品种年报累计结果表明，衢州市常规晚粳稻品种 32 个，按种植年份次序统计，分别是：矮粳 23、秀水 27、秀水 48、寒丰、8140、83-46、秀水 11、2R4、中嘉 129、T8340、秀水 04、秀水 37、秀水 1067、明珠 1 号、原粳 7 号、秀水 110、秀水 63、粳谷 98-11、浙粳 30、秀水 09、秀水 03、原粳 35、秀水 123、浙粳 22、宁 88、秀水 134、嘉 33、浙粳 88、浙粳 59、秀水 128、绍粳 18、浙粳 60。

1986—2015 年，32 个品种，累计种植面积 92.65 万亩，平均每个品种种植面积 2.90 万亩，按年次计算，32 个品种共种植 129 年次，平均每个品种每年种植面积 0.72 万亩（表 4-19）。

三十年中，累计面积超过 10 万亩的品种 3 个。其中，矮粳 23　20.08 万亩，秀水 11　16.19 万亩，秀水 27　11.78 万亩，累计种植面积最大的品种是矮粳 23。

1986—2015 年，常规晚粳稻三大主栽品种，共有 20 个品种，分别是：矮粳 23、秀水 27、秀水 48、中嘉 129、秀水 11、秀水 37、秀水 1067、明珠 1 号、原粳 7 号、秀水 110、秀水 63、粳谷 98-11、浙粳 30、秀水 09、秀水 03、原粳 35、秀水 123、浙粳 22、秀水 134、浙粳 88。1986—2015 年，常规晚粳稻三大主栽品种面积，占常规粳稻总面积的比例，平均为 75.59%，其中 2013 年最高，达 95.54%，2001 年最低，为 31.79%。从数据看，常规晚粳稻三大主栽品种明确，集中度相对较高（表 4-20）。

年种植面积最大的常规晚粳稻品种（表 4-21、表 4-22），1986—2015 年，三十年中出现过 6 个品种：矮粳 23　4 年（1986—1989 年），秀水 11　6 年（1990—1995 年），秀水 1067　7 年（1996—2002 年），秀水 110　7 年（2003—2009 年），浙粳 22　3 年（2010—2012 年），秀水 134　3 年（2013—2015 年）。

常规晚粳稻单个品种，年种植面积最大的品种是矮粳 23，1986 年，面积 8.52 万亩，占当年常规晚粳稻总面积的 64.74%。

表 4-19　衢州市 1986—2015 年常规晚粳稻品种面积统计表

年份	面积合计（万亩）	主要品种数量（个）	新增主要品种数量（个）	新增主要品种	主要品种面积小计（万亩）	其他品种面积（万亩）
1986	13.16	6	6	矮粳 23，秀水 27，秀水 48，寒丰，81-40，83-46	11.38	1.78
1987	11.01	9	5	秀水 11，2R4，中嘉 129，T8340，秀水 04	8.17	2.84
1988	11.66	6	0		10.36	1.30
1989	8.20	6	1	秀水 37	5.07	3.13
1990	4.53	5	0		3.95	0.58
1991	3.96	4	0		3.65	0.31
1992	3.89	4	0		3.58	0.31

（续表）

年份	面积合计（万亩）	主要品种数量（个）	新增主要品种数量（个）	新增主要品种	主要品种面积小计（万亩）	其他品种面积（万亩）
1993	4. 55	2	0		4. 24	0. 31
1994	3. 86	2	0		2. 78	1. 08
1995	2. 45	3	1	秀水 1067	2. 24	0. 21
1996	1. 86	3	0		1. 55	0. 31
1997	4. 12	3	0		2. 44	1. 68
1998	2. 41	3	0		2. 05	0. 36
1999	2. 42	3	1	明珠 1 号	2. 21	0. 21
2000	2. 72	2	1	原糯 7 号	0. 65	2. 07
2001	1. 73	2	0		0. 55	1. 18
2002	0. 80	2	0		0. 3	0. 50
2003	2. 00	2	2	秀水 110，秀水 63	1. 85	0. 15
2004	0. 70	2	1	粳谷 98-11	0. 4	0. 30
2005	1. 63	1	0		1. 26	0. 37
2006	1. 84	4	3	浙粳 30，秀水 09，秀水 03	1. 49	0. 35
2007	2. 40	4	1	原粳 35	2. 08	0. 32
2008	1. 90	6	1	秀水 123	1. 90	
2009	1. 87	6	1	浙粳 22	1. 87	
2010	3. 18	6	1	宁 88	3. 18	
2011	2. 75	7	2	秀水 134，嘉 33	2. 75	
2012	3. 07	6	0		3. 07	
2013	2. 24	6	0		2. 24	
2014	2. 67	7	2	浙粳 88，浙粳 59	2. 67	
2015	2. 72	7	3	秀水 128、绍粳 18、浙粳 60	2. 72	
合计	112. 30	129	32		92. 65	19. 65

表 4-20　衢州市 1986—2015 年常规晚粳稻三大主栽品种情况统计表

年份	总面积（万亩）	第一主栽品种	第一主栽品种面积（万亩）	第二主栽品种	第二主栽品种面积（万亩）	第三主栽品种	第三主栽品种面积（万亩）	三大主栽品种面积合计（万亩）	三大主栽品种占比（%）
1986	13. 16	矮粳 23	8. 52	秀水 27	2. 03	秀水 48	0. 5	11. 05	83. 97
1987	11. 01	矮粳 23	3. 9	秀水 27	3. 7	秀水 11	0. 2	7. 8	70. 84
1988	11. 66	矮粳 23	4. 92	秀水 27	3. 37	中嘉 129	0. 92	9. 21	78. 99
1989	8. 20	矮粳 23	1. 83	中嘉 129	0. 91	秀水 11	0. 82	3. 56	43. 31
1990	4. 53	秀水 11	2. 15	秀水 27	0. 96	矮粳 23	0. 48	3. 59	79. 25
1991	3. 96	秀水 11	2. 42	秀水 27	0. 69	秀水 37	0. 32	3. 43	86. 62
1992	3. 89	秀水 11	2. 09	秀水 37	0. 95	秀水 27	0. 33	3. 37	86. 63
1993	4. 55	秀水 11	3. 39	稻水 37	0. 85			4. 24	93. 19
1994	3. 86	秀水 11	1. 75	秀水 37	1. 03			2. 78	72. 02
1995	2. 45	秀水 11	0. 86	秀水 1067	0. 7	秀水 37	0. 68	2. 24	91. 43
1996	1. 86	秀水 1067	1. 05	秀水 11	0. 3	秀水 37	0. 2	1. 55	83. 33
1997	4. 12	秀水 1067	1. 24	秀水 11	0. 7	秀水 37	0. 5	2. 44	59. 22
1998	2. 41	秀水 1067	1. 34	秀水 11	0. 47	秀水 37	0. 24	2. 05	85. 06
1999	2. 42	秀水 1067	1. 42	明珠 1 号	0. 51	秀水 11	0. 28	2. 21	91. 32
2000	2. 72	秀水 1067	0. 45	原粳 7 号	0. 2			0. 65	23. 90
2001	1. 73	秀水 1067	0. 3	原粳 7 号	0. 25			0. 55	31. 79
2002	0. 80	秀水 1067	0. 15	原粳 7 号	0. 15			0. 3	37. 50
2003	2. 00	秀水 110	1. 25	秀水 63	0. 6			1. 85	92. 50
2004	0. 70	秀水 110	0. 3	粳谷 98-11	0. 1			0. 4	57. 14
2005	1. 63	秀水 110	1. 26					1. 26	77. 30
2006	1. 84	秀水 110	0. 91	浙粳 30	0. 26	秀水 09	0. 2	1. 37	74. 46
2007	2. 40	秀水 110	1. 35	浙粳 30	0. 3	秀水 09	0. 28	1. 93	80. 42
2008	1. 90	秀水 110	0. 95	秀水 03	0. 3	原粳 35	0. 2	1. 45	76. 32
2009	1. 87	秀水 110	0. 68	秀水 123	0. 4	浙粳 22	0. 25	1. 33	71. 12
2010	3. 18	浙粳 22	1. 96	秀水 110	0. 58	秀水 09	0. 23	2. 77	87. 11
2011	2. 75	浙粳 22	1. 48	秀水 110	0. 47	秀水 09	0. 27	2. 22	80. 73
2012	3. 07	浙粳 22	1. 45	秀水 134	0. 86	秀水 09	0. 28	2. 59	84. 36
2013	2. 24	秀水 134	1. 78	秀水 09	0. 26	浙粳 22	0. 1	2. 14	95. 54
2014	2. 67	秀水 134	1. 86	浙粳 22	0. 3	浙粳 88	0. 2	2. 36	88. 39
2015	2. 72	秀水 134	1. 80	浙粳 22	0. 2	浙粳 88	0. 2	2. 20	80. 88
合计	112. 30		54. 81		22. 40		7. 68	84. 89	75. 59

表 4-21　衢州市 1986—2015 年常规晚粳稻种植面积最大的品种情况统计表

年份	常规粳稻面积（万亩）	种植面积最大品种	最大品种种植面积（万亩）	占比（%）
1986	13. 16	矮粳 23	8. 52	64. 74
1987	11. 01	矮粳 23	3. 9	35. 42
1988	11. 66	矮粳 23	4. 92	42. 20
1989	8. 20	矮粳 23	1. 83	22. 32
1990	4. 53	秀水 11	2. 15	47. 46
1991	3. 96	秀水 11	2. 42	61. 11
1992	3. 89	秀水 11	2. 09	53. 73
1993	4. 55	秀水 11	3. 39	74. 51
1994	3. 86	秀水 11	1. 75	45. 34
1995	2. 45	秀水 11	0. 86	35. 10
1996	1. 86	秀水 1067	1. 05	56. 45
1997	4. 12	秀水 1067	1. 24	30. 10
1998	2. 41	秀水 1067	1. 34	55. 60
1999	2. 42	秀水 1067	1. 42	58. 68
2000	2. 72	秀水 1067	0. 45	16. 54
2001	1. 73	秀水 1067	0. 3	17. 34
2002	0. 80	秀水 1067	0. 15	18. 75
2003	2. 00	秀水 110	1. 25	62. 50
2004	0. 70	秀水 110	0. 3	42. 86
2005	1. 63	秀水 110	1. 26	77. 30
2006	1. 84	秀水 110	0. 91	49. 46
2007	2. 40	秀水 110	1. 35	56. 25
2008	1. 90	秀水 110	0. 95	50. 00
2009	1. 87	秀水 110	0. 68	36. 36
2010	3. 18	浙粳 22	1. 96	61. 64
2011	2. 75	浙粳 22	1. 48	53. 82
2012	3. 07	浙粳 22	1. 45	47. 23
2013	2. 24	秀水 134	1. 78	79. 46
2014	2. 67	秀水 134	1. 86	69. 66
2015	2. 72	秀水 134	1. 80	66. 18
合计	112. 30		54. 81	48. 81

表 4-22　衢州市 1986—2015 年常规粳稻品种面积统计表　　单位：万亩

年份	矮粳 23	秀水 27	秀水 48	寒丰	8140	83-46	秀水 11	2R4	中嘉 129	T8340	秀水 04	秀水 37	秀水 1067	明珠 1 号	原粳 7 号	秀水 110	秀水 63
1986	8.52	2.03	0.50	0.30	0.02	0.01											
1987	3.90	3.70	0.02	0.1			0.2	0.1	0.09	0.05	0.01						
1988	4.92	3.37	0.28				0.78		0.92		0.09						
1989	1.83	0.70	0.26				0.82		0.91			0.55					
1990	0.48	0.96	0.14				2.15					0.22					
1991	0.22	0.69					2.42					0.32					
1992	0.21	0.33					2.09					0.95					
1993							3.39					0.85					
1994							1.75					1.03					
1995							0.86					0.68	0.70				
1996							0.30					0.20	1.05				
1997							0.70					0.50	1.24				
1998							0.47					0.24	1.34				
1999							0.28						1.42	0.51			
2000													0.45		0.20		
2001													0.30		0.25		
2002													0.15		0.15		
2003																1.25	0.60
2004																0.30	
2005																1.26	
2006																0.91	
2007																1.35	
2008																0.95	
2009																0.68	
2010																0.58	
2011																0.47	
2012																0.20	
2013																	
2014																	
2015																	
合计	20.08	11.78	1.20	0.40	0.02	0.01	16.21	0.10	1.92	0.05	0.10	5.54	6.65	0.51	0.60	7.95	0.60
种植年限	7	7	5	2	1	1	13	1	3	1	2	10	8	1	3	10	1

（续表）

年份	粳谷98-11	浙粳30	秀水09	秀水03	原粳35	秀水123	浙粳22	宁88	秀水134	嘉33	浙粳88	浙粳59	秀水128	绍粳18	浙粳60
1986															
1987															
1988															
1989															
1990															
1991															
1992															
1993															
1994															
1995															
1996															
1997															
1998															
1999															
2000															
2001															
2002															
2003															
2004	0. 10														
2005															
2006		0. 26	0. 20	0. 12											
2007		0. 30	0. 28		0. 15										
2008		0. 18	0. 17	0. 30	0. 20	0. 10									
2009		0. 23	0. 26		0. 05	0. 40	0. 25								
2010		0. 23	0. 23			0. 10	1. 96	0. 08							
2011		0. 21	0. 27			0. 26	1. 48		0. 04	0. 02					
2012		0. 16	0. 28			0. 12	1. 45		0. 86						
2013			0. 26	0. 03	0. 05	0. 02	0. 10		1. 78						
2014			0. 20		0. 04	0. 01	0. 30		1. 86		0. 20	0. 06			
2015			0. 12						1. 80		0. 20	0. 10	0. 20	0. 20	0. 10
合计	0. 10	1. 57	2. 27	0. 45	0. 49	1. 01	5. 54	0. 08	6. 34	0. 02	0. 40	0. 16	0. 20	0. 20	0. 10
种植年限	1	7	10	3	5	7	6	1	5	1	2	2	1	1	1

六、杂交晚粳稻

1986—2015年，品种年报显示，衢州市杂交晚粳稻（含籼粳杂交稻，下同）品种23个，按种植年份次序统计，分别是：甬优6号、甬优9号、嘉乐优2号、浙优12号、春优658、浙优10号、嘉优2号、常优5号、甬优12、甬优15、春优84、浙优18、甬优17、嘉优5号、甬优538、秀优5号、甬优8号、甬优1540、甬优2640、甬优11号、嘉禾优555、秀优378、甬优720（表4-23）。

1986—2015年，23个品种，累计种植面积99.73万亩，平均每个品种种植面积4.34万亩，按年次计算，23个品种共种植56年次，平均每个品种每年种植面积1.78万亩。

三十年中，累计面积超过10万亩的品种3个，甬优9号　37.42万亩，甬优15　26.87万亩，甬优12　10.87万亩，累计种植面积最大的品种是甬优9号。

1986—2015年，杂交晚粳稻三大主栽品种（表4-24），共出现过9个品种，分别是：甬优6号、甬优9号、嘉乐优2号、浙优12号、春优658、浙优10号、甬优12、甬优15、甬优538。

杂交晚粳稻单个品种，年种植面积最大的品种（表4-25）是甬优9号，2014年，面积10.73万亩，占当年杂交晚粳稻总面积的38.06%。

从2011年起，杂交晚粳稻种植面积逐年迅速扩大（表4-26），从2011年的2.09万亩，到2012年的9.46万亩，到2013年的20.43万亩，到2014年的28.19万亩，到2015年的33.53万亩。

表4-23　衢州市1986—2015年杂交晚粳稻品种面积统计表

年份	面积合计（万亩）	主要品种数量（个）	新增主要品种数量（个）	新增主要品种名称	主要品种面积小计（万亩）	其他品种面积（万亩）
1986—2004						
2005	0.30	1	1	甬优6号	0.30	
2006	0.16	1	0		0.16	0
2007	0		0		0	0
2008	0.45	3	2	甬优9号、嘉乐优2号	0.42	0.03
2009	2	3	2	浙优12号、春优658	2	0
2010	3.15	3	1	浙优10号	3.15	0
2011	2.09	5	2	嘉优2号、常优5号	2.09	0
2012	9.46	6	2	甬优12、甬优15	9.46	0
2013	20.43	12	7	春优84、浙优18、甬优17、嘉优5号、甬优538、秀优5号、甬优8号	20.43	0
2014	28.19	10	3	甬优1540、甬优2640、甬优11号	28.19	0
2015	33.53	12	3	嘉禾优555、秀优378、甬优720	33.53	0
合计	99.76	56	23		99.73	0.03

表 4-24　衢州市 1986—2015 年杂交晚粳稻三大主栽品种情况统计表

年份	总面积（万亩）	第一主栽品种	第一主栽品种面积（万亩）	第二主栽品种	第二主栽品种面积（万亩）	第三主栽品种	第三主栽品种面积（万亩）	三大主栽品种面积合计（万亩）	三大主栽品种占比（%）
1986—2004	—	—	—	—	—	—	—	—	—
2005	0. 30	甬优 6 号	0. 3					0. 3	100
2006	0. 16	甬优 6 号	0. 16					0. 16	100
2007	0								
2008	0. 45	甬优 9 号	0. 22	嘉乐优 2 号	0. 1	甬优 6 号	0. 1	0. 42	93. 33
2009	2	甬优 9 号	1. 5	浙优 12 号	0. 3	春优 658	0. 2	2	100. 00
2010	3. 15	甬优 9 号	3	浙优 10 号	0. 1	嘉乐优 2 号	0. 05	3. 15	100. 00
2011	2. 09	甬优 9 号	1. 91	浙优 10 号	0. 1	嘉乐优 2 号	0. 05	2. 06	98. 56
2012	9. 46	甬优 9 号	4. 49	甬优 12	3. 22	甬优 15	1. 5	9. 21	97. 46
2013	20. 43	甬优 9 号	9. 28	甬优 15	6. 24	甬优 12	2. 93	18. 45	90. 31
2014	28. 19	甬优 9 号	10. 73	甬优 15	8. 97	甬优 12	3. 37	23. 07	81. 84
2015	33. 53	甬优 15	10. 16	甬优 9 号	6. 29	甬优 538	5. 81	22. 26	66. 39
合计	99. 76		41. 75		25. 32		14. 01	81. 08	81. 28

表 4-25　衢州市 1986—2015 年杂交晚粳稻种植面积最大的品种情况统计表

年份	总面积（万亩）	种植面积最大品种	最大品种种植面积（万亩）	占比（%）
1986—2004				
2005	0. 3	甬优 6 号	0. 3	100
2006	0. 16	甬优 6 号	0. 16	100
2007	0			
2008	0. 45	甬优 9 号	0. 22	48. 89
2009	2	甬优 9 号	1. 5	75. 00
2010	3. 15	甬优 9 号	3	95. 24
2011	2. 09	甬优 9 号	1. 91	91. 39
2012	9. 45	甬优 9 号	4. 49	47. 51
2013	20. 43	甬优 9 号	9. 28	45. 42
2014	28. 19	甬优 9 号	10. 73	38. 06
2015	33. 53	甬优 15	10. 16	30. 30
合计	99. 76		41. 75	41. 85

表 4-26　衢州市 1986—2015 年杂交晚粳稻品种面积统计表　　单位：万亩

年份	甬优6号	甬优9号	嘉乐优2号	浙优12号	春优658	浙优10号	嘉优2号	常优5号	甬优12	甬优15	春优84	浙优18
1986												
1987												
1988												
1989												
1990												
1991												
1992												
1993												
1994												
1995												
1996												
1997												
1998												
1999												
2000												
2001												
2002												
2003												
2004												
2005	0. 30											
2006	0. 16											
2007												
2008	0. 10	0. 22	0. 1									
2009		1. 50		0. 30	0. 20							
2010		3. 00	0. 05			0. 10						
2011		1. 91	0. 05			0. 10	0. 02	0. 01				
2012		4. 49	0. 05			0. 10	0. 10		3. 22	1. 50		
2013		9. 28		0. 05			0. 02		2. 93	6. 24	1. 35	0. 27
2014		10. 73							3. 37	8. 97	1. 90	0. 28
2015		6. 29							1. 35	10. 16	4. 44	0. 42
合计	0. 56	37. 42	0. 25	0. 35	0. 20	0. 30	0. 14	0. 01	10. 87	26. 87	7. 69	0. 97
种植年限	3	8	4	2	1	3	3	1	4	4	3	3

（续表）

年份	甬优17	嘉优5号	甬优538	秀优5号	甬优8号	甬优1540	甬优2640	甬优11号	嘉禾优555	秀优378	甬优720
1986											
1987											
1988											
1989											
1990											
1991											
1992											
1993											
1994											
1995											
1996											
1997											
1998											
1999											
2000											
2001											
2002											
2003											
2004											
2005											
2006											
2007											
2008											
2009											
2010											
2011											
2012											
2013	0. 10	0. 07	0. 05	0. 03	0. 04						
2014	0. 51		1. 41			0. 22	0. 45	0. 35			
2015	4. 06		5. 81			0. 55	0. 35		0. 07	0. 01	0. 02
合计	4. 67	0. 07	7. 27	0. 03	0. 04	0. 77	0. 80	0. 35	0. 07	0. 01	0. 02
种植年限	3	1	3	1	1	2	2	1	1	1	1

七、常规晚糯稻

1986—2015 年，品种年报显示，衢州市常规晚糯稻品种 35 个，按种植年份次序统计（表 4-27），分别是：矮双 2 号，柯香糯，双糯 4 号，R817，祥湖 25，加糯 13，祥湖 84，香糯 4 号，祥湖 85，绍糯 87-86，春江 03，浙糯 2 号，航育 1 号，绍糯 119，浙农大 454，谷香四号，绍糯 9714，春江 683，春江糯 2 号，浙糯 36，春江糯 3 号，农大 514，春江糯，浙糯 5 号，祥湖 24，矮糯 21，绍糯 7954，本地糯，甬糯 5 号，嘉 65，祥湖 301，甬糯 34，祥湖 914，祥湖 13，浙糯 65。

1986—2015 年，35 个品种，累计种植面积 325.33 万亩，平均每个品种种植面积 9.30 万亩，按年次计算，35 个品种共种植 173 年次，平均每个品种每年种植面积 1.88 万亩。

三十年中，累计面积超过 10 万亩的品种 6 个。其中，祥湖 84　76.33 万亩，绍糯 9714　58.48 万亩，绍糯 119　34.06 万亩，矮双 2 号　24.21 万亩，浙糯 5 号　17.81 万亩，祥湖 25　15.5 万亩。累计种植面积最大的品种是祥湖 84。

1986—2015 年，常规晚糯稻三大主栽品种，共有 23 个品种（表 4-28），分别是：分别是：矮双 2 号、柯香糯、双糯 4 号、R817、祥湖 25、祥湖 84、祥湖 85、绍糯 87-86、春江 03、浙糯 2 号、航育 1 号、绍糯 119、谷香四号、浙农大 454、春江 683、春江糯 2 号、绍糯 9714、浙大 514、浙糯 5 号、浙糯 36、本地糯、祥湖 301、甬糯 34。1986—2015 年，常规晚糯稻三大主栽品种面积，占常规晚糯稻总面积的比例，平均为 79.06%，其中 2015 年最高，达 99.08%，2005 年最低，为 57.84%。从数据看，常规晚糯稻三大主栽品种明确，集中度高，尤其是 2012—2015 年，占比均超过 94%。

1986—2015 年，年种植面积最大的常规晚糯稻品种（表 4-29），三十年中出现过 9 个品种：矮双 2 号　2 年（1986—1987 年），祥湖 25　1 年（1988 年），祥湖 84　8 年（1989—1996 年），航育 1 号　1 年（1997 年），绍糯 119　5 年（1998—2002 年），浙农大 454　1 年（2003 年），春江糯 2 号　1 年（2004 年），绍糯 9714　9 年（2005、2008—2015 年），浙糯 5 号　2 年（2006—2007 年）。常规晚糯稻单个品种，年种植面积最大的品种是祥湖 84，1992 年，面积 11.11 万亩，占当年常规晚糯稻总面积的 67.33%（表 4-30）。

表 4-27　衢州市 1986—2015 年常规晚糯稻品种面积统计表

年份	面积合计（万亩）	主要品种数量（个）	新增主要品种数量（个）	新增主要品种名称	主要品种面积小计（万亩）	其他品种面积（万亩）
1986	14.11	6	6	矮双 2 号，柯香糯，双糯 4 号，R817，祥湖 25，加糯 13	11.68	2.43
1987	16.71	7	2	祥湖 84，香糯 4 号	15.13	1.58
1988	20.12	6	0		18.70	1.42
1989	15.59	5	1	祥湖 85	13.99	1.60
1990	11.50	4	0		10.87	0.63
1991	13.09	4	0		11.13	1.96

（续表）

年份	面积合计（万亩）	主要品种数量（个）	新增主要品种数量（个）	新增主要品种名称	主要品种面积小计（万亩）	其他品种面积（万亩）
1992	16.50	4	1	绍糯 87-86	14.80	1.70
1993	15.20	3	0		12.62	2.58
1994	11.41	4	1	春江 03	8.70	2.71
1995	12.45	5	2	浙糯 2 号，航育 1 号	11.10	1.35
1996	12.32	5	0		11.11	1.21
1997	12.94	5	1	绍糯 119	11.28	1.66
1998	12.22	5	0		12.09	0.13
1999	9.52	4	0		9.02	0.50
2000	15.53	5	1	浙农大 454	12.42	3.11
2001	11.26	4	1	谷香四号	7.31	3.95
2002	7.79	4	1	绍糯 9714	5.73	2.06
2003	7.00	5	2	春江 683，春江糯 2 号	5.96	1.04
2004	9.76	7	3	浙糯 36，春江糯 3 号，农大 514	9.66	0.10
2005	14.61	9	2	春江糯，浙糯 5 号	13.52	1.09
2006	13.46	9	2	祥湖 24，矮糯 21	12.51	0.95
2007	12.69	10	1	绍糯 7954	11.04	1.65
2008	11.60	10	2	本地糯，甬糯 5 号	11.40	0.20
2009	10.66	9	1	嘉 65	10.36	0.30
2010	10.91	8	2	祥湖 301，甬糯 34	10.71	0.20
2011	10.33	7	0		10.33	
2012	10.08	6	0		10.08	
2013	8.25	4	1	祥湖 914	8.25	
2014	7.34	4	1	祥湖 13	7.34	
2015	6.49	5	1	浙糯 65	6.49	
合计	361.44	173	35		325.33	36.11

表 4-28　衢州市 1986—2015 年常规晚糯稻三大主栽品种情况统计表

年份	总面积（万亩）	第一主栽品种	第一主栽品种面积（万亩）	第二主栽品种	第二主栽品种面积（万亩）	第三主栽品种	第三主栽品种面积（万亩）	三大主栽品种面积合计（万亩）	三大主栽品种占比（%）
1986	14.11	矮双 2 号	5.74	柯香糯	2.5	双糯 4 号	1.67	9.91	70.23
1987	16.71	矮双 2 号	9.54	R817	3.33	祥湖 25	1.53	14.4	86.18
1988	20.12	祥湖 25	5.67	矮双 2 号	5.56	祥湖 84	3.49	14.72	73.16
1989	15.59	祥湖 84	6.38	祥湖 85	3.66	矮双 2 号	1.47	11.51	73.83
1990	11.50	祥湖 84	7.71	祥湖 25	1.87	矮双 2 号	0.79	10.37	90.17
1991	13.09	祥湖 84	8.9	祥湖 25	1.14	双糯 4 号	0.76	10.8	82.51
1992	16.50	祥湖 84	11.11	祥湖 25	1.88	绍糯 87-86	1.13	14.12	85.58
1993	15.20	祥湖 84	10.72	祥湖 25	1	绍糯 87-86	0.9	12.62	83.03
1994	11.41	祥湖 84	7.22	春江 03	1.2	祥湖 25	0.4	8.82	77.30
1995	12.45	祥湖 84	7.96	浙糯 2 号	1.6	祥湖 25	0.91	10.47	84.10
1996	12.32	祥湖 84	4.89	春江 03	2.5	浙糯 2 号	2.3	9.69	78.65
1997	12.94	航育 1 号	3.18	祥湖 84	3.17	春江 03	2.35	8.7	67.23
1998	12.22	绍糯 119	5.59	航育 1 号	3.25	祥湖 84	2.22	11.06	90.51
1999	9.52	绍糯 119	6.49	祥湖 84	1.45	航育 1 号	0.72	8.66	90.97
2000	15.53	绍糯 119	9.92	浙农大 454	1.15	祥湖 84	0.6	11.67	75.14
2001	11.26	绍糯 119	3.85	浙农大 454	1.9	谷香四号	1	6.75	59.95
2002	7.79	绍糯 119	3.58	浙农大 454	1.75	绍糯 9714	0.25	5.58	71.63
2003	7.00	浙农大 454	2.97	春江 683	1.2	绍糯 119	0.94	5.11	73.00
2004	9.76	春江糯 2 号	2.68	春江 683	2.6	绍糯 9714	2	7.28	74.59
2005	14.61	绍糯 9714	3.75	春江 683	2.5	浙大 514	2.2	8.45	57.84
2006	13.46	浙糯 5 号	4.93	绍糯 9714	2.36	浙大 514	2	9.29	69.02
2007	12.69	浙糯 5 号	5.83	绍糯 9714	2.66	浙糯 36	0.63	9.12	71.87
2008	11.60	绍糯 9714	6.34	浙糯 5 号	1.83	本地糯	1.2	9.37	80.78
2009	10.66	绍糯 9714	6.22	浙糯 5 号	1.6	绍糯 119	0.54	8.36	78.42
2010	10.91	绍糯 9714	5.87	浙糯 5 号	1.99	祥湖 301	1.15	9.01	82.58
2011	10.33	绍糯 9714	6.86	浙糯 5 号	1	甬糯 34	1	8.86	85.77
2012	10.08	绍糯 9714	6.93	甬糯 34	1.3	祥湖 301	1.27	9.5	94.25
2013	8.25	绍糯 9714	5.14	甬糯 34	1.84	祥湖 301	1.17	8.15	98.79
2014	7.34	绍糯 9714	4.62	甬糯 34	1.72	祥湖 301	0.85	7.19	97.96
2015	6.49	绍糯 9714	4.88	甬糯 34	1.40	祥湖 301	0.15	6.43	99.08
合计	361.44		185.47		62.91		37.59	285.97	79.12

表 4-29　衢州市 1986—2015 年常规晚糯稻种植面积最大的品种情况统计表

年份	常规晚糯稻面积（万亩）	种植面积最大品种	最大品种种植面积（万亩）	占比（%）
1986	14.11	矮双 2 号	5.74	40.68
1987	16.71	矮双 2 号	9.54	57.09
1988	20.12	祥湖 25	5.67	28.18
1989	15.59	祥湖 84	6.38	40.92
1990	11.50	祥湖 84	7.71	67.04
1991	13.09	祥湖 84	8.9	67.99
1992	16.50	祥湖 84	11.11	67.33
1993	15.20	祥湖 84	10.72	70.53
1994	11.41	祥湖 84	7.22	63.28
1995	12.45	祥湖 84	7.96	63.94
1996	12.32	祥湖 84	4.89	39.69
1997	12.94	航育 1 号	3.18	24.57
1998	12.22	绍糯 119	5.59	45.74
1999	9.52	绍糯 119	6.49	68.17
2000	15.53	绍糯 119	9.92	63.88
2001	11.26	绍糯 119	3.85	34.19
2002	7.79	绍糯 119	3.58	45.96
2003	7.00	浙农大 454	2.97	42.43
2004	9.76	春江糯 2 号	2.68	27.46
2005	14.61	绍糯 9714	3.75	25.67
2006	13.46	浙糯 5 号	4.93	36.63
2007	12.69	浙糯 5 号	5.83	45.94
2008	11.60	绍糯 9714	6.34	54.66
2009	10.66	绍糯 9714	6.22	58.35
2010	10.91	绍糯 9714	5.87	53.80
2011	10.33	绍糯 9714	6.86	66.41
2012	10.08	绍糯 9714	6.93	68.75
2013	8.25	绍糯 9714	5.14	62.30
2014	7.34	绍糯 9714	4.62	62.94
2015	6.49	绍糯 9714	4.88	75.19
合计	361.44		185.47	51.31

表 4-30　衢州市 1986—2015 年常规糯稻品种面积统计表　　单位：万亩

年份	矮双2号	柯香糯	双糯4号	R817	祥湖25	加糯13	祥湖84	香糯4号	祥湖85	绍糯87-86	春江03	浙糯2号
1986	5.74	2.5	1.67	1.07	0.45	0.25						
1987	9.54	0.40	0.15	3.33	1.53		0.13	0.05				
1988	5.56	0.18	1.55	2.25	5.67		3.49					
1989	1.47		1.31	1.17			6.38		3.66			
1990	0.79		0.50		1.87		7.71					
1991	0.33		0.76		1.14		8.90					
1992	0.68				1.88		11.11			1.13		
1993					1.00		10.72			0.90		
1994					0.40		6.77			0.33	1.20	
1995					0.91		7.96				0.62	1.60
1996					0.65		4.89				2.50	2.30
1997							3.17				2.35	0.90
1998							2.22				0.83	0.20
1999							1.45				0.36	
2000							0.60				0.60	
2001											0.56	
2002												
2003												
2004												
2005												
2006							0.43					
2007							0.27					0.10
2008							0.13					
2009												
2010												
2011												
2012												
2013												
2014												
2015												
合计	24.11	3.08	5.94	7.82	15.5	0.25	76.33	0.05	3.66	2.36	9.02	5.1
种植年限	7	3	6	4	10	1	17	1	1	3	8	5

（续表）

年份	航育1号	绍糯119	浙农大454	谷香四号	绍糯9714	春江683	春江糯2号	浙糯36	春江糯3号	农大514	春江糯	浙糯5号
1986												
1987												
1988												
1989												
1990												
1991												
1992												
1993												
1994												
1995	0.01											
1996	0.77											
1997	3.18	1.68										
1998	3.25	5.59										
1999	0.72	6.49										
2000	0.15	9.92	1.15									
2001		3.85	1.90	1.00								
2002		3.58	1.75	0.15	0.25							
2003		0.94	2.97		0.60	1.20	0.25					
2004		0.55	1.29		2.00	2.60	2.68	0.30	0.24			
2005		0.35	0.42		3.75	2.50	1.05	0.97		2.20	1.75	0.53
2006		0.21			2.36			0.62		2.00	1.45	4.93
2007		0.31	0.07		2.66			0.63		0.50	0.59	5.83
2008					6.34		0.05	0.70		0.50	0.40	1.83
2009		0.54			6.22			0.40		0.50	0.50	1.60
2010		0.05			5.87			0.25			0.20	1.99
2011					6.86		0.20	0.21				1.00
2012					6.93			0.20				0.10
2013					5.14							
2014					4.62							
2015					4.88							
合计	8.08	34.06	9.55	1.15	58.48	6.30	4.23	4.28	0.24	5.70	4.89	17.81
种植年限	6	13	7	2	14	3	5	9	1	5	6	8

（续表）

年份	祥湖 24	矮糯 21	绍糯 7954	本地糯	甬糯 5 号	嘉 65	祥湖 301	甬糯 34	祥湖 914	祥湖 13	浙糯 65
1986											
1987											
1988											
1989											
1990											
1991											
1992											
1993											
1994											
1995											
1996											
1997											
1998											
1999											
2000											
2001											
2002											
2003											
2004											
2005											
2006	0. 36	0. 15									
2007			0. 08								
2008			0. 05	1. 20	0. 20						
2009			0. 20		0. 20	0. 20					
2010					0. 20		1. 15	1. 00			
2011					0. 23		0. 83	1. 00			
2012					0. 28		1. 27	1. 30			
2013							1. 17	1. 84	0. 10		
2014							0. 85	1. 72		0. 15	
2015							0. 15	1. 40		0. 02	0. 04
合计	0. 36	0. 15	0. 33	1. 20	1. 11	0. 20	5. 42	8. 26	0. 10	0. 17	0. 04
种植年限	1	1	3	1	5	1	6	6	1	2	1

八、杂交晚糯稻

1986—2015 年，品种年报显示，衢州市杂交晚糯稻品种 2 个，甬优 5 号、甬优 10 号（表 4-31）。

1986—2015 年，2 个品种，累计种植面积 8.97 万亩，平均每个品种种植面积 4.49 万亩，按年次计算，2 个品种共种植 13 年次，平均每个品种每年种植面积 0.69 万亩（表 4-32）。

表 4-31　衢州市 1986—2015 年杂交晚糯稻品种面积统计表

年份	面积合计（万亩）	主要品种数量（个）	新增主要品种数量（个）	新增主要品种名称	主要品种面积小计（万亩）	其他品种面积（万亩）
1986—2007						
2008	0.45	2	2	甬优 5 号、甬优 10 号	0.45	0
2009	0.95	2	0		0.95	0
2010	1.05	2	0		1.05	0
2011	1.65	2	0		1.65	0
2012	0.87	2	0		0.87	0
2013	1.65	1	0		1.65	0
2014	1.40	1	0		1.4	0
2015	0.95	1	0		0.95	0
合计	8.97	13	2		8.97	0

表 4-32　衢州市 1986—2015 年杂交晚糯品种面积统计表　单位：万亩

年份	甬优 5 号	甬优 10 号
1986—2007		
2008	0.30	0.15
2009	0.40	0.55
2010	0.60	0.45
2011	0.60	1.05
2012	0.32	0.55
2013	0	1.65
2014	0	1.40
2015	0	0.95
合计	2.22	6.75
种植年限	5	8

九、超级稻

自 2005 年农业部首次确定超级稻品种以来，至 2015 年，衢州市超级稻品种累计推广面积达 544.71 万亩。其中，2005 年 22.77 万亩、2006 年 54.53 万亩、2007 年 42.12 万亩、2008 年 51.16 万亩、2009 年 56.18 万亩、2010 年 48.43 万亩、2011 年 45.61 万亩、2012 年 43.48 万亩、2013 年 61.89 万亩、2014 年 65.96 万亩、2015 年 52.58 万亩（表 4-33、表 4-34）。

1. 2005 年超级稻品种推广面积 22.77 万亩

籼型两系杂交稻 6.09 万亩：两优培九 6.09 万亩。

籼型三系杂交稻 16.68 万亩：中浙优 1 号 5.7 万亩，Ⅱ优 084　5.16 万亩，Ⅱ优 7954　2.94 万亩，Ⅱ优明 86　1.08 万亩，D 优 527　1.0 万亩，Ⅱ优航 1 号　0.8 万亩。

2. 2006 年超级稻品种推广面积 54.53 万亩

籼型常规稻 10.12 万亩：中早 22　10.12 万亩。

籼型两系杂交稻 6.36 万亩：两优培九　6.36 万亩。

籼型三系杂交稻 38.05 万亩：国稻 1 号　12.08 万亩，Ⅱ优 7954　9.99 万亩，中浙优 1 号　7.44 万亩，Ⅱ优 084　3.21 万亩，Ⅱ优航 1 号　3.15 万亩，协优 9308　1.02 万亩，Ⅱ优明 86　0.86 万亩，D 优 527　0.3 万亩。

3. 2007 年超级稻品种推广面积 42.12 万亩

籼型常规稻 6.9 万亩：中早 22　6.9 万亩。

籼型两系杂交稻 9.99 万亩：两优培九　9.55 万亩，新两优 6 号　0.44 万亩。

籼型三系杂交稻 25.23 万亩：中浙优 1 号　18.55 万亩，Ⅱ优 7954　3.16 万亩，Ⅱ优 084　1.05 万亩，Ⅱ优航 1 号　0.95 万亩，Ⅱ优明 86　0.57 万亩，协优 9308　0.45 万亩，D 优 527　0.3 万亩，Ⅱ优 162　0.2 万亩。

4. 2008 年超级稻品种推广面积 51.16 万亩

籼型常规稻 10.91 万亩：中早 22　10.91 万亩。

籼型两系杂交稻 18.3 万亩：两优培九　10.55 万亩，新两优 6 号　7.75 万亩。

籼型三系杂交稻 21.85 万亩：中浙优 1 号　16.6 万亩，国稻 1 号　1.5 万亩，Ⅱ优 7954　0.8 万亩，Ⅱ优 084　0.75 万亩，协优 9308　0.7 万亩，Ⅱ优航 1 号　0.5 万亩，D 优 527　0.3 万亩，天优 998　0.2 万亩，Ⅱ优明 86　0.2 万亩，Ⅱ优 162　0.2 万亩，国稻 6 号　0.1 万亩。

粳型杂交稻：甬优 6 号　0.1 万亩。

5. 2009 年超级稻品种推广面积 56.18 万亩

籼型常规稻 14.75 万亩：中嘉早 32 号　7.45 万亩，中早 22　7.3 万亩。

籼型两系杂交稻 19.37 万亩：两优培九　9.8 万亩，新两优 6 号　6.85 万亩，扬两优 6 号　1.62 万亩，丰两优香 1 号　1.1 万亩。

籼型三系杂交稻 22.06 万亩：中浙优 1 号　15.35 万亩，国稻 6 号　3.1 万亩，协优 9308　1.0 万亩，Ⅱ优 084　0.6 万亩，Ⅱ优 7954　0.55 万亩，国稻 1 号　0.46 万亩，Ⅱ优航 1 号　0.2 万亩，洛优 8 号　0.2 万亩，天优 998　0.4 万亩，Ⅱ优 162　0.1 万亩，Ⅱ优明 86　0.1 万亩。

6. 2010 年超级稻品种推广面积 48.43 万亩

籼型常规稻 11.3 万亩：中嘉早 32 号　6.66 万亩，中早 22　3.34 万亩，中嘉早 17　1.3 万亩。

籼型两系杂交稻 19.1 万亩：两优培九　6.43 万亩，新两优 6 号　9.39 万亩，扬两优 6 号　1.6 万亩，丰两优香 1 号　1.68 万亩。

籼型三系杂交稻 18.03 万亩：中浙优 1 号　14.92 万亩，Ⅱ优 084　0.72 万亩，协优 9308　0.6 万亩，国稻 6 号　0.51 万亩，Ⅱ优 7954　0.45 万亩，洛优 8 号　0.28 万亩，国稻 1 号　0.35 万亩，天优 998　0.2 万亩。

7. 2011 年超级稻品种推广面积 45.61 万亩

籼型常规稻 11.8 万亩：中嘉早 17　8.95 万亩，中早 22　1.85 万亩，中嘉早 32 号　1 万亩。

籼型两系杂交稻 18.35 万亩：两优培九　7.47 万亩，新两优 6 号　7.25 万亩，丰两优香 1 号　2.07 万亩，扬两优 6 号　1.56 万亩。

籼型三系杂交稻 15.46 万亩：中浙优 1 号　12.83 万亩，天优 998　0.66 万亩，国稻 1 号　0.56 万亩，国稻 6 号（内 2 优 6 号）　0.51 万亩，Ⅱ优 7954　0.5 万亩，Ⅱ优 084　0.4 万亩。

8. 2012 年超级稻品种推广面积 43.48 万亩

籼型常规稻 10.55 万亩：中嘉早 17　8.9 万亩，中早 22　1.15 万亩，中嘉早 32 号　0.5 万亩。

籼型两系杂交稻 13.95 万亩：新两优 6 号　6.09 万亩，两优培九　4.91 万亩，丰两优香一号　1.8 万亩，扬两优 6 号　1.15 万亩。

籼型三系杂交稻 16.96 万亩：中浙优 1 号　12.78 万亩，天优华占　1.33 万亩，Y 优 1 号　0.79 万亩，天优 998　0.58 万亩，国稻 1 号　0.58 万亩，Ⅱ优 7954　0.5 万亩，Ⅱ优 084　0.4 万亩。

籼粳杂交稻 2.02 万亩：甬优 12　2.02 万亩。

9. 2013 年超级稻品种推广面积 61.89 万亩

籼型常规稻 26.4 万亩：中嘉早 17　13.6 万亩，中早 39　12.3 万亩，中早 35　0.5 万亩。

籼型两系杂交稻 14.6 万亩：准两优 608　4.5 万亩，两优培九　4.42 万亩，深两优 5814　2.22 万亩，新两优 6 号　1.59 万亩，丰两优香一号　1.26 万亩，扬两优 6 号　0.61 万亩。

籼型三系杂交稻 11.72 万亩：中浙优 1 号　9.55 万亩，天优华占　1.48 万亩，天优 998　0.64 万亩，Ⅱ优航 1 号　0.05 万亩。

籼粳杂交稻 9.17 万亩：甬优 15 号　6.24 万亩，甬优 12　2.93 万亩。

10. 2014 年超级稻品种推广面积 65.96 万亩

籼型常规稻 32.25 万亩：中嘉早 17　16.6 万亩，中早 39　15.5 万亩，中早 35　0.15 万亩。

籼型两系杂交稻 11.66 万亩：准两优 608　4.85 万亩，丰两优香一号　1.80 万亩，深两优 5814　1.64 万亩，两优培九　1.51 万亩，Y 两优 2 号　0.9 万亩，扬两优 6 号　0.52 万亩，新两优 6 号　0.38 万亩，陵两优 608　0.06 万亩。

籼型三系杂交稻 9.71 万亩：中浙优 1 号　5.34 万亩，内 5 优 8015　2.23 万亩，天优华占　1.88 万亩，天优 998　0.26 万亩。

籼粳杂交稻 12.34 万亩：甬优 15 号　6.97 万亩，甬优 12　5.37 万亩。

11. 2015 年超级稻品种推广面积 52.58 万亩

籼型常规稻 15.96 万亩：中早 39　8 万亩，中嘉早 17　7.96 万亩。

籼型两系杂交稻 10.16 万亩：准两优 608　4.3 万亩，丰两优香一号　2.18 万亩，深两优 5814　1.7 万亩，Y 两优 2 号　0.96 万亩，两优培九　0.64 万亩，扬两优 6 号　0.39 万亩。

籼型三系杂交稻 4.27 万亩：中浙优 1 号　2.67 万亩，天优华占　0.81 万亩，Y 两优 1 号　0.79 万亩。

籼粳杂交稻 22.18 万亩：甬优 15 号　10.16 万亩，甬优 538　5.81 万亩，春优 84　4.44 万亩，甬优 12　1.35 万亩，浙优 18　0.42 万亩。

表 4-33　衢州市 2005—2015 年超级稻品种面积情况统计表　　单位：万亩

年份	水稻总面积	超级稻面积	其中：籼型常规稻	籼型两系杂交稻	籼型三系杂交稻	粳型杂交稻	籼粳杂交稻	超级稻占水稻总面积比例(%)
2005	161.38	22.77	0	6.09	16.68			14.11
2006	162.90	54.53	10.12	6.36	38.05			33.47
2007	158.44	42.12	6.90	9.99	25.23			26.58
2008	158.80	51.16	10.91	18.30	21.85	0.1		32.22
2009	164.33	56.18	14.75	19.37	22.06			34.19
2010	159.50	48.43	11.30	19.10	18.03			30.36
2011	149.13	45.61	11.80	18.35	15.46			30.58
2012	144.58	43.48	10.55	13.95	16.96		2.02	30.07
2013	138.72	61.89	26.40	14.60	11.72	0	9.17	44.62
2014	135.03	65.96	32.25	11.66	9.71	0	12.34	48.85
2015	108.62	52.58	15.96	10.16	4.27	0	22.18	48.41
合计	1 641.43	544.71	150.94	147.93	200.02	0.1	45.71	33.19

备注：水稻总面积为 2005—2015 年品种统计年报数据

表 4-34　衢州市 2005—2015 年超级稻品种及推广面积统计表　　单位：万亩

	超级稻品种	2005	2006	2007	2008	2009	2010	2011	2012	2013	2014	2015	合计
籼型常规稻	中早 22		10.12	6.9	10.91	7.3	3.34	1.85	1.15				41.57
	中嘉早 32 号					7.45	6.66	1.0	0.5				15.61
	中嘉早 17						1.3	8.95	8.9	13.6	16.6	7.96	57.31
	中早 39									12.3	15.5	8.0	35.8
	中早 35									0.5	0.15		0.65
	小计		10.12	6.9	10.91	14.75	11.3	11.8	10.55	26.4	32.25	15.96	150.94
籼型两系杂交稻	两优培九	6.09	6.36	9.55	10.55	9.8	6.43	7.47	4.91	4.42	1.51	0.60	67.69
	新两优 6 号			0.44	7.75	6.85	9.39	7.25	6.09	1.59	0.38		39.74
	扬两优 6 号					1.62	1.6	1.56	1.15	0.61	0.52	0.39	7.45
	丰两优香 1 号					1.1	1.68	2.07	1.8	1.26	1.8	2.18	11.89
	准两优 608									4.5	4.85	4.3	13.65
	深两优 5814									2.22	1.64	1.7	5.56
	Y 两优 2 号										0.9	0.9	1.8
	陵两优 608										0.06		0.06
	小计	6.09	6.36	9.99	18.3	19.37	19.1	18.35	13.95	14.6	11.66	10.17	147.94

（续表）

	超级稻品种	2005	2006	2007	2008	2009	2010	2011	2012	2013	2014	2015	合计
籼型三系杂交稻	中浙优1号	5.7	7.44	18.55	16.6	15.35	14.92	12.83	12.78	9.55	5.34	2.67	121.73
	Ⅱ优084	5.16	3.21	1.05	0.75	0.6	0.72	0.4	0.4				12.29
	Ⅱ优7954	2.94	9.99	3.16	0.8	0.55	0.45	0.5	0.5				18.89
	Ⅱ优明86	1.08	0.86	0.57	0.2	0.1							2.81
	D优527	1.0	0.3	0.3	0.3								1.9
	Ⅱ优航1号	0.8	3.15	0.95	0.5	0.2				0.05			5.65
	国稻1号		12.08		1.5	0.46	0.35	0.56	0.58				15.53
	协优9308		1.02	0.45	0.7	1.0	0.6						3.77
	Ⅱ优162			0.2	0.2	0.1							0.5
	天优998				0.2	0.4	0.2	0.66	0.58	0.64	0.26		2.94
	国稻6号				0.1	3.1	0.51	0.51					4.22
	洛优8号						0.2	0.28					0.48
	天优华占								1.33	1.48	1.88	0.81	5.5
	Y优1号								0.79			0.79	1.58
	内5优8015										2.23		2.23
	小计	16.68	38.05	25.23	21.85	21.86	17.95	15.74	16.96	11.72	9.71	4.27	200.02
粳杂	甬优6号				0.1								0.1
	小计				0.1								0.1
籼粳杂交稻	甬优12								2.02	2.93	5.37	1.35	11.67
	甬优15									6.24	6.97	10.16	23.37
	甬优538											5.81	5.81
	春优84											4.44	4.44
	浙优18											0.42	0.42
	小计								2.02	9.17	12.34	22.18	45.71
合计		22.77	54.53	42.12	51.16	55.98	48.35	45.89	43.48	61.89	65.96	52.58	544.71

第二节 大麦、小麦品种及面积

一、小 麦

（一）品种

衢州市1986—2015年品种年报累计结果表明，小麦主要品种有27个（表4-35、表4-36）：浙麦1号、浙麦2号、浙麦3号、扬麦4号、扬麦5号、宁麦6号、扬麦3号、丽麦16、6071、钱江2号、丽麦79、辐鉴36、核组8号、温麦8号、温麦10号、浙农大

105、扬麦 158、核组 1 号、钱江 3 号、浙丰 2 号、扬麦 13、扬麦 12、扬麦 10 号、扬麦 11、扬麦 19、扬麦 18、扬麦 20。

（二）面积

品种年报累计结果表明，衢州市 1986—2015 年小麦总面积 511.63 万亩，其中 27 个小麦主要品种面积 482.16 万亩、占 94.24%，未标明品种名称的小麦其他品种面积 29.47 万亩、占 5.76%（表 4-39）。按品种统计，小麦主要品种面积如下：浙麦 1 号　318.06 万亩、钱江 2 号　56.57 万亩、浙麦 2 号　39.94 万亩、核组 8 号　21.12 万亩、浙麦 3 号　9.51 万亩、丽麦 16　7.31 万亩、温麦 10 号　5.34 万亩、温麦 8 号　5.05 万亩、扬麦 12　3.62 万亩、扬麦 4 号　2.92 万亩、浙农大 105　2.9 万亩、扬麦 5 号　2.61 万亩、扬麦 158　2.52 万亩、扬麦 3 号　0.96 万亩、丽麦 79　0.81 万亩、浙丰 2 号　0.73 万亩、6071　0.6 万亩、扬麦 11　0.48 万亩、钱江 3 号　0.3 万亩、扬麦 18　0.22 万亩、辐鉴 36　0.15 万亩、宁麦 6 号　0.12 万亩、核组 1 号　0.11 万亩、扬麦 13　0.07 万亩、扬麦 19　0.07 万亩、扬麦 10 号　0.04 万亩、扬麦 20　0.03 万亩。

（三）品种种植年限

品种年报累计结果表明，衢州市 1986—2015 年小麦品种种植年限：浙麦 1 号　25 年、浙麦 2 号　22 年、钱江 2 号　21 年、核组 8 号　21 年、温麦 10 号　16 年、浙农大 105　12 年、扬麦 158　12 年、丽麦 16　10 年、扬麦 5 号　7 年、浙麦 3 号　6 年、温麦 8 号　6 年、扬麦 12　6 年、扬麦 4 号　5 年、浙丰 2 号　4 年、扬麦 11　3 年、丽麦 79　2 年、6071　2 年、钱江 3 号　2 年、宁麦 6 号　2 年、核组 1 号　2 年、扬麦 3 号　1 年、扬麦 18　1 年、辐鉴 36　1 年、扬麦 13　1 年、扬麦 19　1 年、扬麦 10 号　1 年、扬麦 20　1 年。

二、大　麦

（一）品种

衢州市 1986—2015 年品种年报累计结果表明，大麦主要品种有 15 个（表 4-37、表 4-38）：沪麦 4 号、早熟 3 号、浙啤 1 号、浙农大 2 号、舟麦 1 号、浙农大 3 号、秀麦 1 号、浙农大 6 号、苏啤 1 号、花 30、浙啤 4 号、浙啤 3 号、矮 209、秀麦 11、浙啤 33。

（二）面积

品种年报累计结果表明，衢州市 1986—2015 年大麦总面积 72.93 万亩，其中 15 个大麦主要品种面积 64.75 万亩、占 88.78%，未标明品种名称的大麦其他品种面积 8.18 万亩、占 11.22%（表 4-40）。按品种统计，大麦主要品种面积如下：浙农大 3 号　13.71 万亩、沪麦 4 号　13.22 万亩、浙农大 6 号　6.72 万亩、早熟 3 号　6.49 万亩、秀麦 1 号　5.9 万亩、浙农大 2 号　5.54 万亩、浙啤 1 号　4.32 万亩、花 30　3.23 万亩、苏啤 1 号　1.61 万亩、舟麦 1 号　1.6 万亩、浙啤 3 号　1.57 万亩、秀麦 11　0.44 万亩、浙啤 4 号　0.17 万亩、矮 209　0.13 万亩、浙啤 33　0.1 万亩。

（三）品种种植年限

品种年报累计结果表明，衢州市 1986—2015 年大麦品种种植年限：浙农大 3 号　23 年、花 30　17 年、浙啤 3 号　11 年、秀麦 1 号　10 年、沪麦 4 号　7 年、浙农大 6 号　7 年、浙农大 2 号　7 年、早熟 3 号　6 年、浙啤 1 号　6 年、秀麦 11　5 年、浙啤 4 号　5 年、矮 209　5 年、浙啤 33　3 年、苏啤 1 号　2 年、舟麦 1 号　2 年。

表 4-35　衢州市 1986—2015 年小麦品种面积统计表

年份	面积合计（万亩）	主要品种数量（个）	新增主要品种数量（个）	新增主要品种	主要品种面积小计（万亩）	其他品种面积小计（万亩）
1986	40. 48	6	6	浙麦 1 号、浙麦 2 号、浙麦 3 号、扬麦 4 号、扬麦 5 号、宁麦 6 号	38. 90	1. 58
1987	40. 4	6	0		38. 82	1. 58
1988	43. 82	6	2	扬麦 3 号、丽麦 16	41. 32	2. 5
1989	43. 17	7	2	6071、钱江 2 号	41. 07	2. 1
1990	48. 82	7	0		43. 68	5. 14
1991	46. 83	8	2	丽麦 79、辐鉴 36	46. 12	0. 71
1992	39. 71	5	0		37. 09	2. 62
1993	31. 91	6	1	核组 8 号	30. 25	1. 66
1994	27. 6	5	0		25. 1	2. 5
1995	22. 25	6	1	温麦 8 号	21. 59	0. 66
1996	20. 01	6	0		17. 3	2. 71
1997	18. 65	6	0		17. 45	1. 2
1998	19. 01	5	0		18. 13	0. 88
1999	17. 38	5	0		16. 69	0. 69
2000	9. 35	6	1	温麦 10 号	8. 94	0. 41
2001	5. 07	5	1	浙农大 105	4. 79	0. 28
2002	5. 11	5	0		4. 66	0. 45
2003	3. 65	5	0		3. 35	0. 3
2004	3. 95	6	1	扬麦 158	3. 6	0. 35
2005	2. 55	9	1	核组 1 号	2. 3	0. 25
2006	3. 01	8	0		2. 77	0. 24
2007	3. 03	8	0		2. 69	0. 34
2008	2. 78	8	1	钱江 3 号	2. 46	0. 32
2009	2. 47	10	2	浙丰 2 号、扬麦 13	2. 47	
2010	2. 04	10	2	扬麦 12、扬麦 10 号	2. 04	
2011	1. 9	7	1	扬麦 11	1. 9	
2012	1. 87	7	0		1. 87	
2013	1. 54	5	0		1. 54	
2014	1. 7	4	1	扬麦 19	1. 7	
2015	1. 57	6	2	扬麦 18、扬麦 20	1. 57	
合计	511. 63	193	27		482. 16	29. 47

表 4-36　衢州市 1986—2015 年小麦三大主栽品种情况统计表

年份	面积（万亩）	第一主栽品种	第一主栽品种面积（万亩）	第二主栽品种	第二主栽品种面积（万亩）	第三主栽品种	第三主栽品种面积（万亩）	三大主栽品种面积合计（万亩）	三大主栽品种占比（%）
1986	40.48	浙麦 1 号	33.21	浙麦 2 号	3.10	浙麦 3 号	1.72	38.03	93.95
1987	40.40	浙麦 1 号	33.13	浙麦 2 号	3.10	浙麦 3 号	1.72	37.95	93.94
1988	43.82	浙麦 1 号	32.26	浙麦 2 号	4.27	浙麦 3 号	3.39	39.92	91.10
1989	43.17	浙麦 1 号	35.36	浙麦 2 号	4.0	浙麦 3 号	1.28	40.64	94.14
1990	48.82	浙麦 1 号	37.48	浙麦 2 号	3.35	钱江 2 号	0.87	41.70	85.42
1991	46.83	浙麦 1 号	32.96	钱江 2 号	7.47	浙麦 2 号	3.12	43.55	93.00
1992	39.71	浙麦 1 号	23.16	钱江 2 号	9.51	丽麦 16	2.63	35.30	88.89
1993	31.91	钱江 2 号	16.26	浙麦 1 号	11.78	丽麦 16	1.54	29.58	92.70
1994	27.60	浙麦 1 号	17.10	钱江 2 号	5.70	浙麦 2 号	1.60	24.40	88.41
1995	22.25	浙麦 1 号	12.43	核组 8 号	3.71	钱江 2 号	3.55	19.69	88.49
1996	20.01	浙麦 1 号	7.55	核组 8 号	4.63	钱江 2 号	2.92	15.10	75.46
1997	18.65	浙麦 1 号	9.70	浙麦 2 号	3.36	钱江 2 号	2.29	15.35	82.31
1998	19.01	浙麦 1 号	11.33	浙麦 2 号	2.20	核组 8 号	2.13	15.66	82.38
1999	17.38	浙麦 1 号	7.80	浙麦 2 号	5.06	钱江 2 号	1.61	14.47	83.26
2000	9.35	浙麦 1 号	3.51	浙麦 2 号	2.91	钱江 2 号	1.17	7.59	81.18
2001	5.07	浙麦 1 号	2.61	核组 8 号	0.90	钱江 2 号	0.72	4.23	83.43
2002	5.11	浙麦 1 号	1.73	核组 8 号	1.50	钱江 2 号	0.84	4.07	79.65
2003	3.65	浙麦 1 号	1.42	核组 8 号	1.00	钱江 2 号	0.35	2.77	75.89
2004	3.95	浙麦 1 号	1.70	浙农大 105	0.65	核组 8 号	0.48	2.83	71.65
2005	2.55	核组 8 号	0.65	浙麦 1 号	0.64	钱江 2 号	0.38	1.67	65.49
2006	3.01	扬麦 4 号	1.06	核组 8 号	0.54	浙麦 2 号	0.40	2.00	66.45
2007	3.03	核组 8 号	0.76	扬麦 4 号	0.58	浙麦 2 号	0.40	1.74	57.43
2008	2.78	核组 8 号	0.66	浙麦 2 号	0.45	温麦 10 号	0.41	1.52	54.68
2009	2.47	温麦 10 号	0.80	核组 8 号	0.45	扬麦 158	0.20	1.45	58.70
2010	2.04	扬麦 158	0.51	核组 8 号	0.43	温麦 10 号	0.27	1.21	59.31
2011	1.90	扬麦 12	0.52	温麦 10 号	0.46	扬麦 11	0.34	1.32	69.47
2012	1.87	扬麦 12	0.82	温麦 10 号	0.35	扬麦 158	0.25	1.42	75.94
2013	1.54	扬麦 12	0.63	温麦 10 号	0.49	扬麦 158	0.31	1.43	92.86
2014	1.70	扬麦 12	0.85	温麦 10 号	0.52	扬麦 158	0.26	1.63	95.88
2015	1.57	扬麦 12	0.72	温麦 10 号	0.34	扬麦 18	0.22	1.28	81.53
合计	511.63		328.68		83.45		37.37	449.50	87.86

表 4-37　衢州市 1986—2015 年大麦品种面积统计表

年份	大麦面积合计（万亩）	主要品种数量（个）	新增主要品种数量（个）	新增主要品种名称	主要品种面积小计（万亩）	其他品种面积（万亩）
1986	7.95	5	5	沪麦 4 号、早熟 3 号、浙啤 1 号、浙农大 2 号、舟麦 1 号	7.75	0.20
1987	7.95	5	0		7.75	0.20
1988	7.23	5	1	浙农大 3 号	7.19	0.04
1989	4.31	6	1	秀麦 1 号	4.27	0.04
1990	3.74	6	0		3.71	0.03
1991	4.27	6	0		3.84	0.43
1992	3.29	4	0		1.24	2.05
1993	2.21	2	0		1.02	1.19
1994	2.9	2	0		2.3	0.6
1995	2.08	2	0		1.26	0.82
1996	5.97	3	1	浙农大 6 号	5.97	0
1997	5.09	4	1	苏啤 1 号	4.54	0.55
1998	3.99	4	1	花 30	3.11	0.88
1999	3.86	4	0		3.58	0.28
2000	1.42	3	0		1.22	0.2
2001	0.51	3	0		0.5	0.01
2002	0.94	3	0		0.85	0.09
2003	0.24	2	0		0.24	0
2004	0.26	3	1	浙啤 4 号	0.26	0
2005	0.54	3	1	浙啤 3 号	0.43	0.11
2006	0.58	3	0		0.37	0.21
2007	0.36	3	0		0.3	0.06
2008	0.53	3	0		0.34	0.19
2009	0.33	2	0		0.33	0
2010	0.49	4	1	矮 209	0.49	0
2011	0.39	5	1	秀麦 11	0.39	0
2012	0.43	5	0		0.43	0
2013	0.42	6	1	浙啤 33	0.42	0
2014	0.37	6	0		0.37	0
2015	0.28	4	0		0.28	0
合计	72.93	116	15		64.75	8.18

表 4-38　衢州市 1986—2015 年大麦三大主栽品种情况统计表

年份	面积（万亩）	第一主栽品种	第一主栽品种面积（万亩）	第二主栽品种	第二主栽品种面积（万亩）	第三主栽品种	第三主栽品种面积（万亩）	三大主栽品种面积合计（万亩）	三大主栽品种占比（%）
1986	7.95	沪麦 4 号	2.76	早熟 3 号	1.94	浙啤 1 号	1.40	6.1	76.73
1987	7.95	沪麦 4 号	2.77	早熟 3 号	1.94	浙啤 1 号	1.40	6.11	76.86
1988	7.23	沪麦 4 号	3.95	早熟 3 号	1.75	浙农大 2 号	0.84	6.54	90.46
1989	4.31	沪麦 4 号	1.91	浙农大 2 号	0.84	早熟 3 号	0.66	3.41	79.12
1990	3.74	浙农大 2 号	0.95	浙农大 3 号	0.87	沪麦 4 号	0.85	2.67	71.39
1991	4.27	浙农大 2 号	1.12	沪麦 4 号	0.91	秀麦 1 号	0.72	2.75	64.40
1992	3.29	秀麦 1 号	0.77	浙农大 3 号	0.30	浙农大 2 号	0.10	1.17	35.56
1993	2.21	秀麦 1 号	0.77	浙农大 3 号	0.25			1.02	46.15
1994	2.90	浙农大 3 号	1.70	秀麦 1 号	0.60			2.3	79.31
1995	2.08	浙农大 3 号	1.00	秀麦 1 号	0.26			1.26	60.58
1996	5.97	浙农大 3 号	2.88	浙农大 6 号	1.92	秀麦 1 号	1.17	5.97	100.00
1997	5.09	浙农大 6 号	2.40	浙农大 3 号	1.14	苏啤 1 号	0.51	4.05	79.57
1998	3.99	浙农大 3 号	2.17	浙农大 6 号	0.55	秀麦 1 号	0.25	2.97	74.44
1999	3.86	浙农大 3 号	1.21	苏啤 1 号	1.10	浙农大 6 号	0.86	3.17	82.12
2000	1.42	浙农大 6 号	0.70	花 30	0.40	浙农大 3 号	0.12	1.22	85.92
2001	0.51	花 30	0.20	浙农大 3 号	0.16	浙农大 6 号	0.14	0.5	98.04
2002	0.94	花 30	0.53	浙农大 3 号	0.17	浙农大 6 号	0.15	0.85	90.43
2003	0.24	花 30	0.14	浙农大 3 号	0.10			0.24	100.00
2004	0.26	花 30	0.10	浙农大 3 号	0.10	浙啤 4 号	0.06	0.26	100.00
2005	0.54	浙啤 3 号	0.37	浙啤 4 号	0.04	花 30	0.02	0.43	79.63
2006	0.58	花 30	0.20	浙啤 3 号	0.14	浙啤 4 号	0.03	0.37	63.79
2007	0.36	花 30	0.14	浙啤 3 号	0.14	浙啤 4 号	0.02	0.3	83.33
2008	0.53	花 30	0.17	浙啤 3 号	0.15	浙啤 4 号	0.02	0.34	64.15
2009	0.33	花 30	0.18	浙啤 3 号	0.15			0.33	100.00
2010	0.49	花 30	0.20	浙农大 3 号	0.19	浙啤 3 号	0.07	0.46	93.88
2011	0.39	花 30	0.12	浙农大 3 号	0.10	浙啤 3 号	0.09	0.31	79.49
2012	0.43	花 30	0.14	浙啤 3 号	0.11	浙农大 3 号	0.10	0.35	81.40
2013	0.42	浙啤 3 号	0.11	秀麦 11	0.11	花 30	0.07	0.29	69.05
2014	0.37	秀麦 11	0.12	浙啤 3 号	0.10	花 30	0.07	0.29	78.38
2015	0.28	浙啤 3 号	0.14	秀麦 11	0.10	浙农大 3 号	0.02	0.26	92.86
合计	72.93		29.92		16.63		9.74	56.29	77.18

表 4-39　衢州市 1986—2015 年小麦品种面积统计表　单位：万亩

年份	浙麦1号	浙麦2号	浙麦3号	扬麦4号	扬麦5号	宁麦6号	扬麦3号	丽麦16	6071	钱江2号	丽麦79	辐鉴36	核组8号	温麦8号
1986	33.21	3.10	1.72	0.62	0.19	0.06								
1987	33.13	3.10	1.72	0.62	0.19	0.06								
1988	32.26	4.27	3.39		0.20		0.96	0.24						
1989	35.36	4.00	1.28		0.01			0.13	0.25	0.04				
1990	37.48	3.35	0.80		0.50			0.33	0.35	0.87				
1991	32.96	3.12	0.60		1.02			0.50		7.47	0.30	0.15		
1992	23.16	1.28						2.63		9.51	0.51			
1993	11.78	0.16			0.50			1.54		16.26			0.01	
1994	17.10	1.60						0.20		5.70			0.50	
1995	12.43	0.30						0.10		3.55			3.71	1.50
1996	7.55	0.30						1.40		2.92			4.63	0.50
1997	9.70	3.36						0.24		2.29			0.50	1.36
1998	11.33	2.20								2.03			2.13	0.44
1999	7.80	5.06								1.61			1.27	0.95
2000	3.51	2.91								1.17			0.85	0.30
2001	2.61									0.72			0.90	
2002	1.73									0.84			1.50	
2003	1.42									0.35			1.00	
2004	1.70									0.37			0.48	
2005	0.64	0.20		0.04						0.38			0.65	
2006	0.21	0.40		1.06									0.54	
2007	0.39	0.40		0.58						0.10			0.76	
2008	0.35	0.45								0.10			0.66	
2009	0.20	0.20								0.12			0.45	
2010	0.05	0.12								0.17			0.43	
2011													0.08	
2012													0.04	
2013													0.03	
2014														
2015		0.06												
合计	318.06	39.94	9.51	2.92	2.61	0.12	0.96	7.31	0.6	56.57	0.81	0.15	21.12	5.05
种植年限	25	22	6	5	7	2	1	10	2	21	2	1	21	6

（续表）

年份	温麦10号	浙农大105	扬麦158	核组1号	钱江3号	浙丰2号	扬麦13	扬麦12	扬麦10号	扬麦11	扬麦19	扬麦18	扬麦20
1986													
1987													
1988													
1989													
1990													
1991													
1992													
1993													
1994													
1995													
1996													
1997													
1998													
1999													
2000	0. 20												
2001	0. 06	0. 50											
2002	0. 29	0. 30											
2003	0. 30	0. 28											
2004	0. 20	0. 65	0. 20										
2005	0. 25	0. 08	0. 05	0. 01									
2006	0. 15	0. 26	0. 05	0. 10									
2007	0. 25	0. 16	0. 05										
2008	0. 41	0. 15	0. 24		0. 10								
2009	0. 80	0. 05	0. 20		0. 20	0. 18	0. 07						
2010	0. 27	0. 27	0. 51			0. 10		0. 08	0. 04				
2011	0. 46	0. 10	0. 20			0. 20		0. 52		0. 34			
2012	0. 35	0. 10	0. 25			0. 25		0. 82		0. 06			
2013	0. 49		0. 31					0. 63		0. 08			
2014	0. 52		0. 26					0. 85			0. 07		
2015	0. 34		0. 20					0. 72				0. 22	0. 03
合计	5. 34	2. 9	2. 52	0. 11	0. 3	0. 73	0. 07	3. 62	0. 04	0. 48	0. 07	0. 22	0. 03
种植年限	16	12	12	2	2	4	1	6	1	3	1	1	1

表 4-40　衢州市 1986—2015 年大麦品种面积统计表　　单位：万亩

年份	沪麦4号	早熟3号	浙啤1号	浙农大2号	舟麦1号	浙农大3号	秀麦1号	浙农大6号	苏啤1号	花30	浙啤4号	浙啤3号	矮209	秀麦11	浙啤33
1986	2.76	1.94	1.40	0.85	0.80										
1987	2.77	1.94	1.40	0.84	0.80										
1988	3.95	1.75	0.59	0.84		0.06									
1989	1.91	0.66	0.23	0.84		0.39	0.24								
1990	0.85	0.11	0.30	0.95		0.87	0.63								
1991	0.91	0.09	0.40	1.12		0.60	0.72								
1992	0.07			0.10		0.30	0.77								
1993						0.25	0.77								
1994						1.70	0.60								
1995						1.00	0.26								
1996						2.88	1.17	1.92							
1997						1.14	0.49	2.40	0.51						
1998						2.17	0.25	0.55		0.14					
1999						1.21		0.86	1.10	0.41					
2000						0.12		0.70		0.40					
2001						0.16		0.14		0.20					
2002						0.17		0.15		0.53					
2003						0.10				0.14					
2004						0.10				0.10	0.06				
2005										0.02	0.04	0.37			
2006										0.20	0.03	0.14			
2007										0.14	0.02	0.14			
2008										0.17	0.02	0.15			
2009										0.18		0.15			
2010						0.19				0.20		0.07	0.03		
2011						0.10				0.12		0.09	0.02	0.06	
2012						0.10				0.14		0.11	0.03	0.05	
2013						0.05				0.07		0.11	0.03	0.11	0.05
2014						0.03				0.07		0.10	0.02	0.12	0.03
2015						0.02						0.14		0.10	0.02
合计	13.22	6.49	4.32	5.54	1.60	13.71	5.90	6.72	1.61	3.23	0.17	1.57	0.13	0.44	0.10
种植年限	7	6	6	7	2	23	10	7	2	17	5	11	5	5	3

第三节　大豆与蚕（豌）豆品种及面积

一、大　豆

（一）品种

衢州市 1986—2015 年品种年报累计结果表明，大豆主要品种有 74 个（表 4-41、表 4-42）：六月拔、矮脚早、白花豆、穗稻黄、兰溪大黄豆、毛蓬青、白毛大黄豆、野猪戳、一把抓、三花豆、湖西豆、浙春 2 号、407、浙春 3 号、婺春 1 号、衢秋 1 号、诱处 4 号、台湾 292、黄金 1 号、六月白、矮脚毛豆、浙春 5 号、辽鲜 1 号、衢鲜 1 号、台湾 75、引豆 9701、台湾 88、六月半、8157（开交 8157）、高雄 2 号、皖豆、八月拔、日本青、沪 95-1、衢秋 2 号、浙秋豆 2 号、地方品种、浙秋豆 3 号、菜用大豆、春丰早、皖豆 15、六月豆、青酥 2 号、青皮豆、合丰 25、九月拔、衢鲜 2 号、十月黄（十月拔）、萧农越秀、浙鲜豆 5 号、浙鲜豆 3 号、浙春 1 号、冬豆、绿鲜 70、浙农 8 号、浙鲜豆 2 号、沈鲜 3 号、浙鲜豆 6 号、浙农 6 号、引豆 1 号、早生 75、浙鲜豆 7 号、衢鲜 3 号、萧垦 8901、苏豆 8 号、浙鲜豆 4 号、衢鲜 5 号、华春 18、五月拔、萧农秋艳、毛豆 3 号、春绿、浙鲜豆 8 号、沪宁 95-1。

（二）面积

品种年报累计结果表明，衢州市 1986—2015 年大豆总面积 603.04 万亩，其中 74 个大豆主要品种面积 544.85 万亩、占 90.35%（表 4-45），未标明品种名称的大豆其他品种面积 58.19 万亩、占 9.65%。按品种统计，大豆主要品种面积如下：浙春 3 号　96.11 万亩、浙春 2 号　71.61 万亩、衢鲜 1 号　45.36 万亩、白花豆　33.43 万亩、矮脚早　27.4 万亩、台湾 75　26.37 万亩、六月半　20.3 万亩、野猪戳　18.83 万亩、衢鲜 2 号　17.82 万亩、衢鲜 3 号　17.4 万亩、衢秋 2 号　16.66 万亩、辽鲜 1 号　16.44 万亩、引豆 9701　9.92 万亩、衢鲜 5 号　9.55 万亩、诱处 4 号　8.9 万亩、一把抓　8.79 万亩、春丰早　8.18 万亩、六月拔　7.44 万亩、矮脚毛豆　6.65 万亩、台湾 292　6.3 万亩、衢秋 1 号　5.19 万亩、日本青　5.1 万亩、湖西豆　4.87 万亩、浙春 5 号　4.43 万亩、毛蓬青　4.03 万亩、八月拔　3.81 万亩、婺春 1 号　3.15 万亩、浙鲜豆 5 号　3 万亩、高雄 2 号　2.91 万亩、沪 95-1　2.55 万亩、六月豆　2.46 万亩、三花豆　2.41 万亩、地方品种　2.39 万亩、407　2.21 万亩、黄金 1 号　2.05 万亩、浙农 6 号　1.92 万亩、青酥 2 号　1.88 万亩、浙秋豆 2 号　1.81 万亩、浙鲜豆 6 号　1.41 万亩、毛豆 3 号　1.38 万亩、穗稻黄　1.05 万亩、浙鲜豆 3 号　1 万亩、六月白　0.8 万亩、九月拔　0.8 万亩、皖豆 15　0.75 万亩、浙农 8 号　0.64 万亩、兰溪大黄豆　0.62 万亩、冬豆　0.6 万亩、青皮豆　0.56 万亩、春绿　0.5 万亩、8157（开交 8157）　0.43 万亩、引豆 1 号　0.4 万亩、浙鲜豆 7 号　0.39 万亩、五月拔　0.38 万亩、沪宁 95-1　0.35 万亩、浙秋豆 3 号　0.27 万亩、浙鲜豆 2 号　0.25 万亩、萧垦 8901　0.25 万亩、苏豆 8 号　0.25 万亩、萧农越秀　0.24 万亩、合丰 25　0.22 万亩、十月黄（十月拔）　0.2 万亩、绿鲜 70　0.2 万亩、华春 18　0.2 万亩、浙春 1 号　0.19 万亩、萧农秋艳　0.17 万亩、台湾 88　0.12 万亩、皖豆　0.12 万亩、浙鲜豆 8 号　0.12 万亩、浙鲜豆 4 号　0.11 万亩、沈鲜 3 号　0.1 万亩、早生 75　0.1 万亩、菜用大豆　0.03 万亩、白毛大黄豆　0.02 万亩。

（三）品种种植年限

品种年报累计结果表明，衢州市 1986—2015 年大豆品种种植年限：矮脚早　27 年、浙春 2 号　24 年、白花豆　24 年、浙春 3 号　20 年、辽鲜 1 号　14 年、矮脚毛豆　14 年、衢鲜 1 号　13 年、台湾 75　12 年、六月半　12 年、引豆 9701　12 年、诱处 4 号　12 年、台湾 292　12 年、衢秋 2 号　11 年、六月拔　11 年、日本青　11 年、毛蓬青　11 年、春丰早　10 年、八月拔　10 年、高雄 2 号　10 年、野猪戳　9 年、一把抓　9 年、湖西豆　9 年、衢鲜 2 号　8 年、六月豆　8 年、青酥 2 号　8 年、沪 95-1　7 年、衢秋 1 号　6 年、浙鲜豆 5 号　6 年、衢鲜 3 号　5 年、浙春 5 号　5 年、婺春 1 号　5 年、地方品种　5 年、浙农 6 号

5年、浙秋豆2号　5年、浙鲜豆6号　5年、穗稻黄　5年、浙鲜豆3号　5年、8157（开交8157）　5年、浙鲜豆7号　5年、衢鲜5号　4年、皖豆15　4年、浙农8号　4年、青皮豆　4年、三花豆　3年、407　3年、黄金1号　3年、九月拔　3年、兰溪大黄豆　3年、五月拔　3年、萧垦8901　3年、萧农越秀　3年、十月黄（十月拔）　3年、浙鲜豆4号　3年、毛豆3号　2年、春绿　2年、引豆1号　2年、合丰25　2年、浙春1号　2年、萧农秋艳　2年、六月白　1年、冬豆　1年、沪宁95-1　1年、浙秋豆3号　1年、浙鲜豆2号　1年、苏豆8号　1年、绿鲜70　1年、华春18　1年、台湾88　1年、皖豆　1年、浙鲜豆8号　1年、沈鲜3号　1年、早生75　1年、菜用大豆　1年、白毛大黄豆　1年。

二、蚕（豌）豆

（一）品种

衢州市1986—2015年品种年报累计结果表明，蚕（豌）豆主要品种有20个（表4-43、表4-44）：慈溪大白蚕、小青蚕、中豌4号、中豌6号、蚕豆地方品种、中豌2号、青皮蚕豆、本地豌豆、大青皮、慈蚕1号（慈溪大粒）、白花大粒、浙豌1号、食荚1号、利丰蚕豆、大白扁蚕豆、青豆（豌）、日本寸蚕、改良甜脆豌、珍珠绿（蚕）、食荚豌豆。

（二）面积

品种年报累计结果表明，衢州市1986—2015年蚕（豌）豆总面积115.91万亩，其中20个蚕（豌）豆主要品种面积109.8万亩、占94.73%（表4-46），未标明品种名称的蚕（豌）豆其他品种面积6.11万亩、占5.27%。按品种统计，蚕（豌）豆主要品种面积如下：中豌4号　51.51万亩、慈溪大白蚕　24.67万亩、中豌6号　19.72万亩、青皮蚕豆　5.87万亩、浙豌1号　2.41万亩、改良甜脆豌　1.1万亩、日本寸蚕　0.67万亩、白花大粒　0.62万亩、中豌2号　0.6万亩、慈蚕1号（慈溪大粒）　0.54万亩、本地豌豆　0.5万亩、食荚1号　0.39万亩、青豆（豌）　0.27万亩、大青皮　0.25万亩、蚕豆地方品种　0.22万亩、利丰蚕豆　0.16万亩、食荚豌豆　0.15万亩、小青蚕　0.05万亩、大白扁蚕豆　0.05万亩、珍珠绿（蚕）　0.05万亩。

（三）品种种植年限

品种年报累计结果表明，衢州市1986—2015年蚕（豌）豆品种种植年限：慈溪大白蚕　27年、中豌4号　18年、中豌6号　16年、青皮蚕豆　11年、浙豌1号　7年、白花大粒　7年、中豌2号　7年、慈蚕1号（慈溪大粒）　6年、日本寸蚕　5年、食荚1号　5年、青豆（豌）　5年、大青皮　4年、利丰蚕豆　4年、改良甜脆豌　3年、本地豌豆　3年、蚕豆地方品种　2年、小青蚕　2年、食荚豌豆　1年、大白扁蚕豆　1年、珍珠绿（蚕）　1年。

表4-41　1986—2015年大豆品种面积统计表

年份	面积合计（万亩）	主要品种数量（个）	新增主要品种数量（个）	新增主要品种名称	主要品种面积小计（万亩）	其他品种面积（万亩）
1986	5.88	6	6	六月拔、矮脚早、白花豆、穗稻黄、兰溪大黄豆、毛蓬青	4.11	1.77
1987	8.68	7	1	白毛大黄豆	8	0.68
1988	6.42	10	4	野猪戳、一把抓、三花豆、湖西豆	6.02	0.4

（续表）

年份	面积合计（万亩）	主要品种数量（个）	新增主要品种数量（个）	新增主要品种名称	主要品种面积小计（万亩）	其他品种面积（万亩）
1989	7.48	9	0		6.32	1.16
1990	8.88	8	1	浙春 2 号	8.01	0.87
1991	7.92	5	0		7.01	0.91
1992	8.78	5	0		7.37	1.41
1993	8.28	6	1	407	6.58	1.7
1994	10.63	8	1	浙春 3 号	9.26	1.37
1995	20.44	8	0		18.16	2.28
1996	22.6	8	1	婺春 1 号	19.54	3.06
1997	28.05	6	0		23.44	4.61
1998	24.3	8	1	衢秋 1 号	20.56	3.74
1999	19.13	7	0		14.49	4.64
2000	32.8	8	1	诱处 4 号	28.05	4.75
2001	34.49	9	2	台湾 292、黄金 1 号	31.12	3.37
2002	38.08	13	4	六月白、矮脚毛豆、浙春 5 号、辽鲜 1 号	32.74	5.34
2003	23.34	15	3	衢鲜 1 号、台湾 75、引豆 9701	21.06	2.28
2004	25.34	16	6	台湾 88、六月半、8157（开交 8157）、高雄 2 号、皖豆、八月拔	22.07	3.27
2005	24.65	17	4	日本青、沪 95-1、衢秋 2 号、浙秋豆 2 号	20.43	4.22
2006	27.16	18	4	地方品种、浙秋豆 3 号、菜用大豆、春丰早	23.32	3.84
2007	26.42	20	2	皖豆 15、六月豆	24.96	1.46
2008	26.86	29	7	青酥 2 号、青皮豆、合丰 25、九月拔、衢鲜 2 号、十月黄（十月拔）、萧农越秀	26	0.86
2009	28.01	32	5	浙鲜豆 5 号、浙鲜豆 3 号、浙春 1 号、冬豆、绿鲜 70	27.91	0.1
2010	22.73	35	3	浙农 8 号、浙鲜豆 2 号、沈鲜 3 号	22.63	0.1
2011	21.48	30	7	浙鲜豆 6 号、浙农 6 号、引豆 1 号、早生 75、浙鲜豆 7 号、衢鲜 3 号、萧垦 8901	21.48	
2012	21.85	32	4	苏豆 8 号、浙鲜豆 4 号、衢鲜 5 号、华春 18	21.85	
2013	19.03	31	2	五月拔、萧农秋艳	19.03	
2014	19.5	31	2	毛豆 3 号、春绿	19.5	
2015	23.83	31	2	浙鲜豆 8 号、沪宁 95-1	23.83	
合计	603.04	468	74		544.85	58.19

表 4-42　衢州市 1986—2015 年大豆三大主栽品种情况统计表

年份	面积（万亩）	第一主栽品种	第一主栽品种面积（万亩）	第二主栽品种	第二主栽品种面积（万亩）	第三主栽品种	第三主栽品种面积（万亩）	三大主栽品种面积合计（万亩）	三大主栽品种占比（%）
1986	5.88	六月豆	1.75	矮脚早	1.44	白花豆	0.60	3.79	64.46
1987	8.68	矮脚早	3.42	六月拔	3.03	白花豆	0.83	7.28	83.87
1988	6.42	野猪戳	1.53	矮脚早	1.22	一把抓	0.94	3.69	57.48
1989	7.48	野猪戳	1.85	白花豆	1.40	三花豆	1.10	4.35	58.16
1990	8.88	矮脚早	2.67	野猪戳	2.36	一把抓	1.50	6.53	73.54
1991	7.92	野猪戳	2.94	矮脚早	2.45	白花豆	0.60	5.99	75.63
1992	8.78	野猪戳	2.55	矮脚早	1.71	浙春 2 号	1.27	5.53	62.98
1993	8.28	浙春 2 号	1.88	矮脚早	1.60	野猪戳	1.50	4.98	60.14
1994	10.63	野猪戳	2.50	浙春 2 号	1.68	白花豆	1.49	5.67	53.34
1995	20.44	浙春 2 号	7.40	矮脚早	2.60	野猪戳	2.30	12.30	60.18
1996	22.6	浙春 2 号	9.81	浙春 3 号	2.48	白花豆	1.97	14.26	63.10
1997	28.05	浙春 2 号	15.80	浙春 3 号	2.57	白花豆	2.00	20.37	72.62
1998	24.3	浙春 2 号	7.44	白花豆	5.33	浙春 3 号	3.32	16.09	66.21
1999	19.13	浙春 3 号	4.22	浙春 2 号	4.20	白花豆	3.20	11.62	60.74
2000	32.80	浙春 3 号	18.64	浙春 2 号	5.05	白花豆	1.20	24.89	75.88
2001	34.49	浙春 3 号	23.49	浙春 2 号	2.58	白花豆	1.50	27.57	79.94
2002	38.08	浙春 3 号	21.83	白花豆	3.22	黄金 1 号	1.40	26.45	69.46
2003	23.34	浙春 3 号	3.45	浙春 2 号	2.43	台湾 292	2.40	8.28	35.48
2004	25.34	浙春 2 号	3.99	诱处 4 号	3.00	浙春 3 号	2.63	9.62	37.96
2005	24.65	台湾 75	2.48	衢秋 2 号	2.40	六月半	2.08	6.96	28.24
2006	27.16	浙春 3 号	6.36	衢秋 2 号	3.60	衢鲜 1 号	3.08	13.04	48.01
2007	26.42	衢鲜 1 号	4.44	台湾 75	4.12	衢秋 2 号	3.82	12.38	46.86
2008	26.86	衢鲜 1 号	5.20	台湾 75	4.19	衢秋 2 号	2.35	11.74	43.71
2009	28.01	衢鲜 1 号	7.10	台湾 75	2.75	衢秋 2 号	2.05	11.90	42.48
2010	22.73	衢鲜 1 号	6.26	衢鲜 2 号	2.65	六月半	2.28	11.19	49.23
2011	21.48	衢鲜 1 号	5.35	衢鲜 2 号	3.30	衢鲜 3 号	1.55	10.20	47.49
2012	21.85	衢鲜 2 号	5.33	衢鲜 1 号	2.68	六月半	2.40	10.41	47.64
2013	19.03	衢鲜 3 号	3.41	衢鲜 2 号	2.83	衢鲜 1 号	1.94	8.18	42.98
2014	19.50	衢鲜 3 号	4.61	衢鲜 5 号	3.05	衢鲜 1 号	1.65	9.31	47.74
2015	23.83	衢鲜 3 号	5.48	衢鲜 5 号	4.43	衢鲜 1 号	1.52	11.43	47.96
合计	603.04		193.18		86.35		56.47	336.00	55.72

表 4-43　1986—2015 年蚕（豌）豆品种面积统计表

年份	蚕（豌）豆面积合计（万亩）	主要品种数量（个）	新增主要品种数量（个）	新增主要品种	主要品种面积小计（万亩）	其他品种面积（万亩）
1986						
1987						
1988						
1989	0. 12	2	1	大白蚕（慈溪大白蚕）	0. 10	
1990	0. 44	2	1	小青蚕	0. 44	
1991	2. 77	1	0		2. 32	0. 45
1992	1. 68	1	0		1. 21	0. 47
1993	2. 1	1	0		1. 7	0. 4
1994	1. 8	1	0		1. 4	0. 4
1995	1. 61	1	0		1. 42	0. 19
1996	1. 78	1	0		1. 32	0. 46
1997	2. 5	1	0		1. 53	0. 97
1998	3. 22	2	1	中豌 4 号	2. 74	0. 48
1999	3. 65	2	0		3. 24	0. 41
2000	3. 98	3	1	中豌 6 号	3. 6	0. 38
2001	4. 34	3	0		4	0. 34
2002	3. 72	3	0		3. 55	0. 17
2003	2. 98	3	0		2. 91	0. 07
2004	6. 58	5	2	蚕豆地方品种、中豌 2 号	6. 42	0. 16
2005	3. 82	4	1	青皮蚕豆	3. 64	0. 18
2006	4. 47	5	1	本地豌豆	4. 38	0. 09
2007	4. 83	5	0		4. 58	0. 25
2008	5. 74	8	1	大青皮	5. 5	0. 24
2009	6. 98	10	4	慈蚕 1 号（慈溪大粒）、白花大粒、浙豌 1 号、食荚 1 号	6. 98	
2010	6. 69	12	3	利丰蚕豆、大白扁蚕豆、青豆（豌）	6. 69	
2011	9. 27	12	1	日本寸蚕	9. 27	
2012	8. 18	12	0		8. 18	
2013	7. 05	11	1	改良甜脆豌	7. 05	
2014	7. 7	12	1	珍珠绿（蚕）	7. 7	
2015	7. 91	12	1	食荚豌豆	7. 91	
合计	115. 91	135	20		109. 8	6. 11

备注：1986—1988 年蚕（豌）豆品种未统计

表 4-44　衢州市 1986—2015 年蚕（豌）豆三大主栽品种情况统计表

年份	面积（万亩）	第一主栽品种	第一主栽品种面积（万亩）	第二主栽品种	第二主栽品种面积（万亩）	第三主栽品种	第三主栽品种面积（万亩）	三大主栽品种面积合计（万亩）	三大主栽品种占比（%）
1986	未统计								
1987	未统计								
1988	未统计								
1989	0.12	慈溪大白蚕	0.10					0.10	83.33
1990	0.44	慈溪大白蚕	0.41	小青蚕	0.03			0.44	100.00
1991	2.77	慈溪大白蚕	2.32					2.32	83.75
1992	1.68	慈溪大白蚕	1.21					1.21	72.02
1993	2.10	慈溪大白蚕	1.70					1.70	80.95
1994	1.80	慈溪大白蚕	1.40					1.40	77.78
1995	1.61	慈溪大白蚕	1.42					1.42	88.20
1996	1.78	慈溪大白蚕	1.32					1.32	74.16
1997	2.50	慈溪大白蚕	1.53					1.53	61.20
1998	3.22	中豌 4 号	1.75	慈溪大白蚕	0.99			2.74	85.09
1999	3.65	中豌 4 号	2.10	慈溪大白蚕	1.14			3.24	88.77
2000	3.98	中豌 4 号	2.45	慈溪大白蚕	0.90	中豌 6 号	0.25	3.60	90.45
2001	4.34	中豌 4 号	2.32	慈溪大白蚕	1.20	中豌 6 号	0.48	4.00	92.17
2002	3.72	中豌 4 号	2.04	慈溪大白蚕	0.93	中豌 6 号	0.58	3.55	95.43
2003	2.98	中豌 4 号	1.48	慈溪大白蚕	0.82	中豌 6 号	0.61	2.91	97.65
2004	6.58	中豌 4 号	3.52	慈溪大白蚕	1.31	中豌 6 号	1.18	6.01	91.34
2005	3.82	中豌 4 号	2.41	中豌 6 号	0.61	慈溪大白蚕	0.52	3.54	92.67
2006	4.47	中豌 4 号	2.71	中豌 6 号	0.72	慈溪大白蚕	0.56	3.99	89.26
2007	4.83	中豌 4 号	2.83	中豌 6 号	0.82	慈溪大白蚕	0.59	4.24	87.78
2008	5.74	中豌 4 号	2.85	中豌 6 号	1.15	青皮蚕豆	0.89	4.89	85.19
2009	6.98	中豌 4 号	4.25	中豌 6 号	1.11	青皮蚕豆	0.69	6.05	86.68
2010	6.69	中豌 4 号	3.60	中豌 6 号	1.49	慈溪大白蚕	0.58	5.67	84.75
2011	9.27	中豌 4 号	4.41	中豌 6 号	2.70	青皮蚕豆	0.68	7.79	84.03
2012	8.18	中豌 4 号	3.51	中豌 6 号	2.30	青皮蚕豆	0.8	6.61	80.81
2013	7.05	中豌 4 号	3.00	中豌 6 号	1.88	慈溪大白蚕	0.75	5.63	79.86
2014	7.70	中豌 4 号	3.04	中豌 6 号	1.94	青皮蚕豆	0.66	5.64	73.25
2015	7.91	中豌 4 号	3.24	中豌 6 号	1.9	改良甜脆豌	0.6	5.74	72.57
合计	115.91		62.92		23.94		10.42	97.28	83.93

表 4-45　衢州市 1986—2015 年大豆品种面积统计表　　单位：万亩

年份	六月拔	矮脚早	白花豆	穗稻黄	兰溪大黄豆	毛蓬青	白毛大黄豆	野猪戳	一把抓	三花豆	湖西豆	浙春2号	407	浙春3号	婺春1号	衢秋1号	诱处4号
1986	1.75	1.44	0.60	0.20	0.10	0.02											
1987	3.03	3.42	0.83	0.42	0.12	0.16	0.02										
1988	0.61	1.22	0.56	0.22	0.40	0.12		1.53	0.94	0.41	0.01						
1989	0.04	0.70	1.40	0.15		0.06		1.85	1.00	1.10	0.02						
1990		2.67		0.06		0.03		2.36	1.50	0.90	0.04	0.45					
1991		2.45	0.60					2.94	0.60			0.42					
1992		1.71	1.09					2.55	0.75			1.27					
1993		1.60	0.99					1.50	0.50			1.88	0.11				
1994		1.45	1.49			0.05		2.50	1.00			1.68	1.06	0.03			
1995		2.60	1.93			0.21		2.30	1.50			7.40	1.04	1.18			
1996		1.48	1.97			0.40		1.30	1.00			9.81		2.48	1.10		
1997		1.35	2.00			0.69						15.80		2.57	1.03		
1998		0.05	5.33			1.29					1.39	7.44		3.32	0.70	1.04	
1999		0.77	3.20								0.76	4.20		4.22	0.17	1.17	
2000		0.96	1.20								1.05	5.05		18.64	0.15	0.80	0.20
2001		0.35	1.50								1.00	2.58		23.49		1.30	0.35
2002		0.68	3.22								0.30	0.73		21.83		0.50	1.05
2003		0.32	1.05								0.30	2.43		3.45		0.38	1.10
2004		0.60	0.88									3.99		2.63			3.00
2005			0.82			1						1.70		1.28			1.05
2006			1.05									1.03		6.36			
2007		0.41	0.67									1.24		2.06			0.40
2008	0.72	0.29	0.55									0.95		1.73			0.50
2009	0.20	0.36	0.35									0.38		0.61			0.90
2010	0.10	0.20	0.15									0.02		0.01			0.10
2011		0.10												0.10			0.15
2012	0.02	0.10										0.15					0.10
2013	0.30	0.10															
2014	0.22	0.02										0.21		0.02			
2015	0.45											0.80		0.10			
合计	7.44	27.4	33.43	1.05	0.62	4.03	0.02	18.83	8.79	2.41	4.87	71.61	2.21	96.11	3.15	5.19	8.90
种植年限	11	27	24	5	3	11	1	9	9	3	9	24	3	20	5	6	12

（续表）

年份	台湾292	黄金1号	六月白	矮脚毛豆	浙春5号	辽鲜1号	衢鲜1号	台湾75	引豆9701	台湾88	六月半	8157（开交8157）	高雄2号	皖豆	八月拔	日本青	沪95-1
1986																	
1987																	
1988																	
1989																	
1990																	
1991																	
1992																	
1993																	
1994																	
1995																	
1996																	
1997																	
1998																	
1999																	
2000																	
2001	0.40	0.15															
2002	0.43	1.40	0.80	0.70	0.60	0.50											
2003	2.40	0.50		1.78	1.50	1.85	2.00	1.70	0.30								
2004	0.35			0.40		1.78	2.52	2.20		0.12	2.98	0.1	0.2	0.12	0.20		
2005	0.25			0.63	2.0	0.31	1.62	2.48	0.50		2.08					1.11	0.6
2006	0.80			1.22		0.98	3.08	2.55	0.08		0.90	0.03				0.60	0.70
2007	0.70			0.13		1.16	4.44	4.12	1.38		1.70		0.30		0.10	0.55	
2008	0.36			0.20		0.95	5.20	4.19	1.66		1.37		0.30		0.10	0.95	0.30
2009	0.26			0.30	0.18	1.89	7.10	2.75	0.65		1.99		0.70		0.85	0.30	
2010	0.10			0.09	0.15	1.23	6.26	2.03	1.00		2.28		0.36		0.40	0.20	0.40
2011	0.20			0.07		1.26	5.35	1.47	0.83		1.92	0.10	0.20		0.76	0.29	0.18
2012				0.13		1.42	2.68	0.99	0.78		2.40	0.15	0.35		0.35	0.30	
2013	0.05			0.10		1.18	1.94	1.12	1.19		1.23	0.05	0.22		0.35	0.15	0.07
2014				0.20		1.15	1.65		0.87		0.92		0.18		0.50	0.22	0.30
2015				0.70		0.78	1.52	0.77	0.68		0.53		0.10		0.20	0.43	
合计	6.30	2.05	0.80	6.65	4.43	16.44	45.36	26.37	9.92	0.12	20.30	0.43	2.91	0.12	3.81	5.10	2.55
种植年限	12	3	1	14	5	14	13	12	12	1	12	5	10	1	10	11	7

（续表）

年份	衢秋2号	浙秋豆2号	地方品种	浙秋豆3号	菜用大豆	春丰早	皖豆15	六月豆	青酥2号	青皮豆	合丰25	九月拔	衢鲜2号	十月黄（十月拔）	萧农越秀	浙鲜豆5号	浙鲜豆3号
1986																	
1987																	
1988																	
1989																	
1990																	
1991																	
1992																	
1993																	
1994																	
1995																	
1996																	
1997																	
1998																	
1999																	
2000																	
2001																	
2002																	
2003																	
2004																	
2005	2.40	0.60															
2006	3.60		0.02	0.27	0.03	0.02											
2007	3.82		0.55			0.83	0.20	0.20									
2008	2.35		0.70			1.39	0.20	0.04	0.05	0.14	0.02	0.60	0.10	0.05	0.04		
2009	2.05		0.62			1.25		1.30	0.13	0.10		0.10	0.65	0.05	0.10	0.53	0.37
2010	1.00	0.50	0.50			0.30	0.20	0.28	0.60	0.02		0.10	2.65		0.10	0.40	0.35
2011	0.20	0.39				1.01			0.25		0.20		3.30			0.80	
2012	0.15	0.29				0.72	0.15	0.25	0.25				5.33	0.10		0.62	
2013	0.18	0.03				0.58		0.18	0.30				2.83			0.50	0.10
2014	0.40					0.56		0.01	0.20				1.45			0.15	0.05
2015	0.51					1.52		0.20	0.10	0.30			1.51				0.13
合计	16.66	1.81	2.39	0.27	0.03	8.18	0.75	2.46	1.88	0.56	0.22	0.80	17.82	0.20	0.24	3.00	1.00
种植年限	11	5	5	1	1	10	4	8	8	4	2	3	8	3	3	6	5

（续表）

年份	浙春1号	冬豆	绿鲜70	浙农8号	浙鲜豆2号	沈鲜3号	浙鲜豆6号	浙农6号	引豆1号	早生75	浙鲜豆7号	衢鲜3号	萧垦8901	苏豆8号	浙鲜豆4号	衢鲜5号	华春18
1986																	
1987																	
1988																	
1989																	
1990																	
1991																	
1992																	
1993																	
1994																	
1995																	
1996																	
1997																	
1998																	
1999																	
2000																	
2001																	
2002																	
2003																	
2004																	
2005																	
2006																	
2007																	
2008																	
2009	0.09	0.60	0.20														
2010	0.10			0.10	0.25	0.10											
2011				0.10			0.25	0.15	0.10	0.10	0.05	1.55	0.05				
2012				0.10			0.22	0.38			0.02	2.35		0.25	0.05	0.50	0.20
2013							0.23	0.45	0.30		0.02	3.41	0.10			1.57	
2014							0.36	0.40			0.10	4.61	0.10		0.03	3.05	
2015				0.34			0.35	0.54			0.20	5.48			0.03	4.43	
合计	0.19	0.60	0.20	0.64	0.25	0.10	1.41	1.92	0.40	0.10	0.39	17.40	0.25	0.25	0.11	9.55	0.20
种植年限	2	1	1	4	1	1	5	5	2	1	5	5	3	1	3	4	1

（续表）

年份	五月拔	萧农秋艳	毛豆3号	春绿	浙鲜豆8号	沪宁95-1
1986						
1987						
1988						
1989						
1990						
1991						
1992						
1993						
1994						
1995						
1996						
1997						
1998						
1999						
2000						
2001						
2002						
2003						
2004						
2005						
2006						
2007						
2008						
2009						
2010						
2011						
2012						
2013	0. 05	0. 15				
2014	0. 03	0. 02	1. 22	0. 30		
2015	0. 30		0. 16	0. 20	0. 12	0. 35
合计	0. 38	0. 17	1. 38	0. 50	0. 12	0. 35
种植年限	3	2	2	2	1	1

表 4-46　衢州市 1986—2015 年蚕（豌）豆品种面积统计表　　单位：万亩

年份	慈溪大白蚕	小青蚕	中豌 4 号	中豌 6 号	蚕豆地方品种	中豌 2 号	青皮蚕豆	本地豌豆	大青皮	慈蚕 1 号（慈溪大粒）
1986										
1987										
1988										
1989	0. 10	0. 02								
1990	0. 41	0. 03								
1991	2. 32									
1992	1. 21									
1993	1. 70									
1994	1. 40									
1995	1. 42									
1996	1. 32									
1997	1. 53									
1998	0. 99		1. 75							
1999	1. 14		2. 10							
2000	0. 90		2. 45	0. 25						
2001	1. 20		2. 32	0. 48						
2002	0. 93		2. 04	0. 58						
2003	0. 82		1. 48	0. 61						
2004	1. 31		3. 52	1. 18	0. 21	0. 20				
2005	0. 52		2. 41	0. 61			0. 10			
2006	0. 56		2. 71	0. 72			0. 20	0. 19		
2007	0. 59		2. 83	0. 82			0. 28	0. 06		
2008	0. 33		2. 85	1. 15	0. 01	0. 01	0. 89	0. 25	0. 01	
2009	0. 43		4. 25	1. 11		0. 11	0. 69		0. 02	0. 20
2010	0. 58		3. 60	1. 49		0. 02	0. 46		0. 02	0. 10
2011	0. 49		4. 41	2. 70		0. 09	0. 68			0. 02
2012	0. 60		3. 51	2. 30		0. 15	0. 80			0. 08
2013	0. 75		3. 00	1. 88			0. 56			0. 10
2014	0. 53		3. 04	1. 94		0. 02	0. 66			
2015	0. 59		3. 24	1. 90			0. 55		0. 20	0. 04
合计	24. 67	0. 05	51. 51	19. 72	0. 22	0. 60	5. 87	0. 50	0. 25	0. 54
种植年限	27	2	18	16	2	7	11	3	4	6

（续表）

年份	白花大粒	浙豌1号	食荚1号	利丰蚕豆	大白扁蚕豆	青豆（豌）	日本寸蚕	改良甜脆豌	珍珠绿（蚕）	食荚豌豆
1986										
1987										
1988										
1989										
1990										
1991										
1992										
1993										
1994										
1995										
1996										
1997										
1998										
1999										
2000										
2001										
2002										
2003										
2004										
2005										
2006										
2007										
2008										
2009	0. 01	0. 15	0. 01							
2010	0. 05	0. 16		0. 11	0. 05	0. 05				
2011	0. 06	0. 70	0. 03	0. 01		0. 05	0. 03			
2012	0. 16	0. 32	0. 14	0. 02		0. 05	0. 05			
2013	0. 16	0. 30	0. 10			0. 05	0. 05	0. 10		
2014	0. 09	0. 40	0. 11			0. 07	0. 39	0. 40	0. 05	
2015	0. 09	0. 38		0. 02			0. 15	0. 60		0. 15
合计	0. 62	2. 41	0. 39	0. 16	0. 05	0. 27	0. 67	1. 10	0. 05	0. 15
种植年限	7	7	5	4	1	5	5	3	1	1

第四节　玉米和高粱品种及面积

一、玉　米

（一）品种

衢州市1986—2015年品种年报累计结果表明，玉米主要品种有129个（表4-47、表4-

48)：虎单5号、苏玉1号、丹玉6号、旅曲、东单1号、中单206、甜玉2号、丹玉13、中单2号、虎单2号、鲁玉3号、鲁玉5号、苏玉4号、掖单4号、吉单118、吉单131、掖单12、掖单13、西玉3号、苏玉糯1号、郑单14、浙糯9703、科糯986、农大108、中糯2号、掖单1号、科糯991、苏玉糯2号、郑单958、西玉1号、农大105、熟甜3号、珍糯、超甜3号、泰玉1号、户单2000、珍糯2号、杭玉糯1号、万甜2000、农大3138、浙凤糯2号、都市丽人、珍珠糯、超甜2000、浙凤甜、超甜2018、超甜204、济单7号、登海9号、浙糯玉1号、沪玉糯1号、金银蜜脆、科甜98-1、浙凤甜2号、丹玉26、农大60、京科糯2000、美玉8号、燕禾金2000、京甜紫花糯、浙甜2018、苏玉10号、金银糯、浙凤糯5号、浙糯玉4号、沪玉糯3号、中糯301、华珍、绿色超人、美晶、超甜135、超甜1号、翠蜜5号、浙丰甜2号、浙甜4号、浙甜6号、澳玉糯3号、东糯3号、钱江糯1号、渝糯1号、万糯、金凤（甜）5号、蜜玉8号、美玉6号、燕禾金2005、苏玉2号、中单18、美玉3号、浙糯玉5号、超甜4号、超甜15、浚单18、沪玉糯2号、白玉糯、嵊科甜208、蠡玉35、先甜5号、美玉7号、脆甜糯5号、登海605、京糯208、天糯一号、浙甜2088、浙糯玉6号、浙大糯玉2号、科甜2号、苏玉21、承玉19、美玉13号、丽晶、嵊科金银838、丰乐21、苏玉糯6号、金糯628、浙大糯玉3号、苏玉糯202、彩糯8号、沪紫黑糯、浙凤糯3号、脆甜糯6号、金玉甜1号、金玉甜2号、浙凤甜3号、浙凤单1号、浙单11、苏花糯2号、正甜68、科甜1号、华穗2000。

（二）面积

品种年报累计结果表明，衢州市1986—2015年玉米总面积353.30万亩，其中129个玉米主要品种面积304.65万亩、占86.23%（表4-49），未标明品种名称的玉米其他品种面积48.65万亩、占13.77%。按品种统计，玉米主要品种面积如下：丹玉13　46.59万亩，苏玉1号　34.33万亩，农大108　26.5万亩，济单7号　19.96万亩，郑单958　17.41万亩，掖单12　14.24万亩，科糯986　14.03万亩，掖单13　10.69万亩，苏玉糯1号　9.73万亩，苏玉糯2号　7.39万亩，郑单14　6.69万亩，西玉3号　6.14万亩，燕禾金2000　5.21万亩，虎单2号　5.06万亩，丹玉26　4.7万亩，万甜2000　4.26万亩，美玉8号　4.14万亩，京科糯2000　3.99万亩，浙糯9703　3.55万亩，珍糯2号　3.32万亩，苏玉10号　3.28万亩，登海605　3.19万亩，超甜3号　2.71万亩，华珍　2.68万亩，浙凤糯2号　2.65万亩，浚单18　2.24万亩，超甜2000　2.08万亩，京甜紫花糯　2.03万亩，绿色超人　1.84万亩，虎单5号　1.7万亩，燕禾金2005　1.67万亩，珍珠糯　1.57万亩，浙甜2018　1.47万亩，掖单4号　1.39万亩，都市丽人　1.17万亩，浙凤甜2号　1.16万亩，杭玉糯1号　1.08万亩，中单206　1万亩，沪玉糯3号　0.92万亩，东单1号　0.86万亩，吉单118　0.85万亩，旅曲　0.7万亩，丹玉6号　0.69万亩，金凤（甜）5号　0.67万亩，科糯991　0.66万亩，鲁玉3号　0.65万亩，沪玉糯1号　0.65万亩，中糯301　0.64万亩，浙糯玉5号　0.61万亩，农大3138　0.59万亩，西玉1号　0.57万亩，苏玉2号　0.56万亩，苏玉4号　0.54万亩，中糯2号　0.54万亩，浙糯玉1号　0.47万亩，超甜4号　0.43万亩，浙甜6号　0.42万亩，泰玉1号　0.4万亩，美玉7号　0.37万亩，承玉19　0.37万亩，美晶　0.36万亩，鲁玉5号　0.35万亩，吉单131　0.3万亩，金银糯　0.3万亩，超甜15　0.3万亩，浙凤糯5号　0.29万亩，美玉3号　0.28万亩，丰乐21　0.26万亩，浙凤单1号　0.26万亩，科甜98-1　0.24万亩，蠡玉35　0.23万亩，万糯　0.22万亩，先甜5号　0.22万亩，掖单1号　0.2万亩，超甜204　0.2万亩，苏玉糯202　0.2万亩，浙单11　0.2万亩，浙糯玉4号　0.19万亩，嵊科甜208　0.19万亩，金玉甜1号　0.19万亩，浙糯玉6号　0.16万亩，金银蜜脆　0.15万亩，钱江糯1号　0.15万亩，美玉6号　0.15万亩，脆甜糯5号　0.15万亩，苏玉21　0.15万亩，苏玉糯6号　0.15万亩，农大60　0.14万亩，丽晶　0.14万亩，超甜135　0.13万亩，浙甜2088　0.13万亩，超甜2018　0.12万亩，浙凤糯3号　0.11万亩，户单2000　0.1万亩，登海9号　0.1万亩，澳玉糯3号　0.1万亩，东糯3号　0.1万亩，中单18　0.1万亩，美玉13号　0.1万亩，金糯628　0.1万亩，华穗2000　0.1万亩，脆甜糯6号　0.09万亩，浙凤甜3号　0.07万亩，超甜1号　0.06万亩，浙丰甜2号　0.06万亩，渝糯1号　0.06万亩，浙甜4号　0.05万亩，沪玉糯2号　0.05万亩，白玉糯　0.05万亩，浙大糯玉2号　0.05万亩，科甜2号　0.05万亩，浙大糯玉3号　0.05万亩，正甜68　0.05万亩，科甜1号　0.05万亩，熟甜3号　0.04万亩，京糯208　0.04万亩，农大105　0.03万亩，浙凤甜　0.03万亩，天糯一号　0.03万亩，金玉甜2号　0.03万亩，彩糯8号　0.02万亩，甜玉2号　0.01万亩，中单2号　0.01万亩，珍糯　0.01万亩，翠蜜5号　0.01万亩，蜜玉8号　0.01万亩，嵊科金银838　0.01万亩，沪紫黑糯　0.01万亩，苏花糯2号　0.01万亩。

（三）品种种植年限

品种年报累计结果表明，衢州市1986—2015年玉米品种种植年限：苏玉1号　28年，丹玉13　27年，苏玉糯1号　18年，农大108　15年，掖单12　14年，科糯986　14年，掖单13　13年，西玉3号　13年，苏玉糯2号　11年，郑单958　11年，超甜3号　10年，珍糯2号　9年，万甜2000　9年，浙凤糯2号　9年，杭玉糯1号　8年，都市丽人　8年，珍珠糯8年，超甜2000　8年，济单7号　8年，浙凤甜2号　8年，京科糯2000　8年，美玉8号　8年，燕禾金2000　8年，京甜紫花糯　8年，浙甜2018　8年，浙糯玉1号　7年，沪玉糯1号　7年，华珍　7年，绿色超人　7年，金凤（甜）5号　7年，郑单14　6年，科糯991　6年，丹玉26　6年，苏玉10号　6年，金银糯　6年，浙凤糯5号　6年，美晶　6年，万糯　6年，燕禾金2005　6年，东单1号　5年，浙糯9703　5年，农大3138　5年，沪玉糯3号　5年，中糯301　5年，超甜135　5年，超甜4号　5年，浚单18　5年，嵊科甜208　5年，先甜5号　5年，丹玉6号　4年，中单206　4年，超甜204　4年，金银蜜脆　4年，浙甜6号　4年，苏玉2号　4年，美玉3号　4年，浙糯玉5号　4年，登海605　4年，虎单5号　3年，旅曲　3年，中糯2号　3年，浙糯玉4号　3年，浙甜4号　3年，钱江糯1号　3年，超甜15　3年，白玉糯　3年，美玉7号　3年，苏玉21　3年，承玉19　3年，丽晶　3年，苏玉4号　2年，掖单4号　2年，西玉1号　2年，熟甜3号　2年，超甜2018　2年，科甜98-1　2年，农大60　2年，超甜1号　2年，浙丰甜2号　2年，渝糯1号　2年，美玉6号　2年，蠡玉35　2年，浙甜2088　2年，浙糯玉6号　2年，美玉13号　2年，丰乐21　2年，苏玉糯6号　2年，苏玉糯202　2年，彩糯8号　2年，浙凤糯3号　2年，脆甜糯6号　2年，金玉甜1号　2年，金玉甜2号　2年，浙凤甜3号　2年，甜玉2号　1年，中单2号　1年，虎单2号　1年，鲁玉3号　1年，鲁玉5号　1年，吉单118　1年，吉单131　1年，掖单1号　1年，农大105　1年，珍糯　1年，泰玉1号　1年，户单2000　1年，浙凤甜　1年，登海9号　1年，翠蜜5号　1年，澳玉糯3号　1年，东糯3号　1年，蜜玉8号　1年，中单18　1年，沪玉糯2号　1年，脆甜糯5号

1年，京糯208　1年，天糯一号　1年，浙大糯玉2号　1年，科甜2号　1年，嵊科金银838　1年，金糯628　1年，浙大糯玉3号　1年，沪紫黑糯　1年，浙凤单1号　1年，浙单11　1年，苏花糯2号　1年，正甜68　1年，科甜1号　1年，华穗2000　1年。

二、高　粱

1986—2004年高粱品种面积未统计。

据统计，衢州市2005—2015年高粱主要品种有6个（表4-50）：湘两优糯粱1号、湘两优糯粱2号、红高粱、湘两优1号、地方品种、糯高粱。

2005—2015年高粱主要品种累计种植面积如下：湘两优糯粱1号　3.27万亩，湘两优糯粱2号　1.29万亩，红高粱　0.92万亩，湘两优1号　0.2万亩，地方品种　0.06万亩，糯高粱　0.02万亩。

2005—2015年高粱品种种植年限：湘两优糯粱1号　10年，红高粱　8年，湘两优糯粱2号　7年，湘两优1号　2年，地方品种　1年，糯高粱　1年。

表4-47　1986—2015年玉米品种面积统计表

年份	面积合计（万亩）	主要品种数量（个）	新增主要品种数量（个）	新增主要品种名称	主要品种面积小计（万亩）	其他品种面积（万亩）
1986	7.86	8	8	虎单5号、苏玉1号、丹玉6号、旅曲、东单1号、中单206、甜玉2号、丹玉13	1.74	6.12
1987	7.84	7	1	中单2号	2.08	5.76
1988	7.48	7	0		2.46	5.02
1989	7.94	9	4	虎单2号、鲁玉3号、鲁玉5号、苏玉4号	7.92	0.02
1990	7.81	7	3	掖单4号、吉单118、吉单131	3.18	4.63
1991	8.84	3	0		6.76	2.08
1992	11.00	3	1	掖单12	7.17	3.83
1993	7.83	3	0		5.69	2.14
1994	5.73	4	0		4.63	1.10
1995	5.14	3	0		4.59	0.55
1996	5.86	3	1	掖单13	5.01	0.85
1997	12.93	4	0		10.75	2.18
1998	11.07	7	3	西玉3号、苏玉糯1号、郑单14	8.74	2.33
1999	12.00	6	0		10.76	1.24
2000	11.58	7	1	浙糯9703	9.99	1.59

（续表）

年份	面积合计（万亩）	主要品种数量（个）	新增主要品种数量（个）	新增主要品种名称	主要品种面积小计（万亩）	其他品种面积（万亩）
2001	10.44	9	2	科糯 986、农大 108	8.50	1.94
2002	8.53	10	0		7.51	1.02
2003	11.32	11	1	中糯 2 号	9.72	1.60
2004	11.39	10	2	掖单 1 号、科糯 991	10.18	1.21
2005	11.01	14	6	苏玉糯 2 号、郑单 958、西玉 1 号、农大 105、熟甜 3 号、珍糯	9.65	1.36
2006	12.25	15	3	超甜 3 号、泰玉 1 号、户单 2000	11.29	0.96
2007	12.1	23	11	珍糯 2 号、杭玉糯 1 号、万甜 2000、农大 3138、浙凤糯 2 号、都市丽人、珍珠糯、超甜 2000、浙凤甜、超甜 2018、超甜 204	11.37	0.73
2008	14.91	33	14	济单 7 号、登海 9 号、浙糯玉 1 号、沪玉糯 1 号、金银蜜脆、科甜 98-1、浙凤甜 2 号、丹玉 26、农大 60、京科糯 2000、美玉 8 号、燕禾金 2000、京甜紫花糯、浙甜 2018	14.53	0.38
2009	18.84	52	22	苏玉 10 号、金银糯、浙凤糯 5 号、浙糯玉 4 号、沪玉糯 3 号、中糯 301、华珍、绿色超人、美晶、超甜 135、超甜 1 号、翠蜜 5 号、浙丰甜 2 号、浙甜 4 号、浙甜 6 号、澳玉糯 3 号、东糯 3 号、钱江糯 1 号、渝糯 1 号、万糯、金凤（甜）5 号、蜜玉 8 号	18.83	0.01
2010	18.47	49	8	美玉 6 号、燕禾金 2005、苏玉 2 号、中单 18、美玉 3 号、浙糯玉 5 号、超甜 4 号、超甜 15	18.47	0
2011	19.63	48	6	浚单 18、沪玉糯 2 号、白玉糯、嵊科甜 208、蠡玉 35、先甜 5 号	19.63	0
2012	20.65	52	6	美玉 7 号、脆甜糯 5 号、登海 605、京糯 208、天糯一号、浙甜 2088	20.65	0
2013	17.17	54	8	浙糯玉 6 号、浙大糯玉 2 号、科甜 2 号、苏玉 21、承玉 19、美玉 13 号、丽晶、嵊科金银 838	17.17	0
2014	17.68	60	12	丰乐 21、苏玉糯 6 号、金糯 628、浙大糯玉 3 号、苏玉糯 202、彩糯 8 号、沪紫黑糯、浙凤糯 3 号、脆甜糯 6 号、金玉甜 1 号、金玉甜 2 号、浙凤甜 3 号	17.68	0
2015	18.00	62	6	浙凤单 1 号、浙单 11、苏花糯 2 号、正甜 68、科甜 1 号、华穗 2000	18.00	0
合计	353.3	583	129		304.65	48.65

表 4-48　衢州市 1986—2015 年玉米三大主栽品种情况统计表

年份	面积（万亩）	第一主栽品种	第一主栽品种面积（万亩）	第二主栽品种	第二主栽品种面积（万亩）	第三主栽品种	第三主栽品种面积（万亩）	三大主栽品种面积合计（万亩）	三大主栽品种占比（%）
1986	7.86	虎单 5 号	0.68	苏玉 1 号	0.53	丹玉 6 号	0.30	1.51	19.21
1987	7.84	中单 206	0.76	虎单 5 号	0.45	苏玉 1 号	0.41	1.62	20.66
1988	7.48	苏玉 1 号	0.69	虎单 5 号	0.57	旅曲	0.32	1.58	21.12
1989	7.94	虎单 2 号	5.06	丹玉 13	1.01	鲁玉 3 号	0.65	6.72	84.63
1990	7.81	掖单 4 号	1.09	吉单 118	0.85	苏玉 1 号	0.36	2.3	29.45
1991	8.84	丹玉 13	6.27	苏玉 1 号	0.39	东单 1 号	0.10	6.76	76.47
1992	11	丹玉 13	4.94	掖单 12	1.87	苏玉 1 号	0.36	7.17	65.18
1993	7.83	丹玉 13	4.50	掖单 12	0.75	苏玉 1 号	0.44	5.69	72.67
1994	5.73	丹玉 13	2.10	掖单 12	1.25	苏玉 1 号	0.98	4.33	75.57
1995	5.14	苏玉 1 号	2.15	丹玉 13	2.04	掖单 12	0.40	4.59	89.30
1996	5.86	苏玉 1 号	2.27	丹玉 13	1.94	掖单 13	0.80	5.01	85.49
1997	12.93	苏玉 1 号	4.48	掖单 13	4.06	丹玉 13	1.66	10.2	78.89
1998	11.07	丹玉 13	3.08	苏玉 1 号	2.81	掖单 13	1.52	7.41	66.94
1999	12.00	丹玉 13	3.19	苏玉 1 号	2.51	郑单 14	2.45	8.15	67.92
2000	11.58	苏玉 1 号	2.31	丹玉 13	2.23	掖单 12	1.85	6.39	55.18
2001	10.44	苏玉 1 号	1.96	郑单 14	1.84	西玉 3 号	1.18	4.98	47.70
2002	8.53	掖单 12	1.53	丹玉 13	1.48	苏玉 1 号	1.23	4.24	49.71
2003	11.32	苏玉 1 号	2.40	农大 108	2.14	掖单 12	1.33	5.87	51.86
2004	11.39	农大 108	3.80	丹玉 13	1.95	科糯 986	1.45	7.2	63.21
2005	11.01	农大 108	2.64	科糯 986	1.28	丹玉 13	1.20	5.12	46.50
2006	12.25	科糯 986	2.12	农大 108	1.74	苏玉 1 号	1.48	5.34	43.59
2007	12.1	科糯 986	2.70	农大 108	1.83	苏玉糯 2 号	1.63	6.16	50.91
2008	14.91	农大 108	2.25	科糯 986	2.18	丹玉 13	1.99	6.42	43.06
2009	18.84	农大 108	3.62	丹玉 13	1.63	科糯 986	1.18	6.43	34.13
2010	18.47	农大 108	2.14	郑单 958	1.64	济单 7 号	1.30	5.08	27.50
2011	19.63	农大 108	2.23	济单 7 号	2.02	科糯 986	1.32	5.57	28.37
2012	20.65	济单 7 号	3.45	郑单 958	1.97	农大 108	1.51	6.93	33.56
2013	17.17	济单 7 号	3.69	郑单 958	2.52	登海 605	1.13	7.34	42.75
2014	17.68	济单 7 号	4.24	郑单 958	3.59	登海 605	1.16	8.99	50.85
2015	18.00	济单 7 号	4.07	郑单 958	3.19	燕禾金 2000	0.97	8.23	45.72
合计	353.3		86.41		54.26		32.66	173.33	49.06

表 4-49　衢州市 1986—2015 年玉米主要品种面积统计表　　单位：万亩

年份	虎单5号	苏玉1号	丹玉6号	旅曲	东单1号	中单206	甜玉2号	丹玉13	中单2号	虎单2号	鲁玉3号	鲁玉5号	苏玉4号	掖单4号	吉单118	吉单131	掖单12
1986	0.68	0.53	0.30	0.10	0.10	0.01	0.01	0.01									
1987	0.45	0.41	0.10	0.28		0.76		0.07	0.01								
1988	0.57	0.69	0.25	0.32	0.19	0.20		0.24									
1989		0.23	0.04		0.31	0.03		1.01		5.06	0.65	0.35	0.24				
1990		0.36			0.16			0.12					0.30	1.09	0.85	0.30	
1991		0.39			0.10			6.27									
1992		0.36						4.94									1.87
1993		0.44						4.50									0.75
1994		0.98						2.10						0.30			1.25
1995		2.15						2.04									0.40
1996		2.27						1.94									
1997		4.48						1.66									0.55
1998		2.81						3.08									0.39
1999		2.51						3.19									2.03
2000		2.31						2.23									1.85
2001		1.96						0.98									0.91
2002		1.23						1.48									1.53
2003		2.40						1.09									1.33
2004		0.55						1.95									0.48
2005		0.81						1.20									0.44
2006		1.48						0.60									0.46
2007		1.13						0.78									
2008		1.37						1.99									
2009		1.02						1.65									
2010		0.60						0.82									
2011		0.55						0.30									
2012		0.20						0.35									
2013																	
2014																	
2015		0.11															
合计	1.7	34.33	0.69	0.7	0.86	1	0.01	46.59	0.01	5.06	0.65	0.35	0.54	1.39	0.85	0.3	14.24
种植年限	3	28	4	3	5	4	1	27	1	1	1	1	2	2	1	1	14

（续表）

年份	掖单13	西玉3号	苏玉糯1号	郑单14	浙糯9703	科糯986	农大108	中糯2号	掖单1号	科糯991	苏玉糯2号	郑单958	西玉1号	农大105	熟甜3号	珍糯	超甜3号
1986																	
1987																	
1988																	
1989																	
1990																	
1991																	
1992																	
1993																	
1994																	
1995																	
1996	0.8																
1997	4.06																
1998	1.52	0.32	0.31	0.31													
1999		0.28	0.30	2.45													
2000		0.98	0.48	1.64	0.50												
2001		1.18	0.80	1.84	0.18	0.50	0.15										
2002	0.30	0.52	1.12	0.35	0.10	0.35	0.53										
2003	0.20	0.62	1.08	0.10	0.07	0.50	2.14	0.19									
2004		0.70	0.70			1.45	3.80	0.15	0.20	0.20							
2005	0.36	0.81	0.73			1.28	2.64				1.09	0.20	0.03	0.03	0.02	0.01	
2006	0.75	0.41	0.87			2.12	1.74				1.47	0.32	0.54		0.02		0.01
2007	0.67	0.17	0.60		2.70		1.83	0.20		0.10	1.63	0.92					0.03
2008	0.41	0.10	0.65			2.18	2.25			0.13	0.68	0.86					0.50
2009	0.40	0.04	0.44			1.18	3.62			0.10	0.37	1.10					0.47
2010	0.76	0.01	0.30			1.12	2.14				0.41	1.64					0.51
2011	0.36		0.26			1.32	2.23			0.05	0.94	1.10					0.47
2012	0.10		0.52			1.04	1.51				0.15	1.97					0.45
2013			0.05			0.59	0.84				0.25	2.52					0.17
2014			0.10			0.31	0.57			0.08	0.08	3.59					0.05
2015			0.42			0.09	0.51				0.32	3.19					0.05
合计	10.69	6.14	9.73	6.69	3.55	14.03	26.50	0.54	0.20	0.66	7.39	17.41	0.57	0.03	0.04	0.01	2.71
种植年限	13	13	18	6	5	14	15	3	1	6	11	11	2	1	2	1	10

（续表）

年份	泰玉1号	户单2000	珍糯2号	杭玉糯1号	万甜2000	农大3138	浙凤糯2号	都市丽人	珍珠糯	超甜2000	浙凤甜	超甜2018	超甜204	济单7号	登海9号	浙糯玉1号	沪玉糯1号
1986																	
1987																	
1988																	
1989																	
1990																	
1991																	
1992																	
1993																	
1994																	
1995																	
1996																	
1997																	
1998																	
1999																	
2000																	
2001																	
2002																	
2003																	
2004																	
2005																	
2006	0.40	0.10															
2007			0.21	0.03	0.03	0.05	0.05	0.02	0.01	0.14	0.03	0.02	0.02				
2008			0.21		0.14	0.25	0.34	0.30		0.26		0.10	0.02	0.29	0.10	0.07	0.03
2009			0.05	0.27	0.28	0.18	0.27	0.11	0.15	0.70			0.14	0.90		0.03	0.13
2010			0.90	0.13	0.59	0.07	0.47	0.10	0.05	0.40			0.02	1.30		0.05	0.05
2011			0.45	0.10	0.86	0.04	0.30	0.19	0.55	0.15				2.02		0.06	0.10
2012			0.40	0.15	0.83		0.78	0.15	0.50	0.13				3.45		0.15	0.20
2013			0.50	0.17	0.28		0.31	0.10	0.05					3.69		0.05	0.08
2014			0.40	0.17	0.59		0.10	0.20	0.10	0.20				4.24		0.06	0.06
2015			0.20	0.06	0.66		0.03		0.16	0.10				4.07			
合计	0.40	0.10	3.32	1.08	4.26	0.59	2.65	1.17	1.57	2.08	0.03	0.12	0.20	19.96	0.10	0.47	0.65
种植年限	1	1	9	8	9	5	9	8	8	8	1	2	4	8	1	7	7

（续表）

年份	金银蜜脆	科甜98-1	浙凤甜2号	丹玉26	农大60	京科糯2000	美玉8号	燕禾金2000	京甜紫花糯	浙甜2018	苏玉10号	金银糯	浙凤糯5号	浙糯玉4号	沪玉糯3号	中糯301	华珍
1986																	
1987																	
1988																	
1989																	
1990																	
1991																	
1992																	
1993																	
1994																	
1995																	
1996																	
1997																	
1998																	
1999																	
2000																	
2001																	
2002																	
2003																	
2004																	
2005																	
2006																	
2007																	
2008	0.03	0.03	0.03	0.10	0.05	0.30	0.20	0.03	0.02	0.51							
2009			0.10	0.90		0.30	0.10	1.20	0.40	0.33	0.30	0.05	0.05	0.05	0.12	0.12	0.35
2010	0.05		0.07	1.20		0.55	0.59	0.56	0.55	0.16	0.60	0.05	0.05		0.24	0.12	0.17
2011	0.05		0.49	1.30		0.88	0.89	0.68	0.25	0.12		0.05	0.05		0.21	0.15	0.35
2012	0.02		0.07	1.10		0.70	0.62	0.58	0.47	0.21	0.56		0.10		0.20	0.15	0.30
2013			0.09	0.10		0.60	0.57	0.65	0.20	0.07	0.77	0.05		0.09	0.15	0.10	0.39
2014			0.25			0.37	0.72	0.54	0.05	0.05	0.55	0.05	0.03				0.52
2015		0.21	0.06		0.09	0.29	0.45	0.97	0.09	0.02	0.5	0.05	0.01	0.05			0.60
合计	0.15	0.24	1.16	4.70	0.14	3.99	4.14	5.21	2.03	1.47	3.28	0.30	0.29	0.19	0.92	0.64	2.68
种植年限	4	2	8	6	2	8	8	8	8	8	6	6	6	3	5	5	7

（续表）

年份	绿色超人	美晶	超甜135	超甜1号	翠蜜5号	浙丰甜2号	浙甜4号	浙甜6号	澳玉糯3号	东糯3号	钱江糯1号	渝糯1号	万糯	金凤（甜）5号	蜜玉8号	美玉6号	燕禾金2005
1986																	
1987																	
1988																	
1989																	
1990																	
1991																	
1992																	
1993																	
1994																	
1995																	
1996																	
1997																	
1998																	
1999																	
2000																	
2001																	
2002																	
2003																	
2004																	
2005																	
2006																	
2007																	
2008																	
2009	0.06	0.15	0.02	0.01	0.01	0.01	0.01	0.01	0.10	0.10	0.05	0.05	0.03	0.24	0.01		
2010	0.14	0.06	0.01									0.01		0.20		0.05	0.05
2011	0.35	0.02											0.05	0.10			0.10
2012	0.40	0.05					0.01						0.02	0.10			0.40
2013	0.20	0.05	0.08			0.05		0.12			0.05		0.05	0.01		0.10	0.47
2014	0.47		0.01				0.03	0.08			0.05		0.05	0.01			0.26
2015	0.22	0.03	0.01	0.05				0.21					0.02	0.01			0.39
合计	1.84	0.36	0.13	0.06	0.01	0.06	0.05	0.42	0.10	0.10	0.15	0.06	0.22	0.67	0.01	0.15	1.67
种植年限	7	6	5	2	1	2	3	4	1	1	3	2	6	7	1	2	6

（续表）

年份	苏玉2号	中单18	美玉3号	浙糯玉5号	超甜4号	超甜15	浚单18	沪玉糯2号	白玉糯	嵊科甜208	蠡玉35	先甜5号	美玉7号	脆甜糯5号	登海605	京糯208	天糯一号
1986																	
1987																	
1988																	
1989																	
1990																	
1991																	
1992																	
1993																	
1994																	
1995																	
1996																	
1997																	
1998																	
1999																	
2000																	
2001																	
2002																	
2003																	
2004																	
2005																	
2006																	
2007																	
2008																	
2009																	
2010	0. 10	0. 10	0. 05	0. 10	0. 10	0. 10											
2011	0. 14		0. 05			0. 10	0. 61	0. 05	0. 01	0. 05	0. 08	0. 05					
2012	0. 30		0. 05		0. 01	0. 10	0. 30		0. 03	0. 05		0. 02	0. 22	0. 15	0. 24	0. 04	0. 03
2013			0. 13	0. 16	0. 05		0. 30			0. 05	0. 15	0. 02			1. 13		
2014				0. 25	0. 07		0. 36		0. 01	0. 02		0. 01	0. 05		1. 16		
2015	0. 02			0. 10	0. 20		0. 67			0. 02		0. 12	0. 10		0. 66		
合计	0. 56	0. 10	0. 28	0. 61	0. 43	0. 30	2. 24	0. 05	0. 05	0. 19	0. 23	0. 22	0. 37	0. 15	3. 19	0. 04	0. 03
种植年限	4	1	4	4	5	3	5	1	3	5	2	5	3	1	4	1	1

（续表）

年份	浙甜2088	浙糯玉6号	浙大糯玉2号	科甜2号	苏玉21	承玉19	美玉13号	丽晶	嵊科金银838	丰乐21	苏玉糯6号	金糯628	浙大糯玉3号	苏玉糯202	彩糯8号	沪紫黑糯	浙凤糯3号
1986																	
1987																	
1988																	
1989																	
1990																	
1991																	
1992																	
1993																	
1994																	
1995																	
1996																	
1997																	
1998																	
1999																	
2000																	
2001																	
2002																	
2003																	
2004																	
2005																	
2006																	
2007																	
2008																	
2009																	
2010																	
2011																	
2012	0.02																
2013		0.15	0.05	0.05	0.10	0.10	0.05	0.01	0.01								
2014		0.01			0.03	0.15	0.05	0.01		0.09	0.10	0.10	0.05	0.02	0.01	0.01	0.01
2015	0.11				0.02	0.12		0.12		0.17	0.05			0.18	0.01		0.10
合计	0.13	0.16	0.05	0.05	0.15	0.37	0.1	0.14	0.01	0.26	0.15	0.1	0.05	0.2	0.02	0.01	0.11
种植年限	2	2	1	1	3	3	2	3	1	2	2	1	1	2	2	1	2

（续表）

年份	脆甜糯6号	金玉甜1号	金玉甜2号	浙凤甜3号	浙凤单1号	浙单11	苏花糯2号	正甜68	科甜1号	华穗2000
1986										
1987										
1988										
1989										
1990										
1991										
1992										
1993										
1994										
1995										
1996										
1997										
1998										
1999										
2000										
2001										
2002										
2003										
2004										
2005										
2006										
2007										
2008										
2009										
2010										
2011										
2012										
2013										
2014	0.01	0.08	0.02	0.01						
2015	0.08	0.11	0.01	0.06	0.26	0.20	0.01	0.05	0.05	0.10
合计	0.09	0.19	0.03	0.07	0.26	0.20	0.01	0.05	0.05	0.10
种植年限	2	2	2	2	1	1	1	1	1	1

表 4-50　衢州市 1986—2015 年高粱主要品种面积统计表　　单位：万亩

年份	湘两优糯粱 1 号	湘两优糯粱 2 号	红高粱	湘两优 1 号	地方品种	糯高粱	小计	品种数量（个）	（备注）
1986									未统计
1987									未统计
1988									未统计
1989									未统计
1990									未统计
1991									未统计
1992									未统计
1993									未统计
1994									未统计
1995									未统计
1996									未统计
1997									未统计
1998									未统计
1999									未统计
2000									未统计
2001									未统计
2002									未统计
2003									未统计
2004									未统计
2005	0.26						0.26	1	
2006	0.19					0.02	0.21	2	
2007			0.24				0.24	1	
2008	0.30				0.06		0.36	2	
2009	0.35	0.10	0.10				0.55	3	
2010	0.53	0.15	0.04				0.72	3	
2011	0.41	0.18	0.04				0.63	3	
2012	0.53	0.21	0.05				0.79	3	
2013	0.24	0.20	0.08	0.10			0.62	4	
2014	0.23	0.21	0.10	0.10			0.64	4	
2015	0.23	0.24	0.27				0.74	3	
合计	3.27	1.29	0.92	0.2	0.06	0.02	5.76	29	
种植年限	10	7	8	2	1	1	29		

第五节　薯类品种及面积

一、甘　薯

（一）品种

衢州市1986—2015年品种年报累计结果表明，甘薯主要品种有23个（表4-51、表4-52）：胜利百号、徐薯18、红皮白心、76-9、浙薯2号、浙薯602、南薯88、浙薯13、红红1号、浙薯6025、紫薯1号、金玉（浙薯1257）、心香、东方红、浙薯132、花本1号、地方品种、渝紫263、紫薯1号、浙薯75、浙薯3号、浙紫薯1号、浙薯1号。

（二）面积

品种年报累计结果表明，衢州市1986—2015年甘薯总面积318.63万亩，其中23个甘薯主要品种面积287.93万亩、占90.37%（表4-54），未标明品种名称的甘薯其他品种面积30.7万亩、占9.63%。按品种统计，甘薯主要品种面积如下：徐薯18　117.18万亩，胜利百号　58.97万亩，南薯88　43.8万亩，心香　20.78万亩，浙薯13　14.34万亩，浙薯132　5.11万亩，浙薯6025　5.01万亩，东方红　4.8万亩，渝紫263　3.36万亩，浙薯75　3.24万亩，紫薯1号　2.71万亩，红皮白心　2.02万亩，地方品种　2.01万亩，浙紫薯1号　1.21万亩，红红1号　0.95万亩，浙薯1号　0.81万亩，紫薯1号　0.51万亩，浙薯3号　0.47万亩，76-9　0.15万亩，浙薯602　0.15万亩，花本1号　0.15万亩，浙薯2号　0.1万亩，金玉（浙薯1257）　0.1万亩。

（三）品种种植年限

品种年报累计结果表明，衢州市1986—2015年甘薯品种种植年限：徐薯18　30年，胜利百号　28年，南薯88　24年，浙薯13　12年，心香　11年，浙薯132　10年，浙薯6025　10年，浙薯75　8年，紫薯1号　6年，东方红　5年，红皮白心　4年，渝紫263　3年，地方品种　3年，浙紫薯1号　3年，浙薯1号　3年，浙薯3号　3年，紫薯1号　2年，红红1号　1年，76-9　1年，浙薯602　1年，浙薯2号　1年，金玉（浙薯1257）　1年，花本1号　1年。

二、马铃薯

（一）品种

衢州市1999—2015年品种年报累计结果表明，马铃薯主要品种有12个：克新4号、东农303、郑薯3号、本地种、克新6号、费乌瑞它、中薯3号、大西洋、荷兰7号、克新2号、蒙古种、克新2号。

（二）面积

品种年报累计结果表明，衢州市1999—2015年马铃薯总面积76.80万亩，其中12个马铃薯主要品种面积66.18万亩、占86.17%（表4-53），未标明品种名称的马铃薯其他品种面积10.62万亩、占13.83%。按品种统计，马铃薯主要品种面积如下：东农303　34.61万亩，克新4号　18.47万亩，中薯3号　9.01万亩，本地种　0.96万亩，蒙古种　0.95万亩，克新6号　0.83万亩，大西洋　0.75万亩，克新2号　0.21万亩，费乌瑞它　0.2万亩，克新2号　0.11万亩，荷兰7号　0.05万亩，郑薯3号　0.03万亩。

（三）品种种植年限

品种年报累计结果表明，衢州市1989—2015年马铃薯品种种植年限：东农303　17年，克新4号 17年，中薯3号 6年，克新6号 5年，蒙古种 3年，大西洋 3年，本地种 2年，克新2号 2年，荷兰7号 2年，费乌瑞它 1年，克新2号 1年，郑薯3号 1年。

表 4-51 衢州市 1986—2015 年甘薯品种及面积统计表

年份	甘薯面积合计（万亩）	主要品种数量（个）	新增主要品种数量（个）	新增主要品种名称	主要品种面积小计（万亩）	其他品种面积（万亩）
1986	6.57	2	2	胜利百号、徐薯 18	6.5	0.07
1987	8.61	2	0		7.68	0.93
1988	8.27	3	1	红皮白心	5.94	2.33
1989	8.5	5	2	76-9、浙薯 2 号	5.14	3.36
1990	8.39	4	1	浙薯 602	7.61	0.78
1991	10.26	3	0		8.79	1.47
1992	10.12	3	1	南薯 88	9.02	1.1
1993	9.29	3	0		6.59	2.7
1994	9.59	3	0		8.35	1.24
1995	12.93	3	0		10.12	2.81
1996	11.39	3	0		10.53	0.86
1997	13.48	3	0		11.91	1.57
1998	13.87	3	0		12.32	1.55
1999	14.52	3	0		13.5	1.02
2000	12.45	3	0		11.22	1.23
2001	13.81	3	0		12.6	1.21
2002	8.01	3	0		6.1	1.91
2003	8.77	3	0		7.52	1.25
2004	10.95	3	1	浙薯 13	10.65	0.3
2005	12.56	9	5	红红 1 号、浙薯 6025、紫薯 1 号、金玉（浙薯 1257）、心香	12.25	0.31
2006	12.59	9	3	东方红、浙薯 132、花本 1 号	10.91	1.68
2007	12.4	11	3	地方品种、渝紫 263、紫薯 1 号	11.93	0.47
2008	13.75	11	1	浙薯 75	13.2	0.55
2009	9.93	11	1	浙薯 3 号	9.93	
2010	10.48	9	1	浙紫薯 1 号	10.48	
2011	9.42	11	1	浙薯 1 号	9.42	
2012	10.23	10	0		10.23	
2013	6.96	10	0		6.96	
2014	10.23	11	0		10.23	
2015	10.3	11	0		10.3	
合计	318.63	171	23		287.93	30.7

表 4-52　衢州市 1986—2015 年甘薯三大主栽品种情况统计表

年份	面积（万亩）	第一主栽品种	第一主栽品种面积（万亩）	第二主栽品种	第二主栽品种面积（万亩）	第三主栽品种	第三主栽品种面积（万亩）	三大主栽品种面积合计（万亩）	三大主栽品种占比（%）
1986	6.57	胜利百号	6.34	徐薯 18	0.16			6.5	98.93
1987	8.61	胜利百号	6.34	徐薯 18	1.34			7.68	89.20
1988	8.27	徐薯 18	2.86	胜利百号	2.72	红皮白心	0.36	5.94	71.83
1989	8.5	徐薯 18	2.58	胜利百号	1.86	红皮白心	0.45	4.89	57.53
1990	8.39	徐薯 18	5.20	胜利百号	1.95	红皮白心	0.31	7.46	88.92
1991	10.26	徐薯 18	4.42	胜利百号	3.47	红皮白心	0.9	8.79	85.67
1992	10.12	徐薯 18	5.07	胜利百号	3.08	南薯 88	0.87	9.02	89.13
1993	9.29	徐薯 18	3.59	胜利百号	1.90	南薯 88	1.10	6.59	70.94
1994	9.59	徐薯 18	3.93	胜利百号	2.23	南薯 88	2.19	8.35	87.07
1995	12.93	徐薯 18	6.96	南薯 88	2.30	胜利百号	0.86	10.12	78.27
1996	11.39	徐薯 18	6.41	南薯 88	3.07	胜利百号	1.05	10.53	92.45
1997	13.48	胜利百号	4.59	徐薯 18	4.23	南薯 88	3.09	11.91	88.35
1998	13.87	徐薯 18	5.75	南薯 88	3.82	胜利百号	2.75	12.32	88.82
1999	14.52	徐薯 18	6.69	南薯 88	4.68	胜利百号	2.13	13.5	92.98
2000	12.45	徐薯 18	5.02	南薯 88	4.93	胜利百号	1.27	11.22	90.12
2001	13.81	徐薯 18	6.23	南薯 88	3.43	胜利百号	2.94	12.6	91.24
2002	8.01	徐薯 18	2.85	胜利百号	1.80	南薯 88	1.45	6.1	76.15
2003	8.77	南薯 88	3.85	徐薯 18	2.77	胜利百号	0.90	7.52	85.75
2004	10.95	徐薯 18	7.46	浙薯 13	2.41	南薯 88	0.78	10.65	97.26
2005	12.56	徐薯 18	4.24	浙薯 13	2.45	南薯 88	2.15	8.84	70.38
2006	12.59	徐薯 18	4.02	东方红	1.50	胜利百号	1.40	6.92	54.96
2007	12.4	徐薯 18	3.58	胜利百号	1.60	地方品种	1.40	6.58	53.06
2008	13.75	徐薯 18	4.36	胜利百号	1.52	浙薯 132	1.17	7.05	51.27
2009	9.93	徐薯 18	1.76	浙薯 132	1.25	渝紫 263	1.20	4.21	42.40
2010	10.48	心香	3.99	徐薯 18	2.55	浙薯 13	0.95	7.49	71.47
2011	9.42	心香	3.33	徐薯 18	2.53	紫薯 1 号	0.60	6.46	68.58
2012	10.23	心香	3.83	徐薯 18	2.39	浙薯 13	1.03	7.25	70.87
2013	6.96	心香	2.35	徐薯 18	2.32	浙薯 13	1.02	5.69	81.75
2014	10.23	徐薯 18	3.21	心香	2.12	胜利百号	1.60	6.93	67.74
2015	10.3	徐薯 18	2.70	心香	2.20	浙薯 13	1.51	6.41	62.23
合计	318.63		133.51		74.58		37.43	245.52	77.05

表 4-53　衢州市 1986—2015 年马铃薯品种面积统计表

年份	面积合计（万亩）	主要品种数量（个）	新增主要品种数量（个）	新增主要品种名称	主要品种面积小计（万亩）	其他品种面积（万亩）
1986	未统计					
1987	未统计					
1988	未统计					
1989	未统计					
1990	未统计					
1991	未统计					
1992	未统计					
1993	未统计					
1994	未统计					
1995	未统计					
1996	未统计					
1997	未统计					
1998	未统计					
1999	4. 21	2	2	克新 4 号、东农 303	2. 68	1. 53
2000	4. 27	2	0		2. 73	1. 54
2001	4. 57	2	0		3. 59	0. 98
2002	4. 13	2	0		3. 33	0. 8
2003	3. 07	2	0		2. 24	0. 83
2004	3. 49	3	1	郑薯 3 号	2. 23	1. 26
2005	3. 74	2	0		2. 47	1. 27
2006	4. 13	2	0		3. 01	1. 12
2007	4. 05	2	0		3. 04	1. 01
2008	5. 49	4	2	本地种、克新 6 号	5. 23	0. 26
2009	4. 62	4	1	费乌瑞它	4. 62	0
2010	5. 56	7	3	中薯 3 号、大西洋、荷兰 7 号	5. 54	0. 02
2011	5. 54	4	0		5. 54	
2012	3. 91	4	0		3. 91	
2013	4. 82	5	2	克新 2 号、蒙古种	4. 82	
2014	5. 73	6	0		5. 73	
2015	5. 47	6	1	克新 2 号	5. 47	
合计	76. 8	59	12		66. 18	10. 62

表 4-54　衢州市 1986—2015 年甘薯品种推广面积统计　　单位：万亩

年份	胜利百号	徐薯18	红皮白心	76-9	浙薯2号	浙薯602	南薯88	浙薯13	红红1号	浙薯6025	紫薯1号	金玉（浙薯1257）
1986	6.34	0.16										
1987	6.34	1.34										
1988	2.72	2.86	0.36									
1989	1.86	2.58	0.45	0.15	0.10							
1990	1.95	5.20	0.31			0.15						
1991	3.47	4.42	0.90									
1992	3.08	5.07					0.87					
1993	1.90	3.59					1.10					
1994	2.23	3.93					2.19					
1995	0.86	6.96					2.30					
1996	1.05	6.41					3.07					
1997	4.59	4.23					3.09					
1998	2.75	5.75					3.82					
1999	2.13	6.69					4.68					
2000	1.27	5.02					4.93					
2001	2.94	6.23					3.43					
2002	1.80	2.85					1.45					
2003	0.90	2.77					3.85					
2004		7.46					0.78	2.41				
2005	1.55	4.24					2.15	2.45	0.95	0.51	0.2	0.10
2006	1.40	4.02					1.19	1.00		0.75		
2007	1.60	3.58					0.70	0.40		0.87		
2008	1.52	4.36					1.00	1.00		0.50		
2009	0.49	1.76					1.00	1.10		0.70		
2010	0.63	2.55					0.70	0.95				
2011	0.40	2.53					0.55	0.58		0.36		
2012		2.39					0.47	1.03		0.32		
2013	0.10	2.32					0.10	1.02		0.30		
2014	1.60	3.21					0.20	0.89		0.30		
2015	1.50	2.70					0.18	1.51		0.40	0.31	
合计	58.97	117.18	2.02	0.15	0.10	0.15	43.8	14.34	0.95	5.01	0.51	0.10
种植年限	28	30	4	1	1	1	24	12	1	10	2	1

（续表）

年份	心香	东方红	浙薯132	花本1号	地方品种	渝紫263	紫薯1号	浙薯75	浙薯3号	浙紫薯1号	浙薯1号
1986											
1987											
1988											
1989											
1990											
1991											
1992											
1993											
1994											
1995											
1996											
1997											
1998											
1999											
2000											
2001											
2002											
2003											
2004											
2005	0. 10										
2006	0. 30	1. 50	0. 60	0. 15							
2007	0. 83	0. 60	0. 80		1. 40	1. 10	0. 05				
2008	1. 10	0. 50	1. 17		0. 55	1. 06		0. 44			
2009	0. 63		1. 25			1. 20	0. 70	1. 00	0. 10		
2010	3. 99		0. 39		0. 06			0. 50		0. 71	
2011	3. 33		0. 30				0. 60	0. 50	0. 16		0. 11
2012	3. 83		0. 30				0. 68	0. 50	0. 21		0. 50
2013	2. 35		0. 10				0. 37	0. 10			0. 20
2014	2. 12	1. 20	0. 10				0. 31	0. 10		0. 20	
2015	2. 20	1. 00	0. 10					0. 10		0. 30	
合计	20. 78	4. 80	5. 11	0. 15	2. 01	3. 36	2. 71	3. 24	0. 47	1. 21	0. 81
种植年限	11	5	10	1	3	3	6	8	3	3	3

（续表）

年份	克新4号	东农303	郑薯3号	本地种	克新6号	费乌瑞它	中薯3号	大西洋	荷兰7号	克新2号	蒙古种	克新2号	备注
1986													未统计
1987													未统计
1988													未统计
1989													未统计
1990													未统计
1991													未统计
1992													未统计
1993													未统计
1994													未统计
1995													未统计
1996													未统计
1997													未统计
1998													未统计
1999	1. 63	1. 05											
2000	1. 77	0. 96											
2001	1. 49	2. 10											
2002	1. 09	2. 24											
2003	0. 85	1. 39											
2004	0. 71	1. 49	0. 03										
2005	0. 77	1. 70											
2006	1. 17	1. 84											
2007	1. 12	1. 92											
2008	1. 02	3. 29		0. 60	0. 32								
2009	1. 11	3. 29			0. 02	0. 20							
2010	1. 08	1. 96		0. 36	0. 15		1. 79	0. 15	0. 05				
2011	0. 97	2. 52			0. 14		1. 91						
2012	1. 03	1. 64			0. 20		1. 04						
2013	1. 07	2. 30					1. 20			0. 10	0. 15		
2014	0. 88	2. 44					1. 60	0. 30		0. 11	0. 40		
2015	0. 71	2. 48					1. 47	0. 30			0. 40	0. 11	
合计	18. 47	34. 61	0. 03	0. 96	0. 83	0. 2	9. 01	0. 75	0. 05	0. 21	0. 95	0. 11	
种植年限	17	17	1	2	5	1	6	3	1	2	3	1	

第五章　油料作物主要品种及面积

第一节　油菜品种及面积

一、油菜品种

衢州市1986—2015年品种年报累计结果表明，油菜主要品种有65个：九二-13系、土油菜、3063、九二-58系、宁海7号、601（79601）、81-350、杂选84-1、浙油优1号、鉴七、浙油优2号、高油605（605）、华杂3号、浙双72、华杂4号、浙油758、沪油15、浙双6号、中双8号、油研9号、浙双758、中油杂1号、油研10号、浙油18、德油8号、沪油杂1号、湘杂油1号、沪油16、中双9号、秦油7号、秦油8号、浙双8号、浙油50、浙大619、浙油28、油研7号、中油杂15号、油研8号、油研5号、平头油菜、浙油19、浙杂2号、绵新油68、宁杂19号、华油杂95、绵新油78、沪油21、农华油101、沣油737、中双11号、盐油杂3号、华浙油0742、油研818、油研817、华湘油11号、华油杂62、福油518、中油杂898、宁杂21号、中油88、黔油28号、浙大622、德核杂油8号、浙油51、浙油杂2号。

二、油菜面积

品种年报累计结果表明，衢州市1986—2015年油菜总面积1 285.2万亩，其中65个油菜主要品种面积1 253.00万亩、占97.49%（表5-1至表5-3），未标明品种名称的油菜其他品种面积32.20万亩、占2.51%。按品种统计，油菜主要品种面积如下：九二-13系　260.44万亩，高油605　229.3万亩，九二-58系　190.52万亩，浙双72　175万亩，华杂4号　72.29万亩，601（79601）　56.86万亩，浙油18　45.73万亩，浙油50　38.8万亩，浙大619　34.76万亩，沪油15　19.6万亩，浙双6号　19.17万亩，油研10号　16.78万亩，土油菜　15.4万亩，浙油优1号　10.37万亩，浙油758　7.22万亩，鉴七　5.35万亩，浙双758　4.93万亩，沣油737　4.47万亩，绵新油68　3.81万亩，中双11号　3.81万亩，德油8号　3.68万亩，秦油8号　3.57万亩，绵新油78　2.49万亩，秦油7号　2.12万亩，油研9号　1.82万亩，宁杂19号　1.65万亩，浙油优2号　1.5万亩，沪油16　1.4万亩，浙大622　1.32万亩，沪油杂1号　1.31万亩，3063　1.25万亩，宁海7号　1.25万亩，沪油21　1.2万亩，湘杂油1号　1.14万亩，油研818　1.11万亩，华油杂95　1.1万亩，中油杂1号　1.07万亩，盐油杂3号　0.99万亩，德核杂油8号　0.85万亩，中双9号　0.71万亩，中双8号　0.7万亩，浙油51　0.6万亩，华浙油0742　0.56万亩，81-350　0.5万亩，杂选84-1　0.5万亩，浙杂2号　0.45万亩，浙油28　0.35万亩，华杂3号　0.3万亩，浙双8号　0.3万亩，浙油杂2号　0.27万亩，油研7号　0.26万亩，油研817　0.25万亩，中油杂15号　0.2万亩，华湘油11号　0.18万亩，浙油19　0.16万亩，华油杂62　0.16万亩，福油518　0.16万亩，油研8号　0.15万亩，油研5号　0.13万亩，中油杂898　0.13万亩，农华油101　0.12万亩，宁杂21号　0.12万亩，中油88　0.11万亩，平头油菜　0.1万亩，黔油28号　0.1万亩。

三、油菜品种种植年限

品种年报累计结果表明，衢州市1986—2015年油菜品种种植年限：九二-58系　25年，九二-13系　24年，高油605　20年，浙双72　16年，华杂4号　12年，601（79601）11年，沪油15　11年，浙双6号　10年，土油菜　9年，油研10号　8年，浙双758　8年，油研9号　8年，浙油18　7年，浙油50　6年，浙大619　6年，浙油优1号　6年，秦油8号　6年，德油8号　5年，秦油7号　5年，绵新油68　4年，宁杂19号　4年，沪油杂1号　4年，湘杂油1号　4年，绵新油78　3年，沪油16　3年，华油杂95　3年，中油杂1号　3年，中双9号　3年，中双8号　3年，浙油758　2年，沣油737　2年，中双11号　2年，油研818　2年，盐油杂3号　2年，浙杂2号　2年，浙双8号　2年，油研817　2年，浙油19　2年，农华油101　2年，鉴七　1年，浙油优2号　1年，浙大622　1年，3063　1年，宁海7号　1年，沪油21　1年，德核杂油8号　1年，浙油51　1年，华浙油0742　1年，81-350　1年，杂选84-1　1年，浙油28　1年，华杂3号　1年，浙油杂2号　1年，油研7号　1年，中油杂15号　1年，华湘油11号　1年，华油杂62　1年，福油518　1年，油研8号　1年，油研5号　1年，中油杂898　1年，宁杂21号　1年，中油88　1年，平头油菜　1年，黔油28号　1年。

表5-1　1986—2015年油菜品种及面积统计表

年份	面积合计（万亩）	主要品种数量（个）	新增主要品种数量（个）	新增主要品种名称	主要品种面积小计（万亩）	其他品种面积（万亩）
1986	38.82	4	4	九二-13系、土油菜、3063、九二-58系	38.81	0.01
1987	38.37	4	1	宁海7号	38.36	0.01
1988	36.40	6	3	601（79601）、81-350、杂选84-1	34.94	1.46
1989	36.35	5	1	浙油优1号	35.08	1.27
1990	38.34	5	0		37.94	0.40
1991	38.38	5	0		37.92	0.46
1992	42.61	5	1	鉴七	42.07	0.54
1993	30.55	3	0		29.74	0.81
1994	39.90	5	1	浙油优2号	37.60	2.30
1995	51.42	3	0		49.13	2.29
1996	46.10	4	1	高油605（605）	45.18	0.92
1997	45.45	4	0		43.31	2.14
1998	45.15	6	2	华杂3号、浙双72	40.37	4.78
1999	45.57	5	2	华杂4号、浙油758	43.69	1.88
2000	41.84	5	0		41.54	0.30
2001	43.25	5	0		41.65	1.60
2002	40.17	5	0		38.67	1.50
2003	38.06	6	0		36.70	1.36

（续表）

年份	面积合计（万亩）	主要品种数量（个）	新增主要品种数量（个）	新增主要品种名称	主要品种面积小计（万亩）	其他品种面积（万亩）
2004	37.08	6	1	沪油 15	35.37	1.71
2005	37.51	9	3	浙双 6 号、中双 8 号、油研 9 号	36.19	1.32
2006	37.19	9	0		35.15	2.04
2007	37.54	9	0		35.68	1.86
2008	42.91	11	3	浙双 758、中油杂 1 号、油研 10 号	41.67	1.24
2009	45.35	19	9	浙油 18、德油 8 号、沪油杂 1 号、湘杂油 1 号、沪油 16、中双 9 号、秦油 7 号、秦油 8 号、浙双 8 号	45.35	
2010	52.11	32	10	浙油 50、浙大 619、浙油 28、油研 7 号、中油杂 15 号、油研 8 号、油研 5 号、平头油菜、浙油 19、浙杂 2 号	52.11	
2011	51.02	15	0		51.02	
2012	50.55	16	3	绵新油 68、宁杂 19 号、华油杂 95	50.55	
2013	53.35	20	3	绵新油 78、沪油 21、农华油 101	53.35	
2014	51.78	32	13	沣油 737、中双 11 号、盐油杂 3 号、华浙油 0742、油研 818、油研 817、华湘油 11 号、华油杂 62、福油 518、中油杂 898、宁杂 21 号、中油 88、黔油 28 号	51.78	
2015	52.08	22	4	浙大 622、德核杂油 8 号、浙油 51、浙油杂 2 号	52.08	
合计	1 285.2	285	65		1 253	32.2

表 5-2　衢州市 1986—2015 年油菜三大主栽品种情况统计表

年份	面积（万亩）	第一主栽品种	第一主栽品种面积（万亩）	第二主栽品种	第二主栽品种面积（万亩）	第三主栽品种	第三主栽品种面积（万亩）	三大主栽品种面积合计（万亩）	三大主栽品种占比（%）
1986	38.82	九二-13 系	32.52	土油菜	5.02	3063	1.25	38.79	99.92
1987	38.37	九二-13 系	32.07	土油菜	5.02	宁海 7 号	1.25	38.34	99.92
1988	36.40	九二-13 系	21.97	九二-58 系	6.95	601	3.32	32.24	88.57
1989	36.35	九二-13 系	16.99	九二-58 系	8.57	601	6.50	32.06	88.20
1990	38.34	九二-13 系	24.95	601	6.29	浙优油 1 号	2.98	34.22	89.25

（续表）

年份	面积（万亩）	第一主栽品种	第一主栽品种面积（万亩）	第二主栽品种	第二主栽品种面积（万亩）	第三主栽品种	第三主栽品种面积（万亩）	三大主栽品种面积合计（万亩）	三大主栽品种占比（%）
1991	38.38	九二-13系	16.38	九二-58系	9.67	601	8.49	34.54	89.99
1992	42.61	九二-13系	16.20	九二-58系	12.68	601	7.13	36.01	84.51
1993	30.55	九二-13系	14.34	九二-58系	9.80	601	5.60	29.74	97.35
1994	39.90	九二-58系	20.70	九二-13系	9.60	601	5.70	36.00	90.23
1995	51.42	九二-58系	23.33	九二-13系	21.07	601	4.73	49.13	95.55
1996	46.10	九二-58系	26.45	九二-13系	13.16	601	3.77	43.38	94.10
1997	45.45	九二-58系	24.89	九二-13系	14.04	601	2.36	41.29	90.85
1998	45.15	九二-58系	16.10	高油605	14.60	九二-13系	6.10	36.80	81.51
1999	45.57	高油605	20.61	九二-58系	9.21	华杂4号	5.20	35.02	76.85
2000	41.84	高油605	19.60	华杂4号	11.83	九二-58系	4.81	36.24	86.62
2001	43.25	华杂4号	15.84	高油605	13.70	浙双72	8.26	37.80	87.40
2002	40.17	华杂4号	15.50	高油605	10.65	浙双72	9.23	35.38	88.08
2003	38.06	浙双72	12.60	华杂4号	9.80	高油605	8.90	31.30	82.24
2004	37.08	高油605	9.05	浙双72	8.56	九二-13系	8.41	26.02	70.17
2005	37.51	浙双72	16.10	高油605	9.71	华杂4号	4.44	30.25	80.65
2006	37.19	浙双72	16.12	高油605	11.91	华杂4号	3.39	31.42	84.49
2007	37.54	高油605	16.06	浙双72	11.21	浙双6号	2.95	30.22	80.50
2008	42.91	高油605	17.25	浙双72	13.95	浙双6号	4.77	35.97	83.83
2009	45.35	浙双72	15.55	高油605	13.30	沪油15	4.00	32.85	72.44
2010	52.11	浙油18	11.54	高油605	11.20	浙双72	10.55	33.29	63.88
2011	51.02	浙油18	11.92	浙双72	11.45	高油605	10.00	33.37	65.41
2012	50.55	浙双72	11.57	高油605	9.08	浙油18	8.90	29.55	58.46
2013	53.35	浙大619	12.45	浙油50	10.00	浙油18	7.65	30.10	56.42
2014	51.78	浙双72	10.62	高油605	10.59	浙大619	7.71	28.92	55.85
2015	52.08	高油605	13.57	浙双72	11.43	浙大619	6.60	31.60	60.68
合计	1 285.2		532.84		324.05		174.95	1 031.84	80.29

表 5-3　衢州市 1986—2015 年油菜主要品种面积统计表　　单位：万亩

年份	九二-13 系	土油菜	3063	九二-58 系	宁海 7 号	601 (79601)	81-350	杂选 84-1	浙油优 1 号	鉴七	浙油优 2 号	高油 605 (605)	华杂 3 号	浙双 72	华杂 4 号	浙油 758
1986	32.52	5.02	1.25	0.02												
1987	32.07	5.02		0.02	1.25											
1988	21.97	1.70		6.95		3.32	0.50	0.50								
1989	16.99	1.01		8.57		6.50			2.01							
1990	24.95	0.81		2.91		6.29			2.98							
1991	16.38	0.40		9.67		8.49			2.98							
1992	16.20	0.71		12.68		7.13				5.35						
1993	14.34			9.80		5.60										
1994	9.60			20.70		5.70			0.10		1.50					
1995	21.07			23.33		4.73										
1996	13.16			26.45		3.77						1.80				
1997	14.04			24.89		2.36						2.02				
1998	6.10			16.10		2.97						14.60	0.30	0.30		
1999	4.45			9.21								20.61			5.20	4.22
2000	2.30			4.81								19.6			11.83	3.00
2001	0.80			3.05								13.70		8.26	15.84	
2002	0.50			2.79								10.65		9.23	15.50	
2003	1.40			2.80								8.90		12.60	9.80	
2004	8.41			2.30								9.05		8.56	4.15	
2005	0.51			0.33								9.71		16.10	4.44	
2006	0.83			0.88								11.91		16.12	3.39	
2007	0.55			0.56								16.06		11.21	1.63	
2008				0.10					1.80			17.25		13.95	0.10	
2009		0.10										13.30		15.55	0.10	
2010	0.70	0.63		0.80					0.50			11.20		10.55	0.31	
2011	0.60			0.80								10.00		11.45		
2012												9.08		11.57		
2013												5.70		7.50		
2014												10.59		10.62		
2015												13.57		11.43		
合计	260.44	15.40	1.25	190.52	1.25	56.86	0.50	0.50	10.37	5.35	1.50	229.3	0.30	175.00	72.29	7.22
种植年限	24	9	1	25	1	11	1	1	6	1	1	20	1	16	12	2

（续表）

年份	沪油15	浙双6号	中双8号	油研9号	浙双758	中油杂1号	油研10号	浙油18	德油8号	沪油杂1号	湘杂油1号	沪油16	中双9号	秦油7号	秦油8号	浙双8号	浙油50
1986																	
1987																	
1988																	
1989																	
1990																	
1991																	
1992																	
1993																	
1994																	
1995																	
1996																	
1997																	
1998																	
1999																	
2000																	
2001																	
2002																	
2003	1.20																
2004	2.90																
2005	0.50	4.40	0.10	0.10													
2006	0.50	1.00	0.50	0.02													
2007	2.60	2.95	0.10	0.02													
2008	2.20	4.77		0.50	0.50	0.30	0.20										
2009	4.00	3.20		0.30	0.50	0.40	2.30	2.70	1.00	0.70	0.50	0.20	0.20	0.10	0.10	0.10	
2010	3.40	0.65		0.08	1.47	0.37	2.73	11.54	1.18	0.21	0.24	0.40	0.36	0.21	1.14	0.20	1.45
2011	1.60	0.80			1.00		2.49	11.92	0.50	0.20	0.20				1.10		6.26
2012	0.30	0.70			0.90		2.70	8.90	0.50		0.20	0.80			0.60		7.50
2013	0.20	0.40		0.60	0.30		2.40	7.65	0.50	0.20			0.15	0.70			10.00
2014	0.20	0.20		0.20	0.16		2.40	2.64						0.49	0.33		7.45
2015		0.10			0.10		1.56	0.38						0.62	0.30		6.14
合计	19.60	19.17	0.70	1.82	4.93	1.07	16.78	45.73	3.68	1.31	1.14	1.40	0.71	2.12	3.57	0.30	38.8
种植年限	12	11	3	8	8	3	8	7	5	4	4	3	3	5	6	2	6

（续表）

年份	浙大619	浙油28	油研7号	中油杂15号	油研8号	油研5号	平头油菜	浙油19	浙杂2号	绵新油68	宁杂19号	华油杂95	绵新油78	沪油21	农华油101	沣油737	中双11号
1986																	
1987																	
1988																	
1989																	
1990																	
1991																	
1992																	
1993																	
1994																	
1995																	
1996																	
1997																	
1998																	
1999																	
2000																	
2001																	
2002																	
2003																	
2004																	
2005																	
2006																	
2007																	
2008																	
2009																	
2010	0.50	0.35	0.26	0.20	0.15	0.13	0.10	0.07	0.03								
2011	2.10																
2012	5.40									0.80	0.50	0.10					
2013	12.45									1.10	0.50	0.50	1.25	1.20	0.05		
2014	7.71							0.09	0.42	0.91	0.55	0.50	0.84		0.07	1.42	1.19
2015	6.60									1.00	0.10		0.40			3.05	2.62
合计	34.76	0.35	0.26	0.2	0.15	0.13	0.1	0.16	0.45	3.81	1.65	1.1	2.49	1.2	0.12	4.47	3.81
种植年限	6	1	1	1	1	1	1	2	2	4	4	3	3	1	2	2	2

（续表）

年份	盐油杂3号	华浙油0742	油研818	油研817	华湘油11号	华油杂62	福油518	中油杂898	宁杂21号	中油88	黔油28号	浙大622	德核杂油8号	浙油51	浙油杂2号
1986															
1987															
1988															
1989															
1990															
1991															
1992															
1993															
1994															
1995															
1996															
1997															
1998															
1999															
2000															
2001															
2002															
2003															
2004															
2005															
2006															
2007															
2008															
2009															
2010															
2011															
2012															
2013															
2014	0.63	0.56	0.46	0.19	0.18	0.16	0.16	0.13	0.12	0.11	0.10				
2015	0.36		0.65	0.06								1.32	0.85	0.60	0.27
合计	0.99	0.56	1.11	0.25	0.18	0.16	0.16	0.13	0.12	0.11	0.10	1.32	0.85	0.60	0.27
种植年限	2	1	2	2	1	1	1	1	1	1	1	1	1	1	1

第二节　花生品种及面积

一、花生品种

衢州市 1986—2015 年品种年报累计结果表明（其中 1992—2004 年未统计，下同），花生主要品种有 15 个：天府 3 号、粤油 551-116、小洋生、小京生、白沙、中育黑 1 号、一把抓、本地种、大红袍、白沙 06、天府 2 号、天府 10 号、衢江黑花生、地方品种、四粒红。

二、花生面积

品种年报累计结果表明，衢州市 1986—2015 年花生总面积 25.49 万亩，其中 15 个花生主要品种面积 22.77 万亩、占 89.33%（表 5-4、表 5-5），未标明品种名称的花生其他品种面积 2.72 万亩、占 10.67%。按品种统计，花生主要品种面积如下：天府 3 号　8.24 万亩，衢江黑花生　3.89 万亩，小京生　2.74 万亩，粤油 551-116　2.15 万亩，大红袍　1.84 万亩，白沙　061.1 万亩，天府 10 号　1.09 万亩，本地种　0.61 万亩，中育黑 1 号　0.32 万亩，白沙　0.25 万亩，天府 2 号　0.18 万亩，四粒红　0.14 万亩，地方品种　0.1 万亩，一把抓　0.07 万亩，小洋生　0.05 万亩。

三、花生品种种植年限

品种年报累计结果表明，衢州市 1986—2015 年花生品种种植年限：天府 3 号　15 年，小京生　11 年，衢江黑花生　8 年，大红袍　8 年，白沙 06　8 年，天府 10 号　8 年，粤油 551-116　6 年，本地种　4 年，天府 2 号　4 年，中育黑 1 号　3 年，四粒红　3 年，白沙　1 年，地方品种　1 年，小洋生　1 年，一把抓　1 年。

表 5-4　1986—2015 年花生品种面积统计表

年份	面积（万亩）	主要品种数量（个）	新增主要品种数量（个）	新增主要品种名称	主要品种面积小计（万亩）	其他品种面积（万亩）
1986	1.01	2	2	天府 3 号、粤油 551-116	0.71	0.30
1987	1.08	3	1	小洋生	0.77	0.31
1988	0.38	2	0		0.25	0.13
1989	0.47	2	0		0.39	0.08
1990	0.77	1	0		0.27	0.50
1991	0.93	1	0		0.81	0.12
1992		未统计				
1993		未统计				
1994		未统计				
1995		未统计				
1996		未统计				

（续表）

年份	面积（万亩）	主要品种数量（个）	新增主要品种数量（个）	新增主要品种名称	主要品种面积小计（万亩）	其他品种面积（万亩）
1997		未统计				
1998		未统计				
1999		未统计				
2000		未统计				
2001		未统计				
2002		未统计				
2003		未统计				
2004		未统计				
2005	1. 31	4	3	小京生、白沙、中育黑 1 号	1. 16	0. 15
2006	1. 22	4	1	一把抓	0. 89	0. 33
2007	1. 91	8	5	本地种、大红袍、白沙 06、天府 2 号、天府 10 号	1. 51	0. 40
2008	1. 74	8	2	衢江黑花生、地方品种	1. 44	0. 30
2009	1. 94	7	0		1. 89	0. 05
2010	2. 18	7	1	四粒红	2. 13	0. 05
2011	2. 03	7	0		2. 03	
2012	2. 20	7	0		2. 20	
2013	1. 80	7	0		1. 80	
2014	2. 32	6	0		2. 32	
2015	2. 20	6	0		2. 20	
合计	25. 49	82	15		22. 77	2. 72

表 5-5　衢州市 1986—2015 年花生主要品种面积统计表　　单位：万亩

年份	天府 3 号	粤油 551-116	小洋生	小京生	白沙	中育黑 1 号	一把抓	本地种	大红袍	白沙 06	天府 2 号	天府 10 号	衢江黑花生	地方品种	四粒红	（备注）
1986	0. 38	0. 33														
1987	0. 28	0. 44	0. 05													
1988	0. 08	0. 17														
1989	0. 26	0. 13														
1990		0. 27														

（续表）

年份	天府3号	粤油551-116	小洋生	小京生	白沙	中育黑1号	一把抓	本地种	大红袍	白沙06	天府2号	天府10号	衢江黑花生	地方品种	四粒红	（备注）
1991		0.81														
1992																未统计
1993																未统计
1994																未统计
1995																未统计
1996																未统计
1997																未统计
1998																未统计
1999																未统计
2000																未统计
2001																未统计
2002																未统计
2003																未统计
2004																未统计
2005	0.35			0.46	0.25	0.10										
2006	0.35			0.37		0.10	0.07									
2007	0.39			0.11		0.12		0.39	0.35	0.10	0.03	0.02				
2008	0.64			0.16				0.12	0.04		0.03	0.15	0.20	0.10		
2009	0.75			0.12				0.04		0.10	0.03	0.40	0.45			
2010	0.68			0.14				0.06	0.25	0.20			0.70		0.10	
2011	0.75			0.16					0.30	0.20		0.08	0.52		0.02	
2012	0.78			0.22					0.22	0.20		0.04	0.72		0.02	
2013	0.61			0.26					0.18	0.10	0.09	0.13	0.43			
2014	0.94			0.42					0.30	0.10		0.13	0.43			
2015	1.00			0.32					0.20	0.10		0.14	0.44			
合计	8.24	2.15	0.05	2.74	0.25	0.32	0.07	0.61	1.84	1.10	0.18	1.09	3.89	0.10	0.14	
种植年限	15	6	1	11	1	3	1	4	8	8	4	8	8	1	3	

第六章　棉花与西瓜主要品种及面积

第一节　棉　花

一、棉花品种

衢州市1986—2015年品种年报累计结果表明，棉花主要品种有45个：沪棉204、浙萧棉1号、徐岱8号、中棉12号、浙萧棉9号、910、中棉所28、苏棉8号、91490、泗棉3号、浙棉10号、浙棉11号、中棉所29、湘杂棉2号、慈抗3号、湘杂棉3号、慈抗F_2、慈抗F_1、沪棉、慈抗杂3号、苏棉12、南抗3号、泗棉、苏棉9号、南农6号、湘杂棉11号、湘杂棉8号、浙1793、苏棉8号、中棉9号、浙凤棉1号、慈爱杂1号、金杂棉3号、兴地棉1号、中棉所27、中棉所59、鄂杂棉10号、苏杂棉3号、中棉所63、泗杂棉8号、创075、创杂棉21号、国丰棉12、中棉所87、鄂杂棉29。

二、棉花面积

品种年报累计结果表明，衢州市1986—2015年棉花总面积95.45万亩，其中45个棉花主要品种面积89.56万亩、占93.83%（表6-1至表6-3），未标明品种名称的棉花其他品种面积5.89万亩、占6.17%。按品种统计，棉花主要品种面积如下：中棉12号　14.21万亩，浙萧棉9号　11.26万亩，沪棉204　9.26万亩，浙萧棉1号　8.26万亩，中棉所29　5.87万亩，湘杂棉8号　4.87万亩，慈抗杂3号　4.68万亩，湘杂棉3号　3.6万亩，910　3.21万亩，中棉所28　3.11万亩，慈抗3号　1.83万亩，泗棉3号　1.61万亩，91490　1.55万亩，兴地棉1号　1.53万亩，南农6号　1.37万亩，慈抗F_2　1.3万亩，湘杂棉11号　1.26万亩，苏棉8号　1.25万亩，浙凤棉1号　1.2万亩，鄂杂棉10号　1.03万亩，中棉所59　1.01万亩，浙棉11号　0.82万亩，湘杂棉2号　0.78万亩，浙1793　0.76万亩，中棉所63　0.5万亩，泗杂棉8号　0.46万亩，金杂棉3号　0.4万亩，苏棉12　0.36万亩，浙棉10号　0.35万亩，沪棉　0.33万亩，创075　0.22万亩，创杂棉21号　0.21万亩，苏杂棉3号　0.2万亩，国丰棉12　0.17万亩，徐岱8号　0.16万亩，慈抗F_1　0.15万亩，南抗3号　0.11万亩，中棉所87　0.08万亩，中棉所27　0.07万亩，慈爱杂1号　0.06万亩，鄂杂棉29　0.04万亩，泗棉　0.02万亩，苏棉8号　0.02万亩，苏棉9号　0.01万亩，中棉9号　0.01万亩。

三、棉花品种种植年限

品种年报累计结果表明，衢州市1986—2015年棉花品种种植年限：中棉12号　18年，中棉所29　15年，湘杂棉3号　11年，慈抗杂3号　10年，湘杂棉8号　9年，南农6号　8年，浙萧棉9号　7年，兴地棉1号　7年，湘杂棉11号　7年，浙萧棉1号　6年，浙凤棉1号　6年，鄂杂棉10号　6年，中棉所59　6年，沪棉204　5年，910　4年，泗棉3号　4年，湘杂棉2号　4年，苏棉12　4年，苏杂棉3号　4年，中棉所28　3年，慈抗3号　3年，91490　3年，苏棉8号　3年，浙棉11号　3年，中棉所63　3年，泗杂棉8号　3年，沪棉3年，创075　3年，创杂棉21号　3年，浙1793　2年，国丰棉12　2年，南抗3号　2年，中棉所87　2年，中棉所27　2年，慈抗F_2　1年，金杂棉3号　1年，浙棉10号　1年，徐岱8号　1年，慈抗F_1　1年，慈爱杂1号　1年，鄂杂棉29　1年，泗棉　1年，苏棉8号

1 年，苏棉 9 号　1 年，中棉 9 号　1 年。

表 6-1　1986—2015 年棉花品种及面积统计表

年份	面积（万亩）	主要品种数量（个）	新增主要品种数量（个）	新增主要品种名称	主要品种面积小计（万亩）	其他品种面积（万亩）
1986	4.91	2	2	沪棉 204、浙萧棉 1 号	4.91	0
1987	4.89	3	1	徐岱 8 号	4.89	0
1988	2.49	3	1	中棉 12 号	2.49	0
1989	1.83	3	0		1.83	0
1990	2.72	3	0		2.30	0.42
1991	2.08	2	0		1.94	0.14
1992	3.06	2	1	浙萧棉 9 号	2.08	0.98
1993	3.67	2	0		3.67	0
1994	3.81	2	0		3.81	0
1995	4.84	3	1	910	4.84	0
1996	6.13	3	0		6.13	0
1997	5.66	3	0		5.08	0.58
1998	6.70	9	6	中棉所 28、苏棉 8 号、91490、泗棉 3 号、浙棉 10 号、浙棉 11 号	6.58	0.12
1999	3.17	7	1	中棉所 29	3.02	0.15
2000	2.39	8	1	湘杂棉 2 号	2.30	0.09
2001	2.76	5	1	慈抗 3 号	2.27	0.49
2002	1.06	3	0		0.86	0.20
2003	2.26	2	1	湘杂棉 3 号	1.36	0.90
2004	2.40	5	3	慈抗 F_2、慈抗 F_1、沪棉	1.99	0.41
2005	2.04	8	5	慈抗杂 3 号、苏棉 12、南抗 3 号、泗棉、苏棉 9 号	1.87	0.17
2006	2.36	6	1	南农 6 号	2.12	0.24
2007	2.63	10	5	湘杂棉 11 号、湘杂棉 8 号、浙 1793、苏棉 8 号、中棉 9 号	2.05	0.58
2008	3.76	11	2	浙凤棉 1 号、慈爱杂 1 号	3.64	0.12
2009	3.21	11	3	金杂棉 3 号、兴地棉 1 号、中棉所 27	3.01	0.20
2010	2.69	13	2	中棉所 59、鄂杂棉 10 号	2.59	0.10
2011	3.08	12	1	苏杂棉 3 号	3.08	
2012	3.07	9	0		3.07	
2013	2.74	15	4	中棉所 63、泗杂棉 8 号、创 075、创杂棉 21 号	2.74	
2014	2.21	16	2	国丰棉 12、中棉所 87	2.21	
2015	0.83	11	1	鄂杂棉 29	0.83	
合计	95.45	192	45		89.56	5.89

表 6-2　衢州市 1986—2015 年棉花三大主栽品种情况统计表

年份	面积（万亩）	第一主栽品种	第一主栽品种面积（万亩）	第二主栽品种	第二主栽品种面积（万亩）	第三主栽品种	第三主栽品种面积（万亩）	三大主栽品种面积合计（万亩）	三大主栽品种占比（%）
1986	4.91	沪棉 204	4.66	浙萧棉 1 号	0.25			4.91	100.00
1987	4.89	沪棉 204	3.34	浙萧棉 1 号	1.39	徐岱 8 号	0.16	4.89	100.00
1988	2.49	浙萧棉 1 号	1.74	沪棉 204	0.72	中棉 12 号	0.03	2.49	100.00
1989	1.83	浙萧棉 1 号	1.51	沪棉 204	0.29	中棉 12 号	0.03	1.83	100.00
1990	2.72	浙萧棉 1 号	1.88	沪棉 204	0.25	中棉 12 号	0.17	2.30	84.56
1991	2.08	浙萧棉 1 号	1.49	中棉 12 号	0.45			1.94	93.27
1992	3.06	中棉 12 号	1.37	浙萧棉 9 号	0.71			2.08	67.97
1993	3.67	中棉 12 号	1.90	浙萧棉 9 号	1.77			3.67	100.00
1994	3.81	浙萧棉 9 号	2.11	中棉 12 号	1.70			3.81	100.00
1995	4.84	中棉 12 号	3.52	浙萧棉 9 号	0.80	910	0.52	4.84	100.00
1996	6.13	中棉 12 号	3.43	浙萧棉 9 号	1.50	910	1.20	6.13	100.00
1997	5.66	中棉 12 号	2.29	浙萧棉 9 号	1.55	910	1.24	5.08	89.75
1998	6.70	中棉所 28	1.53	中棉 12 号	1.20	苏棉 8 号	1.00	3.73	55.67
1999	3.17	中棉所 28	1.28	浙棉 11 号	0.50	91490	0.40	2.18	68.77
2000	2.39	中棉所 29	0.95	中棉所 28	0.30	泗棉 3 号	0.26	1.51	63.18
2001	2.76	中棉所 29	1.04	湘杂棉 2 号	0.51	慈抗 3 号	0.50	2.05	74.28
2002	1.06	中棉所 29	0.47	慈抗 3 号	0.33	湘杂棉 2 号	0.06	0.86	81.13
2003	2.26	慈抗 3 号	1.00	湘杂棉 3 号	0.36			1.36	60.18
2004	2.40	慈抗 F_2	1.30	湘杂棉 3 号	0.20	中棉所 29	0.20	1.70	70.83
2005	2.04	慈抗杂 3 号	1.00	中棉所 29	0.32	湘杂棉 3 号	0.23	1.55	75.98
2006	2.36	中棉所 29	1.21	南农 6 号	0.42	慈抗杂 3 号	0.18	1.81	76.69
2007	2.63	慈抗杂 3 号	0.91	湘杂棉 11 号	0.37	湘杂棉 8 号	0.23	1.51	57.41
2008	3.76	湘杂棉 3 号	0.98	浙 1793	0.70	中棉所 29	0.63	2.31	61.44
2009	3.21	湘杂棉 3 号	0.68	慈抗杂 3 号	0.60	金杂棉 3 号	0.40	1.68	52.34
2010	2.69	慈抗杂 3 号	0.72	湘杂棉 8 号	0.45	湘杂棉 3 号	0.28	1.45	53.90
2011	3.08	湘杂棉 8 号	1.08	浙凤棉 1 号	0.38	慈抗杂 3 号	0.31	1.77	57.47
2012	3.07	湘杂棉 8 号	1.12	鄂杂棉 10 号	0.50	慈抗杂 3 号	0.34	1.96	63.84
2013	2.74	湘杂棉 8 号	0.62	中棉所 63	0.30	湘杂棉 3 号	0.28	1.20	43.80
2014	2.21	湘杂棉 8 号	0.48	慈抗杂 3 号	0.28	中棉所 59	0.20	0.96	43.44
2015	0.83	湘杂棉 8 号	0.27	泗杂棉 8 号	0.11	鄂杂棉 10 号	0.10	0.48	57.83
合计	95.45		45.88		19.21		8.95	74.04	77.57

表 6-3　衢州市 1986—2015 年棉花主要品种面积统计表　　单位：万亩

年份	沪棉204	浙萧棉1号	徐岱8号	中棉12号	浙萧棉9号	910	中棉所28	苏棉8号	91490	泗棉3号	浙棉10号	浙棉11号	中棉所29	湘杂棉2号	慈抗3号
1986	4.66	0.25													
1987	3.34	1.39	0.16												
1988	0.72	1.74		0.03											
1989	0.29	1.51		0.03											
1990	0.25	1.88		0.17											
1991		1.49		0.45											
1992				1.37	0.71										
1993				1.90	1.77										
1994				1.70	2.11										
1995				0.80	3.52	0.52									
1996				3.43	1.50	1.20									
1997				2.29	1.55	1.24									
1998				1.20	0.10	0.25	1.53	1.00	1.00	0.95	0.35	0.20			
1999				0.25			1.28	0.15	0.40	0.28		0.50	0.16		
2000				0.22			0.30	0.10	0.15	0.26		0.12	0.95	0.20	
2001				0.10						0.12			1.04	0.51	0.50
2002													0.47	0.06	0.33
2003															1.00
2004													0.20		
2005													0.32		
2006													1.21		
2007													0.21	0.01	
2008				0.10									0.63		
2009				0.10									0.15		
2010				0.03									0.22		
2011				0.04									0.22		
2012													0.05		
2013													0.02		
2014													0.02		
2015															
合计	9.26	8.26	0.16	14.21	11.26	3.21	3.11	1.25	1.55	1.61	0.35	0.82	5.87	0.78	1.83
种植年限	5	6	1	18	7	4	3	3	3	4	1	3	15	4	3

（续表）

年份	湘杂棉3号	慈抗F_2	慈抗F_1	沪棉	慈抗杂3号	苏棉12	南抗3号	泗棉	苏棉9号	南农6号	湘杂棉11号	湘杂棉8号	浙1793	苏棉8号	中棉9号
1986															
1987															
1988															
1989															
1990															
1991															
1992															
1993															
1994															
1995															
1996															
1997															
1998															
1999															
2000															
2001															
2002															
2003	0.36														
2004	0.20	1.30	0.15	0.14											
2005	0.23			0.10	1.00	0.11	0.08	0.02	0.01						
2006	0.11			0.09	0.18	0.11				0.42					
2007					0.91	0.03				0.20	0.37	0.23	0.06	0.02	0.01
2008	0.98				0.10	0.11				0.21	0.18	0.47	0.70		
2009	0.68				0.60					0.14	0.21	0.15			
2010	0.28				0.72		0.03			0.10	0.25	0.45			
2011	0.12				0.31					0.20	0.15	1.08			
2012	0.26				0.34							1.12			
2013	0.28				0.24					0.05	0.05	0.62			
2014	0.10				0.28					0.05	0.05	0.48			
2015												0.27			
合计	3.60	1.30	0.15	0.33	4.68	0.36	0.11	0.02	0.01	1.37	1.26	4.87	0.76	0.02	0.01
种植年限	11	1	1	3	10	4	2	1	1	8	7	9	2	1	1

（续表）

年份	浙风棉1号	慈爱杂1号	金杂棉3号	兴地棉1号	中棉所27	中棉所59	鄂杂棉10号	苏杂棉3号	中棉所63	泗杂棉8号	创075	创杂棉21号	国丰棉12	中棉所87	鄂杂棉29
1986															
1987															
1988															
1989															
1990															
1991															
1992															
1993															
1994															
1995															
1996															
1997															
1998															
1999															
2000															
2001															
2002															
2003															
2004															
2005															
2006															
2007															
2008	0.10	0.06													
2009	0.22		0.40	0.35	0.01										
2010	0.12			0.21	0.06	0.10	0.02								
2011	0.38			0.25		0.22	0.06	0.05							
2012	0.25			0.30		0.20	0.50	0.05							
2013	0.13			0.20		0.20	0.20	0.05	0.30	0.20	0.10	0.10			
2014				0.17		0.20	0.15	0.05	0.15	0.15	0.10	0.10	0.10	0.06	
2015				0.05		0.09	0.10		0.05	0.11	0.02	0.01	0.07	0.02	0.04
合计	1.20	0.06	0.40	1.53	0.07	1.01	1.03	0.2	0.5	0.46	0.22	0.21	0.17	0.08	0.04
种植年限	6	1	1	7	2	6	6	4	3	3	3	3	2	2	1

第二节　西　瓜

一、西瓜品种

衢州市2004—2015年品种年报累计结果表明，西瓜主要品种有56个：西农8号、早佳（84-24）、京欣1号、早春红玉、拿比特、麒麟、新澄、新红宝、浙蜜3号、地雷王、平87-14、浙蜜4号、丰抗1号、华蜜冠军、美抗6号、盛兰、欣秀、春光、丰抗8号、美抗9号、红玲、抗病京欣、卫星2号、丰乐5号、浙蜜2号、浙蜜5号、科农九号、秀芳、黑美人、浙蜜1号、特小凤、欣抗、美都、小兰、中科1号、丽芳、万福来、西域星、蜜童、佳乐、巨龙、浙蜜6号、超级地雷王、极品小兰、利丰1号、利丰2号、新金兰、抗病948、利丰3号、科农3号、西农10号、小芳、金蜜2号、甘露、翠玲、超甜地雷王。

二、西瓜面积

品种年报累计结果表明，衢州市2004—2015年西瓜总面积121.82万亩，其中56个西瓜主要品种面积117.62万亩、占96.55%（表6-4至表6-6），未标明品种名称的西瓜其他品种面积4.20万亩、占3.45%。按品种统计，西瓜主要品种面积如下：早佳（84-24）45.49万亩，平87-14　12.52万亩，西农8号　9.21万亩，早春红玉　8.96万亩，浙蜜3号　5.97万亩，拿比特　4.15万亩，京欣1号　3.61万亩，红玲　3.53万亩，美抗9号　2.44万亩，浙蜜5号　2.12万亩，欣抗　2.01万亩，地雷王　1.86万亩，丰抗1号　1.59万亩，丰抗8号　1.5万亩，美抗6号　1.45万亩，抗病京欣　1.26万亩，佳乐　1.1万亩，秀芳　1.09万亩，特小凤　1.01万亩，黑美人　0.74万亩，小兰　0.56万亩，浙蜜1号　0.48万亩，新红宝　0.46万亩，新澄　0.4万亩，科农九号　0.4万亩，抗病948　0.4万亩，浙蜜4号　0.36万亩，欣秀　0.36万亩，蜜童　0.25万亩，丽芳　0.19万亩，西域星　0.16万亩，麒麟　0.15万亩，华蜜冠军　0.15万亩，巨龙　0.15万亩，利丰1号　0.15万亩，利丰2号　0.15万亩，利丰3号　0.15万亩，超级地雷王　0.13万亩，浙蜜6号　0.11万亩，盛兰　0.1万亩，春光　0.09万亩，丰乐5号　0.08万亩，浙蜜2号　0.08万亩，科农3号　0.07万亩，金蜜2号　0.06万亩，卫星2号　0.05万亩，美都0.05万亩，西农10号　0.05万亩，小芳　0.05万亩，翠玲　0.05万亩，超甜地雷王0.05万亩，极品小兰　0.02万亩，新金兰　0.02万亩，中科1号　0.01万亩，万福来0.01万亩，甘露　0.01万亩。

三、西瓜品种种植年限

品种年报累计结果表明，衢州市2004—2015年西瓜品种种植年限：早佳（84-24）　12年，西农8号　12年，早春红玉　12年，浙蜜3号　12年，拿比特　12年，京欣1号　12年，平87-14　11年，丰抗1号　11年，丰抗8号　10年，美抗6号　10年，美抗9号　9年，红玲　8年，浙蜜5号　8年，抗病京欣　8年，特小凤　8年，欣抗　7年，新红宝7年，新澄　7年，秀芳　6年，黑美人　6年，科农九号　6年，欣秀　6年，地雷王　5年，佳乐　5年，小兰　5年，丽芳　5年，西域星　4年，浙蜜1号　3年，抗病948　3年，浙蜜4号　3年，巨龙　3年，浙蜜6号　3年，华蜜冠军　2年，利丰1号　2年，利丰2号　2年，利丰3号　2年，超级地雷王　2年，盛兰　2年，丰乐5号　2年，浙蜜2号　2年，科农3号　2年，蜜童　1年，麒麟　1年，春光　1年，金蜜2号　1年，卫星2

号　1年，美都　1年，西农10号　1年，小芳　1年，翠玲　1年，超甜地雷王　1年，极品小兰　1年，新金兰　1年，中科1号　1年，万福来　1年，甘露　1年。

表6-4　1986—2015年西瓜品种面积统计表

年份	面积合计（万亩）	主要品种数量（个）	新增主要品种数量（个）	新增主要品种名称	主要品种面积小计（万亩）	其他品种面积（万亩）
1986	未统计					
1987	未统计					
1988	未统计					
1989	未统计					
1990	未统计					
1991	未统计					
1992	未统计					
1993	未统计					
1994	未统计					
1995	未统计					
1996	未统计					
1997	未统计					
1998	未统计					
1999	未统计					
2000	未统计					
2001	未统计					
2002	未统计					
2003	未统计					
2004	3.03	9	9	西农8号、早佳、京欣1号、早春红玉、拿比特、麒麟、新澄、新红宝、浙蜜3号	2.65	0.38
2005	4.81	15	8	地雷王、平87-14、浙蜜4号、丰抗1号、华蜜冠军、美抗6号、盛兰、欣秀	4.06	0.75
2006	12.11	19	3	春光、丰抗8号、美抗9号	10.53	1.58
2007	6.64	14	0		5.80	0.84
2008	14.05	24	11	红玲、抗病京欣、卫星2号、丰乐5号、浙蜜2号、浙蜜5号、科农九号、秀芳、黑美人、浙蜜1号、特小凤	13.40	0.65
2009	13.18	24	4	欣抗、美都、小兰、中科1号	13.18	
2010	12.57	24	4	丽芳、万福来、西域星、蜜童	12.57	
2011	11.72	30	5	佳乐、巨龙、浙蜜6号、超级地雷王、极品小兰	11.72	
2012	11.83	24	0		11.83	
2013	11.05	28	4	利丰1号、利丰2号、新金兰、抗病948	11.05	
2014	10.33	30	3	利丰3号、科农3号、西农10号	10.33	
2015	10.50	31	5	小芳、金蜜2号、甘露、翠玲、超甜地雷王	10.50	
合计	121.82	272	56		117.62	4.20

表 6-5　衢州市 1986—2015 年西瓜三大主栽品种情况统计表

年份	面积合计（万亩）	第一主栽品种	第一主栽品种面积（万亩）	第二主栽品种	第二主栽品种面积（万亩）	第三主栽品种	第三主栽品种面积（万亩）	三大主栽品种面积合计（万亩）	三大主栽品种占比（%）
1986	未统计								
1987	未统计								
1988	未统计								
1989	未统计								
1990	未统计								
1991	未统计								
1992	未统计								
1993	未统计								
1994	未统计								
1995	未统计								
1996	未统计								
1997	未统计								
1998	未统计								
1999	未统计								
2000	未统计								
2001	未统计								
2002	未统计								
2003	未统计								
2004	3. 03	西农 8 号	0. 75	早佳（84-24）	0. 50	京欣 1 号	0. 35	1. 60	52. 81
2005	4. 81	早佳（84-24）	1. 13	西农 8 号	0. 70	早春红玉	0. 60	2. 43	50. 52
2006	12. 11	早佳（84-24）	5. 04	地雷王	0. 97	早春红玉	0. 80	6. 81	56. 23
2007	6. 64	早佳（84-24）	3. 08	早春红玉	0. 58	美抗 6 号	0. 51	4. 17	62. 80
2008	14. 05	早佳（84-24）	4. 99	平 87-14	1. 51	西农 8 号	1. 36	7. 86	55. 94
2009	13. 18	早佳（84-24）	3. 80	平 87-14	2. 25	西农 8 号	1. 20	7. 25	55. 01
2010	12. 57	早佳（84-24）	4. 46	早春红玉	1. 55	平 87-14	1. 35	7. 36	58. 55
2011	11. 72	早佳（84-24）	4. 44	早春红玉	1. 28	平 87-14	1. 28	7. 00	59. 73
2012	11. 83	早佳（84-24）	5. 01	平 87-14	1. 37	早春红玉	1. 23	7. 61	64. 33
2013	11. 05	早佳（84-24）	4. 70	平 87-14	1. 38	早春红玉	0. 66	6. 74	61. 00
2014	10. 33	早佳（84-24）	4. 28	平 87-14	1. 12	西农 8 号	0. 65	6. 05	58. 57
2015	10. 50	早佳（84-24）	4. 06	平 87-14	0. 93	西农 8 号	0. 87	5. 86	55. 81
合计	121. 82		45. 74		14. 14		10. 86	70. 74	58. 07

表 6-6　衢州市 1986—2015 年西瓜主要品种面积统计表　　单位：万亩

年份	西农8号	早佳(84-24)	京欣1号	早春红玉	拿比特	麒麟	新澄	新红宝	浙蜜3号	地雷王	平87-14	浙蜜4号	丰抗1号	华蜜冠军
1986														
1987														
1988														
1989														
1990														
1991														
1992														
1993														
1994														
1995														
1996														
1997														
1998														
1999														
2000														
2001														
2002														
2003														
2004	0.75	0.50	0.35	0.30	0.25	0.15	0.15	0.10	0.10					
2005	0.70	1.13	0.15	0.60	0.08			0.09	0.03	0.55	0.31	0.10	0.10	0.08
2006	0.74	5.04	0.19	0.80	0.22		0.06	0.20	0.47	0.97	0.68	0.23	0.09	0.07
2007	0.25	3.08	0.18	0.58	0.10		0.03	0.03	0.17		0.34	0.03	0.25	
2008	1.36	4.99	0.21	0.33	0.20			0.01	0.99	0.01	1.51		0.27	
2009	1.20	3.80	0.73	0.97	0.98				0.62	0.15	2.25		0.21	
2010	0.89	4.46	0.50	1.55	0.78			0.02	0.64	0.18	1.35		0.08	
2011	0.70	4.44	0.42	1.28	0.45		0.01	0.01	0.62		1.28		0.14	
2012	0.66	5.01	0.50	1.23	0.26				0.61		1.37		0.13	
2013	0.44	4.70	0.13	0.66	0.37		0.05		0.53		1.38		0.12	
2014	0.65	4.28	0.09	0.30	0.24		0.05		0.53		1.12		0.12	
2015	0.87	4.06	0.16	0.36	0.22		0.05		0.66		0.93		0.08	
合计	9.21	45.49	3.61	8.96	4.15	0.15	0.40	0.46	5.97	1.86	12.52	0.36	1.59	0.15
种植年限	12	12	12	12	12	1	7	7	12	5	11	3	11	2

（续表）

年份	美抗6号	盛兰	欣秀	春光	丰抗8号	美抗9号	红玲	抗病京欣	卫星2号	丰乐5号	浙蜜2号	浙蜜5号	科农九号	秀芳
1986														
1987														
1988														
1989														
1990														
1991														
1992														
1993														
1994														
1995														
1996														
1997														
1998														
1999														
2000														
2001														
2002														
2003														
2004														
2005	0. 08	0. 03	0. 03											
2006	0. 35	0. 07	0. 04	0. 09	0. 02	0. 20								
2007	0. 51		0. 21		0. 04									
2008	0. 14				0. 07	0. 50	0. 85	0. 06	0. 05	0. 03	0. 02	0. 66	0. 01	0. 50
2009	0. 05		0. 02		0. 13	0. 32	0. 37	0. 27				0. 31		0. 12
2010	0. 07				0. 17	0. 18	0. 36	0. 17				0. 29		0. 02
2011	0. 05		0. 01		0. 18	0. 19	0. 33	0. 16				0. 30	0. 02	0. 18
2012	0. 05				0. 15	0. 17	0. 28	0. 25				0. 15	0. 03	0. 22
2013	0. 05				0. 15	0. 20	0. 27	0. 16		0. 05		0. 13	0. 18	
2014	0. 10		0. 05		0. 21	0. 38	0. 43	0. 12				0. 08	0. 11	
2015					0. 38	0. 30	0. 64	0. 07			0. 06	0. 20	0. 05	0. 05
合计	1. 45	0. 10	0. 36	0. 09	1. 5	2. 44	3. 53	1. 26	0. 05	0. 08	0. 08	2. 12	0. 4	1. 09
种植年限	10	2	6	1	10	9	8	8	1	2	2	8	6	6

（续表）

年份	黑美人	浙蜜1号	特小凤	欣抗	美都	小兰	中科1号	丽芳	万福来	西域星	蜜童	佳乐	巨龙	浙蜜6号
1986														
1987														
1988														
1989														
1990														
1991														
1992														
1993														
1994														
1995														
1996														
1997														
1998														
1999														
2000														
2001														
2002														
2003														
2004														
2005														
2006														
2007														
2008	0.26	0.25	0.12											
2009	0.05	0.05	0.07	0.40	0.05	0.05	0.01							
2010	0.14		0.21	0.22				0.02	0.01	0.01	0.25			
2011	0.10		0.16	0.21		0.21		0.01		0.05		0.05	0.05	0.01
2012	0.10		0.11	0.25		0.13		0.02		0.05		0.05	0.05	
2013			0.12	0.45		0.14		0.10		0.05		0.25	0.05	
2014			0.12	0.23		0.03		0.04				0.50		0.05
2015	0.09	0.18	0.10	0.25								0.25		0.05
合计	0.74	0.48	1.01	2.01	0.05	0.56	0.01	0.19	0.01	0.16	0.25	1.10	0.15	0.11
种植年限	6	3	8	7	1	5	1	5	1	4	1	5	3	3

（续表）

年份	超级地雷王	极品小兰	利丰1号	利丰2号	新金兰	抗病948	利丰3号	科农3号	西农10号	小芳	金蜜2号	甘露	翠玲	超甜地雷王
1986														
1987														
1988														
1989														
1990														
1991														
1992														
1993														
1994														
1995														
1996														
1997														
1998														
1999														
2000														
2001														
2002														
2003														
2004														
2005														
2006														
2007														
2008														
2009														
2010														
2011	0. 08	0. 02												
2012														
2013			0. 10	0. 10	0. 02	0. 10								
2014	0. 05		0. 05	0. 05		0. 15	0. 10	0. 05	0. 05					
2015						0. 15	0. 05	0. 02		0. 05	0. 06	0. 01	0. 05	0. 05
合计	0. 13	0. 02	0. 15	0. 15	0. 02	0. 40	0. 15	0. 07	0. 05	0. 05	0. 06	0. 01	0. 05	0. 05
种植年限	2	1	2	2	1	3	2	2	1	1	1	1	1	1

第七章　分县（市、区）农作物主要品种面积

1985年起，衢州市辖区范围包括柯城区、衢江区（衢县）、江山市、龙游县、常山县、开化县等二区一市三县。

本章收集自1986—2015年三十年，包括柯城区、衢江区（衢县）、江山市、龙游县、常山县、开化县，各年度农作物主要品种面积数据，也是衢州市汇总数据的基础（表7-1至表7-90）。

表7-1　1986年春花作物主要品种面积统计表　　单位：万亩

作物	品种	柯城区	衢县	龙游县	江山市	常山县	开化县	合计
大麦	沪麦4号	0.33	1.31	0.80	0.05	0.17	0.10	2.76
	早熟3号	0.14			1.80			1.94
	浙啤1号			1.40				1.40
	浙农大2号		0.10	0.56	0.19			0.85
	舟麦1号			0.80				0.80
	其他		0.20					0.20
	小计	0.47	1.61	3.56	2.04	0.17	0.10	7.95
小麦	908（浙麦1号）	1.79	7.10	4.00	9.58	5.94	4.80	33.21
	352（浙麦3号）			1.00	0.04		0.68	1.72
	浙麦2号		0.50	2.60				3.10
	扬麦4号						0.62	0.62
	扬麦5号					0.15	0.04	0.19
	宁麦6号			0.06				0.06
	其他	0.10	0.32			0.50	0.66	1.58
	小计	1.89	7.92	7.66	9.62	6.59	6.80	40.48
油菜	九二—13系	3.72	12.72	7.30	4.77	2.45	1.56	32.52
	3063		0.40	0.85				1.25
	九二—58系		0.02					0.02
	土种					1.58	3.44	5.02
	其他					0.01		0.01
	小计	3.72	13.14	8.15	4.77	4.04	5.00	38.82
蚕(豌)豆	蚕豆					0.05		0.05
	豌豆				0.16			0.16
	小计				0.16	0.05		0.21

资料来源：衢州市种子公司“1986年种子工作情况统计年报”

表 7-2　1986 年早稻主要品种面积统计表　　单位：万亩

作物	品种	柯城区	衢县	龙游县	江山市	常山县	开化县	合计
常规早稻（早熟）	二九青		0.21			0.30		0.51
	小计		0.21			0.30		0.51
常规早稻（中熟）	二九丰	1.70	4.76	8.00	9.39	5.14	7.06	36.05
	浙辐 802	0.20	4.81	5.00	4.24	2.80	2.62	19.67
	8004				0.61			0.61
	小计	1.90	9.57	13.00	14.24	7.94	9.68	56.33
常规早稻（迟熟）	广陆矮 4 号	4.30	10.79	7.35	4.16	1.87	0.10	28.57
	红突 31	0.08	0.15	0.40	0.62	0.66	0.08	1.99
	7307			0.10				0.10
	辐 756				3.68			3.68
	71 早一号						0.67	0.67
	湖北 22						0.31	0.31
	其他	0.97	4.78	1.43	2.10	0.73	1.81	11.82
	小计	5.35	15.72	9.28	10.56	3.26	2.97	47.14
杂交早稻	威优 35			1.80	0.68	1.08	0.27	3.83
	汕优 16			0.42				0.42
	小计			2.22	0.68	1.08	0.27	4.25
合计		7.25	25.50	24.50	25.48	12.58	12.92	108.23

资料来源：衢州市种子公司“1986 年种子工作情况统计年报”

表 7-3　1986 年晚秋作物主要品种面积统计表　　单位：万亩

作物	品种	柯城区	衢县	龙游县	江山市	常山县	开化县	合计
杂交晚籼	汕优 6 号		14.70	12.00	17.51	8.04	6.60	58.85
	汕优 64		0.33	2.50	1.10	0.83	4.91	9.67
	汕优桂 33			5.00	2.13	1.37	0.05	8.55
	汕优 63		0.22	0.30	0.25	0.31	0.24	1.32
	汕优 2 号						0.05	0.05
	威优 35				0.17			0.17
	其他			0.20		0.03	0.01	0.24
	小计		15.25	20.00	21.26	10.58	11.86	78.85

（续表）

作物	品种	柯城区	衢县	龙游县	江山市	常山县	开化县	合计
粳稻	秀水 27		1. 30		0. 18	0. 25	0. 30	2. 03
	矮粳 23		3. 30	4. 00	0. 82		0. 40	8. 52
	秀水 48		0. 40	0. 10				0. 50
	81-40						0. 02	0. 02
	83-46						0. 01	0. 01
	寒丰			0. 30				0. 30
	其他		1. 65	0. 10			0. 03	1. 78
	小计		6. 65	4. 50	1. 00	0. 25	0. 76	13. 16
糯稻	矮双 2 号		3. 10	0. 10	2. 04		0. 50	5. 74
	R817			0. 50	0. 07	0. 50		1. 07
	柯香糯		0. 70	0. 20	1. 52		0. 08	2. 50
	双糯 4 号			0. 50	1. 12		0. 05	1. 67
	C8325 （ 祥湖 25）						0. 45	0. 45
	加糯 13						0. 25	0. 25
	其他		0. 70	1. 00		0. 16	0. 57	2. 43
	小计		4. 50	2. 30	4. 75	0. 66	1. 90	14. 11
晚稻	合计		26. 40	26. 80	27. 01	11. 49	14. 52	106. 22
甘薯	胜利百号		1. 50	0. 54	2. 50	0. 30	1. 50	6. 34
	徐薯 18		0. 01		0. 14		0. 01	0. 16
	其他		0. 06	0. 01				0. 07
	小计		1. 57	0. 55	2. 64	0. 30	1. 51	6. 57
玉米	虎单 5 号		0. 51			0. 10	0. 07	0. 68
	苏玉 1 号			0. 20	0. 02		0. 31	0. 53
	中单 206		0. 01					0. 01
	丹玉 6 号		0. 20			0. 10		0. 30
	东单一号						0. 10	0. 10
	旅曲						0. 10	0. 10
	甜玉 2 号				0. 01			0. 01
	丹玉 13				0. 01			0. 01
	其他			0. 05	1. 42	0. 05	4. 60	6. 12
	小计		0. 72	0. 25	1. 46	0. 25	5. 18	7. 86

（续表）

作物	品种	柯城区	衢县	龙游县	江山市	常山县	开化县	合计
棉花	沪棉 204		1.72	1.40	1.15	0.20	0.19	4.66
	浙萧棉 1 号				0.25			0.25
	小计		1.72	1.40	1.40	0.20	0.19	4.91
大豆	穗稻黄		0.10	0.05		0.05		0.20
	矮脚早		0.13	0.10	0.80	0.06	0.35	1.44
	六月豆		0.95	0.10	0.11	0.04	0.55	1.75
	兰溪大豆			0.10				0.10
	毛蓬青		0.02					0.02
	白花豆		0.60					0.60
	其他		0.10	0.15		0.10	1.42	1.77
	小计		1.90	0.50	0.91	0.25	2.32	5.88
花生	天府 3 号		0.05	0.10		0.20	0.03	0.38
	粤油 55-116		0.10	0.20	0.01		0.02	0.33
	其他			0.05	0.15	0.06	0.04	0.30
	小计		0.15	0.35	0.16	0.26	0.09	1.01

资料来源：衢州市种子公司“1986 年种子工作情况统计年报”

表 7-4　1987 年春花作物主要品种面积统计表　　单位：万亩

作物	品种	柯城区	衢县	龙游县	江山市	常山县	开化县	合计
大麦	沪麦 4 号	0.33	1.31	0.80	0.05	0.18	0.10	2.77
	早熟 3 号	0.14			1.80			1.94
	浙啤 1 号			1.40				1.40
	农大 2、3 号		0.10	0.56	0.18			0.84
	舟麦 1 号			0.80				0.80
	其他		0.20					0.20
	小计	0.47	1.61	3.56	2.03	0.18	0.10	7.95
小麦	浙麦 1 号	1.79	7.10	4.00	9.50	5.94	4.80	33.13
	352(浙麦 3 号)			1.00	0.04		0.68	1.72
	浙麦 2 号		0.50	2.60				3.10
	扬麦 4 号						0.62	0.62
	扬麦 5 号					0.15	0.04	0.19
	宁麦 6 号			0.06				0.06
	其他	0.10	0.32			0.50	0.66	1.58
	小计	1.89	7.92	7.66	9.54	6.59	6.80	40.40

（续表）

作物	品种	柯城区	衢县	龙游县	江山市	常山县	开化县	合计
油菜	九二—13 系	3. 72	12. 27	7. 30	4. 77	2. 45	1. 56	32. 07
	宁海 7 号		0. 40	0. 85				1. 25
	九二—58 系		0. 02					0. 02
	土种					1. 58	3. 44	5. 02
	其他					0. 01		0. 01
	小计	3. 72	12. 69	8. 15	4. 77	4. 04	5. 00	38. 37

资料来源：衢州市种子公司“1987 年种子工作情况统计年报”

表 7-5　1987 年早稻主要品种面积统计表　　单位：万亩

作物	品种	柯城区	衢县	龙游县	江山市	常山县	开化县	合计
常规早稻（早熟）	二九青				0. 03	0. 11		0. 14
	小计				0. 03	0. 11		0. 14
常规早稻（中熟）	二九丰	1. 26	4. 25	10. 00	11. 03	5. 37	9. 35	41. 26
	浙辐 802	2. 35	6. 28	5. 00	3. 71	2. 95	1. 20	21. 49
	HA-7		0. 25			0. 24	0. 50	0. 99
	8004				0. 72			0. 72
	其他		0. 85					0. 85
	小计	3. 61	11. 63	15	15. 46	8. 56	11. 05	65. 31
常规早稻（迟熟）	广陆矮 4 号	2. 16	10. 12	5. 00	1. 71	1. 57		20. 56
	7307	0. 10	0. 38	2. 00		0. 41		2. 89
	辐 756				0. 41	0. 23		0. 64
	作五		0. 64					0. 64
	红突 31		0. 05	0. 10	0. 35			0. 50
	辐 8-1	0. 01	0. 03		0. 07		0. 01	0. 12
	5010						0. 02	0. 02
	其他	1. 03	2. 20	1. 51	6. 12	0. 38	1. 26	12. 50
	小计	3. 30	13. 42	8. 61	8. 66	2. 59	1. 29	37. 87
杂交早稻	威优 35	0. 25	1. 04	1. 40	1. 33	1. 91	0. 60	6. 53
	汕优 64			0. 50				0. 50
	汕优 16		0. 10					0. 1
	汕优 21						0. 06	0. 06
	小计	0. 25	1. 14	1. 90	1. 33	1. 91	0. 66	7. 19
合计		7. 16	26. 19	25. 51	25. 48	13. 17	13	110. 51

资料来源：衢州市种子公司“1987 年种子工作情况统计年报”

表 7-6　1987 年晚秋作物主要品种面积统计表　　单位：万亩

作物	品种	柯城区	衢县	龙游县	江山市	常山县	开化县	合计
粳稻	秀水 27	0.40	3.14			0.01	0.15	3.7
	秀水 04		0.01					0.01
	秀水 48		0.02					0.02
	矮粳 23	1.38	1.15	0.10	0.47		0.80	3.90
	H129	0.09						0.09
	T8340					0.05		0.05
	C84-11（秀水 11）		0.10	0.10				0.20
	ZR4			0.10				0.10
	寒丰			0.10				0.10
	其他	0.35	0.74	1.00			0.75	2.84
	小计	2.22	5.16	1.4	0.47	0.06	1.7	11.01
糯稻	双糯 4 号	0.15						0.15
	矮双 2 号	1.33	4.40	2.00	1.30	0.06	0.45	9.54
	R817			2.00	0.33	1.00		3.33
	祥湖 25	0.08	0.04	0.30	0.26	0.10	0.75	1.53
	祥湖 84		0.02	0.10	0.01			0.13
	柯香糯						0.40	0.40
	香糯 4 号		0.05					0.05
	其他	0.02	0.91	0.60			0.05	1.58
	小计	1.58	5.42	5.00	1.90	1.16	1.65	16.71
杂交籼稻	汕优 6 号	3.37	14.68	8.00	17.45	7.15	3.12	53.77
	汕优 64	0.06	1.53	1.00	2.99	3.50	6.29	15.37
	汕优 63	0.04	0.09	0.50	1.33	1.00	1.02	3.98
	汕优桂 33		0.03	9.00	1.67	0.85		11.55
	汕优 85			1.20				1.20
	威优 35	0.02	0.02		0.05	0.35		0.44
	威优 64		0.04					0.04
	协优 64		0.03					0.03
	其他		0.11	2.00	1.52			3.63
	小计	3.49	16.53	21.7	25.01	12.85	10.43	90.01
玉米	虎单 5 号	0.07	0.22				0.16	0.45
	中单 206	0.01	0.49	0.05	0.13	0.07	0.01	0.76
	苏玉 1 号		0.10	0.10	0.02	0.07	0.12	0.41

（续表）

作物	品种	柯城区	衢县	龙游县	江山市	常山县	开化县	合计
玉米	中单2号						0.01	0.01
	丹玉6号			0.10				0.10
	丹玉13					0.07		0.07
	旅曲				0.03		0.25	0.28
	其他			0.10	1.37	0.99	3.30	5.76
	小计	0.08	0.81	0.35	1.55	1.2	3.85	7.84
甘薯	胜利百号	0.10	2.30	0.50	1.54	0.50	1.40	6.34
	徐薯18		0.04		0.77	0.01	0.52	1.34
	其他	0.10		0.02	0.26	0.05	0.50	0.93
	小计	0.20	2.34	0.52	2.57	0.56	2.42	8.61
花生	天府3号	0.03	0.10	0.10	0.02	0.02	0.01	0.28
	小洋生					0.05		0.05
	粤油55-116	0.01	0.25	0.10	0.03	0.04	0.01	0.44
	其他	0.07	0.05	0.10	0.07	0.02		0.31
	小计	0.11	0.4	0.3	0.12	0.13	0.02	1.08
大豆	穗稻黄	0.05	0.30	0.05		0.02		0.42
	矮脚早		0.55	0.20	2.16	0.01	0.50	3.42
	六月拔		0.95	0.20	0.93	0.03	0.92	3.03
	兰溪大豆	0.01		0.10		0.01		0.12
	毛蓬青		0.15	0.01				0.16
	白毛大黄豆					0.02		0.02
	白花豆	0.07	0.75	0.01				0.83
	其他	0.10		0.23	0.34	0.01		0.68
	小计	0.23	2.7	0.8	3.43	0.1	1.42	8.68
棉花	沪棉204	0.31	1.50	1.20	0.15	0.06	0.12	3.34
	浙萧棉1号		0.04				1.35	1.39
	徐岱3号					0.16		0.16
	小计	0.31	1.54	1.2	0.15	0.22	1.47	4.89

资料来源：衢州市种子公司“1987年种子工作情况统计年报”

表 7-7　1988 年春花作物主要品种面积统计表　　单位：万亩

作物	品种	柯城区	衢县	龙游县	江山市	常山县	开化县	合计
大麦	沪麦 4 号	0.26	1.00	1.22	0.33	0.04	1.10	3.95
	早熟 3 号	0.11		0.73	0.69		0.22	1.75
	浙农大 2 号		0.30		0.54			0.84
	浙农大 3 号		0.06					0.06
	浙啤 1 号		0.10	0.49				0.59
	其他		0.04					0.04
	小计	0.37	1.50	2.44	1.56	0.04	1.32	7.23
小麦	浙麦 1 号	1.70	7.50	2.83	9.24	5.99	5.00	32.26
	浙麦 2 号	0.15		3.77		0.35		4.27
	浙麦 3 号			2.40	0.11		0.88	3.39
	扬麦 3 号		0.50	0.43	0.03			0.96
	丽麦 16					0.04	0.20	0.24
	扬麦 5 号						0.20	0.20
	其他	0.13	0.50		1.35	0.50	0.02	2.50
	小计	1.98	8.5	9.43	10.73	6.88	6.3	43.82
油菜	九二—13 系	2.45	10.00	2.95	3.58	2.19	0.80	21.97
	九二—58 系	0.03	2.00	4.42	0.50			6.95
	79601				0.02	1.20	2.10	3.32
	81-850						0.50	0.50
	杂选 84-1			0.50				0.50
	土油菜					0.50	1.20	1.70
	其他		0.48		0.78		0.20	1.46
	小计	2.48	12.48	7.87	4.88	3.89	4.80	36.40

资料来源：衢州市种子公司“1988 年种子工作情况统计年报”

表 7-8　1988 年早稻主要品种面积统计表　　单位：万亩

作物	品种	柯城区	衢县	龙游县	江山市	常山县	开化县	合计
常规早稻（早熟）	二九青				0.07	0.14		0.21
	小计				0.07	0.14		0.21
常规早稻（中熟）	二九丰	0.70	2.72	7.00	5.01	2.77	6.00	24.20
	浙辐 802	1.90	7.23	10.00	4.72	2.60	1.20	27.65
	7307		1.24	2.00		1.40		4.64

（续表）

作物	品种	柯城区	衢县	龙游县	江山市	常山县	开化县	合计
常规早稻（中熟）	HA-7		0.40				2.10	2.50
	早莲 31	0.23	0.02		0.83		0.13	1.21
	8004				0.57			0.57
	浙 852						0.10	0.10
	中 857		0.01				0.35	0.36
	其他		0.37		1.02	0.54	0.80	2.73
	小计	2.83	11.99	19	12.15	7.31	10.68	63.96
常规早稻（迟熟）	辐 8329				0.02	0.01		0.03
	辐 8-1	0.80	1.21		6.84	0.36	1.20	10.41
	泸红早 1 号		0.11		0.08	0.43	0.15	0.77
	广陆矮 4 号	1.60	6.87	5.00	0.83	2.90		17.20
	辐 756				3.71	0.45	0.20	4.36
	作五	0.25	3.22	0.50	0.03	0.32		4.32
	其他	1.52	1.61	0.50	1.40	0.86	0.40	6.29
	小计	4.17	13.02	6	12.91	5.33	1.95	43.38
杂交早稻	威优 35	0.14	1.09	0.50	0.48	0.35	0.25	2.81
	汕优 21		0.01		0.17	0.06	0.30	0.54
	汕优 614			0.50				0.50
	汕优 64			0.20		0.01		0.21
	威优 331					0.11		0.11
	汕优 16			0.10				0.10
	小计	0.14	1.1	1.3	0.65	0.53	0.55	4.27
合计		7.14	26.11	26.3	25.78	13.31	13.18	111.82

资料来源：衢州市种子公司“1988 年种子工作情况统计年报”

表 7-9　1988 年晚秋作物主要品种面积统计表　　单位：万亩

作物	品种	柯城区	衢县	龙游县	江山市	常山县	开化县	合计
粳稻	矮粳 23	0.75	1.28	2.40	0.04		0.45	4.92
	秀水 27	0.52	2.55				0.30	3.37
	H129		0.92					0.92
	秀水 11	0.35		0.34	0.07	0.01	0.01	0.78
	秀水 48	0.28						0.28
	秀水 04	0.04	0.05					0.09
	其他	0.22	0.45		0.13	0.50		1.30
	小计	2.16	5.25	2.74	0.24	0.51	0.76	11.66

（续表）

作物	品种	柯城区	衢县	龙游县	江山市	常山县	开化县	合计
糯稻	矮双 2 号	1.04	2.33	1.29	0.51	0.01	0.38	5.56
	R817			0.90	0.67	0.68		2.25
	祥湖 25	0.61	0.90	0.39	1.32	0.70	1.75	5.67
	祥湖 84	0.15	1.05	1.59	0.62		0.08	3.49
	柯香糯			0.14			0.04	0.18
	双糯 4 号	0.10		0.46	0.98		0.01	1.55
	其他	0.03	0.69		0.38	0.20	0.12	1.42
	小计	1.93	4.97	4.77	4.48	1.59	2.38	20.12
杂交晚籼	汕优 6 号	2.32	10.10	6.48	9.23	4.32	2.43	34.88
	汕优 64	0.31	3.77	2.00	3.85	4.10	9.67	23.70
	汕优桂 33	0.29	0.99	10.00	8.32	2.00		21.60
	汕优 63	0.02	0.42	1.00	1.73	0.40		3.57
	威优 35	0.04		0.70	0.56			1.30
	威优 64		0.97			0.04		1.01
	协优 64					0.17		0.17
	协优 46			2.00				2.00
	汕优 85			0.21				0.21
	汕优早 4			0.20				0.20
	汕优 2 号					0.49		0.49
	其他				0.10			0.10
	小计	2.98	16.25	22.59	23.79	11.52	12.1	89.23
玉米	虎单 5 号	0.02	0.50				0.05	0.57
	苏玉 1 号				0.06	0.08	0.55	0.69
	中单 206				0.13	0.07		0.20
	东单 1 号						0.19	0.19
	丹玉 6 号		0.18			0.07		0.25
	丹玉 13			0.13		0.04	0.07	0.24
	旅曲						0.32	0.32
	其他			0.20	3.60	1.21	0.01	5.02
	小计	0.02	0.68	0.33	3.79	1.47	1.19	7.48
甘薯	胜利百号	0.02	1.06	0.30	0.54		0.80	2.72
	徐薯 18	0.03	0.68	0.04	1.06	0.25	0.80	2.86
	红皮白心				0.36			0.36
	其他	0.02			0.80	0.55	0.96	2.33
	小计	0.07	1.74	0.34	2.76	0.8	2.56	8.27

（续表）

作物	品种	柯城区	衢县	龙游县	江山市	常山县	开化县	合计
大豆	穗稻黄	0.05		0.10		0.07		0.22
	矮脚早	0.04	0.20	0.08			0.90	1.22
	六月拔		0.61					0.61
	兰溪大黄豆			0.10		0.30		0.40
	毛蓬青		0.09			0.03		0.12
	白花豆		0.20		0.27	0.01	0.08	0.56
	三花豆				0.41			0.41
	野猪戳						1.53	1.53
	一把抓						0.94	0.94
	湖西豆	0.01						0.01
	其他	0.03	0.07		0.03	0.08	0.19	0.40
	小计	0.13	1.17	0.28	0.71	0.49	3.64	6.42
棉花	沪棉 204	0.10		0.50	0.05		0.07	0.72
	浙萧棉 1 号	0.01		0.49	1.24			1.74
	中棉 12			0.01	0.02			0.03
	小计	0.11	0	1	1.31	0	0.07	2.49
花生	天府 3 号			0.01	0.01	0.02	0.04	0.08
	粤油 55-116	0.03		0.06	0.01	0.07		0.17
	其他	0.03			0.03	0.05	0.02	0.13
	小计	0.06	0	0.07	0.05	0.14	0.06	0.38

资料来源：衢州市种子公司“1988 年种子工作情况统计年报”

表 7-10　1989 年春花作物主要品种面积统计表　　单位：万亩

作物	品种	柯城区	衢县	龙游县	江山市	常山县	开化县	合计
大麦	沪麦 4 号	0.40	0.34	0.66	0.31		0.20	1.91
	早熟 3 号	0.03		0.30	0.30	0.03		0.66
	浙农大 2 号		0.14		0.25			0.39
	浙农大 3 号		0.34	0.50				0.84
	浙啤 1 号		0.02	0.20		0.01		0.23
	秀麦 1 号				0.24			0.24
	其他	0.01		0.02		0.01		0.04
	小计	0.44	0.84	1.68	1.1	0.05	0.2	4.31
小麦	浙麦 1 号	2.10	6.97	3.69	10.90	6.00	5.70	35.36
	浙麦 2 号	0.15		3.70		0.15		4.00
	浙麦 3 号			1.20	0.06	0.02		1.28
	钱江 2 号				0.04			0.04
	丽麦 16		0.09		0.02	0.02		0.13
	扬麦 5 号					0.01		0.01
	6071		0.25					0.25
	其他	0.03	0.12	0.91	0.01	0.53	0.50	2.10
	小计	2.28	7.43	9.50	11.03	6.73	6.20	43.17

（续表）

作物	品种	柯城区	衢县	龙游县	江山市	常山县	开化县	合计
油菜	九二—13 系	3. 30	8. 19	1. 60	1. 60	1. 80	0. 50	16. 99
	九二—58 系	0. 01	1. 67	3. 89	3. 00			8. 57
	79601				1. 00	1. 50	4. 00	6. 50
	浙优油 1 号		0. 01	2. 00				2. 01
	土油菜	0. 01				0. 20	0. 80	1. 01
	其他		0. 56	0. 43	0. 18	0. 10		1. 27
	小计	3. 32	10. 43	7. 92	5. 78	3. 60	5. 30	36. 35
蚕豆	大白蚕				0. 10			0. 10
	其他			0. 02				0. 02
	小计			0. 02	0. 10			0. 12
绿肥	紫云英	0. 05	6. 10	7. 86	11. 90	1. 50		27. 41
	其他	0. 30		1. 43	1. 32	1. 50		4. 55
	小计	0. 35	6. 10	9. 29	13. 22	3. 00		31. 96
马铃薯	马铃薯				0. 82			0. 82
	小计				0. 82			0. 82
合计		6. 39	24. 8	28. 39	31. 95	13. 38	11. 7	116. 61

资料来源：衢州市种子公司“1989 年种子工作情况统计年报”

表 7-11　1989 年早稻主要品种面积统计表

单位：万亩

作物	品种	柯城区	衢县	龙游县	江山市	常山县	开化县	合计
常规早稻（中熟）	浙辐 802	2. 01	7. 88	7. 72	4. 99	3. 20	1. 86	27. 66
	二九丰	0. 1	1. 59	11. 17	2. 37	2. 00	2. 74	19. 97
	早莲 31	1. 02	0. 27		2. 81	0. 13	0. 50	4. 73
	7307		0. 26	0. 50		1. 83		2. 59
	中 857		0. 76	0. 29			1. 17	2. 22
	浙 852		0. 27	0. 33	0. 13	0. 05	0. 89	1. 67
	浙辐 9 号				0. 35		0. 01	0. 36
	嘉籼 758	0. 09	0. 13		0. 07			0. 29
	8004				0. 19			0. 19
	湘早籼 3 号						0. 10	0. 10
	其他	0. 25	1. 05	0. 07	1. 40	0. 10	1. 65	4. 52
	小计	3. 47	12. 21	20. 08	12. 31	7. 31	8. 92	64. 30
常规早稻（迟熟）	辐 8-1	1. 47	4. 66	0. 58	7. 49	0. 08	1. 50	15. 78
	广陆矮 4 号	1. 23	4. 04	2. 80	0. 49	1. 50		10. 06
	泸红早 1 号		0. 67		0. 83	2. 50	2. 00	6. 00
	中浙 1 号	0. 35	2. 28	0. 66	0. 04	0. 07		3. 40
	辐 756				3. 19	0. 16		3. 35
	辐 8329	0. 01	0. 10	0. 23	0. 18	0. 30	0. 03	0. 85
	浙 8619				0. 30	0. 01		0. 31
	其他	0. 56		0. 35	1. 39	1. 01	0. 40	5. 34
	小计	3. 62		4. 62	13. 91	5. 63	3. 93	45. 09

（续表）

作物	品种	柯城区	衢县	龙游县	江山市	常山县	开化县	合计
杂交早稻	汕优 21		1.63	0.01	0.08	0.05	0.01	0.55
	汕优早 4		13.38	0.05				0.05
	汕优 16			0.19				0.19
	威优 35	0.02		0.06		0.06	0.01	0.15
	其他		0.01	0.53		0.01		0.55
	小计	0.02	0.41	0.84	0.08	0.12	0.02	1.49
合计		7.11	26.00	25.54	26.30	13.06	12.87	110.88

资料来源：衢州市种子公司“1989 年种子工作情况统计年报”

表 7-12　1989 年晚秋作物主要品种面积统计表　　单位：万亩

作物	品种	柯城区	衢县	龙游县	江山市	常山县	开化县	合计
粳稻	矮粳 23	0.71		0.92	0.02		0.18	1.83
	中嘉 129		0.91					0.91
	秀水 11	0.35	0.36		0.05	0.02	0.04	0.82
	秀水 27	0.48			0.10		0.12	0.70
	秀水 37	0.15	0.34		0.04		0.02	0.55
	秀水 48	0.26						0.26
	其他	0.13	2.82				0.18	3.13
	小计	2.08	4.43	0.92	0.21	0.02	0.54	8.20
糯稻	祥湖 84	0.56	1.74	2.50	1.00	0.50	0.08	6.38
	祥湖 25	0.51	1.05	0.40	0.82	0.50	0.38	3.66
	矮双 2 号	0.80			0.58	0.04	0.05	1.47
	双糯 4 号	0.09		0.70	0.42		0.10	1.31
	R817				0.62	0.50	0.05	1.17
	其他	0.04	1.40				0.16	1.60
	小计	2.00	4.19	3.60	3.44	1.54	0.82	15.59
杂交晚籼	汕优 6 号	2.30	11.92		11.36	5.00	0.95	31.53
	汕优桂 33		1.09	11.10	7.22	2.00	0.13	21.54
	汕优 64		2.98	3.70	1.67	5.20	6.58	20.13
	汕优 63	0.67	2.15	3.00	1.25	0.80	1.15	9.02
	协优 46	0.10	0.19	2.00	0.24	0.05	2.68	5.26
	汕优 10 号	0.03	0.15	1.00	2.89	0.01	0.15	4.23
	汕优桂 34	0.20		1.80				2.00
	威优 64						0.37	0.37
	76 优 2674	0.01		0.41				0.42
	协优 64						0.16	0.16
	其他	0.01	0.98	0.20			0.51	1.70
	小计	3.32	19.46	23.21	24.63	13.06	12.68	96.36

（续表）

作物	品种	柯城区	衢县	龙游县	江山市	常山县	开化县	合计
玉米	丹玉 13		0.61	0.16	0.03		0.21	1.01
	鲁玉 3 号						0.65	0.65
	鲁玉 5 号						0.35	0.35
	东单 1 号						0.31	0.31
	苏玉 4 号	0.02	0.20		0.02			0.24
	苏玉 1 号				0.04		0.19	0.23
	丹玉 6 号			0.04				0.04
	中单 206				0.03			0.03
	虎单 2 号				1.63		3.43	5.06
	其他	0.02						0.02
	小计	0.04	0.81	0.2	1.75	0	5.14	7.94
甘薯	胜利百号	0.04		0.40	0.62		0.80	1.86
	徐薯 18	0.03		0.10	1.25		1.20	2.58
	红皮白心			0.10	0.35			0.45
	76-9				0.15			0.15
	浙薯 2 号				0.10			0.10
	其他	0.04	2.15		0.50		0.67	3.36
	小计	0.11	2.15	0.60	2.97		2.67	8.50
大豆	野猪戳				0.05		1.80	1.85
	白花豆		1.00		0.03		0.10	1.13
	三花豆				1.10			1.10
	一把抓						1.00	1.00
	矮脚早	0.05		0.25			0.40	0.70
	穗稻黄	0.05		0.10				0.15
	毛蓬青			0.05	0.01			0.06
	六月拔	0.03			0.01			0.04
	湖西豆	0.02						0.02
	其他	0.03	0.36		0.02		0.75	1.16
	小计	0.18	1.36	0.40	1.22		4.05	7.21
棉花	浙萧棉 1 号	0.03		0.30	1.10		0.08	1.51
	沪棉 204	0.19		0.10				0.29
	中棉 12				0.03			0.03
	小计	0.22		0.40	1.13		0.08	1.83
花生	天府 3 号			0.16	0.05		0.05	0.26
	粤油 55-116			0.05	0.05		0.03	0.13
	其他	0.04					0.04	0.08
	小计	0.04		0.21	0.10		0.12	0.47

资料来源：衢州市种子公司“1989 年种子工作情况统计年报”

表 7-13　1990 年春花作物主要品种面积统计表　　单位：万亩

作物	品种	柯城区	衢县	龙游县	江山市	常山县	开化县	合计
大麦	沪麦 4 号	0. 30	0. 35		0. 10		0. 10	0. 85
	早熟 3 号				0. 10		0. 01	0. 11
	浙农大 2 号		0. 15	0. 80				0. 95
	浙农大 3 号		0. 27	0. 60				0. 87
	浙啤 1 号			0. 30				0. 30
	秀麦 1 号		0. 03	0. 10	0. 50			0. 63
	其他	0. 02					0. 01	0. 03
	小计	0. 32	0. 8	1. 8	0. 7		0. 12	3. 74
小麦	浙麦 1 号	2. 01	9. 40	5. 48	9. 39	6. 00	5. 20	37. 48
	浙麦 2 号	0. 05		2. 90		0. 20	0. 20	3. 35
	浙麦 3 号			0. 80				0. 80
	钱江 2 号	0. 04	0. 02	0. 02	0. 42	0. 12	0. 25	0. 87
	扬麦 5 号					0. 50		0. 50
	丽麦 16		0. 13			0. 20		0. 33
	6071		0. 35					0. 35
	其他	0. 13	0. 30	0. 98	1. 93	0. 80	1. 00	5. 14
	小计	2. 23	10. 20	10. 18	11. 74	7. 82	6. 65	48. 82
油菜	九二—13 系	3. 30	10. 70	5. 10	3. 85	1. 80	0. 20	24. 95
	九二—58 系	0. 03	0. 40		1. 93	0. 50	0. 05	2. 91
	79601				0. 64	1. 10	4. 55	6. 29
	浙优油 1 号			2. 98				2. 98
	土油菜					0. 01	0. 80	0. 81
	其他		0. 04	0. 36				0. 40
	小计	3. 33	11. 14	8. 44	6. 42	3. 41	5. 60	38. 34
蚕豆	大白蚕	0. 02	0. 05	0. 20	0. 05	0. 05	0. 04	0. 41
	小青蚕				0. 03			0. 03
	小计	0. 02	0. 05	0. 20	0. 08	0. 05	0. 04	0. 44
绿肥	紫云英	1. 40	5. 89	8. 50	12. 90	2. 00	3. 00	33. 69
	其他			0. 50				0. 50
	小计	1. 40	5. 89	9. 00	12. 90	2. 00	3. 00	34. 19
马铃薯	马铃薯	0. 10	0. 90	0. 35	2. 27	0. 09	0. 40	4. 11
	小计	0. 10	0. 90	0. 35	2. 27	0. 09	0. 40	4. 11
合计		7. 40	28. 98	29. 97	34. 11	13. 37	15. 81	129. 64

资料来源：衢州市种子公司“1990 年种子工作情况统计年报”

表 7-14　1990 年早稻主要品种面积统计表　　单位：万亩

作物	品种	柯城区	衢县	龙游县	江山市	常山县	开化县	合计
常规早稻（中熟）	浙辐 802	1. 81	5. 13	7. 20	3. 72	2. 53	0. 20	20. 59
	二九丰		0. 67	6. 00	0. 34	0. 49	0. 35	7. 85
	早莲 31	1. 14	1. 13		0. 96	0. 02	1. 10	4. 35
	中 857		0. 27				0. 15	0. 82
	浙 852	0. 13	2. 11		1. 51	1. 08	3. 48	8. 31
	浙辐 9 号	0. 37			3. 73		0. 85	4. 95
	嘉籼 758	0. 29	1. 36			0. 39	1. 20	3. 24
	中 87-156		0. 04	0. 61	0. 90		0. 03	1. 58
	7307			0. 50		1. 53		2. 03
	其他	0. 30	0. 90		1. 50	0. 18	0. 53	3. 41
	小计	4. 04	12. 01	14. 31	12. 66	6. 22	7. 89	57. 13
常规早稻（迟熟）	辐 8-1	0. 97	5. 55	0. 53	5. 32	0. 30	1. 16	13. 83
	广陆矮 4 号	1. 33	1. 48	2. 80		0. 71		6. 32
	泸红早 1 号		1. 69		1. 94	2. 83	3. 39	9. 85
	中浙 1 号	0. 22	0. 76	1. 20				2. 18
	浙 733		0. 04		0. 75		0. 01	0. 8
	辐 756				2. 46			2. 46
	辐籼 6 号		1. 18	6. 30	0. 33	2. 23	0. 22	10. 26
	浙 8619		0. 04		0. 71	0. 09	0. 14	0. 98
	其他	0. 40	2. 97	0. 61	1. 60	0. 71	0. 12	6. 41
	小计	2. 92	13. 71	11. 44	13. 11	6. 87	5. 04	53. 09
杂交早稻	汕优 21		0. 23			0. 06	0. 07	0. 36
	威优 35	0. 03				0. 01	0. 03	0. 07
	汕优早 4			0. 07				0. 07
	威优 48-2		0. 04	0. 01				0. 05
	汕优 638			0. 02				0. 02
	其他				0. 06			0. 06
	小计	0. 03	0. 27	0. 1	0. 06	0. 07	0. 1	0. 63
合计		6. 99	25. 99	25. 85	25. 83	13. 16	13. 03	110. 85

资料来源：衢州市种子公司“1990 年种子工作情况统计年报”

表 7-15　1990 年晚秋作物主要品种面积统计表　　单位：万亩

作物	品种	柯城区	衢县	龙游县	江山市	常山县	开化县	合计
粳稻	矮粳 23	0.43					0.05	0.48
	秀水 11	1.06	0.82				0.27	2.15
	秀水 27	0.29	0.49				0.18	0.96
	秀水 37	0.02	0.14		0.01		0.05	0.22
	秀水 48	0.14						0.14
	其他	0.05	0.27		0.01	0.10	0.15	0.58
	小计	1.99	1.72		0.02	0.10	0.70	4.53
糯稻	祥湖 84	0.99	1.77	2.64	1.51	0.12	0.68	7.71
	祥湖 25	0.26	0.82		0.53		0.26	1.87
	矮双 2 号	0.40	0.31				0.08	0.79
	双糯 4 号	0.03			0.47			0.50
	其他	0.03	0.22		0.20		0.18	0.63
	小计	1.71	3.12	2.64	2.71	0.12	1.20	11.50
杂交晚籼	汕优 6 号	0.03	1.38		1.09		0.25	2.75
	汕优桂 33	2.04	1.17	4.41	2.40	3.00		13.02
	汕优 64	1.15	7.94	1.60	6.82	7.30	8.57	33.38
	汕优 63		1.43	1.31	0.18	0.25	0.36	3.53
	协优 46	0.02		1.30	3.75		0.47	5.54
	汕优 10 号	0.26	9.15	13.50	9.99	2.00	2.30	37.20
	汕优桂 34			0.75				0.75
	76 优 2674	0.02		0.51			0.01	0.54
	其他		0.76	0.15			0.06	0.97
	小计	3.52	21.83	23.53	24.23	12.55	12.02	97.68
玉米	丹玉 13	0.01		0.10			0.01	0.12
	苏玉 4 号	0.02			0.09		0.19	0.30
	东单 1 号						0.16	0.16
	苏玉 1 号		0.01		0.01	0.12	0.22	0.36
	掖单 4 号		0.72				0.37	1.09
	吉单 131				0.10	0.20		0.30
	吉单 118					0.25	0.60	0.85
	其他	0.03		0.20	1.14		3.26	4.63
	小计	0.06	0.73	0.30	1.34	0.57	4.81	7.81
甘薯	胜利百号	0.03		0.30	0.92		0.70	1.95
	徐薯 18	0.04	2.17	0.10	1.39		1.50	5.20
	红皮白心	0.01		0.10	0.20			0.31
	浙薯 602				0.15			0.15
	其他	0.03			0.42		0.33	0.78
	小计	0.11	2.17	0.50	3.08		2.53	8.39

（续表）

作物	品种	柯城区	衢县	龙游县	江山市	常山县	开化县	合计
棉花	浙萧棉 1 号	0.03		0.20	1.65			1.88
	沪棉 204	0.15		0.10				0.25
	中棉 12			0.10			0.07	0.17
	其他	0.02	0.40					0.42
	小计	0.20	0.40	0.40	1.65		0.07	2.72
大豆	野猪戳			0.23	0.03		2.10	2.36
	三花豆				0.88		0.02	0.90
	一把抓						1.50	1.50
	浙春 2 号	0.04	0.30			0.05	0.06	0.45
	矮脚早	0.03	0.20	0.30	0.01	1.63	0.50	2.67
	穗稻黄	0.06						0.06
	毛蓬青	0.01			0.02			0.03
	湖西豆	0.04						0.04
	其他	0.02	0.73	0.02			0.10	0.87
	小计	0.20	1.23	0.55	0.94	1.68	4.28	8.88
花生	粤油 55-116	0.06		0.05	0.10		0.06	0.27
	其他	0.02	0.03	0.16	0.08	0.15	0.06	0.50
	小计	0.08	0.03	0.21	0.18	0.15	0.12	0.77
合计		7.87	31.23	28.13	34.15	15.17	25.73	142.28

资料来源：衢州市种子公司“1990 年种子工作情况统计年报”

表 7-16　1991 年春花作物主要品种面积统计表　　单位：万亩

作物	品种	柯城区	衢县	龙游县	江山市	常山县	开化县	合计
大麦	沪麦 4 号	0.30	0.33	0.20	0.08			0.91
	早熟 3 号			0.09				0.09
	浙农大 2 号		0.22	0.90				1.12
	浙农大 3 号			0.60				0.60
	浙啤 1 号			0.40				0.40
	秀麦 1 号		0.21	0.10	0.41			0.72
	其他	0.02		0.23	0.18			0.43
	小计	0.32	0.76	2.52	0.67	0	0	4.27
小麦	浙麦 1 号	1.60	8.61	5.60	5.15	7.00	5.00	32.96
	浙麦 2 号	0.05		2.80	0.27			3.12
	浙麦 3 号			0.60				0.60
	钱江 2 号	0.05		0.47	6.45		0.50	7.47
	扬麦 5 号	0.02					1.00	1.02
	丽麦 16						0.50	0.50
	丽麦 79		0.30					0.30
	辐鉴 36			0.10		0.05		0.15
	其他		0.38	0.33				0.71
	小计	1.72	9.29	9.90	11.87	7.05	7.00	46.83

（续表）

作物	品种	柯城区	衢县	龙游县	江山市	常山县	开化县	合计
油菜	九二—13 系	3. 40	10. 59	0. 20	1. 94	0. 05	0. 20	16. 38
	九二—58 系	0. 30	0. 77	5. 50	2. 10		1. 00	9. 67
	79601				1. 49	3. 00	4. 00	8. 49
	浙优油 1 号			2. 98				2. 98
	土油菜						0. 40	0. 40
	其他	0. 05	0. 02	0. 27	0. 12			0. 46
	小计	3. 75	11. 38	8. 95	5. 65	3. 05	5. 60	38. 38
蚕豆	大白蚕			2. 00	0. 15	0. 02	0. 15	2. 32
	其他	0. 30	0. 05	0. 10				0. 45
	小计	0. 30	0. 05	2. 10	0. 15	0. 02	0. 15	2. 77
绿肥	紫云英	1. 50	5. 25	8. 50	12. 26	5. 00	1. 80	34. 31
	其他	0. 05		0. 50				0. 55
	小计	1. 55	5. 25	9. 00	12. 26	5. 00	1. 80	34. 86
马铃薯		0. 20	0. 55	0. 50	2. 51		0. 20	3. 96
合计		7. 84	27. 28	32. 97	33. 11	15. 12	14. 75	131. 07

资料来源：衢州市种子公司 1991 年工作情况统计年报

表 7-17　1991 年早稻主要品种面积统计表　　单位：万亩

作物	品种	柯城区	衢县	龙游县	江山市	常山县	开化县	合计
常规早稻（中熟）	浙辐 802	1. 20	1. 90	1. 95	2. 08	2. 00		9. 13
	二九丰		1. 00	2. 88	0. 05	0. 02		3. 95
	早莲 31	1. 80	1. 20		0. 09			3. 09
	浙 852	1. 00	5. 35	1. 00	1. 85	3. 27	3. 24	15. 71
	浙辐 9 号				0. 88			0. 88
	嘉籼 758	0. 02	1. 15			0. 16		1. 33
	中 87-156	0. 04	0. 70	9. 88	5. 30	0. 04	0. 70	16. 66
	浙辐 762						3. 64	3. 64
	其他	0. 40	0. 40			0. 40	1. 36	2. 56
	小计	4. 46	11. 70	15. 71	10. 25	5. 89	8. 94	56. 95
常规早稻（迟熟）	辐 8-1	0. 70	4. 50		5. 50	0. 06		10. 76
	广陆矮 4 号	0. 10	0. 50	2. 27		0. 13		3. 00
	泸红早 1 号		1. 90		0. 69	3. 98	2. 41	8. 98
	浙 733	0. 50	1. 50	0. 50	8. 00	0. 10		10. 60
	辐 756				0. 52	0. 07	0. 45	1. 04
	辐籼 6 号	0. 80	2. 20	6. 14	0. 20	0. 65	0. 80	10. 79
	浙 8619		0. 50		0. 04	0. 25	0. 18	0. 97
	杭早 3 号	0. 01			0. 02			0. 03
	其他	0. 15	0. 74		0. 11	1. 50	0. 30	2. 80
	小计	2. 26	11. 84	8. 91	15. 08	6. 74	4. 14	48. 97

（续表）

作物	品种	柯城区	衢县	龙游县	江山市	常山县	开化县	合计
杂交早稻	汕优 21		1.45			0.22		1.67
	汕优 48-2	0.05	0.51	0.25		0.01		0.82
	汕优 1126				0.70			0.70
	威优 48-2		0.39	0.04				0.43
	汕优 638			0.45				0.45
	其他		0.01				0.08	0.09
	小计	0.05	2.36	0.74	0.70	0.23	0.08	4.16
合计		6.77	25.90	25.36	26.03	12.86	13.16	110.08

资料来源：衢州市种子公司 1991 年工作情况统计年报

表 7-18　1991 年晚秋作物主要品种面积统计表　　单位：万亩

作物	品种	柯城区	衢县	龙游县	江山市	常山县	开化县	合计
粳稻	矮粳 23	0.19					0.03	0.22
	秀水 11	1.49	0.82			0.03	0.08	2.42
	秀水 27	0.09	0.45				0.15	0.69
	秀水 37	0.02	0.18				0.12	0.32
	其他	0.07	0.10				0.14	0.31
	小计	1.86	1.55			0.03	0.52	3.96
糯稻	祥湖 84	0.64	2.35	2.73	1.53	0.48	1.17	8.90
	祥湖 25	0.04	0.40		0.46		0.24	1.14
	矮双 2 号	0.08	0.20				0.05	0.33
	双糯 4 号				0.76			0.76
	其他	0.04	0.20		0.31	1.12	0.29	1.96
	小计	0.80	3.15	2.73	3.06	1.60	1.75	13.09
杂交晚籼	汕优 6 号						0.26	0.26
	汕优桂 33	0.34	0.70	1.18	0.83	0.25	0.50	3.80
	汕优 64	0.65	6.59	0.43	4.13	4.57	3.57	19.94
	汕优 63		0.50	0.25	0.21	0.13	1.26	2.35
	协优 46	1.10	1.99	10.50	6.78	0.26	2.52	23.15
	汕优 10 号	2.45	12.62	11.60	12.40	6.56	5.32	50.95
	76 优 2674	0.02		1.50			0.05	1.57
	汕优 20964			0.56	0.20	0.10	0.03	0.89
	其他	0.30	1.31	0.10		0.94	0.05	2.70
	小计	4.86	23.71	26.12	24.55	12.81	13.56	105.61
玉米	丹玉 13	0.05	0.80	0.35	0.31	0.30	4.46	6.27
	东单 1 号						0.10	0.10
	苏玉 1 号		0.07		0.12		0.20	0.39
	其他	0.05			1.70	0.31	0.02	2.08
	小计	0.10	0.87	0.35	2.13	0.61	4.78	8.84

（续表）

作物	品种	柯城区	衢县	龙游县	江山市	常山县	开化县	合计
甘薯	胜利百号	0.02	1.50	0.20	1.00		0.75	3.47
	徐薯 18	0.02	0.50	0.15	2.15		1.60	4.42
	红皮白心			0.15	0.30		0.45	0.90
	其他	0.16	0.05		0.13	0.91	0.22	1.47
	小计	0.20	2.05	0.50	3.58	0.91	3.02	10.26
棉花	浙萧棉 1 号	0.02			1.47			1.49
	中棉 12		0.30		0.10		0.05	0.45
	其他	0.05			0.04		0.05	0.14
	小计	0.07	0.30		1.61		0.10	2.08
大豆	野猪戳			0.25	0.20		2.49	2.94
	一把抓						0.60	0.60
	浙春 2 号	0.05	0.30		0.05		0.02	0.42
	矮脚早	0.03	0.20	0.02	0.98	0.67	0.55	2.45
	白花豆		0.60					0.60
	其他	0.13	0.07		0.40	0.21	0.10	0.91
	小计	0.21	1.17	0.27	1.63	0.88	3.76	7.92
花生	粤油 55-116	0.04	0.20	0.47			0.10	0.81
	其他	0.02	0.05				0.05	0.12
	小计	0.06	0.25	0.47	0	0	0.15	0.93
合计		8.16	33.05	30.44	36.56	16.84	27.64	152.69

资料来源：衢州市种子公司 1991 年工作情况统计年报

表 7-19　1992 年春花作物主要品种面积统计表　　单位：万亩

作物	品种	柯城区	衢县	龙游县	江山市	常山县	开化县	合计
大麦	秀麦 1 号		0.25		0.52			0.77
	浙农大 3 号		0.07	0.20			0.03	0.30
	浙农大 2 号	0.02	0.08					0.10
	沪麦 4 号	0.05	0.02					0.07
	其他	0.03	0.02	2.00				2.05
	小计	0.10	0.44	2.20	0.52		0.03	3.29
小麦	浙麦 1 号	0.92	4.76	5.60	2.83	6.00	3.05	23.16
	钱江 2 号	0.05	0.21		7.80	0.10	1.35	9.51
	丽麦 16		0.50				2.13	2.63
	浙麦 2 号	0.08		1.20				1.28
	丽麦 79		0.51					0.51
	其他	0.15	0.09	0.94	0.20	0.90	0.34	2.62
	小计	1.20	6.07	7.74	10.83	7.00	6.87	39.71

（续表）

作物	品种	柯城区	衢县	龙游县	江山市	常山县	开化县	合计
油菜	九二—13 系	2.50	10.39	0.51	1.50	1.00	0.30	16.20
	九二—58 系	1.20	1.12	4.25	3.76	0.85	1.50	12.68
	79601				2.25	1.30	3.58	7.13
	鉴 7		0.40	4.95				5.35
	土油菜	0.05				0.45	0.21	0.71
	其他	0.05	0.18	0.31				0.54
	小计	3.80	12.09	10.02	7.51	3.60	5.59	42.61
马铃薯	马铃薯	0.15	0.42	0.10	2.30	0.30	0.30	3.57
	小计	0.15	0.42	0.10	2.30	0.30	0.30	3.57
蚕豆	大白蚕	0.40	0.20	0.22		0.18	0.21	1.21
	其他	0.10	0.18		0.19			0.47
	小计	0.50	0.38	0.22	0.19	0.18	0.21	1.68
绿肥	紫云英	1.10	7.01	9.00	12.30	3.21	1.50	34.12
	其他	0.70						0.70
	小计	1.80	7.01	9.00	12.30	3.21	1.50	34.82
合计		7.55	26.41	29.28	33.65	14.29	14.50	125.68

资料来源：衢州市种子公司 1992 年工作情况统计表

表 7-20　1992 年早稻主要品种面积统计表　　单位：万亩

作物	品种	柯城区	衢县	龙游县	江山市	常山县	开化县	合计
常规早稻（中熟）	浙辐 802	0.51	1.20	0.52	1.60	1.67	0.05	5.55
	早莲 31	0.49	0.20					0.69
	浙 852	2.69	5.50	3.19	0.98	3.17	0.21	15.74
	嘉 88-293				0.35			0.35
	嘉籼 758	0.02	1.10					1.12
	中 87-156	0.23	0.50	15.60	2.82	0.60	1.35	21.10
	浙辐 762						3.21	3.21
	其他	0.22	0.10		0.15	0.65	0.11	1.23
	小计	4.16	8.60	19.31	5.90	6.09	4.93	48.99
常规早稻（迟熟）	广陆矮 4 号	0.07	0.25					0.32
	泸红早 1 号		0.60			2.94	0.23	3.77
	浙 733	0.77	3.40	2.50	8.87	2.02	2.01	19.57
	辐籼 6 号	1.50	4.00	1.75	2.00	1.20	1.80	12.25
	浙 8619		0.40			0.20		0.60
	泸早 872		0.01		2.13	0.02		2.16
	辐 8-1	0.01	1.30		5.50			6.81
	其他	0.11	0.04	0.20	0.18	1.62	0.05	2.20
	小计	2.46	10.00	4.45	18.68	8.00	4.09	47.68

（续表）

作物	品种	柯城区	衢县	龙游县	江山市	常山县	开化县	合计
杂交早稻	汕优 48-2		2.20			1.70	0.72	4.62
	汕优 1126				1.04			1.04
	威优 48-2	0.11	3.46	0.41				3.98
	汕优 638			0.32				0.32
	威优 1126			0.40			0.79	1.19
	汕优 21		1.30			0.50		1.80
	威优华联 2 号						0.66	0.66
	其他		0.09		0.08			0.17
	小计	0.11	7.05	1.13	1.12	2.20	2.17	13.78
合计		6.73	25.65	24.89	25.70	16.29	11.19	110.45

资料来源：衢州市种子公司 1992 年工作情况统计表

表 7-21　1992 年晚秋作物主要品种面积统计表　　单位：万亩

作物	品种	柯城区	衢县	龙游县	江山市	常山县	开化县	合计
粳稻	矮粳 23	0.08				0.10	0.03	0.21
	秀水 11	1.22	0.80			0.02	0.05	2.09
	秀水 27		0.05			0.10	0.18	0.33
	秀水 37	0.01	0.28	0.51			0.15	0.95
	其他	0.11	0.10			0.05	0.05	0.31
	小计	1.42	1.23	0.51		0.27	0.46	3.89
糯稻	祥湖 84	0.64	3.10	3.60	1.87	0.60	1.30	11.11
	祥湖 25	0.08	0.20		0.70	0.40	0.50	1.88
	矮双 2 号	0.03			0.30	0.30	0.05	0.68
	绍糯 87-86	0.21	0.04		0.78	0.05	0.05	1.13
	其他	0.18	0.10		0.85	0.47	0.10	1.70
	小计	1.14	3.44	3.60	4.50	1.82	2.00	16.50
杂交晚籼	汕优 10 号	0.61	8.50	7.58	8.73	5.00	5.54	35.96
	汕优桂 33		0.20	2.70	1.04	1.00	0.25	5.19
	汕优 64	0.64	2.30	0.88	3.50	5.00	1.25	13.57
	汕优 63	0.03	0.50	0.87	0.41	0.35	1.57	3.73
	Ⅱ优 46	0.26	0.20	0.25			0.05	0.76
	汕优 20964		0.02	0.30	1.00			1.32
	协优 46	2.93	11.05	10.76	12.12	1.20	4.57	42.63
	其他		0.13	0.10			0.07	0.30
	小计	4.47	22.90	23.44	26.80	12.55	13.30	103.46
玉米	丹玉 13	0.07	1.73	0.35	0.16	0.10	2.53	4.94
	掖单 12	0.03	0.06		0.04	0.20	1.54	1.87
	苏玉 1 号		0.02		0.08		0.26	0.36
	其他		0.20		2.06	0.12	1.45	3.83
	小计	0.10	2.01	0.35	2.34	0.42	5.78	11.00

（续表）

作物	品种	柯城区	衢县	龙游县	江山市	常山县	开化县	合计
甘薯	胜利百号	0.03	1.40	0.20	0.25	0.40	0.80	3.08
	徐薯 18	0.03	0.60	0.21	2.13	0.30	1.80	5.07
	南薯 88		0.05	0.05	0.77			0.87
	其他	0.02	0.01		0.32	0.50	0.25	1.10
	小计	0.08	2.06	0.46	3.47	1.20	2.85	10.12
棉花	浙萧棉 1 号	0.01		0.30	0.40			0.71
	中棉 12	0.02	0.30	0.25	0.60	0.20		1.37
	其他	0.02			0.89		0.07	0.98
	小计	0.05	0.3	0.55	1.89	0.2	0.07	3.06
大豆	野猪戳						2.55	2.55
	一把抓						0.75	0.75
	浙春 2 号	0.09	0.42	0.23	0.08	0.40	0.05	1.27
	矮脚早	0.04	0.05	0.10	0.39	0.50	0.63	1.71
	白花豆	0.07	0.70	0.32				1.09
	其他	0.10	0.10		1.10	0.07	0.04	1.41
	小计	0.30	1.27	0.65	1.57	0.97	4.02	8.78
花生		0.04	0.20	0.25	0.15	0.08	0.05	0.77
合计		7.60	33.41	29.81	40.72	17.51	28.53	157.58

资料来源：衢州市种子公司 1992 年工作情况统计表

表 7-22　1993 年春花作物主要品种面积统计表　　单位：万亩

作物	品种	柯城区	衢县	龙游县	江山市	常山县	开化县	合计
大麦	浙农大 3 号			0.20			0.05	0.25
	秀麦 1 号		0.32		0.45			0.77
	其他	0.06	0.03	1.00	0.05	0.05		1.19
	小计	0.06	0.35	1.20	0.50	0.05	0.05	2.21
小麦	浙麦 1 号	0.90	1.70	2.40	0.78	3.50	2.50	11.78
	浙麦 2 号	0.05		0.11				0.16
	钱江 2 号	0.05	0.21	2.60	6.90	3.50	3.00	16.26
	扬麦 5 号					0.50		0.50
	丽麦 16		1.24				0.30	1.54
	核组 8 号			0.01				0.01
	其他	0.10	0.62		0.01	0.50	0.43	1.66
	小计	1.10	3.77	5.12	7.69	8.00	6.23	31.91
油菜	九二—58 系	0.90	0.30	0.20	5.60	0.50	2.30	9.80
	601				0.50	2.50	2.60	5.60
	九二—13 系	1.80	7.38	0.30	2.36	2.00	0.50	14.34
	其他	0.07	0.20	0.05		0.10	0.39	0.81
	小计	2.77	7.88	0.55	8.46	5.10	5.79	30.55

（续表）

作物	品种	柯城区	衢县	龙游县	江山市	常山县	开化县	合计
蚕豆	大白蚕	0.40	0.08	0.22	0.79		0.21	1.70
	其他	0.10				0.30		0.40
	小计	0.50	0.08	0.22	0.79	0.30	0.21	2.10
绿肥	绿肥	2.00	5.88	0.40	13.57	3.00	1.12	25.97
马铃薯	马铃薯	0.30		0.15	2.00	0.10	0.13	2.68
其他			0.57					0.57
合计		6.73	18.53	7.64	33.01	16.55	13.53	95.99

资料来源：衢州市种子公司“1993 年种子工作情况统计年报”

表 7-23　1993 年早稻主要品种面积统计表　　单位：万亩

作物	品种	柯城区	衢县	龙游县	江山市	常山县	开化县	合计
常规早稻（中熟）	浙辐 802	0.20	1.72	3.00	1.49	1.00	0.30	7.71
	舟优 903	0.02	0.05		0.05	0.03		0.15
	浙 852	3.15	5.02	2.40	0.77	2.00	2.40	15.74
	嘉兴香米	0.08	0.05	2.03	0.31	0.08	0.05	2.60
	嘉籼 758				0.12		00.20	0.32
	中 87-156	0.08	0.40	11.80	2.23	0.05	0.20	14.76
	浙辐 762						1.00	1.00
	其他	0.11	0.60		1.26	0.10	0.30	2.37
	小计	3.64	7.84	19.23	6.23	3.26	4.45	44.65
常规早稻（迟熟）	泸红早 1 号		0.60			1.50	0.40	2.50
	浙 733	1.15	10.20	2.20	7.77	3.50	4.50	29.32
	辐籼 6 号	0.40	2.05	0.30		0.50	0.20	3.45
	泸早 872	0.10			9.05	0.70	0.20	10.05
	辐 8-1	0.01	1.10		0.86		0.20	2.17
	其他	0.10	0.25	0.30	0.47	0.30	0.20	1.62
	小计	1.76	14.20	2.80	18.15	6.50	5.70	49.11
杂交早稻	汕优 48-2	0.10	1.30	0.50	0.13	0.57	2.00	4.60
	汕优 1126				0.20			0.20
	威优 48-2		0.40					0.40
	汕优 21					0.70		0.70
	其他		0.06					0.06
	小计	0.10	1.76	0.50	0.33	1.27	2.00	5.96
合计		5.50	23.80	22.53	24.71	11.03	12.15	99.72

资料来源：衢州市种子公司“1993 年种子工作情况统计年报”

表 7-24　1993 年晚秋作物主要品种面积统计表　单位：万亩

作物	品种	柯城区	衢县	龙游县	江山市	常山县	开化县	合计
粳稻	秀水 11	1.24	1.75				0.40	3.39
	秀水 37	0.10	0.45				0.30	0.85
	其他	0.09	0.10			0.02	0.10	0.31
	小计	1.43	2.30			0.02	0.80	4.55
糯稻	祥湖 84	0.79	2.70	4.50	1.51	0.22	1.00	10.72
	祥湖 25				0.88	0.12		1.00
	绍糯 87-86	0.07	0.50		0.30	0.03		0.90
	其他	0.09	0.32		0.74	1.13	0.30	2.58
	小计	0.95	3.52	4.50	3.43	1.50	1.30	15.20
杂交晚籼	汕优 10 号	2.94	11.85	7.00	13.00	8.02	5.80	48.61
	汕优桂 33					0.46	0.02	0.48
	汕优 64	0.09	2.05			2.40	0.80	5.34
	汕优 63		0.85		0.70	0.26	2.30	4.11
	Ⅱ优 46				1.00			1.00
	Ⅱ优 92	0.05	0.40	1.50		1.00	1.50	4.45
	协优 46	1.11	4.50	15.00	6.50	0.85	3.10	31.06
	汕优 92		0.25	1.50	3.30		0.02	5.07
	小计	4.19	19.90	25.00	24.50	12.99	13.54	100.12
玉米	丹玉 13	0.03	0.40	0.20	0.38	0.20	3.29	4.50
	掖单 12	0.03	0.11	0.01			0.60	0.75
	苏玉 1 号	0.01	0.10		0.03		0.30	0.44
	其他	0.01	0.09		1.99	0.05		2.14
	小计	0.08	0.70	0.21	2.40	0.25	4.19	7.83
甘薯	胜利百号	0.14	0.50	0.20		1.06		1.90
	徐薯 18		0.10	0.18	1.80	0.01	1.50	3.59
	南薯 88		0.20	0.10	0.80			1.10
	其他		0.07		1.00	0.24	1.39	2.70
	小计	0.14	0.87	0.48	3.60	1.31	2.89	9.29
棉花	浙萧棉 1 号		0.35	0.31	1.00	0.11		1.77
	中棉 12		0.15	0.80	0.90	0.05		1.90
	小计		0.50	1.11	1.90	0.16		3.67
大豆	野猪戳						1.50	1.50
	一把抓						0.50	0.50
	浙春 2 号		1.04	0.29	0.03	0.52		1.88
	矮脚早		0.02		1.20	0.38		1.60
	白花豆	0.17	0.40	3.27	0.14	0.01		0.99
	407		0.10	0.01				0.11
	其他	0.08	0.92		0.23	0.25	0.22	1.70
	小计	0.25	2.48	0.57	1.60	1.16	2.22	8.28
花生		0.03	0.20		0.13	0.03		0.39
合计		7.07	30.47	31.87	37.56	17.42	24.94	149.33

资料来源：衢州市种子公司“1993 年种子工作情况统计年报”

表 7-25　1994 年春花作物主要品种面积统计表　　单位：万亩

作物	品种	柯城区	衢县	龙游县	江山市	常山县	开化县	合计
大麦	浙农大 3 号		0.10	1.50			0.10	1.70
	秀麦 1 号		0.40		0.20			0.60
	其他		0.10	0.50				0.60
	小计		0.60	2.00	0.20		0.10	2.90
小麦	浙麦 1 号	0.20	4.40	2.70	1.00	5.00	3.80	17.10
	浙麦 2 号	0.10		1.20			0.30	1.60
	钱江 2 号		0.10	0.30	4.00	0.30	1.00	5.70
	丽麦 16						0.20	0.20
	核组 8 号		0.10		0.10		0.30	0.50
	其他	0.10	0.20	0.80		1.00	0.40	2.50
	小计	0.40	4.80	5.00	5.10	6.30	6.00	27.60
油菜	浙优油 1 号						0.10	0.10
	浙优油 2 号			1.50				1.50
	九二—58 系	0.70	8.70	5.50	2.20	1.00	2.60	20.70
	601				1.50	1.40	2.80	5.70
	九二—13 系	0.50	1.10	2.00	5.00	0.90	0.10	9.60
	其他	0.20	0.10	0.50	0.40	0.30	0.80	2.30
	小计	1.40	9.90	9.50	9.10	3.60	6.40	39.90
蚕豆	大白蚕	0.10	0.40	0.50	0.10	0.20	0.10	1.40
	其他		0.40					0.40
	小计	0.10	0.80	0.50	0.10	0.20	0.10	1.80
绿肥		1.10	6.90	7.50	13.50	2.80	1.50	33.30
马铃薯		0.30	0.10	0.50	1.50	0.10	0.20	2.70
其他		2.00		2.50			1.70	6.20
合计		5.30	23.10	27.50	29.50	13.00	16.00	114.40

资料来源：1994 年衢州市种子公司统计年报

表 7-26　1994 年早稻主要品种面积统计表　　单位：万亩

作物	品种	柯城区	衢县	龙游县	江山市	常山县	开化县	合计
常规早稻（中熟）	浙辐 802	0.23	1.30	7.00	1.50	0.94		10.97
	舟优 903	0.15	1.70	1.00	1.24	0.93	1.32	6.34
	浙 852	1.75	4.00	2.60	0.61	1.20	1.76	11.92
	嘉籼 758		0.10					0.10
	浙辐 762						2.06	2.06
	中 87-156		0.20	1.50	0.62			2.32
	其他	0.20	1.63	0.90	1.37	0.31	1.00	5.41
	小计	2.33	8.93	13.00	5.34	3.38	6.14	39.12
常规早稻（迟熟）	泸红早 1 号	0.15	0.20			1.70		2.05
	浙 733	2.60	9.80	8.00	6.87	5.99	4.35	37.61
	辐籼 6 号	0.15	1.00					1.15
	泸早 872	0.18	0.10		11.77		0.08	12.13
	辐 8-1		0.90		0.40			1.30
	浙农 8010	0.20	0.37	0.50		0.33	0.05	1.45
	其他	0.20	0.80		0.37	0.60	0.72	2.69
	小计	3.48	13.17	8.50	19.41	8.62	5.20	58.38
杂交早稻	汕优 48-2	0.01	0.75	0.50		0.61	0.56	2.43
	汕优 1126		0.10		0.31			0.41
	其他	0.10	0.08					0.18
	小计	0.11	0.93	0.50	0.31	0.61	0.56	3.02
合计		5.92	23.03	22.00	25.06	12.61	11.90	100.52

资料来源：1994 年衢州市种子公司统计年报

表 7-27　1994 年晚秋作物主要品种面积统计表　　单位：万亩

作物	品种	柯城区	衢县	龙游县	江山市	常山县	开化县	合计
粳稻	秀水 11	1.00	0.75					1.75
	秀水 37		0.45	0.20			0.38	1.03
	其他	0.20	0.70		0.04	0.02	0.12	1.08
	小计	1.20	1.90	0.20	0.04	0.02	0.50	3.86
糯稻	祥湖 84	0.05	1.55	2.60	1.02	0.25	1.30	6.77
	祥湖 25					0.10	0.30	0.40
	春江 03	0.10			1.05		0.05	1.20
	绍糯 87-86				0.33			0.33
	其他	0.20	0.85		0.16	1.15	0.35	2.71
	小计	0.35	2.40	2.60	2.56	1.50	2.00	11.41

（续表）

作物	品种	柯城区	衢县	龙游县	江山市	常山县	开化县	合计
杂交晚籼	汕优 10 号	2.20	10.10	7.50	9.02	8.45	4.00	41.27
	汕优桂 33	0.30	0.10			0.30	0.05	0.75
	汕优 64		3.10	0.50	3.57	1.00	1.00	9.17
	汕优 63		1.10	0.50	0.79	0.25	2.00	4.64
	Ⅱ优 63			0.50			0.30	0.80
	Ⅱ优 46		0.05		0.07			0.12
	Ⅱ优 92		0.45		0.52	2.80	0.25	4.02
	协优 46	2.2	4.43	15.00	11.49	0.20	5.64	38.96
	汕优 92			1.60	0.59			2.19
	其他	0.10	1.34	0.50	0.13			2.07
	小计	4.80	20.67	26.10	26.18	13.00	13.24	103.99
玉米	丹玉 13	0.06	0.38	0.20	0.20	0.10	1.16	2.10
	掖单 12		0.05		0.20		1.00	1.25
	掖单 4 号				0.30			0.30
	苏玉 1 号	0.05	0.05		0.05	0.03	0.80	0.98
	其他	0.01	0.02	0.02	1.02	0.03		1.10
	小计	0.12	0.50	0.22	1.77	0.16	2.96	5.73
甘薯	胜利百号	0.03	0.40	0.20		1.00	0.60	2.23
	徐薯 18	0.02	0.70	0.10	1.50	0.01	1.60	3.93
	南薯 88	0.01	0.30	0.18	1.70			2.19
	其他	0.02	0.28		0.26	0.14	0.54	1.24
	小计	0.08	1.68	0.48	3.46	1.15	2.74	9.59
棉花	浙萧棉 9 号	0.01	0.30	0.40	1.30	0.10		2.11
	中棉 12		0.30		1.20	0.05	0.15	1.70
	小计	0.01	0.60	0.40	2.50	0.15	0.15	3.81
大豆	野猪戳						2.50	2.50
	一把抓						1.00	1.00
	浙春 2 号	0.02	0.75	0.35		0.56		1.68
	浙春 3 号	0.01	0.02					0.03
	矮脚早	0.04	0.08			0.33	1.00	1.45
	白花豆	0.05	0.15	0.28	1.0	0.01		1.49
	407		1.06					1.06
	毛蓬青		0.05					0.05
	其他	0.08			0.97	0.15	0.17	1.37
	小计	0.2	2.11	0.63	1.97	1.05	4.67	10.63
花生		0.04	0.05		0.11	0.03	0.10	0.33
合计		6.80	29.91	30.63	38.59	17.06	26.36	149.35

资料来源：1994 年衢州市种子公司统计年报

表 7-28　1995 年春花作物主要品种面积统计表　　单位：万亩

作物	品种	柯城区	衢县	龙游县	江山市	常山县	开化县	合计
大麦	浙农大 3 号		0.06	0.70	0.04		0.20	1.00
	秀麦 1 号		0.10		0.16			0.26
	其他	0.10	0.10	0.62				0.82
	小计	0.10	0.26	1.32	0.20		0.20	2.08
小麦	浙麦 1 号	0.30	2.10	1.00	0.90	5.10	3.03	12.43
	浙麦 2 号	0.10					0.20	0.3
	钱江 2 号	0.05			2.30	0.20	1.00	3.55
	温麦 8 号		1.50					1.50
	丽麦 16						0.10	0.10
	核组 8 号		0.08	3.00	0.08	0.20	0.35	3.71
	其他	0.05	0.10	0.20	0.01		0.30	0.66
	小计	0.50	3.78	4.20	3.29	5.50	4.98	22.25
油菜	九二—58 系	1.43	2.00	10.00	3.22	3.18	3.50	23.33
	601	0.01			0.50	1.02	3.20	4.73
	九二—13 系	1.27	10.10	2.00	6.00	1.10	0.60	21.07
	其他	0.06	0.03	0.80	0.80		0.60	2.29
	小计	2.77	12.13	12.80	10.52	5.30	7.90	51.42
蚕豆	大白蚕	0.20	0.30	0.50	0.20		0.22	1.42
	其他		0.09			0.10		0.19
	小计	0.2	0.39	0.5	0.2	0.1	0.22	1.61
绿肥		0.16	8.07	7.50	13.1	2.65	1.26	32.74
马铃薯		0.46	0.56	0.50	1.50		0.20	3.22
其他			2.17			0.10	1.50	3.77
合计		4.19	27.36	26.82	28.81	13.65	16.26	117.09

资料来源：1995 年衢州市种子公司年报

表 7-29　1995 年早稻主要品种面积统计表　　单位：万亩

作物	品种	柯城区	衢县	龙游县	江山市	常山县	开化县	合计
常规早稻（中熟）	浙辐 802	0.05		5.00	0.73	0.99		6.77
	舟优 903	0.16	3.30	2.00	4.08	1.05	2.50	13.09
	浙 852	1.35	3.00	0.50	0.31	0.64	0.50	6.30
	浙辐 762						0.60	0.60
	中 87-156		0.30	2.00	0.87	0.03		3.20
	浙辐 218	0.02	2.20	2.00	1.96	0.06	0.40	6.64
	92-48	0.08	0.16	0.50	0.31	0.03	0.70	1.78
	中早 1 号			5.00				5.00
	其他	0.11	0.10	1.00		0.13	0.40	1.74
	小计	1.77	9.06	18.00	8.26	2.93	5.10	45.12

（续表）

作物	品种	柯城区	衢县	龙游县	江山市	常山县	开化县	合计
常规早稻（迟熟）	泸红早 1 号					1. 09	0. 10	1. 19
	浙 733	2. 93	12. 50	5. 00	10. 06	6. 13	4. 50	41. 12
	泸早 872				5. 46	0. 17		5. 63
	7307					0. 60		0. 60
	辐 8-1		0. 90		0. 35			1. 25
	衢育 860	0. 20	0. 50					0. 70
	浙农 8010	0. 66	0. 50	0. 50	0. 28	0. 73	0. 70	3. 37
	嘉育 293						0. 80	0. 80
	中优早 2 号				0. 45			0. 45
	其他	0. 10					0. 30	0. 40
	小计	3. 89	14. 40	5. 50	16. 60	8. 72	6. 40	55. 51
杂交早稻	汕优 48-2	0. 02	0. 09		0. 01	0. 45	0. 70	1. 27
	汕优 102				0. 14	0. 04		0. 18
	其他		0. 01		0. 04	0. 17		0. 22
	小计	0. 02	0. 10		0. 19	0. 66	0. 70	1. 67
合计		5. 68	23. 56	23. 5	25. 05	12. 31	12. 2	102. 3

资料来源：1995 年衢州市种子公司年报

表 7-30　1995 年晚秋作物主要品种面积统计表　　单位：万亩

作物	品种	柯城区	衢县	龙游县	江山市	常山县	开化县	合计
粳稻	丙 1067		0. 70					0. 70
	秀水 11	0. 83				0. 03		0. 86
	秀水 37	0. 08	0. 30				0. 30	0. 68
	其他	0. 01	0. 10				0. 10	0. 21
	小计	0. 92	1. 10			0. 03	0. 40	2. 45
糯稻	祥湖 84	0. 11	1. 10	3. 75	0. 80	1. 00	1. 20	7. 96
	祥湖 25	0. 06				0. 45	0. 40	0. 91
	春江 03	0. 37			0. 15		0. 10	0. 62
	浙糯 2 号	0. 05	1. 50	0. 05				1. 60
	航育 1 号		0. 01					0. 01
	其他	0. 03	0. 11	0. 70	0. 40		0. 11	1. 35
	小计	0. 62	2. 72	4. 50	1. 35	1. 45	1. 81	12. 45
杂交籼稻	汕优 10 号	2. 35	14. 60	6. 30	9. 72	8. 00	6. 40	47. 37
	汕优 64	0. 45	0. 20		1. 30		0. 55	2. 50
	汕优 63		0. 70		0. 68	0. 10	1. 50	2. 98
	汕优 92	0. 80		0. 10		0. 15		1. 05
	协优 46	1. 40	3. 20	12. 00	8. 29	0. 30	1. 60	26. 79
	协优 92	0. 09		2. 00				2. 09
	协优 63				0. 36			0. 36
	协优 413			4. 00	0. 16			4. 16
	Ⅱ优 92		2. 80	0. 10	1. 38	1. 60	2. 61	8. 49
	Ⅱ优 46		0. 45			1. 50		1. 95
	Ⅱ优 63		0. 10	1. 00				1. 10
	汕优 413				0. 25			0. 25
	其他		0. 26				0. 90	1. 16
	小计	5. 09	22. 31	25. 50	22. 14	11. 65	13. 56	100. 25

（续表）

作物	品种	柯城区	衢县	龙游县	江山市	常山县	开化县	合计
玉米	丹玉 13	0.04	0.40	0.10	0.30	0.20	1.00	2.04
	掖单 12		0.20			0.10	0.10	0.40
	掖单 4 号							0
	苏玉 1 号	0.02	0.06	0.07	0.90	0.10	1.00	2.15
	其他				0.55			0.55
	小计	0.06	0.66	0.17	1.75	0.40	2.10	5.14
甘薯	胜利百号	0.06					0.80	0.86
	徐薯 18	0.16	2.30	1.00	2.00	0.90	0.60	6.96
	南薯 88		0.40		1.90			2.30
	其他		0.66	0.20	1.05	0.10	0.80	2.81
	小计	0.22	3.36	1.20	4.95	1.00	2.20	12.93
棉花	浙萧棉 9 号				0.80			0.80
	910				0.52			0.52
	中棉 12	0.02		2.00	1.20		0.30	3.52
	小计	0.02		2.00	2.52		0.30	4.84
大豆	野猪戳						2.30	2.30
	一把抓						1.50	1.50
	浙春 2 号		2.40	2.00	2.50	0.50		7.40
	浙春 3 号	0.08	0.10		1.00			1.18
	矮脚早			0.50	0.80	0.10	1.20	2.60
	407		0.50		0.44	0.10		1.04
	白花豆	0.14	0.19	0.40	1.10	0.10		1.93
	毛蓬青		0.16			0.05		0.21
	其他	0.06	0.06	0.50	1.45		0.21	2.28
	小计	0.28	3.41	3.40	7.29	0.85	5.21	20.44
花生		0.08	0.01	0.10	0.12		0.15	0.46
合计		7.29	33.57	36.87	40.12	15.38	25.73	158.96

资料来源：1995 年衢州市种子公司年报

表 7-31　1996 年春花作物主要品种面积统计表　　单位：万亩

作物	品种	柯城区	衢县	龙游县	江山市	常山县	开化县	合计
大麦	浙农大 3 号	0.03	0.90	1.80	0.10		0.05	2.88
	浙农大 6 号		1.80		0.12			1.92
	秀麦 1 号		1.17					1.17
	小计	0.03	3.87	1.80	0.22		0.05	5.97
小麦	浙麦 1 号	0.20			0.85	3.00	3.50	7.55
	浙麦 2 号	0.10					0.20	0.30
	钱江 2 号				2.52		0.40	2.92
	温麦 8 号		0.50					0.50
	丽麦 16		0.30	1.00			0.10	1.40
	核组 8 号			2.52	0.11	1.50	0.50	4.63
	其他	0.09		0.80	0.02	1.50	0.30	2.71
	小计	0.39	0.80	4.32	3.50	6.00	5.00	20.01

（续表）

作物	品种	柯城区	衢县	龙游县	江山市	常山县	开化县	合计
油菜	九二—58 系	0.55	3.80	7.60	8.00	3.00	3.50	26.45
	九二—13 系	0.60	7.20	1.86	3.00		0.50	13.16
	601	0.17			0.10	1.50	2.00	3.77
	605			0.20			1.60	1.80
	其他	0.01	0.20		0.21	0.50		0.92
	小计	1.33	11.20	9.66	11.31	5.00	7.60	46.1
蚕豆	大白蚕	0.30	0.25	0.32	0.30		0.15	1.32
	其他	0.10		0.20	0.16			0.46
	小计	0.40	0.25	0.52	0.46		0.15	1.78
绿肥	绿肥		8.29	6.74	13.15	1.50	0.15	29.83
大豆	浙春 2 号	0.02	2.45	0.50	2.50	0.50	0.50	6.47
	浙春 3 号	0.01	0.20		1.50		0.30	2.01
	婺春 1 号		0.50					0.50
	其他	0.08	0.05		0.80	0.30	0.50	1.73
	小计	0.11	3.20	0.50	4.80	0.80	1.30	10.71
玉米	苏玉 1 号	0.07	0.08	0.08	0.15	0.10	0.55	1.03
	掖单 13				0.40	0.10		0.50
	丹玉 13	0.06	0.30	0.02				0.38
	其他	0.04	0.10		0.10		0.05	0.29
	小计	0.17	0.48	0.10	0.65	0.20	0.60	2.20
马铃薯		0.30	0.68	0.46	1.36	0.20	2.30	5.30
合计		2.73	28.77	24.10	35.45	13.70	17.15	121.90

资料来源：1996 年衢州市种子公司年报

表 7-32　1996 年早稻主要品种面积统计表　　单位：万亩

作物	品种	柯城区	衢县	龙游县	江山市	常山县	开化县	合计
常规早稻（中熟）	浙辐 802	0.02		1.40	0.35	0.38		2.15
	舟优 903	0.17	3.80	0.60	3.72	0.74	2.00	11.03
	浙 852	1.13	1.10		0.22	0.25	0.50	3.20
	中-156		0.10	1.96	0.37			2.43
	浙 92-48	0.18	0.40	0.34	0.70	0.30	1.50	3.42
	中早 1 号	0.05		13.74		0.10	0.50	14.39
	嘉育 293	0.14					0.50	0.64
	其他	0.08	0.50	1.10	0.20	1.50	1.00	4.38
	小计	1.77	5.90	19.14	5.56	3.27	6.00	41.64

（续表）

作物	品种	柯城区	衢县	龙游县	江山市	常山县	开化县	合计
常规早稻（迟熟）	浙 733	3. 21	13. 30	3. 38	6. 22	6. 00	2. 57	34. 68
	衢育 860	0. 30	0. 51				0. 01	0. 82
	浙农 8010	0. 07	0. 42		0. 10	0. 20	0. 50	1. 29
	中早 4 号			0. 37				0. 37
	泸早 872				8. 80			8. 80
	中丝 2 号				1. 00			1. 00
	辐 9136		0. 27					0. 27
	其他	0. 10	0. 57		1. 58	1. 15	0. 10	3. 50
	小计	3. 68	15. 07	3. 75	17. 70	7. 35	3. 18	50. 73
杂交早稻	汕优 48-2	0. 30	2. 57		0. 06	0. 75	2. 86	6. 54
	威优 402				0. 09			0. 09
	K 优 402		0. 28		1. 39		0. 10	1. 77
	其他		0. 06	0. 27	1. 38		0. 02	1. 73
	小计	0. 30	2. 91	0. 27	2. 92	0. 75	2. 98	10. 13
合计		5. 75	23. 88	23. 16	26. 18	11. 37	12. 16	102. 50

资料来源：1996 年衢州市种子公司年报

表 7-33　1996 年晚秋作物主要品种面积统计表　　单位：万亩

作物	品种	柯城区	衢县	龙游县	江山市	常山县	开化县	合计
粳稻	丙 1067	0. 20	0. 85					1. 05
	秀水 11	0. 20						0. 20
	秀水 37	0. 05	0. 05				0. 20	0. 30
	其他	0. 05	0. 15		0. 01		0. 10	0. 31
	小计	0. 50	1. 05		0. 01		0. 30	1. 86
糯稻	祥湖 84	0. 15	0. 74	2. 40	0. 30	0. 90	0. 40	4. 89
	祥湖 25	0. 05			0. 20	0. 30	0. 10	0. 65
	春江 03	0. 20			2. 10	0. 10	0. 10	2. 50
	浙糯 2 号	0. 20	1. 50	0. 40			0. 20	2. 30
	航育 1 号	0. 10	0. 21	0. 20	0. 01	0. 05	0. 20	0. 77
	其他	0. 05	0. 35	0. 30	0. 31	0. 10	0. 10	1. 21
	小计	0. 75	2. 80	3. 30	2. 92	1. 45	1. 10	12. 32
杂交晚籼	汕优 10 号	2. 50	13. 20	5. 00	7. 21	8. 50	4. 80	41. 21
	汕优 64				0. 77	0. 50	2. 00	3. 27
	汕优 63		0. 60		0. 75	0. 03	3. 09	4. 47
	汕优 92	0. 05		2. 00	0. 05			2. 10
	协优 46	1. 50	4. 50	5. 60	9. 59	0. 10	4. 50	25. 79
	协优 92			5. 00				5. 00
	协优 413	0. 20	0. 06	5. 00	2. 92		0. 01	8. 19
	Ⅱ优 92	0. 60	1. 60	1. 20	0. 60	1. 50	1. 50	7. 00
	Ⅱ优 46		1. 80	0. 80	2. 78	2. 00		7. 38
	Ⅱ优 63		0. 20	1. 40				1. 60
	其他	0. 15	0. 24		0. 33			0. 72
	小计	5. 00	22. 20	26. 00	25. 00	12. 63	15. 90	106. 73

（续表）

作物	品种	柯城区	衢县	龙游县	江山市	常山县	开化县	合计
玉米	丹玉 13	0.04	0.30	0.12		0.20	0.90	1.56
	掖单 13				0.30			0.30
	苏玉 1 号	0.04			0.10	0.10	1.00	1.24
	其他	0.02	0.31	0.03	0.10	0.05	0.05	0.56
	小计	0.10	0.61	0.15	0.50	0.35	1.95	3.66
甘薯	胜利百号			0.05		0.20	0.80	1.05
	徐薯 18		1.66	0.05	2.10	1.00	1.60	6.41
	南薯 88		1.05	0.20	1.20	0.02	0.60	3.07
	其他	0.01	0.55				0.30	0.86
	小计	0.01	3.26	0.30	3.30	1.22	3.30	11.39
棉花	浙萧棉 9 号				1.50			1.50
	910				1.00	0.20		1.20
	中棉 12	0.01	0.80	2.29		0.20	0.13	3.43
	小计	0.01	0.80	2.29	2.50	0.40	0.13	6.13
大豆	野猪戳						1.30	1.30
	一把抓						1.00	1.00
	浙春 2 号	0.01	2.45	0.08		0.40	0.40	3.34
	浙春 3 号		0.15			0.02	0.30	0.47
	矮脚早			0.18		0.10	1.20	1.48
	婺春 1 号		0.55			0.05		0.60
	白花豆	0.10	0.20	0.12	1.50	0.05		1.97
	毛蓬青		0.12		0.20	0.08		0.40
	其他	0.05	0.06	0.12	0.90		0.20	1.33
	小计	0.16	3.53	0.50	2.60	0.70	4.40	11.89
花生		0.02		0.20	0.12	0.10	0.15	0.59
合计		6.55	34.25	32.74	36.95	16.85	27.23	154.57

资料来源：1996 年衢州市种子公司年报

表 7-34　1997 年春花作物主要品种面积统计表　　单位：万亩

作物	品种	柯城区	衢县	龙游县	江山市	常山县	开化县	合计
大麦	浙农大 3 号	0.02		1.00	0.10		0.02	1.14
	浙农大 6 号		2.40					2.40
	秀麦 1 号		0.40		0.08		0.01	0.49
	苏啤 1 号			0.51				0.51
	其他		0.12	0.39	0.04			0.55
	小计	0.02	2.92	1.90	0.22		0.03	5.09
小麦	浙麦 1 号	0.20	0.85	1.50	1.50	3.50	2.15	9.70
	浙麦 2 号	0.10		2.00			1.26	3.36
	钱江 2 号				2.00		0.29	2.29
	温麦 8 号		0.90				0.46	1.36
	丽麦 16						0.24	0.24
	核组 8 号		0.05		0.05	0.30	0.10	0.50
	其他	0.09		0.56		0.50	0.05	1.20
	小计	0.39	1.80	4.06	3.55	4.30	4.55	18.65

（续表）

作物	品种	柯城区	衢县	龙游县	江山市	常山县	开化县	合计
油菜	九二—58 系	0.50	2.00	9.00	8.00	1.00	4.39	24.89
	九二—13 系	0.55	7.00		3.00	1.00	2.49	14.04
	601	0.20				2.00	0.16	2.36
	605		1.20		0.57		0.25	2.02
	其他		0.03	1.36		0.50	0.25	2.14
	小计	1.25	10.23	10.36	11.57	4.50	7.54	45.45
蚕豆	大白蚕	0.20	0.35		0.68	0.10	0.20	1.53
	其他	0.10	0.12	0.68			0.07	0.97
	小计	0.3	0.47	0.68	0.68	0.1	0.27	2.50
绿肥		1.50	7.41	7.00	13.00	3.00	1.20	33.11
马铃薯		0.40	0.60	0.69	1.36	0.10	0.43	3.58
合计		3.86	23.43	24.69	30.38	12.00	14.02	108.38

资料来源：1997 年衢州市种子公司年报

表 7-35　1997 年早稻、春大豆、春玉米主要品种面积统计表　　单位：万亩

作物	品种	柯城区	衢县	龙游县	江山市	常山县	开化县	合计
常规早稻（中熟）	浙辐 802			1.00	0.53	0.20		1.73
	舟优 903	1.20	5.80	2.00	4.20	3.00	1.88	18.08
	浙 852	0.20	0.50		0.10	0.70		1.50
	中 156			0.90				0.90
	浙 92-48	0.80	0.80	1.00	1.70	0.60		4.90
	中早 1 号	0.30	0.05	14.00				14.35
	嘉育 293	0.30	0.30			0.10	0.97	1.67
	浙农 921						0.60	0.60
	其他	0.10	0.10	0.30		0.10	1.00	1.60
	小计	2.90	7.55	19.20	6.53	4.70	4.45	45.33
常规早稻（迟熟）	浙 733	1.70	9.50	2.70	4.50	2.80	2.98	24.18
	衢育 860	0.60	0.61					1.21
	浙农 8010	0.10	1.40		1.80	0.75	0.57	4.62
	泸早 872				5.50			5.50
	中丝 2 号				2.44			2.44
	辐 9136		0.70					0.70
	其他	0.05	0.10	0.20			0.15	0.50
	小计	2.45	12.31	2.90	14.24	3.55	3.70	39.15
杂交早稻	汕优 48-2	0.20	1.20		0.02	0.17	2.77	4.36
	威优 402		1.10	1.00	0.12	3.00	1.19	6.41
	K 优 402		0.90	0.10	3.93			4.93
	早优 49 辐		0.20	0.10	0.02	0.13	0.10	0.55
	金优 402					1.00		1.00
	其他			0.30	0.28			0.58
	小计	0.20	3.40	1.50	4.37	4.30	4.06	17.83

（续表）

作物	品种	柯城区	衢县	龙游县	江山市	常山县	开化县	合计
春大豆	浙春 2 号	0. 20	2. 45	2. 00	2. 50	1. 00	0. 58	8. 73
	浙春 3 号	0. 10	0. 25		1. 50		0. 47	2. 32
	婺春 1 号		0. 50				0. 18	0. 68
	矮脚早			0. 50	0. 85			1. 35
	其他	0. 80	0. 05	0. 50		0. 50	0. 02	1. 87
	小计	1. 10	3. 25	3. 00	4. 85	1. 50	1. 25	14. 95
春玉米	苏玉 1 号	0. 04	0. 10	0. 05		0. 05	3. 30	3. 54
	掖单 12		0. 55					0. 55
	掖单 13			0. 05	0. 30		3. 10	3. 45
	丹玉 13	0. 04	0. 15	0. 10			0. 20	0. 49
	其他	0. 16	0. 05		0. 40		0. 10	0. 71
	小计	0. 24	0. 85	0. 20	0. 70	0. 05	6. 70	8. 74
合计		6. 89	27. 36	26. 80	30. 69	14. 10	20. 16	126. 00

资料来源：1997 年衢州市种子公司年报

表 7-36　1997 年晚秋作物主要品种面积统计表　　单位：万亩

作物	品种	柯城区	衢县	龙游县	江山市	常山县	开化县	合计
粳稻	秀水 1067	0. 10	1. 14					1. 24
	秀水 11	0. 30	0. 40					0. 70
	秀水 37	0. 05	0. 25				0. 20	0. 50
	其他	0. 07	0. 12	1. 18		0. 21	0. 10	1. 68
	小计	0. 52	1. 91	1. 18		0. 21	0. 30	4. 12
糯稻	祥湖 84	0. 10	0. 60	2. 47				3. 17
	春江 03	0. 10			1. 95	0. 30		2. 35
	浙糯 2 号	0. 05	0. 85					0. 90
	航育 1 号		0. 45		0. 43	1. 00	1. 30	3. 18
	绍糯 119		1. 68					1. 68
	其他	0. 38		0. 40	0. 56	0. 26	0. 06	1. 66
	小计	0. 63	3. 58	2. 87	2. 94	1. 56	1. 36	12. 94
杂交晚籼	汕优 10 号	2. 00	7. 61	8. 00	6. 48	8. 50	5. 00	37. 59
	汕优 64				0. 54		2. 00	2. 54
	汕优 63	0. 05	0. 35		0. 62	0. 30	2. 93	4. 25
	汕优 92	0. 10		0. 20				0. 30
	协优 46	1. 50	6. 17	13. 00	7. 63		2. 50	30. 80
	协优 92			1. 00		0. 50		1. 50
	协优 413	0. 08	0. 25	1. 00	4. 36			5. 69
	Ⅱ优 92	0. 08	2. 36	0. 30	1. 08	1. 50	2. 00	7. 32
	Ⅱ优 46		3. 22	0. 50	4. 08	2. 00		9. 80
	Ⅱ优 63		0. 45	0. 50				0. 95
	其他	0. 03	0. 15	0. 82	0. 74	0. 38	0. 50	2. 62
	小计	3. 84	20. 56	25. 32	25. 53	13. 18	14. 93	103. 36

（续表）

作物	品种	柯城区	衢县	龙游县	江山市	常山县	开化县	合计
秋玉米	丹玉 13	0.01	0.15	0.07	0.10	0.04	0.80	1.17
	掖单 13		0.24		0.30		0.07	0.61
	苏玉 1 号	0.01	0.05	0.03	0.05	0.10	0.70	0.94
	其他	0.07		0.06	1.34			1.47
	小计	0.09	0.44	0.16	1.79	0.14	1.57	4.19
甘薯	胜利百号		0.35			0.50	3.74	4.59
	徐薯 18		1.47	0.36	2.20	0.20		4.23
	南薯 88		0.85	0.84	1.30	0.10		3.09
	其他	0.18	0.51		0.55	0.33		1.57
	小计	0.18	3.18	1.20	4.05	1.13	3.74	13.48
棉花	浙萧棉 9 号				1.50	0.05		1.55
	910				1.24			1.24
	中棉 12		0.04	2.00		0.05	0.20	2.29
	其他	0.01	0.32	0.25				0.58
	小计	0.01	0.36	2.25	2.74	0.10	0.20	5.66
大豆	浙春 2 号	0.01	1.65			0.50	4.91	7.07
	浙春 3 号		0.25					0.25
	婺春 1 号		0.35					0.35
	白花豆	0.10	0.30		1.50	0.10		2.00
	毛蓬青	0.03	0.17	0.09	0.40			0.69
	其他	0.18	0.03	1.02	0.85	0.66		2.74
	小计	0.32	2.75	1.11	2.75	1.26	4.91	13.10
花生		0.02	0.22	0.20	0.13	0.20		0.77
合计		5.61	33.00	34.29	39.93	17.78	27.01	157.62

资料来源：1997 年衢州市种子公司年报

表 7-37　1998 年春花作物主要品种面积统计表　　单位：万亩

作物	品种	柯城区	衢县	龙游县	江山市	常山县	开化县	合计
大麦	浙农大 3 号	0.02		1.90	0.25			2.17
	浙农大 6 号		0.55					0.55
	秀麦 1 号		0.25					0.25
	花 30		0.10	0.01	0.01	0.01	0.01	0.14
	其他	0.03		0.79	0.04		0.02	0.88
	小计	0.05	0.90	2.70	0.30	0.01	0.03	3.99
小麦	浙麦 1 号	0.03	1.60	1.00	1.20	3.50	4.00	11.33
	浙麦 2 号			2.20				2.20
	钱江 2 号	0.03		0.20	1.80			2.03
	温麦 8 号	0.04	0.40					0.44
	核组 8 号	0.03	0.30	0.40	0.40	1.00		2.13
	其他	0.06	0.28			0.50	0.04	0.88
	小计	0.19	2.58	3.80	3.40	5.00	4.04	19.01

（续表）

作物	品种	柯城区	衢县	龙游县	江山市	常山县	开化县	合计
油菜	九二—58 系	0.30	1.80	7.00	4.20	1.00	1.80	16.10
	九二—13 系	0.30	4.10			0.50	1.20	6.10
	601					1.50	1.47	2.97
	605	0.30	2.70	3.00	7.00	0.20	1.40	14.60
	浙双 72			0.30				0.30
	华杂 3 号				0.30			0.30
	其他	0.17	0.36	0.70	0.50	1.00	2.05	4.78
	小计	1.07	8.96	11.00	12.00	4.20	7.92	45.15
蚕豌豆	大白蚕	0.08	0.26	0.20	0.20	0.20	0.05	0.99
	中豌 4 号	0.08	0.24	0.50	0.60	0.30	0.03	1.75
	其他	0.04		0.10	0.18		0.16	0.48
	小计	0.20	0.50	0.80	0.98	0.50	0.24	3.22
绿肥		1.09	9.10	4.00	12.60	2.00	1.50	30.29
马铃薯		0.58	0.80	0.80	1.73	0.50	0.41	4.82
合计		3.18	22.84	23.10	31.01	12.21	14.14	106.48

资料来源：1998 年衢州市种子公司年报

表 7-38　1998 年早稻、春大豆、春玉米主要品种面积统计表　　单位：万亩

作物	品种	柯城区	衢县	龙游县	江山市	常山县	开化县	合计
常规早稻（中熟）	浙辐 802			2.50	0.43	0.10		3.03
	舟优 903	1.60	7.90	1.55	9.43	3.00	3.20	26.68
	浙 852	0.10			0.21	0.50		0.81
	中 156			1.60				1.60
	浙 9248	1.30	0.85	1.60	1.36	0.50	1.25	6.86
	中早 1 号	0.50	0.10	9.50				10.10
	嘉育 293	0.10	0.35	1.00		0.12	0.35	1.92
	浙农 921		0.45		0.61			1.06
	嘉育 948		1.10	0.85			0.30	2.25
	嘉早 935	0.10	0.60				0.10	0.80
	其他	0.10	0.25	0.36	1.07	0.16	0.50	2.44
	小计	3.80	11.60	18.96	13.11	4.38	5.70	57.55
常规早稻（迟熟）	浙 733	1.50	5.05	2.50	2.34	2.50	0.75	14.64
	衢育 860	0.30	0.10					0.40
	浙农 8010	0.20	1.45	0.12	0.44	0.70	0.90	3.81
	泸早 872				3.74			3.74
	中丝 2 号				1.60			1.60
	辐 9136		0.25					0.25
	其他	0.05	0.15		0.43		0.70	1.33
	小计	2.05	7.00	2.62	8.55	3.20	2.35	25.77

（续表）

作物	品种	柯城区	衢县	龙游县	江山市	常山县	开化县	合计
杂交早稻	汕优 48-2	0.20	1.20		1.35		2.76	5.51
	威优 402		0.50	0.30	0.08	3.00	1.19	5.07
	K 优 402		0.30	0.10	0.72			1.12
	早优 49 辐	0.20	3.00	0.10		0.30	0.10	3.70
	金优 402			1.50		2.00		3.50
	优 I 华联 2 号				0.80	0.20		1.00
	其他			0.02				0.02
	小计	0.40	5.00	2.02	2.95	5.50	4.05	19.92
早稻合计		6.25	23.60	23.60	24.61	13.08	12.10	103.24
春大豆	浙春 2 号	0.20	1.52	0.08	0.12	1.10	0.55	3.57
	浙春 3 号	0.10	2.01				0.43	2.54
	婺春 1 号		0.35				0.15	0.50
	矮脚早			0.03	0.02			0.05
	其他	1.00	0.05	0.05	0.01	0.40	0.15	1.66
	小计	1.30	3.93	0.16	0.15	1.50	1.28	8.32
春玉米	苏玉 1 号	0.06	0.04	0.25		0.10	0.80	1.25
	掖单 12		0.10	0.04	0.25			0.39
	丹玉 13	0.05	0.25	0.40			0.45	1.15
	西玉 3 号				0.32			0.32
	苏玉糯 1 号	0.20	0.06				0.05	0.31
	其他	0.20	0.03	0.05	0.12			0.40
	小计	0.51	0.48	0.74	0.69	0.10	1.30	3.82
合计		8.06	28.01	24.50	25.45	14.68	14.68	115.38

资料来源：1998 年衢州市种子公司年报

表 7-39　1998 年晚秋作物主要品种面积统计表　　单位：万亩

作物	品种	柯城区	衢县	龙游县	江山市	常山县	开化县	合计
粳稻	秀水 1067	0.24	1.05				0.05	1.34
	秀水 11	0.35	0.10				0.02	0.47
	秀水 37	0.10	0.04				0.10	0.24
	其他	0.12	0.01	0.10			0.13	0.36
	小计	0.81	1.20	0.10			0.30	2.41
糯稻	祥湖 84			2.00		0.07	0.15	2.22
	春江 03			0.10	0.43	0.20	0.10	0.83
	浙糯 2 号		0.15				0.05	0.20
	航育 1 号	0.18	0.61		1.06	0.80	0.60	3.25
	绍糯 119	0.05	1.15	3.00	0.84	0.50	0.05	5.59
	其他	0.02	0.04			0.02	0.05	0.13
	小计	0.25	1.95	5.10	2.33	1.59	1.00	12.22

（续表）

作物	品种	柯城区	衢县	龙游县	江山市	常山县	开化县	合计
杂交晚籼	汕优 10 号	1.40	6.90	3.50	5.01	9.00	5.30	31.11
	汕优 64				0.41		0.32	0.73
	汕优 63	0.10	0.55		0.49	0.05	1.30	2.49
	汕优 92			0.20				0.20
	协优 46	1.60	7.90	12.00	7.03	0.05	3.50	32.08
	协优 92			3.50				3.50
	协优 413	0.10	0.25	1.00	12.10			13.45
	Ⅱ优 92	0.08	2.30	0.30	0.46	1.50	0.75	5.39
	Ⅱ优 46	0.50	3.75	1.40	0.50	1.39	0.15	7.69
	Ⅱ优 63			0.45				0.45
	Ⅱ优 6078		0.65				1.20	1.85
	协优 963						0.80	0.80
	协优 T2000			1.00				1.00
	威优 77		0.60					0.60
	其他	0.18	0.18	0.75			1.70	2.81
	小计	3.96	23.08	24.10	26.00	11.99	15.02	104.15
秋玉米	丹玉 13		0.28	0.50	0.55	0.10	0.50	1.93
	掖单 13		0.12	0.10	1.20	0.10		1.52
	苏玉 1 号	0.10	0.03	0.30	0.28	0.15	0.70	1.56
	掖单 14		0.01				0.30	0.31
	其他	0.06	0.16			0.01	1.70	1.93
	小计	0.16	0.60	0.90	2.03	0.36	3.20	7.25
秋大豆	浙春 2 号	0.05		1.50	0.12	0.20	2.00	3.87
	浙春 3 号		0.15		0.13		0.50	0.78
	婺春 1 号						0.20	0.20
	白花豆	0.12	0.86	1.50	2.30	0.05	0.50	5.33
	毛蓬青	0.04	0.25	0.30	0.20		0.50	1.29
	湖西豆		1.39					1.39
	衢秋 1 号		0.72	0.20		0.12		1.04
	其他	0.11	0.45			0.05	1.47	2.08
	小计	0.32	3.82	3.50	2.75	0.42	5.17	15.98
甘薯	胜利百号		0.25			0.80	1.70	2.75
	徐薯 18	0.10	1.45	1.00	2.50	0.20	0.50	5.75
	南薯 88		1.17	1.00	1.55		0.10	3.82
	其他	0.10	0.35			0.20	0.90	1.55
	小计	0.20	3.22	2.00	4.05	1.20	3.20	13.87

（续表）

作物	品种	柯城区	衢县	龙游县	江山市	常山县	开化县	合计
棉花	浙萧棉 9 号					0.08	0.02	0.10
	91409			1.00				1.00
	910					0.20	0.05	0.25
	泗棉 3 号		0.76			0.19		0.95
	苏棉 8 号				1.00			1.00
	浙棉 10 号				0.35			0.35
	浙棉 11 号				0.20			0.20
	中棉 12			1.20				1.20
	中棉 28				1.43	0.10		1.53
	其他	0.01	0.01				0.10	0.12
	小计	0.01	0.77	2.20	2.98	0.57	0.17	6.70
花生			0.20	0.19	0.26	0.03		0.68
合计		5.71	34.84	38.09	40.40	16.16	28.06	163.26

资料来源：1998 年衢州市种子公司年报

表 7-40　1999 年春花作物主要品种面积统计表　　单位：万亩

作物	品种	柯城区	衢县	龙游县	江山市	常山县	开化县	合计
大麦	浙农大 3 号	0.01		1.00	0.20			1.21
	浙农大 6 号		0.85				0.01	0.86
	苏啤 1 号			1.10				1.10
	花 30		0.05	0.15	0.16	0.05		0.41
	其他		0.25	0.03				0.28
	小计	0.01	1.15	2.28	0.36	0.05	0.01	3.86
小麦	浙麦 1 号	0.03	1.20	1.50	0.51	4.50	0.06	7.80
	浙麦 2 号			1.00			4.06	5.06
	钱江 2 号	0.01		0.10	1.46		0.04	1.61
	温麦 8 号		0.95					0.95
	核组 8 号	0.07	0.40	0.50	0.10	0.20		1.27
	其他	0.02	0.30	0.08	0.07	0.22		0.69
	小计	0.13	2.85	3.18	2.14	4.92	4.16	17.38
油菜	九二—58 系	0.05	1.26	5.10	0.73		2.07	9.21
	九二—13 系	0.05	3.20	1.20				4.45
	605	0.60		4.00	3.81		5.50	13.91
	高油 605		5.50			1.20		6.70
	华杂 4 号		0.02		2.38	2.70	0.10	5.20
	浙油 758				4.22			4.22
	其他	0.11	0.02	0.64		0.86	0.25	1.88
	小计	0.81	10.00	10.94	11.14	4.76	7.92	45.57

（续表）

作物	品种	柯城区	衢县	龙游县	江山市	常山县	开化县	合计
蚕豌豆	大白蚕	0.01	0.39	0.20	0.52		0.02	1.14
	中豌4号	0.03	0.15	0.65	0.86	0.20	0.21	2.10
	其他	0.03	0.15	0.10		0.04	0.09	0.41
	小计	0.07	0.69	0.95	1.38	0.24	0.32	3.65
马铃薯	克新4号	0.14	0.50	0.05	0.86	0.08		1.63
	东农303		0.60				0.45	1.05
	其他	0.10	0.20	0.05	1.15	0.03		1.53
	小计	0.24	1.30	0.10	2.01	0.11	0.45	4.21
绿肥	黑麦草	0.65	3.00	1.20	9.01	0.40	0.05	14.31
	其他	0.57	4.72	3.69	5.08	2.46	1.07	17.59
	小计	1.22	7.72	4.89	14.09	2.86	1.12	31.90
合计		2.48	23.71	22.34	31.12	12.94	13.98	106.57

资料来源：1999年衢州市种子公司年报

表7-41　1999年早稻、春大豆、春玉米主要品种面积统计表　　单位：万亩

作物	品种	柯城区	衢县	龙游县	江山市	常山县	开化县	合计
常规早稻（中熟）	浙辐802	0.05		1.00	0.10			1.15
	舟优903	0.50	5.75	1.90	6.14	1.00	1.70	16.99
	浙852	0.20			0.02			0.22
	浙9248	0.30	0.85	2.00	0.56	0.40	0.50	4.61
	中早1号	0.30		4.00	0.01			4.31
	嘉育293	0.05			0.01		0.50	0.56
	浙农921				0.09			0.09
	嘉育948	0.05	7.90	6.00	4.59	0.50	0.90	19.94
	嘉早935	0.70	2.60	1.75	1.99	0.50	0.45	7.99
	辐8970	1.00	0.38	2.00	2.51	4.0	0.2	10.09
	嘉兴8号			0.75				0.75
	其他	0.10	0.20		0.06		1.05	1.41
	小计	3.25	17.68	19.40	16.08	6.40	5.30	68.11
常规早稻（迟熟）	浙733	0.50		1.50	1.21		2.80	6.01
	浙农8010		1.15		0.15		0.60	1.90
	泸早872				1.17			1.17
	中丝2号				1.48			1.48
	金9322				1.26			1.26
	浙852						0.60	0.60
	小计	0.50	1.15	1.50	5.27		4.00	12.42

（续表）

作物	品种	柯城区	衢县	龙游县	江山市	常山县	开化县	合计
杂交早稻	汕优 48-2				1.57			1.57
	威优 402	0.20			0.01	3.0	2.2	5.41
	K 优 402				0.78			0.78
	早优 49 辐		2.38		0.01			2.39
	金优 402		1.80	2.60	0.14	3.35		7.89
	优 I 华联 2 号				0.57			0.57
	其他		0.05		0.01	0.05		0.11
	小计	0.20	4.23	2.60	3.09	6.40	2.20	18.72
早稻合计		3.95	23.06	23.50	24.44	12.80	11.50	99.25
春大豆	浙春 2 号	0.10	0.45	0.1	0.60	1.50	0.1	2.85
	浙春 3 号	0.10	1.55		0.28		0.04	1.97
	婺春 1 号		0.02		0.05			0.07
	矮脚早	0.10			0.67			0.77
	其他	0.20	0.01		0.22	0.30		0.73
	小计	0.50	2.03	0.10	1.82	1.80	0.14	6.39
春玉米	苏玉 1 号	0.02	0.05	0.30	0.09		1.00	1.46
	掖单 12			0.02	0.30			0.32
	丹玉 13		0.24	0.45	0.06		0.70	1.45
	苏玉糯 1 号	0.02		0.01	0.14	0.03	0.10	0.30
	西玉 3 号			0.10	0.10	0.08		0.28
	郑单 14		0.07				1.30	1.37
	其他	0.21	0.10			0.04		0.35
	小计	0.25	0.46	0.88	0.69	0.15	3.10	5.53
合计		4.70	25.55	24.48	26.95	14.75	14.74	111.17

资料来源：1999 年衢州市种子公司年报

表 7-42　1999 年晚秋作物主要品种面积统计表　　单位：万亩

作物	品种	柯城区	衢县	龙游县	江山市	常山县	开化县	合计
粳稻	秀水 1067	0.06	1.35	0.01				1.42
	秀水 11		0.20				0.08	0.28
	明珠 1 号		0.51					0.51
	其他	0.04	0.07			0.03	0.07	0.21
	小计	0.10	2.13	0.01		0.03	0.15	2.42
糯稻	祥湖 84		0.40	1.00			0.05	1.45
	春江 03	0.05			0.31			0.36
	航育 1 号		0.30		0.42			0.72
	绍糯 119	0.10	1.25	3.00	1.68	0.30	0.16	6.49
	其他		0.40				0.10	0.50
	小计	0.15	2.35	4.00	2.41	0.30	0.31	9.52

（续表）

作物	品种	柯城区	衢县	龙游县	江山市	常山县	开化县	合计
杂交晚籼	汕优 10 号	1. 00	5. 30	3. 00	4. 22	9. 00	6. 40	28. 92
	汕优 64				0. 14		0. 55	0. 69
	汕优 63		0. 50		0. 66	0. 20	1. 20	2. 56
	汕优 92			0. 20				0. 20
	协优 46	2. 20	8. 15	12. 90	13. 88	1. 00	3. 15	41. 28
	协优 92	0. 30	1. 20	3. 30	1. 00	1. 00	1. 10	7. 90
	协优 413			1. 60	0. 43			2. 03
	Ⅱ优 92	0. 30	1. 25		0. 72	1. 20	0. 28	3. 75
	Ⅱ优 63		0. 40	2. 50				2. 90
	Ⅱ优 6078						0. 68	0. 68
	协优 63				0. 82		0. 87	1. 69
	威优 77		0. 20					0. 20
	协优 963		0. 10	0. 03			0. 03	0. 16
	协优 9516		0. 01	1. 00			0. 01	1. 02
	Ⅱ优 46		3. 80	1. 40	3. 61			8. 81
	协优 914				0. 24			0. 24
	Ⅱ优 838						0. 93	0. 93
	Ⅱ优 64					1. 50		1. 50
	其他	0. 70	0. 14			0. 10	0. 10	1. 04
	小计	4. 50	21. 05	25. 93	25. 72	14. 00	15. 30	106. 50
秋玉米	丹玉 13		0. 23	0. 60	0. 40		0. 51	1. 74
	掖单 12		0. 07	0. 10	1. 23		0. 31	1. 71
	苏玉 1 号			0. 05	0. 20	0. 05	0. 75	1. 05
	郑单 14		0. 08	0. 30		0. 05	0. 65	1. 08
	其他	0. 08	0. 24		0. 37		0. 20	0. 89
	小计	0. 08	0. 62	1. 05	2. 20	0. 10	2. 42	6. 47
秋大豆	浙春 2 号		0. 10			0. 15	1. 10	1. 35
	浙春 3 号		0. 95				1. 30	2. 25
	婺春 1 号		0. 10					0. 10
	湖西豆	0. 01	0. 75					0. 76
	白花豆		0. 53	0. 03	2. 64			3. 20
	衢秋 1 号	0. 05	0. 35	0. 10	0. 52	0. 15		1. 17
	其他	0. 04	0. 21	0. 88			2. 78	3. 91
	小计	0. 10	2. 99	1. 01	3. 16	0. 30	5. 18	12. 74
甘薯	南薯 88	0. 08	1. 25	0. 60	2. 55		0. 20	4. 68
	徐薯 18	0. 02	1. 40	0. 45	1. 60	1. 70	1. 52	6. 69
	胜利百号		0. 20	0. 01	0. 14		1. 78	2. 13
	其他		0. 39	0. 06			0. 57	1. 02
	小计	0. 10	3. 24	1. 12	4. 29	1. 70	4. 07	14. 52

（续表）

作物	品种	柯城区	衢县	龙游县	江山市	常山县	开化县	合计
棉花	泗棉 3 号		0. 10	0. 01			0. 17	0. 28
	苏棉 8 号				0. 15			0. 15
	浙棉 11 号					0. 50		0. 50
	中棉 12			0. 25				0. 25
	中棉 28		0. 03	0. 05	1. 20			1. 28
	中棉 29			0. 01	0. 15			0. 16
	91409			0. 40				0. 40
	其他		0. 05	0. 08	0. 02			0. 15
	小计		0. 18	0. 80	1. 52	0. 50	0. 17	3. 17
花生		0. 04	0. 20	0. 10	0. 28	0. 02	0. 04	0. 68
合计		5. 07	32. 76	34. 02	39. 58	16. 95	27. 64	156. 02

资料来源：1999 年衢州市种子公司年报

表 7-43　2000 年春花作物主要品种面积统计表　　单位：万亩

作物	品种	柯城区	衢县	龙游县	江山市	常山县	开化县	合计
大麦	浙农大 3 号	0. 01			0. 10		0. 01	0. 12
	浙农大 6 号		0. 70					0. 70
	花 30		0. 10	0. 10	0. 20			0. 40
	其他		0. 20					0. 20
	小计	0. 01	1. 00	0. 10	0. 30		0. 01	1. 42
小麦	浙麦 1 号	0. 03	1. 10		0. 28	1. 60	0. 50	3. 51
	浙麦 2 号						2. 91	2. 91
	钱江 2 号				1. 00		0. 17	1. 17
	温麦 8 号		0. 30					0. 30
	核组 8 号	0. 05	0. 30	0. 30		0. 20		0. 85
	温麦 10 号					0. 20		0. 20
	其他	0. 02	0. 30		0. 09			0. 41
	小计	0. 10	2. 00	0. 30	1. 37	2. 00	3. 58	9. 35
油菜	九二—58 系		0. 90	0. 15	0. 66	1. 00	2. 10	4. 81
	九二—13 系	0. 10	1. 20			1. 00		2. 30
	605				0. 80			0. 80
	高油 605	0. 30	7. 50	5. 50		1. 00	4. 50	18. 80
	华杂 4 号	0. 30	0. 30	2. 00	6. 23	1. 50	1. 50	11. 83
	浙双 72				3. 00			3. 00
	其他	0. 03	0. 10				0. 17	0. 30
	小计	0. 73	10. 00	7. 65	10. 69	4. 50	8. 27	41. 84
蚕豌豆	大白蚕	0. 03	0. 15	0. 20	0. 50		0. 02	0. 90
	中豌 4 号	0. 18	0. 60	0. 40	0. 81	0. 25	0. 21	2. 45
	中豌 6 号					0. 25		0. 25
	其他	0. 09	0. 20				0. 09	0. 38
	小计	0. 30	0. 95	0. 60	1. 31	0. 50	0. 32	3. 98

（续表）

作物	品种	柯城区	衢县	龙游县	江山市	常山县	开化县	合计
马铃薯	克新 4 号	0. 15	0. 72		0. 90			1. 77
	东农 303	0. 11	0. 20	0. 10		0. 10	0. 45	0. 96
	其他	0. 04	0. 10		1. 20	0. 20		1. 54
	小计	0. 3	1. 02	0. 1	2. 1	0. 3	0. 45	4. 27
绿肥	黑麦草	0. 50	1. 50	0. 20	10. 48	1. 00	0. 08	13. 76
	其他	0. 50	6. 00	3. 00	4. 93	3. 00	1. 01	18. 44
	小计	1. 00	7. 50	3. 20	15. 41	4. 00	1. 09	32. 20
合计		2. 44	22. 47	11. 95	31. 18	11. 30	13. 72	93. 06

资料来源：2000 年衢州市种子公司年报

表 7-44　2000 年早稻、春大豆、春玉米分品种面积统计表　　单位：万亩

作物	品种	柯城区	衢县	龙游县	江山市	常山县	开化县	合计
常规早稻（中熟）	舟优 903	0. 20	3. 00		0. 31		0. 20	3. 71
	浙 9248		0. 20		0. 78			0. 98
	中早 1 号	0. 30	0. 15	3. 00				3. 45
	嘉育 293		0. 15					0. 15
	浙农 921						0. 50	0. 50
	嘉育 948	0. 60	5. 00	2. 00	3. 37	0. 70	1. 80	13. 47
	嘉早 935	0. 90	4. 00		1. 01	0. 60	0. 70	7. 21
	辐 8970				1. 00			1. 00
	嘉兴 8 号		0. 50					0. 50
	嘉早 41			3. 00				3. 00
	其他	0. 30	0. 10	2. 00		0. 40		2. 80
	小计	2. 30	13. 10	10. 00	6. 47	1. 70	3. 20	36. 77
常规早稻（迟熟）	浙 733	0. 50	2. 00	0. 50	0. 87	1. 00	0. 30	5. 17
	浙农 8010		0. 40		1. 50	0. 50		2. 40
	中丝 2 号				8. 10			8. 10
	金早 22			4. 00	3. 08			7. 08
	中组 1 号		1. 00	5. 00				6. 00
	浙农 952						0. 10	0. 10
	小计	0. 50	3. 40	9. 50	13. 55	1. 50	0. 40	28. 85
杂交早稻	汕优 48-2	0. 15	0. 02				0. 80	0. 97
	威优 402				2. 91		0. 30	3. 21
	K 优 402							0
	早优 49 辐					0. 30		0. 30
	金优 402	0. 05	0. 48	0. 15	0. 33	6. 00		7. 01
	早优 48-2				0. 42			0. 42
	优 I 402				0. 10			0. 10
	其他					0. 50		0. 50
	小计	0. 20	0. 50	0. 15	3. 76	6. 80	1. 10	12. 51
早稻合计		3. 00	17. 00	19. 65	23. 78	10. 00	4. 70	78. 13

（续表）

作物	品种	柯城区	衢县	龙游县	江山市	常山县	开化县	合计
春大豆	浙春2号		1.85	0.30	0.61	0.50	0.80	4.06
	浙春3号	0.60	6.50	2.20	0.72	2.00	2.90	14.92
	婺春1号		0.15					0.15
	矮脚早		0.05		0.71		0.20	0.96
	其他	0.80	0.90		0.48	0.10		2.28
	小计	1.40	9.45	2.50	2.52	2.60	3.90	22.37
春玉米	苏玉1号	0.02	0.10	0.50		0.10	0.60	1.32
	掖单12			0.20	0.53			0.73
	丹玉13		0.25	0.50			0.20	0.95
	苏玉糯1号			0.10	0.20	0.08	0.10	0.48
	西玉3号		0.05		0.53	0.10		0.68
	郑单14		0.05				0.90	0.95
	浙糯9703			0.50				0.50
	其他	0.38	0.15		0.04			0.57
	小计	0.40	0.60	1.80	1.30	0.28	1.80	6.18
合计		4.80	27.05	23.95	27.60	12.88	10.40	106.68

资料来源：2000年衢州市种子公司年报

表7-45　2000年晚秋作物主要品种面积统计表　　单位：万亩

作物	品种	柯城区	衢县	龙游县	江山市	常山县	开化县	合计
粳稻	秀水1067	0.10	0.35					0.45
	原粳7号		0.20					0.20
	其他	0.05	0.10	1.00	0.05	0.04	0.83	2.07
	小计	0.15	0.65	1.00	0.05	0.04	0.83	2.72
糯稻	祥湖84				0.10	0.50		0.60
	春江03	0.05	0.40		0.15			0.60
	航育1号		0.15					0.15
	绍糯119	0.20	1.20	5.50	2.02	1.00		9.92
	浙农大454	0.05	0.80		0.30			1.15
	其他		0.45	0.50	0.44	0.28	1.44	3.11
	小计	0.30	3.00	6.00	3.01	1.78	1.44	15.53
杂交晚籼	汕优10号	0.60	1.50	0.70	2.82	6.28	3.13	15.03
	汕优64				0.10		0.19	0.29
	汕优63		0.40		1.32	0.30	1.86	3.88
	协优46	1.25	7.00	9.00	11.30	1.00	3.56	33.11
	协优92		0.10	8.10				8.20
	协优413			0.50	0.31		0.01	0.82
	Ⅱ优92	0.30	1.00	0.30	0.85	1.00	0.36	3.81
	Ⅱ优63	0.35	0.80	1.00				2.15
	Ⅱ优6078						0.66	0.66
	协优63			0.20	0.95		0.99	2.14

（续表）

作物	品种	柯城区	衢县	龙游县	江山市	常山县	开化县	合计
杂交晚籼	协优963		0.90	0.20	0.40			1.50
	协优9516		0.10	0.20				0.30
	Ⅱ优46	0.50	3.50	0.60	3.50	2.50	1.22	11.82
	协优914				1.81			1.81
	Ⅱ优838				0.10		0.24	0.34
	Ⅱ优3027		1.00					1.00
	两优培九		0.50	0.30	0.04	0.30	0.40	1.54
	其他		1.20	0.10	0.04	0.90	1.11	3.35
	小计	3.00	18.00	21.20	23.54	12.28	13.73	91.75
秋玉米	丹玉13	0.03	0.05	0.80	0.11		0.29	1.28
	掖单12	0.02			1.10			1.12
	苏玉1号	0.02	0.10	0.30		0.05	0.52	0.99
	郑单14	0.01	0.05	0.40		0.06	0.17	0.69
	西玉3号				0.30			0.30
	其他	0.07	0.20		0.28	0.03	0.44	1.02
	小计	0.15	0.40	1.50	1.79	0.14	1.42	5.40
秋大豆	浙春2号	0.05	0.20	0.20	0.34	0.20		0.99
	浙春3号	0.15	0.90	0.40	0.43	0.60	1.24	3.72
	婺春1号							0
	湖西豆	0.05	1.00					1.05
	白花豆	0.05	0.30		0.85			1.20
	衢秋1号		0.80					0.80
	诱处4号		0.20					0.20
	其他	0.10	0.30	0.20	0.57	0.05	1.25	2.47
	小计	0.40	3.70	0.80	2.19	0.85	2.49	10.43
甘薯	南薯88		1.00	1.00	1.43	0.30	1.20	4.93
	徐薯18		1.15	0.20	1.07	0.45	2.15	5.02
	胜利百号		0.20			0.20	0.87	1.27
	其他		0.64		0.49		0.10	1.23
	小计		2.99	1.20	2.99	0.95	4.32	12.45
棉花	泗棉3号		0.15	0.06			0.05	0.26
	苏棉8号				0.10			0.10
	浙棉11号						0.12	0.12
	中棉12			0.10		0.08	0.04	0.22
	中棉28				0.30			0.30
	中棉29			0.15	0.80			0.95
	91409			0.15				0.15
	湘杂棉2号			0.20				0.20
	其他			0.09				0.09
	小计		0.15	0.75	1.20	0.08	0.21	2.39
花生			0.20	0.15	0.40	0.20	0.04	0.99
合计		4.00	29.09	32.60	35.17	16.32	24.48	141.66

资料来源：2000年衢州市种子公司年报

表 7-46　2001 年春花作物主要品种面积统计表　　单位：万亩

作物	品种	柯城区	衢县	龙游县	江山市	常山县	开化县	合计
大麦	浙农大 3 号				0.15		0.01	0.16
	浙农大 6 号		0.05		0.09			0.14
	花 30			0.20				0.20
	其他				0.01			0.01
	小计		0.05	0.20	0.25		0.01	0.51
小麦	浙麦 1 号				0.11	1.00	1.50	2.61
	钱江 2 号				0.72			0.72
	核组 8 号	0.05		0.30	0.05	0.50		0.90
	温麦 10 号		0.06					0.06
	浙农大 105						0.50	0.50
	其他		0.04		0.04		0.20	0.28
	小计	0.05	0.10	0.30	0.92	1.50	2.20	5.07
油菜	九二—58 系		0.40		0.65	1.00	1.00	3.05
	九二—13 系		0.30			0.50		0.80
	高油 605	0.30	7.00	1.50	0.90	1.00	3.00	13.70
	华杂 4 号	0.30	0.50	3.00	7.54	1.50	3.00	15.84
	浙双 72	0.40	0.60	5.00	1.26		1.00	8.26
	其他		0.10	0.50			1.00	1.60
	小计	1.00	8.90	10.00	10.35	4.00	9.00	43.25
蚕豌豆	大白蚕	0.10	0.30	0.05	0.55		0.20	1.20
	中豌 4 号	0.48	0.60	0.40	0.39	0.40	0.05	2.32
	中豌 6 号	0.02		0.10	0.23	0.10	0.03	0.48
	其他		0.10	0.05	0.17		0.02	0.34
	小计	0.60	1.00	0.60	1.34	0.50	0.30	4.34
马铃薯	克新 4 号	0.13	0.50		0.76		0.10	1.49
	东农 303	0.13	0.50	0.10	0.87	0.20	0.30	2.10
	其他		0.20		0.68		0.10	0.98
	小计	0.26	1.20	0.10	2.31	0.20	0.50	4.57
绿肥	黑麦草	1.00	2.00	1.20	10.57	1.00	0.50	16.27
	其他	0.50	3.35	2.00	3.29	0.50	1.00	10.64
	小计	1.50	5.35	3.20	13.86	1.50	1.50	26.91
合计		3.41	16.60	14.40	29.03	7.70	13.51	84.65

资料来源：衢州市种子公司 2001 年年报

表 7-47　2001 年早稻、春大豆、春玉米主要品种面积统计表　　单位：万亩

作物	品种	柯城区	衢县	龙游县	江山市	常山县	开化县	合计
常规早稻（中熟）	舟优 903	0.1	0.70	0.30	1.27	0.30	0.20	2.87
	浙 9248		0.05	0.10			0.10	0.25
	中早 1 号		0.10	7.00				7.10
	嘉育 948	0.15	5.00	2.00	3.61	1.20	0.50	12.46
	嘉育 293	0.20	0.05		0.10			0.35
	嘉早 935	0.45	1.50		1.02	0.70		3.67
	嘉早 41			1.00				1.00
	浙农 921						0.70	0.70
	其他						0.07	0.07
	小计	0.90	7.40	10.40	6.00	2.20	1.57	28.47

（续表）

作物	品种	柯城区	衢县	龙游县	江山市	常山县	开化县	合计
常规早稻（迟熟）	浙 733	0.30	4.20	1.00	3.32	0.40	0.30	9.52
	浙农 8010		0.10		0.80			0.90
	中丝 2 号				2.50			2.50
	金早 22			2.00	1.31			3.31
	中组 1 号		1.70	1.00	2.38			5.08
	浙农 952						0.20	0.20
	金早 47	0.10	0.50		2.52			3.12
	金早 50			0.50				0.50
	其他		0.60			0.40		1.00
	小计	0.4	7.1	4.5	12.83	0.8	0.5	26.13
杂交早稻	金优 402	0.10	0.48	0.10	0.75	4.00		5.43
	早优 48-2				0.30			0.30
	优 I 402					0.30		0.30
	金优 974				0.02			0.02
	汕优 48-2		0.02				0.30	0.32
	小计	0.10	0.50	0.10	1.07	4.30	0.30	6.37
早稻合计		1.40	15.00	15.00	19.90	7.30	2.37	60.97
春大豆	浙春 2 号		0.10	0.50	1.02	0.30	0.10	2.02
	浙春 3 号		6.80	2.30	1.79	2.90	3.00	16.79
	矮脚早	0.15		0.20				0.35
	台湾 292	0.20	0.20					0.40
	黄金 1 号	0.15						0.15
	其他		1.40	0.20		0.20		1.80
	小计	0.50	8.50	3.20	2.81	3.40	3.10	21.51
春玉米	苏玉 1 号		0.10	0.20			0.50	0.80
	掖单 12		0.04		0.40		0.20	0.64
	丹玉 13		0.07	0.20			0.30	0.57
	苏玉糯 1 号		0.05	0.10	0.45	0.10	0.10	0.80
	西玉 3 号			0.10	0.40			0.50
	郑单 14	0.20	0.04	0.30		0.10	0.70	1.34
	浙糯 9703		0.08	0.10				0.18
	科糯 986		0.10	0.20				0.30
	农大 108		0.15					0.15
	其他	0.13	0.05	0.50	0.10	0.05	0.10	0.93
	小计	0.33	0.68	1.70	1.35	0.25	1.90	6.21
合计		2.23	24.18	19.90	24.06	10.95	7.37	88.69

资料来源：衢州市种子公司 2001 年年报

表 7-48　2001 年晚秋作物主要品种面积统计表　　单位：万亩

作物	品种	柯城区	衢县	龙游县	江山市	常山县	开化县	合计
粳稻	秀水 1067	0.05	0.25					0.30
	原粳 7 号	0.05	0.20					0.25
	其他		0.20	0.20			0.78	1.18
	小计	0.10	0.65	0.20			0.78	1.73

（续表）

作物	品种	柯城区	衢县	龙游县	江山市	常山县	开化县	合计
糯稻	春江 03	0.06	0.30		0.20			0.56
	绍糯 119	0.15	0.90	1.00	0.80	1.00		3.85
	浙农大 454	0.10	0.80		1.00			1.90
	谷香四号						1.00	1.00
	其他	0.09	0.11	2.00	0.50	0.70	0.55	3.95
	小计	0.40	2.11	3.00	2.50	1.70	1.55	11.26
杂交晚籼	汕优 10 号	0.15	1.70		0.90	2.50	1.50	6.75
	汕优 64						0.15	0.15
	汕优 63		0.40		0.30	0.50	0.18	1.38
	协优 46	0.50	4.10	12.00	6.30	2.00	1.33	26.23
	协优 92		0.20	4.00			0.30	4.50
	Ⅱ优 92	0.10	0.40		0.38			0.88
	Ⅱ优 63		0.30	0.50	0.15		0.10	1.05
	Ⅱ优 6078						0.30	0.30
	协优 63				0.37		0.55	0.92
	协优 963	0.10	2.10	1.50	5.84			9.54
	协优 9516		0.40					0.40
	Ⅱ优 46	0.40	2.20	0.50	1.30	1.50		5.90
	协优 914				0.35			0.35
	Ⅱ优 838		0.02	0.10	0.28		0.85	1.25
	Ⅱ优 3027	0.10	0.70		1.30		0.10	2.20
	两优培九	1.50	3.50	5.00	1.50	3.50	6.20	21.2
	Ⅱ优 8220		0.80					0.80
	其他	0.15	1.41	1.00	5.00	1.90	1.62	11.08
	小计	3.00	18.23	24.60	23.97	11.90	13.18	94.88
秋玉米	丹玉 13	0.01		0.20			0.20	0.41
	掖单 12	0.02			0.25			0.27
	苏玉 1 号	0.04	0.10	0.50			0.52	1.16
	郑单 14			0.10			0.60	0.70
	西玉 3 号	0.03		0.10	0.30	0.25		0.68
	其他	0.05	0.21	0.50	0.10	0.05	0.10	1.01
	小计	0.15	0.31	1.40	0.65	0.30	1.42	4.23
秋大豆	浙春 2 号	0.06			0.50			0.56
	浙春 3 号	0.10	0.40		1.50	2.50	2.20	6.70
	湖西豆		1.00					1.00
	白花豆		0.50		1.00			1.50
	衢秋 1 号		0.80			0.50		1.30
	诱处 4 号	0.05	0.30					0.35
	其他	0.09	0.58	0.50	0.10		0.30	1.57
	小计	0.30	3.58	0.50	3.10	3.00	2.50	12.98

（续表）

作物	品种	柯城区	衢县	龙游县	江山市	常山县	开化县	合计
甘薯	南薯 88	0.03	1.40	0.50		0.20	1.30	3.43
	徐薯 18	0.03	1.20	0.50	2.50	0.20	1.80	6.23
	胜利百号	0.04	0.20		1.20	0.30	1.20	2.94
	其他		0.41		0.50	0.20	0.10	1.21
	小计	0.10	3.21	1.00	4.20	0.90	4.40	13.81
棉花	泗棉 3 号		0.05			0.02	0.05	0.12
	中棉 12						0.10	0.10
	中棉 29			0.10	0.90	0.04		1.04
	湘杂棉 2 号		0.01	0.50				0.51
	慈抗 3 号				0.50			0.50
	其他		0.05	0.10	0.20	0.04	0.10	0.49
	小计		0.11	0.70	1.60	0.10	0.25	2.76
花生		0.08	0.24	0.10	0.21	0.10	0.05	0.78
合计		4.13	28.44	31.5	36.23	18	24.13	142.43

资料来源：衢州市种子公司 2001 年年报

表 7-49　2002 年春花作物主要品种面积统计表　　单位：万亩

作物	品种	柯城区	衢江区	龙游县	江山市	常山县	开化县	合计
大麦	浙农大 3 号				0.17			0.17
	浙农大 6 号		0.05		0.10			0.15
	花 30		0.03	0.50				0.53
	其他			0.08	0.01			0.09
	小计		0.08	0.58	0.28			0.94
小麦	浙麦 1 号		0.10	0.20	0.13	0.50	0.80	1.73
	钱江 2 号				0.84			0.84
	核组 8 号	0.04		1.20	0.06	0.20		1.50
	温麦 10 号		0.29					0.29
	浙农大 105						0.30	0.30
	其他			0.25	0.10		0.10	0.45
	小计	0.04	0.39	1.65	1.13	0.70	1.20	5.11
油菜	九二—58 系		0.25	0.79	0.25	0.50	1.00	2.79
	九二—13 系					0.50		0.50
	高油 605	0.50	3.50	3.00	0.65	0.50	2.50	10.65
	华杂 4 号	0.10	0.50	2.00	8.90	1.00	3.00	15.50
	浙双 72	0.40	2.70	4.00	0.43	0.50	1.20	9.23
	其他	0.20	0.20	0.10			1.00	1.50
	小计	1.20	7.15	9.89	10.23	3.00	8.70	40.17

（续表）

作物	品种	柯城区	衢江区	龙游县	江山市	常山县	开化县	合计
蚕豌豆	大白蚕	0.10	0.05	0.10	0.45		0.23	0.93
	中豌4号	0.45	0.30	0.58	0.25	0.40	0.06	2.04
	中豌6号	0.25			0.20	0.10	0.03	0.58
	其他		0.02		0.13		0.02	0.17
	小计	0.80	0.37	0.68	1.03	0.50	0.34	3.72
马铃薯	克新4号	0.14	0.20		0.63		0.12	1.09
	东农303	0.14	0.30	0.46	0.92	0.10	0.32	2.24
	其他		0.05		0.65		0.10	0.80
	小计	0.28	0.55	0.46	2.20	0.10	0.54	4.13
绿肥	黑麦草	1.20	2.37	2.20	10.10	1.00	0.60	17.47
	其他	0.30	1.30	0.97	4.83	0.50	0.90	8.80
	小计	1.50	3.67	3.17	14.93	1.50	1.50	26.27
合计		3.82	12.21	16.43	29.80	5.80	12.28	80.34

资料来源：衢州市种子公司2002年年报

表7-50　2002年早稻、春大豆、春玉米主要品种面积统计表　　单位：万亩

作物	品种	柯城区	衢江区	龙游县	江山市	常山县	开化县	合计
常规早稻（中熟）	舟优903		0.60		0.58	0.10	0.05	1.33
	浙9248					0.20		0.20
	中早1号	0.10	0.10	2.00		0.20		2.40
	嘉育948	0.10	2.00	1.00	1.57		0.05	4.72
	嘉育935	0.30	1.00		0.86			2.16
	嘉早293				0.23			0.23
	嘉早41			1.30				1.30
	浙农921						0.10	0.10
	其他		0.10					0.10
	小计	0.50	3.80	4.30	3.24	0.50	0.20	12.54
常规早稻（迟熟）	浙733	0.20	1.50		3.01	0.50	0.02	5.23
	浙农8010				0.93			0.93
	中丝2号				0.75			0.75
	金早22		0.20	0.20				0.40
	中组1号	0.30	4.50	1.50	2.53			8.83
	金早47	1.00	3.50	7.80	3.90			16.20
	其他						0.01	0.01
	小计	1.50	9.70	9.50	11.12	0.50	0.03	32.35
杂交早稻	金优402	0.08	0.50	0.20	0.81	5.00	0.05	6.64
	早优48-2	0.02			0.14			0.16
	金优974				0.10			0.10
	汕优48-2						0.10	0.10
	小计	0.10	0.50	0.20	1.05	5.00	0.15	7.00
早稻合计		2.10	14.00	14.00	15.41	6.00	0.38	51.89

（续表）

作物	品种	柯城区	衢江区	龙游县	江山市	常山县	开化县	合计
春大豆	浙春 3 号	0. 55	6. 20	2. 17	6. 15	4. 20	1. 30	20. 57
	矮脚毛豆		0. 70					0. 70
	矮脚早	0. 10		0. 28			0. 30	0. 68
	辽鲜 1 号		0. 50					0. 50
	台湾 292	0. 20		0. 23				0. 43
	浙春 5 号		0. 60					0. 60
	黄金 1 号	0. 30	1. 10					1. 40
	六月白						0. 80	0. 80
	其他		0. 70		0. 29	0. 20	0. 40	1. 59
	小计	1. 15	9. 80	2. 68	6. 44	4. 40	2. 80	27. 27
春玉米	苏玉 1 号	0. 01	0. 05	0. 38			0. 36	0. 80
	掖单 12				0. 38			0. 38
	掖单 13						0. 30	0. 30
	丹玉 13	0. 02	0. 07	0. 02			0. 45	0. 56
	苏玉糯 1 号	0. 20	0. 08	0. 18	0. 42	0. 10	0. 04	1. 02
	西玉 3 号	0. 02			0. 30			0. 32
	郑单 14					0. 10	0. 05	0. 15
	浙糯 9703	0. 10						0. 10
	科糯 986	0. 10	0. 15					0. 25
	农大 108	0. 05	0. 10	0. 10			0. 03	0. 28
	其他		0. 03			0. 05	0. 06	0. 14
	小计	0. 50	0. 48	0. 68	1. 10	0. 25	1. 29	4. 30
合计		3. 75	24. 28	17. 36	22. 95	10. 65	4. 47	83. 46

资料来源：衢州市种子公司 2002 年年报

备注：春大豆浙春 3 号包括套种面积

表 7-51　2002 年晚秋作物主要品种面积统计表　　单位：万亩

作物	品种	柯城区	衢江区	龙游县	江山市	常山县	开化县	合计
粳稻	秀水 1067	0. 05	0. 10					0. 15
	原粳 7 号	0. 05	0. 10					0. 15
	其他		0. 30	0. 20				0. 50
	小计	0. 10	0. 50	0. 20				0. 80
糯稻	绍糯 119		0. 80	2. 00	0. 78			3. 58
	浙农大 454	0. 20	0. 30		1. 25			1. 75
	绍糯 9714	0. 25						0. 25
	谷香四号						0. 15	0. 15
	其他		0. 39	1. 00	0. 42		0. 25	2. 06
	小计	0. 45	1. 49	3. 00	2. 45		0. 40	7. 79
单季稻	两优培九	0. 50	3. 50	2. 00	4. 58	4. 50	5. 00	20. 08

（续表）

作物	品种	柯城区	衢江区	龙游县	江山市	常山县	开化县	合计
（杂交晚籼）	协优 963			0.50	0.93		0.10	1.53
	粤优 938	0.70	0.15	0.20		0.38	0.06	1.49
	协优 9308	0.20	0.60	0.30	3.76	0.50	1.00	6.36
	协优 46			1.00	0.67		0.40	2.07
	Ⅱ优 838						6.00	6.00
	汕优 10 号						0.50	0.50
	协优 7954	0.30					0.30	0.60
	Ⅱ优 8220		1.00					1.00
	其他	0.20		1.00	0.36		1.64	3.20
	小计	1.90	5.25	5.00	10.30	5.38	15.00	42.83
双季稻	汕优 10 号		0.15	0.20	0.81	1.50	0.50	3.16
（杂交晚籼）	汕优 64				0.24			0.24
	汕优 63		0.03		0.26		0.10	0.39
	协优 46	0.40	5.00	10.00	1.03	0.80	0.40	17.63
	协优 92		0.20	3.00	0.10			3.30
	Ⅱ优 92		1.20		0.34		0.05	1.59
	Ⅱ优 63		0.50	0.50	0.10			1.10
	协优 63		0.25					0.25
	协优 963	0.20	1.40	4.00	6.88	0.50	0.10	13.08
	协优 9516		0.15					0.15
	Ⅱ优 46	0.20	1.92	0.10	0.85	1.00	0.40	4.47
	Ⅱ优 838			0.20	0.20		6.00	6.40
	Ⅱ优 3027	0.50		0.20	1.99		0.01	2.70
	Ⅱ优 8220		0.20		0.20			0.40
	金优 207					0.50		0.50
	新香优 80					0.50		0.50
	其他	0.60	0.07	1.00	0.09	0.50	2.44	4.70
	小计	1.90	11.07	19.20	13.09	5.30	10.00	60.56
秋玉米	丹玉 13	0.02	0.03	0.30	0.17		0.40	0.92
	掖单 12			0.30	0.60		0.25	1.15
	苏玉 1 号	0.03		0.20		0.05	0.15	0.43
	郑单 14						0.20	0.20
	西玉 3 号			0.10	0.10			0.20
	农大 108	0.03	0.05			0.02	0.15	0.25
	科糯 986		0.10					0.10
	苏玉糯 1 号	0.03	0.05			0.02		0.10
	其他	0.04	0.06	0.60	0.10	0.03	0.05	0.88
	小计	0.15	0.29	1.50	0.97	0.12	1.20	4.23

（续表）

作物	品种	柯城区	衢江区	龙游县	江山市	常山县	开化县	合计
秋大豆	浙春 2 号				0. 23		0. 50	0. 73
	浙春 3 号				0. 26		1. 00	1. 26
	湖西豆		0. 30					0. 30
	白花豆		0. 30		0. 92		2. 00	3. 22
	衢秋 1 号		0. 50					0. 50
	诱处 4 号	0. 35	0. 70					1. 05
	其他	0. 05	0. 20	0. 50	0. 42	0. 58	2. 00	3. 75
	小计	0. 40	2. 00	0. 50	1. 83	0. 58	5. 50	10. 81
甘薯	南薯 88		0. 40	0. 20	0. 85			1. 45
	徐薯 18	0. 04	0. 20	0. 20	1. 25	0. 26	0. 90	2. 85
	胜利百号						1. 80	1. 80
	其他		0. 11	0. 20	0. 80		0. 80	1. 91
	小计	0. 04	0. 71	0. 60	2. 90	0. 26	3. 50	8. 01
棉花	中棉 29			0. 15	0. 32			0. 47
	湘杂棉 2 号		0. 01	0. 05				0. 06
	慈抗 3 号				0. 33			0. 33
	其他		0. 05	0. 10	0. 05			0. 20
	小计		0. 06	0. 30	0. 70			1. 06
花生		0. 02	0. 21	0. 10	0. 42		0. 09	0. 84
合计		4. 96	21. 58	30. 40	32. 66	11. 64	35. 69	136. 93

资料来源：衢州市种子公司 2002 年年报

表 7-52　2003 年春花作物主要品种面积统计表　　单位：万亩

作物	品种	柯城区	衢江区	龙游县	江山市	常山县	开化县	合计
大麦	浙农大 3 号				0. 10			0. 10
	花 30		0. 03	0. 10	0. 01			0. 14
	小计		0. 03	0. 10	0. 11			0. 24
小麦	浙麦 1 号		0. 05		0. 15	0. 80	0. 42	1. 42
	钱江 2 号				0. 35			0. 35
	核组 8 号	0. 10		0. 30	0. 20	0. 40		1. 00
	温麦 10 号		0. 10			0. 20		0. 30
	浙农大 105				0. 20		0. 08	0. 28
	其他			0. 20	0. 05		0. 05	0. 30
	小计	0. 10	0. 15	0. 50	0. 95	1. 40	0. 55	3. 65
油菜	九二—58 系			0. 50	0. 10	0. 20	2. 00	2. 80
	九二—13 系					0. 20	1. 20	1. 40
	高油 605	0. 40	1. 50	1. 50	0. 40	1. 00	4. 10	8. 90
	沪油 15		1. 20					1. 20
	华杂 4 号			0. 10	8. 10	0. 80	0. 80	9. 80
	浙双 72	0. 50	4. 00	7. 00	0. 60	0. 50		12. 60
	其他	0. 25	0. 30	0. 10	0. 05		0. 66	1. 36
	小计	1. 15	7. 00	9. 20	9. 25	2. 70	8. 76	38. 06

（续表）

作物	品种	柯城区	衢江区	龙游县	江山市	常山县	开化县	合计
蚕豌豆	大白蚕	0.12	0.05	0.05	0.55		0.05	0.82
	中豌4号	0.11	0.35	0.50	0.30		0.22	1.48
	中豌6号	0.10		0.20	0.31			0.61
	其他		0.03		0.03		0.01	0.07
	小计	0.33	0.43	0.75	1.19		0.28	2.98
马铃薯	克新4号		0.15		0.54		0.16	0.85
	东农303	0.50	0.30	0.10	0.39		0.10	1.39
	其他		0.05		0.72		0.06	0.83
	小计	0.50	0.50	0.10	1.65		0.32	3.07
绿肥	黑麦草	0.95	2.00	0.10	8.90	1.40	0.08	13.43
	其他	0.25	1.00	0.20	5.03	0.05	0.36	6.89
	小计	1.20	3.00	0.30	13.93	1.45	0.44	20.32
合计		3.28	11.11	10.95	27.08	5.55	10.35	68.32

资料来源：衢州市种子管理站“2003年衢州市春花作物分品种面积统计表”

表7-53　2003年早稻、春大豆、春玉米主要品种面积统计表　　单位：万亩

作物	品种	柯城区	衢江区	龙游县	江山市	常山县	开化县	合计
常规早稻（中熟）	中早1号			1.00				1.00
	嘉育948		1.50					1.50
	嘉育935		0.50					0.50
	其他		4.00					4.00
	小计		6.00	1.00				7.00
常规早稻（迟熟）	浙733		1.45		2.52			3.97
	浙农8010				0.51			0.51
	中丝2号				0.35			0.35
	金早22				0.43	1.50		1.93
	中组1号		3.25	1.00	2.85	2.00		9.10
	金早47	2.00	6.50	3.00	3.53			15.03
	中早22				1.00			1.00
	其他			2.00				2.00
	小计	2.00	11.20	6.00	11.19	3.50		33.89
杂交早稻	金优402	0.20	0.25	0.20	0.38	1.50	0.03	2.56
	中优974				0.41			0.41
	金优974				0.41			0.41
	汕优48-2		0.05		0.22		0.03	0.30
	小计	0.20	0.30	0.20	1.42	1.50	0.06	3.68
早稻合计		2.20	17.50	7.20	12.61	5.00	0.06	44.57

（续表）

作物	品种	柯城区	衢江区	龙游县	江山市	常山县	开化县	合计
春大豆	浙春 3 号	0.55	1.20	0.20	0.80		0.20	2.95
	矮脚毛豆		0.40	0.10	1.28			1.78
	矮脚早	0.10			0.20		0.02	0.32
	辽鲜 1 号		0.30	0.05		1.50		1.85
	台湾 292	0.20	0.30	0.20	0.20	1.50		2.40
	台湾 75	0.20				1.50		1.70
	浙春 5 号		1.50					1.50
	黄金 1 号		0.50					0.50
	引豆 9701	0.30						0.30
	衢鲜 1 号		0.70	0.80		0.50		2.00
	其他			0.20	0.60			0.80
	小计	1.35	4.90	1.55	3.08	5.00	0.22	16.10
春玉米	苏玉 1 号	0.01	0.04	0.20			0.50	0.75
	掖单 12				0.40			0.40
	掖单 13		0.05	0.10			0.05	0.20
	丹玉 13	0.02	0.01	0.10			0.10	0.23
	苏玉糯 1 号	0.25	0.10	0.10	0.35	0.20	0.01	1.01
	西玉 3 号			0.05	0.38			0.43
	浙糯 9703			0.05			0.02	0.07
	科糯 986	0.08	0.12	0.20				0.40
	中糯 2 号	0.19						0.19
	农大 108		0.10	1.00	0.12		0.40	1.62
	其他	0.05	0.03	0.20		0.10	0.05	0.43
	小计	0.60	0.45	2.00	1.25	0.30	1.13	5.73
合计		4.15	22.85	10.75	16.94	10.30	1.41	66.40

资料来源：衢州市种子管理站“2003 年衢州市早稻作物分品种面积统计表”

表 7-54　2003 年晚秋作物主要品种面积统计表　　单位：万亩

作物	品种	柯城区	衢江区	龙游县	江山市	常山县	开化县	合计
粳稻	秀水 63			0.60				0.60
	秀水 110	0.05	0.50	0.70				1.25
	其他	0.05					0.10	0.15
	小计	0.10	0.50	1.30			0.10	2.00
糯稻	绍糯 119	0.10	0.03		0.81			0.94
	浙农大 454	0.20	0.07	1.40	1.20		0.10	2.97
	绍糯 9714			0.60				0.60
	春江糯 683		1.20					1.20
	春江糯 2 号	0.10	0.15					0.25
	其他	0.10	0.10		0.54		0.30	1.04
	小计	0.50	1.55	2.00	2.55		0.40	7.00

（续表）

作物	品种	柯城区	衢江区	龙游县	江山市	常山县	开化县	合计
单季稻	两优培九	0.40	1.06	0.40	7.31	1.00	2.30	12.47
（杂交晚籼）	协优 963				3.09			3.09
	粤优 938	1.00	0.90			3.00	4.00	8.90
	协优 9308			3.00	3.32		0.80	7.12
	协优 46				1.00			1.00
	Ⅱ优 838	0.10			0.23		2.60	2.93
	Ⅱ优明 86					1.50	1.00	2.50
	协优 7954		0.50	6.70				7.20
	Ⅱ优 8220	0.20	1.19		0.05			1.44
	其他					0.80		0.80
	小计	1.70	3.65	10.10	15.00	6.30	10.70	47.45
双季稻	汕优 10 号	0.02		1.30	0.8	1.50	0.20	3.82
（杂交晚籼）	汕优 64	0.30			0.24			0.54
	汕优 63				0.25		0.30	0.55
	协优 46		1.07	4.20	1.25	1.00	1.20	8.72
	协优 92		0.13	2.00				2.13
	Ⅱ优 92	0.10	0.26		0.33		0.20	0.89
	Ⅱ优 63		0.41				0.60	1.01
	协优 63		0.08		0.45		0.30	0.83
	协优 963	0.20	0.64	3.20	1.29	0.50	0.80	6.63
	Ⅱ优 46	0.30	0.35		0.82		1.50	2.97
	Ⅱ优 3027	0.30	2.24		1.83	0.50	0.80	5.67
	协优 914				0.21			0.21
	新香优 80				0.03	0.50		0.53
	小计	1.22	5.18	10.70	7.50	4.00	5.90	34.50
秋玉米	丹玉 13	0.05	0.03		0.18		0.60	0.86
	掖单 12	0.20			0.53		0.20	0.93
	苏玉 1 号	0.10				0.05	1.50	1.65
	郑单 14						0.10	0.10
	西玉 3 号				0.19			0.19
	农大 108	0.05	0.05	0.40		0.02		0.52
	科糯 986		0.10					0.10
	苏玉糯 1 号		0.05			0.02		0.07
	其他	0.10	0.06	0.12	0.06	0.03	0.80	1.17
	小计	0.50	0.29	0.52	0.96	0.12	3.20	5.59
秋大豆	浙春 2 号	0.10	0.05	2.0	0.18		0.10	2.43
	浙春 3 号	0.10	0.15		0.15		0.10	0.50
	湖西豆		0.30					0.30
	白花豆	0.10			0.95			1.05
	衢秋 1 号		0.38					0.38
	诱处 4 号	0.40	0.70					1.10
	其他		0.20		0.50	0.58	0.20	1.48
	小计	0.70	1.78	2.00	1.78	0.58	0.40	7.24

（续表）

作物	品种	柯城区	衢江区	龙游县	江山市	常山县	开化县	合计
甘薯	南薯 88		0.40	1.60	0.75		1.10	3.85
	徐薯 18	0.03	0.01		1.25	0.28	1.20	2.77
	胜利百号						0.90	0.90
	其他				0.75		0.50	1.25
	小计	0.03	0.41	1.60	2.75	0.28	3.70	8.77
棉花	湘杂棉 2 号		0.01	0.35				0.36
	慈抗 3 号				1.00			1.00
	其他		0.40	0.50				0.90
	小计		0.41	0.85	1			2.26
花生		0.02	0.20	0.30	0.30		0.20	1.02
合计		4.77	13.97	29.37	31.84	11.28	24.60	115.83

资料来源：衢州市种子管理站“2003 年衢州市晚秋作物分品种面积统计表”

表 7-55　2004 年春花作物主要品种面积统计表　　单位：万亩

作物	品种	柯城区	衢江区	龙游县	江山市	常山县	开化县	合计
大麦	浙啤 4 号		0.06					0.06
	花 30			0.08		0.02		0.10
	浙农大 3 号				0.10			0.10
	小计		0.06	0.08	0.10	0.02		0.26
小麦	温麦 10 号		0.02					0.20
	扬麦 158		0.02					0.20
	核组 8 号			0.33	0.15			0.48
	浙麦 1 号				0.10	1.00	0.60	1.70
	浙农大 105				0.25		0.40	0.65
	钱江 2 号				0.37			0.37
	其他			0.20	0.05		0.10	0.35
	小计		0.40	0.53	0.92	1.00	1.10	3.95
油菜	高油 605	0.03	3.00	2.00	0.88	0.54	2.60	9.05
	浙双 72		2.20		4.56	0.30	1.50	8.56
	九二—13 系		0.30	7.00	0.31	0.40	0.40	8.41
	九二—58 系				0.50		1.80	2.30
	华杂 4 号				2.75	0.40	1.00	4.15
	沪油 15					0.40	2.50	2.90
	其他			0.80	0.11		0.80	1.71
	小计	0.03	5.50	9.80	9.11	2.04	10.60	37.08
蚕豌豆	大白蚕		0.50	0.05	0.51		0.25	1.31
	中豌 4 号	0.03	0.60	1.00	0.32	0.10	0.07	2.12
	中豌 6 号	0.01	0.40	0.20	0.32	0.10	0.05	1.08
	蚕豆地方品种					0.21		0.21
	其他		0.02		0.04		0.05	0.11
	小计	0.04	1.52	1.25	1.19	0.41	0.42	4.83

（续表）

作物	品种	柯城区	衢江区	龙游县	江山市	常山县	开化县	合计
马铃薯	克新 4 号		0.05		0.38	0.08	0.20	0.71
	东农 303		0.05	0.10	0.42	0.07	0.40	1.04
	郑薯 3 号	0.02						0.02
	其他		0.05		0.76		0.20	1.01
	小计	0.02	0.15	0.10	1.56	0.15	0.80	2.78
绿肥	黑麦草		1.80	0.70	4.40		1.20	8.10
	紫云英					1.05		1.05
	其他		1.00	0.80	3.30		1.00	6.10
	小计		2.80	1.50	7.70	1.05	2.20	15.25
合计		0.09	10.07	13.26	20.58	4.67	15.12	63.79

资料来源：衢州市种子管理站“衢州市 2004 年春花作物分品种面积统计表”

表 7-56　2004 年夏季作物主要品种面积统计表　　单位：万亩

作物	品种	柯城区	衢江区	龙游县	江山市	常山县	开化县	合计
常规早稻（中熟）	中早 1 号			3.00	0.85			3.85
	嘉育 293				0.53			0.53
	嘉育 948				0.22			0.22
	嘉育 935				0.38			0.38
	金早 47	1.20	8.00	9.40	1.70			20.30
	G00-253		1.00					1.00
	浙 103		0.45					0.45
	其他	0.34	1.60		1.25			3.19
	小计	1.54	11.05	12.4	4.93			29.92
常规早稻（迟熟）	浙 733		3.55		2.87			6.42
	中丝 2 号				1.56			1.56
	中早 22			0.30	1.52			1.82
	杭 959				1.73			1.73
	中组 1 号			1.60				1.60
	其他			2.00	0.70			2.70
	小计		3.55	3.90	8.38			15.83
杂交早稻	中优 974				0.85			0.85
	金优 974				0.58			0.58
	中优 402				0.77	1.50		2.27
	金优 402	0.20	1.50		0.65	2.50	0.53	5.38
	中优 66					0.50		0.50
	其他				0.40	0.91		1.31
	小计	0.20	1.50		3.25	5.41	0.53	10.89
早稻合计		1.74	16.10	16.30	16.56	5.41	0.53	56.64

（续表）

作物	品种	柯城区	衢江区	龙游县	江山市	常山县	开化县	合计
春大豆	浙春 2 号				0.65		0.59	1.24
	浙春 3 号				0.78			0.78
	矮脚早				0.60			0.60
	矮脚毛豆	0.10		0.15		0.15		0.40
	台湾 75	0.20	1.50	0.10		0.40		2.20
	台湾 292			0.35				0.35
	台湾 88	0.12						0.12
	辽鲜 1 号	0.13	1.40			0.25		1.78
	其他	0.55	1.60	0.10	0.52	0.20		2.97
	小计	1.10	4.50	0.70	2.55	1.00	0.59	10.44
春玉米	苏玉 1 号				0.15		0.40	0.55
	掖单 1 号				0.20			0.20
	苏玉糯 1 号		0.40	0.05	0.25			0.70
	西玉 3 号				0.50			0.50
	丹玉 13						0.50	0.50
	科糯 986	0.10	0.40	0.25		0.10		0.85
	科糯 991			0.20				0.20
	农大 108		0.40				0.78	1.18
	其他	0.06		0.05	0.21	0.10		0.42
	小计	0.16	1.20	0.55	1.31	0.20	1.68	5.10
西瓜	京欣系列			0.35				0.35
	西农 8 号		0.30	0.25			0.20	0.75
	拿比特		0.05			0.20		0.25
	早春红玉		0.05			0.25		0.30
	麒麟					0.15		0.15
	新澄						0.15	0.15
	新红宝						0.10	0.10
	早佳 84-24		0.50					0.50
	浙蜜 3 号		0.10					0.10
	其他	0.08	0.10			0.20		0.38
	小计	0.08	1.10	0.60		0.80	0.45	3.03
合计		3.08	22.90	18.15	20.42	7.41	3.25	75.21

资料来源：衢州市种子管理站“衢州市 2004 年夏季作物分品种面积统计表”

表 7-57　2004 年晚秋作物主要品种面积统计表　　单位：万亩

作物	品种	柯城区	衢江区	龙游县	江山市	常山县	开化县	合计
粳稻	秀水 110		0.30					0.30
	粳谷 98-11	0.10						0.10
	其他		0.30					0.30
	小计	0.10	0.60					0.70

（续表）

作物	品种	柯城区	衢江区	龙游县	江山市	常山县	开化县	合计
糯稻	绍糯 119				0.25	0.30		0.55
	绍糯 9714			2.00				2.00
	春江 683	0.10	2.50					2.60
	浙农大 454		0.50		0.79			1.29
	春江糯 2 号		0.48		1.00		1.20	2.68
	春江糯 3 号				0.24			0.24
	浙糯 36				0.30			0.30
	其他		0.10					0.10
	小计	0.10	3.58	2.00	2.58	0.30	1.20	9.76
杂交晚籼	粤优 938	1.20	2.92	2.00	1.00	1.60	3.30	12.02
	中优 6 号				3.80			3.80
	中浙优 1 号	0.50	0.50	0.50		1.50	0.50	3.50
	两优培九	0.70	1.90	1.00	4.35	1.50	2.50	11.95
	汕优 10 号		0.23		0.81	2.30	0.54	3.88
	汕优 64				0.22			0.22
	汕优 63				0.15			0.15
	Ⅱ优 46	0.10	0.72	2.00	0.95	2.20	2.21	8.18
	Ⅱ优 084		0.16	1.50	1.00	1.60	0.50	4.76
	Ⅱ优 3027		1.84		1.85		0.60	4.29
	Ⅱ优 8220	0.20	2.68		0.30			3.18
	Ⅱ优明 86		0.42					0.42
	Ⅱ优 92		0.40	2.00	0.33		0.21	2.94
	Ⅱ优 2070		1.32					1.32
	Ⅱ优 7954		0.29	2.00				2.29
	Ⅱ优 63		0.28		0.20			0.48
	Ⅱ优 838		1.18		0.25		2.80	4.23
	协优 46	0.10	2.00	5.00	3.55			10.65
	协优 63				0.50			0.50
	协优 92		0.17	5.00				5.17
	协优 914			2.00	0.23			2.23
	协优 963		0.51		3.08			3.59
	协优 9312				0.21			0.21
	其他	0.23	0.99	1.00	1.42	0.20	0.46	4.30
	小计	3.03	18.51	24.00	24.20	10.90	13.62	94.26
夏秋玉米	农大 108		0.20	0.67		0.34	1.41	2.62
	科糯 986	0.10	0.30			0.20		0.60
	丹玉 13			0.25	0.20		1.00	1.45
	中糯 2 号	0.15						0.15
	掖单 12				0.48			0.48
	西玉 3 号				0.20			0.20
	其他		0.50	0.18	0.11			0.79
	小计	0.25	1.00	1.10	0.99	0.54	2.41	6.29

（续表）

作物	品种	柯城区	衢江区	龙游县	江山市	常山县	开化县	合计
夏秋大豆	六月半			2. 00	0. 55	0. 43		2. 98
	高雄 2 号					0. 20		0. 20
	皖豆					0. 12		0. 12
	诱处 4 号		3. 00					3. 00
	浙春 2 号				0. 25		2. 50	2. 75
	浙春 3 号				0. 17		1. 68	1. 85
	8157	0. 10						0. 10
	八月拔	0. 20						0. 20
	白花豆				0. 88			0. 88
	衢鲜 1 号		1. 80	0. 40		0. 32		2. 52
	其他		0. 20	0. 10				0. 30
	小计	0. 30	5. 00	2. 50	1. 85	1. 07	4. 18	14. 90
甘薯	徐薯 18		2. 00		1. 30		4. 16	7. 46
	南薯 88				0. 78			0. 78
	浙薯 13		1. 00		0. 60	0. 81		2. 41
	其他		0. 10	0. 10	0. 10			0. 30
	小计		3. 10	0. 10	2. 78	0. 81	4. 16	10. 95
马铃薯	东农 303		0. 20				0. 25	0. 45
	郑薯 3 号	0. 01						0. 01
	其他		0. 10			0. 15		0. 25
	小计	0. 01	0. 30			0. 15	0. 25	0. 71
棉花	湘杂棉 3 号		0. 05	0. 15				0. 20
	沪棉						0. 14	0. 14
	中棉 29			0. 20				0. 20
	慈抗 F_1				0. 15			0. 15
	慈抗 F_2				1. 30			1. 30
	其他	0. 01		0. 30	0. 05	0. 05		0. 41
	小计	0. 01	0. 05	0. 65	1. 50	0. 05	0. 14	2. 40
豌豆	中豌 4 号	0. 10	0. 50	0. 40		0. 20	0. 20	1. 40
	中豌 2 号					0. 20		0. 20
	中豌 6 号	0. 10						0. 10
	其他			0. 05				0. 05
	小计	0. 20	0. 50	0. 45		0. 40	0. 20	1. 75
合计		4. 00	32. 64	30. 8	33. 90	14. 22	26. 16	141. 72

资料来源：衢州市种子管理站“2004 年衢州市晚秋作物分品种面积统计表”

表 7-58　2005 年春花作物主要品种面积统计表　　单位：万亩

作物	品种	柯城区	衢江区	龙游县	江山市	常山县	开化县	合计
大麦	浙啤 4 号		0. 04					0. 04
	花 30					0. 02		0. 02
	浙啤 3 号			0. 26	0. 11			0. 37
	其他			0. 08	0. 03			0. 11
	小计		0. 04	0. 34	0. 14	0. 02		0. 54

（续表）

作物	品种	柯城区	衢江区	龙游县	江山市	常山县	开化县	合计
小麦	温麦 10 号		0. 25					0. 25
	扬麦 158		0. 05					0. 05
	浙麦 2 号			0. 15		0. 05		0. 20
	浙麦 1 号				0. 13		0. 51	0. 68
	杨麦 4 号					0. 04		0. 04
	钱江 2 号				0. 38			0. 38
	核组 1 号					0. 01		0. 01
	核组 8 号			0. 48	0. 17			0. 65
	浙农大 105				0. 08			0. 08
	其他	0. 05		0. 07	0. 03		0. 10	0. 25
	小计	0. 05	0. 30	0. 70	0. 79	0. 10	0. 61	2. 55
油菜	高油 605	0. 33	4. 80	1. 80	0. 58	0. 60	1. 60	9. 71
	浙双 72	0. 29	1. 80	5. 47	4. 68	1. 00	2. 86	16. 10
	中双 8 号		0. 10					0. 10
	油研 9 号		0. 10					0. 10
	沪油 15					0. 50		0. 50
	华杂 4 号				2. 14	0. 40	1. 90	4. 44
	浙双 6 号			0. 80	1. 23		2. 37	4. 40
	九二—13 系				0. 51			0. 51
	九二—58 系				0. 33			0. 33
	其他			0. 60	0. 48		0. 24	1. 32
	小计	0. 62	6. 80	8. 67	9. 95	2. 50	8. 97	37. 51
蚕豌豆	青皮蚕豆		0. 10					0. 10
	中豌 4 号	0. 02	0. 40	0. 28	0. 30	0. 35	0. 17	1. 52
	中豌 6 号	0. 01	0. 04	0. 10	0. 20	0. 05		0. 40
	大白蚕				0. 52			0. 52
	其他			0. 07	0. 04		0. 02	0. 13
	小计	0. 03	0. 54	0. 45	1. 06	0. 40	0. 19	2. 67
马铃薯	东农 303		0. 20	0. 24	0. 42	0. 20	0. 20	1. 26
	克新 4 号		0. 15		0. 43			0. 58
	其他	0. 23		0. 05	0. 73		0. 03	1. 04
	小计	0. 23	0. 35	0. 29	1. 58	0. 20	0. 23	2. 88
绿肥	紫云英	0. 42	1. 80		3. 51			5. 73
	宁波种			0. 90		1. 10		2. 00
	其他		0. 40	0. 08	0. 39		0. 19	1. 06
	小计	0. 42	2. 20	0. 98	3. 90	1. 10	0. 19	8. 79
牧草	黑麦草		1. 00	0. 40	3. 00	0. 03		4. 43
	东丹草					0. 07		0. 07
	苏丹草			0. 21				0. 21
	其他		0. 20		0. 15		0. 02	0. 37
	小计		1. 20	0. 61	3. 15	0. 10	0. 02	5. 08
蔺草			0. 01					0. 01
合计		1. 35	11. 44	12. 04	20. 57	4. 42	10. 21	60. 03

资料来源：衢州市种子管理站“衢州市 2005 年春花作物分品种面积统计表”

表 7-59　2005 年夏季作物主要品种面积统计表　　单位：万亩

作物	品种	柯城区	衢江区	龙游县	江山市	常山县	开化县	合计
常规早稻	金早 47	0. 70	9. 50	9. 50	1. 90	0. 25		21. 85
	浙 733				1. 25	0. 02		1. 27
	杭 959	1. 00		2. 00	2. 05			5. 05
	嘉育 293				0. 43			0. 43
	嘉育 948				0. 21			0. 21
	中早 1 号				0. 75			0. 75
	中早 22		3. 60	2. 50	7. 19			13. 29
	天禾 1 号			1. 00				1. 00
	籼辐 9759		0. 30					0. 30
	其他		2. 08	1. 52				3. 60
	小计	1. 70	15. 48	16. 52	13. 78	0. 27		47. 75
杂交早稻	金优 402	0. 20	1. 10		1. 75	4. 45	0. 83	8. 33
	中优 402				1. 55			1. 55
	中优 66					1. 00		1. 00
	小计	0. 20	1. 10	0. 00	3. 30	5. 45	0. 83	10. 88
春大豆	台湾 75	0. 05	1. 50	0. 35		0. 35		2. 25
	矮脚毛豆				0. 63			0. 63
	浙春 2 号				0. 66		0. 24	0. 90
	辽鲜 1 号			0. 20		0. 10		0. 30
	浙春 3 号				0. 82		0. 46	1. 28
	台湾 292					0. 25		0. 25
	沪 95-1		0. 50	0. 10				0. 60
	引豆 9701		0. 50					0. 50
	日本青		0. 50	0. 10		0. 30		0. 90
	浙春 5 号	0. 20	1. 80					2. 00
	其他	0. 05	0. 20	0. 05	0. 52	0. 30		1. 12
	小计	0. 30	5. 00	0. 80	2. 63	1. 30	0. 70	10. 73
春玉米	苏玉糯 1 号				0. 23		0. 50	0. 73
	农大 108		0. 30				0. 50	0. 80
	丹玉 13						0. 40	0. 40
	苏玉糯 2 号	0. 15	0. 50	0. 10				0. 75
	掖单 13					0. 03		0. 03
	科糯 98-6	0. 10	0. 30	0. 30	0. 25	0. 08		1. 03
	掖单 12				0. 44			0. 44
	珍糯					0. 01		0. 01
	熟甜 3 号					0. 02		0. 02
	西玉 1 号					0. 03		0. 03
	郑单 958						0. 20	0. 20
	农大 105					0. 03		0. 03
	西玉 3 号				0. 43	0. 05		0. 48
	其他	0. 05	0. 20	0. 10				0. 35
	小计	0. 30	1. 30	0. 50	1. 35	0. 25	1. 60	5. 30

（续表）

作物	品种	柯城区	衢江区	龙游县	江山市	常山县	开化县	合计
西瓜	浙蜜 3 号	0.03						0.03
	西农 8 号		0.50		0.10		0.10	0.70
	浙蜜 4 号						0.10	0.10
	早春红玉	0.02	0.20		0.08	0.30		0.60
	京欣一号			0.15				0.15
	拿比特					0.08		0.08
	新红宝				0.03		0.06	0.09
	丰抗 1 号			0.10				0.10
	地雷王	0.05	0.50					0.55
	欣秀					0.03		0.03
	美抗 6 号					0.08		0.08
	盛兰					0.03		0.03
	华蜜冠军						0.08	0.08
	丰乐 87-14			0.25			0.06	0.31
	早佳 8424		1.00	0.10	0.03			1.13
	其他		0.60	0.15				0.75
	小计	0.10	2.80	0.75	0.24	0.52	0.40	4.81
合计		2.60	25.68	18.57	21.30	7.79	3.53	79.47

资料来源：衢州市种子管理站“衢州市 2005 年夏季作物分品种面积统计表”

表 7-60　2005 年晚秋作物主要品种面积统计表　　单位：万亩

作物	品种	柯城区	衢江区	龙游县	江山市	常山县	开化县	合计
粳稻	秀水 110	0.16	0.30	0.80				1.26
	其他		0.10	0.27				0.37
	小计	0.16	0.40	1.07				1.63
糯稻	春江 683	0.20	2.30					2.50
	春江糯			1.50		0.25		1.75
	春江糯 2 号		0.10				0.95	1.05
	农大 454				0.42			0.42
	绍糯 119				0.35			0.35
	绍糯 9714			3.50		0.25		3.75
	浙大 514		2.20					2.20
	浙糯 36				0.97			0.97
	浙糯 5 号				0.53			0.53
	其他		0.05	0.80	0.24			1.09
	小计	0.20	4.65	5.80	2.51	0.50	0.95	14.61
杂交晚籼	Ⅱ优 084		1.86	1.30		0.50	1.50	5.16
	Ⅱ优 3027		1.73	1.50	1.13			4.36
	Ⅱ优 46		0.65	1.60	0.65	0.30		3.20
	Ⅱ优 63		0.19			0.40		0.59

（续表）

作物	品种	柯城区	衢江区	龙游县	江山市	常山县	开化县	合计
杂交晚籼	Ⅱ优 7954		0.59		2.35			2.94
	Ⅱ优 8006				0.45			0.45
	Ⅱ优 8220		1.62					1.62
	Ⅱ优 838				0.12			0.12
	Ⅱ优 92		0.53		0.42		1.50	2.45
	Ⅱ优航 1 号			0.80				0.80
	Ⅱ优明 86		0.58	0.50				1.08
	D 优 527					1.00		1.00
	K 优 404					0.30		0.30
	菲优多系 1 号		0.16					0.16
	丰两优 1 号		0.24			0.70		0.94
	丰优 559					0.80		0.80
	富优 1 号		2.24					2.24
	国丰二号					0.70		0.70
	国丰一号					0.70		0.70
	金优 207					0.80		0.80
	金优 987		0.20	0.80				1.00
	两优培九	0.50	0.51	1.40	2.88	0.80		6.09
	汕优 10 号		0.15		0.21	0.40	2.50	3.26
	汕优 63	0.50						0.50
	协优 46		1.11	4.20	1.25	0.30		6.86
	协优 5968		0.23	1.80				2.03
	协优 63				0.10			0.10
	协优 7954		0.16					0.16
	协优 914				0.15			0.15
	协优 92			1.20				1.20
	协优 9312				0.23			0.23
	协优 963		0.22	1.50	2.33			4.05
	新两优 1 号				0.65			0.65
	新香优 80					0.80		0.80
	粤优 938	0.80	0.62	0.50	0.22	0.50	3.00	5.64
	中优 448					0.80		0.80
	中优 6 号				6.10			6.10
	中浙优 1 号	0.62	0.30	0.80	1.18	0.30	2.50	5.70
	其他		2.20	1.66	3.47	0.80	2.35	10.48
	小计	2.42	16.09	19.56	23.89	10.9	13.35	86.21
杂交晚粳	甬优 6 号			0.30				0.30

（续表）

作物	品种	柯城区	衢江区	龙游县	江山市	常山县	开化县	合计
夏秋大豆	白花豆				0.82			0.82
	辽鲜1号					0.01		0.01
	六月半			1.28			0.80	2.08
	毛蓬青	0.10	0.60				0.30	1.00
	衢秋2号		1.60	0.80				2.40
	衢鲜1号	0.08	1.00		0.51	0.03		1.62
	日本青					0.01	0.20	0.21
	台湾75					0.03	0.20	0.23
	诱处4号	0.05	0.50				0.50	1.05
	浙春2号						0.80	0.80
	浙秋豆2号		0.60					0.60
	其他		0.70	0.60	0.50		1.30	3.10
	小计	0.23	5.00	2.68	1.83	0.08	4.10	13.92
夏秋玉米	丹玉13	0.05		0.15			0.60	0.8
	科糯986	0.04	0.2			0.01		0.25
	农大108			0.40	0.51	0.03	0.90	1.84
	苏玉1号			0.08		0.03	0.70	0.81
	苏玉糯2号	0.04	0.30					0.34
	西玉3号					0.03	0.30	0.33
	掖单13				0.32	0.01		0.33
	其他	0.02	0.50	0.11	0.15		0.23	1.01
	小计	0.15	1.00	0.74	0.98	0.11	2.73	5.71
甘薯	红红1号						0.95	0.95
	金玉（浙薯1257）		0.10					0.10
	南薯88		0.60		0.75	0.50	0.30	2.15
	胜利百号		0.50	0.4	0.05		0.60	1.55
	心香		0.10					0.10
	徐薯18	0.40	0.50	0.60	1.29	0.15	1.30	4.24
	浙6025				0.51			0.51
	浙薯13		1.00	0.55	0.10	0.15	0.65	2.45
	紫薯1号		0.20					0.20
	其他	0.09		0.12			0.10	0.31
	小计	0.49	3.00	1.67	2.70	0.80	3.90	12.56
马铃薯	东农303	0.09	0.10		0.10	0.15		0.44
	克新4号	0.14				0.05		0.19
	其他		0.2	0.03				0.23
	小计	0.23	0.3	0.03	0.10	0.20		0.86
豌豆	中豌4号	0.03	0.30	0.15	0.05	0.36		0.89
	中豌6号		0.02	0.05	0.13	0.01		0.21
	其他		0.05					0.05
	小计	0.03	0.37	0.2	0.18	0.37		1.15

（续表）

作物	品种	柯城区	衢江区	龙游县	江山市	常山县	开化县	合计
棉花	慈抗杂3号				0.98	0.02		1.00
	沪棉						0.10	0.10
	南抗3号			0.08				0.08
	泗棉					0.02		0.02
	苏棉12			0.11				0.11
	苏棉9号					0.01		0.01
	湘杂棉2号		0.03	0.17	0.03			0.23
	中棉所29			0.32				0.32
	其他		0.02	0.15				0.17
	小计		0.05	0.83	1.01	0.05	0.1	2.04
糖蔗	本地青皮			0.06	0.20		0.08	0.34
	温联果蔗		0.04	0.06	0.25	0.10	0.06	0.51
	其他		0.01					0.01
	小计		0.05	0.12	0.45	0.10	0.14	0.86
麻	苎麻						0.10	0.10
	小计						0.10	0.10
高粱	湘两优糯1号		0.04		0.15	0.07		0.26
	其他		0.01					0.01
	小计		0.05		0.15	0.07		0.27
花生	白沙	0.04			0.11	0.05	0.05	0.25
	天府3号			0.25	0.10			0.35
	小京生	0.06		0.10	0.20	0.05	0.05	0.46
	中育黑1号		0.10					0.10
	其他		0.05	0.10				0.15
	小计	0.10	0.15	0.45	0.41	0.10	0.10	1.31
合计		4.01	31.11	33.45	34.21	13.28	25.47	141.53

资料来源：衢州市种子管理站“衢州市2005年晚秋作物分品种面积统计表”

表7-61　2006年春花作物主要品种面积统计表　　单位：万亩

作物	品种	柯城区	衢江区	龙游县	江山市	常山县	开化县	合计
蚕豆	大白蚕			0.03	0.53			0.56
	青皮蚕豆		0.1			0.1		0.2
	小计		0.1	0.03	0.53	0.1		0.76
大麦	花“30”			0.15		0.05		0.2
	浙啤3号			0.05	0.09			0.14
	浙啤4号		0.03					0.03
	其他		0.01		0.05	0.15		0.21
	小计		0.04	0.2	0.14	0.2		0.58

（续表）

作物	品种	柯城区	衢江区	龙游县	江山市	常山县	开化县	合计
绿肥	宁波大桥种	1.1	1.9	0.45	4.53	2.3	1	11.28
	其他	0.4		0.14	0.34	0.2		1.08
	小计	1.5	1.9	0.59	4.87	2.5	1	12.36
马铃薯	东农 303	0.14	0.2	0.15	0.47	0.2	0.08	1.24
	克新 4 号	0.09	0.1	0.1	0.49	0.05	0.2	1.03
	其他		0.1	0.03	0.6	0.05		0.78
	小计	0.23	0.4	0.28	1.56	0.3	0.28	3.05
牧草	东丹草		0.4				0.06	0.46
	黑麦草	0.12	1	0.43	3.69	0.3	0.06	5.6
	其他			0.03	2.52	0.1		2.65
	苏丹草	0.08	0.01	0.1	0.58	0.2		0.97
	小计	0.2	1.41	0.56	6.79	0.6	0.12	9.68
豌豆	本地豌豆	0.04	0.05		0.04	0.06		0.19
	中豌 4 号	0.04	0.3	0.3	0.31	0.6	0.1	1.65
	中豌 6 号		0.05	0.1	0.19	0.05	0.1	0.49
	小计	0.08	0.4	0.4	0.54	0.71	0.2	2.33
小麦	核组 1 号					0.1		0.1
	核组 8 号	0.04		0.35	0.15			0.54
	温麦 10 号		0.15					0.15
	扬麦 158		0.05					0.05
	扬麦 4 号				0.36	0.2	0.5	1.06
	浙麦 1 号				0.21			0.21
	浙麦 2 号					0.4		0.4
	浙农大 105			0.2	0.06			0.26
	其他		0.05	0.09		0.1		0.24
	小计	0.04	0.25	0.64	0.78	0.8	0.5	3.01
油菜	高油 605	0.21	5.5	3.8	0.67	0.16	1.57	11.91
	沪油 15					0.5		0.5
	华杂 4 号				1.53	0.3	1.56	3.39
	九二-13 系			0.47	0.36			0.83
	九二-58 系			0.35	0.53			0.88
	油研 9 号	0.02						0.02
	浙双 6 号				1			1
	浙双 72	0.46	0.5	3.4	4.86	1.3	5.6	16.12
	中双 8 号					0.5		0.5
	其他		0.25	0.33	1.02	0.2	0.24	2.04
	小计	0.69	6.25	8.35	9.97	2.96	8.97	37.19
合计		2.74	10.75	11.05	25.18	8.17	11.07	68.96

资料来源：衢州市种子管理站“衢州市 2006 年春花作物分品种面积统计表”

表 7-62　2006 年夏季作物主要品种面积统计表　　单位：万亩

作物	品种	柯城区	衢江区	龙游县	江山市	常山县	开化县	合计
常规早稻	杭 959	0.4	0.1	1.25	1.91			3.66
	嘉育 293				0.28			0.28
	嘉育 948				0.2		0.03	0.23
	金早 47	0.3	8	6.34	1.83	0.15		16.62
	天禾 1 号			2.45				2.45
	浙 733		0.1		1.23		0.05	1.38
	中早 1 号			2.69	0.67		0.02	3.38
	中早 22	0.1	1	1.92	7.1			10.12
	浙 106		2.1	1.1	0.2			3.4
	其他	0.2	3.15	0.45	0.25	0.05		4.1
	小计	1	14.45	16.2	13.67	0.2	0.1	45.62
春大豆	8157						0.03	0.03
	矮脚毛豆	0.1	0.2		0.55		0.096	0.946
	地方品种						0.02	0.02
	沪 95-1		0.5	0.1		0.1		0.7
	辽鲜 1 号	0.15	0.6			0.1	0.02	0.87
	日本青		0.5			0.1		0.6
	台湾 292	0.05	0.5	0.15		0.1		0.8
	台湾 75	0.1	1.5	0.42		0.35	0.045	2.415
	引豆 9701			0.08				0.08
	浙春 2 号		0.2		0.68		0.15	1.03
	浙春 3 号				0.53		0.409	0.939
	其他		1	0.05	0.16	0.16		1.37
	小计	0.4	5	0.8	1.92	0.91	0.77	9.8
春玉米	超甜 3 号					0.01		0.01
	丹玉 13					0.05	0.12	0.17
	科糯 986	0.08	0.3	0.22	0.33	0.05	0.045	1.025
	农大 108		0.1	0.09		0.04	0.275	0.505
	熟甜 3 号					0.02		0.02
	苏玉 1 号			0.08			0.36	0.44
	苏玉糯 1 号	0.05	0.2		0.21	0.35	0.06	0.87
	苏玉糯 2 号	0.15	0.5		0.15			0.8
	西玉 1 号				0.25	0.01	0.12	0.38
	西玉 3 号					0.02	0.1	0.12
	掖单 12				0.36	0.1		0.46
	掖单 13		0.2			0.03	0.205	0.435
	郑单 958						0.32	0.32
	其他	0.02	0.2	0.06	0.1	0.02	0.035	0.435
	小计	0.3	1.5	0.45	1.4	0.7	1.64	5.99

（续表）

作物	品种	柯城区	衢江区	龙游县	江山市	常山县	开化县	合计
西瓜	春光					0.09		0.09
	地雷王	0.1	0.3	0.08		0.05	0.01	0.54
	丰抗1号		0.03	0.04			0.01	0.08
	丰抗8号						0.02	0.02
	87-14		0.2	0.06			0.02	0.28
	华蜜冠军						0.02	0.02
	京欣一号		0.1				0.04	0.14
	美抗6号		0.1			0.02		0.12
	拿比特					0.15	0.01	0.16
	西农8号		0.2		0.11	0.02	0.08	0.41
	新澄						0.02	0.02
	新红宝		0.01		0.02	0.01	0.05	0.09
	早春红玉	0.1	0.1		0.08	0.25	0.06	0.59
	早佳8424	0.05	1.2	0.07	0.98	0.49		2.79
	浙蜜3号	0.03	0.2				0.01	0.24
	浙蜜4号		0.1				0.04	0.14
	其他	0.02	0.5	0.05	0.04	0.05		0.66
	小计	0.3	3.04	0.3	1.23	1.13	0.39	6.39
杂交早稻	金优402	0.2	1		1.68	3.2	0.7	6.78
	中优402				1.73	1.3		3.03
	中优66					1.1		1.1
	其他		0.05					0.05
	小计	0.2	1.05		3.41	5.6	0.7	10.96
合计		2.2	25.04	17.75	21.63	8.54	3.60	78.76

资料来源：衢州市种子管理站“衢州市2006年夏季作物分品种面积统计表”

表7-63　2006年晚秋作物主要品种面积统计表　　面积：万亩

作物	品种	柯城区	衢江区	龙游县	江山市	常山县	开化县	合计
甘薯	东方红						1.5	1.5
	花本1号					0.15		0.15
	南薯88				0.69	0.5		1.19
	胜利百号		1	0.4				1.4
	心香		0.3					0.3
	徐薯18		0.5	0.8	0.97	0.15	1.6	4.02
	浙薯13		0.4	0.2			0.4	1
	浙薯132	0.2	0.15		0.25			0.6
	浙薯6025	0.1			0.65			0.75
	其他		0.65	0.13	0.1		0.8	1.68
	小计	0.3	3	1.53	2.66	0.8	4.3	12.59

（续表）

作物	品种	柯城区	衢江区	龙游县	江山市	常山县	开化县	合计
甘蔗	本地青皮		0.04		0.2		0.1	0.34
	其他		0.01					0.01
	温联果蔗				0.26	0.2	0.08	0.54
	小计		0.05		0.46	0.2	0.18	0.89
高粱	糯高粱					0.02		0.02
	其他		0.01					0.01
	湘两优糯1号		0.04		0.15			0.19
	小计		0.05		0.15	0.02		0.22
花生	天府3号			0.2	0.15			0.35
	小京生			0.1	0.2	0.02	0.05	0.37
	一把抓					0.07		0.07
	中育黑1号		0.1					0.1
	其他		0.1	0.1	0.08		0.05	0.33
	小计		0.2	0.4	0.43	0.09	0.1	1.22
马铃薯	东农303	0.14	0.1		0.1	0.15	0.11	0.6
	克新4号	0.09				0.05		0.14
	其他		0.2		0.05		0.09	0.34
	小计	0.23	0.3		0.15	0.2	0.2	1.08
棉花	慈抗杂3号		0.05		0.1	0.03		0.18
	沪棉						0.09	0.09
	南农6号			0.42				0.42
	苏棉12			0.06		0.05		0.11
	湘杂棉3号		0.05	0.06				0.11
	中棉所29			0.15	1.06			1.21
	其他		0.05	0.15	0.04			0.24
	小计		0.15	0.84	1.2	0.08	0.09	2.36
豌豆	中豌4号	0.04	0.5	0.16	0.07	0.23	0.06	1.06
	中豌6号	0.04	0.02	0.05	0.1	0.02		0.23
	其他		0.05				0.04	0.09
	小计	0.08	0.57	0.21	0.17	0.25	0.1	1.38
晚粳	秀水03	0.12						0.12
	秀水09			0.2				0.2
	秀水110		0.3	0.61				0.91
	浙粳30			0.26				0.26
	其他		0.1	0.25				0.35
	小计	0.12	0.4	1.32				1.84

（续表）

作物	品种	柯城区	衢江区	龙游县	江山市	常山县	开化县	合计
晚糯	矮糯 21						0.15	0.15
	春江糯			1.2		0.25		1.45
	绍糯 119						0.21	0.21
	绍糯 9714			1.78	0.33	0.25		2.36
	祥湖 24						0.36	0.36
	祥湖 84						0.43	0.43
	浙大 514		2					2
	浙糯 36				0.62			0.62
	浙糯 5 号	0.17	2.85	0.4	1.51			4.93
	其他		0.2	0.5	0.2		0.05	0.95
	小计	0.17	5.05	3.88	2.66	0.5	1.2	13.46
西瓜	87-14		0.2	0.2				0.4
	地雷王			0.3	0.13			0.43
	丰抗 1 号						0.01	0.01
	华蜜冠军						0.05	0.05
	京欣一号						0.05	0.05
	美抗 6 号		0.2			0.03		0.23
	美抗 9 号		0.2					0.2
	拿比特					0.05	0.01	0.06
	盛兰				0.04	0.03		0.07
	西农 8 号				0.33			0.33
	欣秀					0.04		0.04
	新澄						0.04	0.04
	新红宝						0.11	0.11
	早春红玉					0.15	0.06	0.21
	早佳 84-24		1	0.13	1.12			2.25
	浙蜜 3 号		0.2				0.03	0.23
	浙蜜 4 号						0.09	0.09
	其他		0.7	0.12	0.08	0.02		0.92
	小计		2.5	0.75	1.7	0.32	0.45	5.72
夏秋大豆	矮脚毛豆						0.27	0.27
	白花豆	0.2			0.85			1.05
	菜用大豆					0.03		0.03
	春丰早					0.02		0.02
	辽鲜 1 号						0.11	0.11
	六月半	0.2		0.7				0.9
	衢秋 2 号		2.2	0.8	0.3		0.3	3.6
	衢鲜 1 号		1.6		0.48	1		3.08
	台湾 75					0.11	0.03	0.14
	浙春 3 号					2.5	2.92	5.42
	浙秋豆 3 号		0.2				0.07	0.27
	其他		1.5	0.46	0.24		0.27	2.47
	小计	0.4	5.5	1.96	1.87	3.66	3.97	17.36

（续表）

作物	品种	柯城区	衢江区	龙游县	江山市	常山县	开化县	合计
夏秋玉米	丹玉 13			0.06			0.37	0.43
	户单 2000						0.1	0.1
	科糯 986	0.08	0.5		0.38	0.02	0.11	1.09
	农大 108			0.24	0.41	0.1	0.48	1.23
	苏玉 1 号			0.1		0.03	0.91	1.04
	苏玉糯 2 号	0.07	0.6					0.67
	泰玉 1 号						0.4	0.4
	西玉 1 号						0.16	0.16
	西玉 3 号					0.05	0.24	0.29
	掖单 13				0.29	0.03		0.32
	其他		0.4	0.05			0.08	0.53
	小计	0.15	1.5	0.45	1.08	0.23	2.85	6.26
杂交晚粳	甬优 6 号			0.16				0.16
	小计			0.16				0.16
杂交晚籼	Ⅱ优 084	0.7	0.32	0.65		0.3	1.24	3.21
	Ⅱ优 2070			0.4				0.4
	Ⅱ优 2186			0.35				0.35
	Ⅱ优 3027		0.63		1.03	0.5	0.51	2.67
	Ⅱ优 42					0.2		0.2
	Ⅱ优 46	0.3	0.54	1.04		0.3		2.18
	Ⅱ优 63		0.23					0.23
	Ⅱ优 7954		2.01	0.25	5.11	2	0.62	9.99
	Ⅱ优 8006				1.12			1.12
	Ⅱ优 8220	0.6	1.25					1.85
	Ⅱ优 838			1.2			0.92	2.12
	Ⅱ优 906						3.94	3.94
	Ⅱ优 92		0.51	0.6			1.04	2.15
	Ⅱ优航 1 号			2.15		1		3.15
	Ⅱ优明 86			0.86				0.86
	D 优 527					0.3		0.3
	池优 S162			0.3		0.1		0.4
	菲优多系 1 号		0.2					0.2
	丰两优 1 号		0.52		0.5	0.7		1.72
	富优 1 号		1.05					1.05
	冈优 827						0.83	0.83
	国稻 1 号		1.25	2.32	7.51	1		12.08
	红莲优 6 号			0.91				0.91
	金优 207					0.5		0.5
	金优 987		2.95	0.4	0.51			3.86
	两优培九		0.56	2.75	2.04	0.3	0.71	6.36
	内香优 3 号		0.73					0.73

（续表）

作物	品种	柯城区	衢江区	龙游县	江山市	常山县	开化县	合计
杂交晚籼	汕优 10 号		0.11			0.3	0.23	0.64
	汕优 63						0.21	0.21
	协优 205				0.38			0.38
	协优 4090					0.7		0.7
	协优 46		0.52	3.12	0.55	0.6	0.47	5.26
	协优 5968			1.27		1		2.27
	协优 92			0.8				0.8
	协优 9308			1.02				1.02
	协优 9516			0.3				0.3
	协优 963		0.37	0.28	1.28			1.93
	协优 982		0.6	1.21				1.81
	宜香 3003			0.28				0.28
	粤优 938	0.5	0.21			0.3	1.27	2.28
	中优 205		0.5		0.45			0.95
	中浙优 1 号	1.1	1.03	1.08	2.07	1	1.16	7.44
	其他		0.42	0.55	0.11	0.15		1.23
	小计	3.2	16.51	24.09	22.66	11.25	13.15	90.86
合计		4.65	35.78	35.59	35.19	17.6	26.59	155.4

资料来源：衢州市种子管理站“衢州市 2006 年晚秋作物分品种面积统计表”

备注：龙游县“协优 9568　1.27 万亩”，调整为“协优 5968　1.27 万亩”

表 7-64　2007 年春花作物主要品种面积统计表　　单位：万亩

作物	品种	柯城区	衢江区	龙游县	江山市	常山县	开化县	合计
蚕豆	大白蚕	0.04		0.05	0.48	0.02		0.59
	青皮蚕豆		0.1	0.01		0.07	0.1	0.28
	其他				0.06	0.01		0.07
	小计	0.04	0.1	0.06	0.54	0.1	0.1	0.94
大麦	花 30			0.1		0.04		0.14
	浙啤 3 号			0.05	0.09			0.14
	浙啤 4 号		0.02					0.02
	其他			0.03	0.03			0.06
	小计		0.02	0.18	0.12	0.04		0.36
蔺草		0.16					0.16	
绿肥	宁波种		0.1	0.6	4.67	1.5		6.87
	紫云英	1.1	2			0.8	0.5	4.4
	其他	0.4	0.01	0.2	0.28	0.2		1.09
	小计	1.5	2.11	0.8	4.95	2.5	0.5	12.36
马铃薯	东农 303	0.14	0.3	0.2	0.48	0.06	0.1	1.28
	克新 4 号	0.09	0.2	0.1	0.49	0.03		0.91
	其他		0.02		0.62	0.01	0.08	0.73
	小计	0.23	0.52	0.3	1.59	0.1	0.18	2.92

（续表）

作物	品种	柯城区	衢江区	龙游县	江山市	常山县	开化县	合计
牧草	黑麦草	0.12	0.5	0.23	3.46	0.3	0.04	4.65
	苏丹草	0.08	0.3	0.2	0.54	0.2		1.32
	其他		0.12	0.07	2.88			3.07
	小计	0.2	0.92	0.5	6.88	0.5	0.04	9.04
豌豆	中豌4号	0.04	0.3	0.28	0.28	0.5	0.06	1.46
	中豌6号		0.03	0.08	0.16	0.15	0.04	0.46
	其他		0.01	0.03	0.04	0.05		0.13
	小计	0.04	0.34	0.39	0.48	0.7	0.1	2.05
小麦	核组8号	0.04		0.3	0.12	0.3		0.76
	钱江2号						0.1	0.1
	温麦10号		0.15			0.1		0.25
	杨麦158		0.05					0.05
	杨麦4号				0.38	0.1	0.1	0.58
	浙麦1号				0.19		0.2	0.39
	浙麦2号					0.1	0.3	0.4
	浙农大105				0.06		0.1	0.16
	其他		0.01	0.23		0.1		0.34
	小计	0.04	0.21	0.53	0.75	0.7	0.8	3.03
油菜	高油605	0.21	5.5	4.2	0.65	2	3.5	16.06
	沪油15					0.2	2.4	2.6
	华杂4号				1.53	0.1		1.63
	九二-13系				0.35		0.2	0.55
	九二-58系				0.56			0.56
	油研9号	0.02						0.02
	浙双6号			0.8	1.25		0.9	2.95
	浙双72	0.46	0.6	2.7	4.45	1.2	1.8	11.21
	中双8号						0.1	0.1
	其他		0.2	0.43	1.02	0.2	0.01	1.86
	小计	0.69	6.3	8.13	9.81	3.7	8.91	37.54
合计		2.74	10.68	10.89	25.12	8.34	10.63	68.4

资料来源：衢州市种子管理站“衢州市2007年春花作物分品种面积统计表”。小麦“908”并入“浙麦1号”

表7-65　2007年夏季作物主要品种面积统计表　　单位：万亩

作物	品种	柯城区	衢江区	龙游县	江山市	常山县	开化县	合计
常规早稻	杭959	0.31		1.85	2.52			4.68
	嘉育253			0.1				0.1
	嘉育293				0.18			0.18
	嘉育948	0.1			0.21			0.31
	金早47	0.2	8	6.42	3.61			18.23

（续表）

作物	品种	柯城区	衢江区	龙游县	江山市	常山县	开化县	合计
常规早稻	天禾1号			2.6	0.42			3.02
	温220				0.2			0.2
	甬籼57		1.5	0.24				1.74
	浙101			0.1	0.1			0.2
	浙106		0.5	0.5	0.2	0.8		2
	浙733				0.7			0.7
	中早1号			2.59	0.49			3.08
	中早22	0.19		0.9	5.81			6.9
	其他		5.3	1.2	0.61			7.11
	小计	0.8	15.3	16.5	15.05	0.8		48.45
春大豆	矮脚毛豆				0.1		0.03	0.13
	春风早		0.75	0.08				0.83
	地方品种	0.2	0.3				0.05	0.55
	辽鲜1号	0.4	0.5			0.23	0.03	1.16
	日本青		0.5			0.05		0.55
	台湾292	0.2	0.5					0.7
	台湾75	0.3	1.5	0.6	0.34	0.5	0.03	3.27
	引豆9701	0.1	0.6	0.05	0.28			1.03
	浙春2号				0.46	0.05	0.13	0.64
	浙春3号				0.21		0.45	0.66
	其他		0.5	0.07	0.39	0.15		1.11
	小计	1.2	5.15	0.8	1.78	0.98	0.72	10.63
春玉米	丹玉13		0.1			0.03	0.24	0.37
	杭玉糯1号			0.03				0.03
	科糯986	0.05	0.6	0.21	0.47	0.06	0.13	1.52
	农大108		0.2	0.06	0.27	0.1	0.35	0.98
	苏玉1号			0.1			0.38	0.48
	苏玉糯1号				0.15	0.05	0.04	0.24
	苏玉糯2号	0.1	0.3		0.11			0.51
	万甜2000						0.03	0.03
	掖单13				0.18	0.03	0.26	0.47
	珍糯2号		0.2			0.01		0.21
	郑单958						0.32	0.32
	超甜3号					0.01		0.01
	其他		0.1	0.02	0.04	0.03		0.19
	小计	0.15	1.5	0.42	1.22	0.32	1.75	5.36
西瓜	丰抗1号		0.1	0.1		0.05		0.25
	丰抗8号						0.04	0.04
	87-14		0.2	0.1			0.04	0.34
	京欣一号		0.15				0.03	0.18
	美抗6号		0.3		0.11	0.1		0.51

（续表）

作物	品种	柯城区	衢江区	龙游县	江山市	常山县	开化县	合计
西瓜	拿比特					0.1		0.1
	西农 8 号		0.03		0.05	0.1	0.07	0.25
	欣秀		0.2				0.01	0.21
	新澄						0.03	0.03
	新红宝						0.03	0.03
	早春红玉		0.03		0.08	0.4	0.07	0.58
	浙蜜 3 号	0.05	0.1				0.02	0.17
	浙蜜 4 号						0.03	0.03
	早佳	0.07	1	1	0.91	0.1		3.08
	其他	0.03	0.5	0.1	0.21			0.84
	小计	0.15	2.61	1.3	1.36	0.85	0.37	6.64
杂交早稻	金优 402	0.15	0.4		0.35	3.5	0.5	4.9
	中优 402				0.61			0.61
	中优 66					0.5		0.5
	中优 974		0.6					0.6
	其他					0.7		0.7
	小计	0.15	1		0.96	4.7	0.5	7.31
合计		2.45	25.56	19.02	20.37	7.65	3.34	78.39

资料来源：衢州市种子管理站“衢州市 2007 年夏季作物分品种面积统计表”

表 7-66 2007 年晚秋作物主要品种面积统计表 单位：万亩

作物	品种	柯城区	衢江区	龙游县	江山市	常山县	开化县	合计
晚粳	秀水 110	0.05	0.60	0.70				1.35
	秀水 09			0.28				0.28
	原粳 35	0.05				0.10		0.15
	浙粳 30			0.30				0.30
	其他		0.10	0.22				0.32
	小计	0.10	0.70	1.50	0.00	0.10	0.00	2.40
晚糯	绍糯 9714	0.08	0.20	1.90	0.32	0.10	0.06	2.66
	绍糯 119		0.20			0.10	0.01	0.31
	春江糯			0.50		0.05	0.04	0.59
	祥湖 84						0.27	0.27
	浙糯 36				0.63			0.63
	农大 454	0.07						0.07
	浙糯 2 号					0.10		0.10
	浙糯 5 号	0.05	3.50	0.65	1.53	0.10		5.83
	浙大 514		0.50					0.50
	绍糯 7954					0.05	0.03	0.08
	其他		1.00	0.45	0.10	0.10		1.65
	小计	0.20	5.40	3.50	2.58	0.60	0.41	12.69
杂交晚籼	两优培九	0.20	2.00	2.20	1.05	1.50	2.60	9.55
	协优 46	0.10	1.00	1.95	0.50	0.30	0.20	4.05

（续表）

作物	品种	柯城区	衢江区	龙游县	江山市	常山县	开化县	合计
杂交晚籼	协优 9308				0.25		0.20	0.45
	粤优 938	0.10	0.20	0.25	0.12	0.30	0.10	1.07
	协优 914				0.10			0.10
	协优 63				0.24		0.10	0.34
	Ⅱ优 46		0.50	0.45	0.21	0.20	0.10	1.46
	汕优 10 号				0.27	0.20		0.47
	汕优 63				0.05	0.10		0.15
	Ⅱ优 3027		1.00	0.20	0.50	0.50		2.20
	D 优 527					0.30		0.30
	Ⅱ优 8220	0.20	1.00	0.20	0.45		0.10	1.95
	协优 963			0.40	1.04			1.44
	Ⅱ优 7954	0.20	0.50	0.96	1.50			3.16
	中浙优 1 号	0.80	4.50	3.80	1.55	2.80	5.10	18.55
	Ⅱ优明 86				0.47	0.10		0.57
	Ⅱ优 084				0.35	0.50	0.20	1.05
	Ⅱ优 838				0.88	0.20	0.10	1.18
	Ⅱ优 92		0.50		0.80			1.30
	Ⅱ优 63			0.40				0.40
	Ⅱ优 6216		0.20					0.20
	Ⅱ优 2070		0.20		0.33			0.53
	协优 92			0.90				0.90
	国丰一号			0.30	0.60			0.90
	中优 6 号				0.71			0.71
	Ⅱ优 162		0.20					0.20
	协优 5968			1.10	0.20	0.60		1.90
	宜香优 1577				0.20			0.20
	D 优 68					0.20		0.20
	川香优 2 号				0.10		1.50	1.60
	协优 9516			0.45				0.45
	丰两优 1 号	0.05	0.50	0.60	0.73	0.50		2.38
	中优 205		0.20		0.97			1.17
	Ⅱ优航 1 号				0.75	0.20		0.95
	协优 7954				0.65	0.40		1.05
	丰优香占	0.10						0.10
	倍丰 3 号				0.20			0.20
	金优 987				0.28			0.28
	协优 9312				0.05			0.05
	富优 1 号	0.05	1.00	0.36	0.50			1.91
	Ⅱ优 2186				0.15			0.15
	Ⅱ优 8006				0.61			0.61
	泰优 1 号			0.20	0.55			0.75

（续表）

作物	品种	柯城区	衢江区	龙游县	江山市	常山县	开化县	合计
杂交晚籼	Ⅱ优 218				0.10			0.10
	中优 208			0.30	0.65			0.95
	研优 1 号						0.10	0.10
	协优 205				0.60			0.60
	扬两优 6 号			1.80	1.12	0.65		3.57
	红良优 5 号			2.10				2.10
	新两优 6 号			0.44				0.44
	内香优 18			0.30				0.30
	丰优 191			0.50				0.50
	协优 315			0.20	0.85	0.20		1.25
	钱优 1 号			0.40	0.72	0.20		1.32
	两优 0293					0.20		0.20
	冈优 827						2.70	2.70
	其他		1.50	2.04	2.54	0.25		6.33
	小计	1.80	15.00	22.80	24.49	10.40	13.10	87.59
夏秋大豆	台湾 75	0.10	0.30	0.30		0.05	0.10	0.85
	浙春 2 号						0.60	0.60
	八月拔				0.10			0.10
	矮脚早				0.21		0.20	0.41
	浙春 3 号						1.40	1.40
	六月豆						0.20	0.20
	六月半	0.30	1.00	0.40				1.70
	诱处 4 号	0.10	0.30					0.40
	衢鲜 1 号	0.05	1.80	0.50	0.56	1.53		4.44
	白花豆				0.67			0.67
	皖豆 15		0.20					0.20
	高雄 2 号		0.30					0.30
	衢秋 2 号		2.40	0.90		0.52		3.82
	引豆 9701	0.05			0.30			0.35
	其他		0.10	0.20	0.05			0.35
	小计	0.60	6.40	2.30	1.89	2.10	2.50	15.79
夏秋玉米小计		1.00	1.50	0.46	1.48	0.40	1.90	6.74
普通夏秋玉米	农大 108			0.20	0.25	0.10	0.30	0.85
	丹玉 13			0.05	0.11	0.05	0.20	0.41
	苏玉 1 号			0.10	0.10	0.05	0.40	0.65
	掖单 13				0.15	0.05		0.20
	农大 3138					0.05		0.05
	郑单 958				0.10		0.50	0.60
	西玉 3 号				0.05	0.02	0.10	0.17
	其他				0.03			0.03
	小计	0.00	0.00	0.35	0.79	0.32	1.50	2.96

（续表）

作物	品种	柯城区	衢江区	龙游县	江山市	常山县	开化县	合计
夏秋糯玉米	苏玉糯 1 号	0.10		0.10	0.06		0.10	0.36
	苏玉糯 2 号	0.40	0.60		0.05	0.02	0.05	1.12
	浙凤糯 2 号				0.05			0.05
	科糯 98-6	0.20	0.50		0.41	0.02	0.05	1.18
	都市丽人				0.02			0.02
	科糯 991				0.10			0.10
	珍珠糯					0.01		0.01
	中糯 2 号	0.20						0.20
	其他	0.10	0.4	0.01				0.51
	小计	1.00	1.50	0.11	0.69	0.05	0.20	3.55
夏秋甜玉米	超甜 2018					0.02		0.02
	超甜 204						0.02	0.02
	超甜 3 号					0.01	0.01	0.02
	浙凤甜 2 号						0.03	0.03
	超甜 2000						0.14	0.14
	小计	0.00	0.00	0.00	0.00	0.03	0.20	0.23
甘薯	徐薯 18		0.30	0.85	1.08	0.05	1.30	3.58
	胜利百号			0.50			1.10	1.60
	南薯 88				0.65	0.05		0.70
	浙薯 13		0.20		0.20			0.40
	紫薯 1 号					0.05		0.05
	地方品种		1.00				0.40	1.40
	浙薯 132		0.50	0.30				0.80
	心香		0.50	0.03		0.30		0.83
	浙 6025		0.20		0.67			0.87
	渝紫 263		0.50			0.20	0.40	1.10
	东方红						0.60	0.60
	其他		0.30	0.03	0.09	0.05		0.47
	小计	0.00	3.50	1.71	2.69	0.70	3.80	12.40
花生	小京生			0.06		0.04	0.01	0.11
	白沙 06		0.10					0.10
	天府 10 号					0.02		0.02
	天府 2 号						0.03	0.03
	天府 3 号			0.18	0.21			0.39
	大红袍						0.35	0.35
	本地种		0.07	0.07			0.25	0.39
	中育黑		0.10			0.02		0.12
	其他		0.10	0.06	0.23	0.01		0.40
	小计	0.00	0.37	0.37	0.44	0.09	0.64	1.91

（续表）

作物	品种	柯城区	衢江区	龙游县	江山市	常山县	开化县	合计
马铃薯	东农 303	0.08	0.20		0.11	0.05	0.20	0.64
	克新 4 号	0.06	0.10			0.05		0.21
	其他		0.20		0.03		0.05	0.28
	小计	0.14	0.50	0.00	0.14	0.10	0.25	1.13
棉花	慈抗杂 3 号		0.05		0.85	0.01		0.91
	湘杂棉 2 号					0.01		0.01
	中棉所 29			0.19			0.02	0.21
	湘杂棉 8 号		0.05	0.18				0.23
	苏棉 12					0.03		0.03
	中棉 9 号					0.01		0.01
	苏棉 8 号					0.02		0.02
	南农 6 号			0.18	0.02			0.20
	湘杂棉 11 号			0.37				0.37
	浙 1793						0.06	0.06
	其他		0.05	0.15	0.36		0.02	0.58
	小计	0.00	0.15	1.07	1.23	0.08	0.10	2.63
豌豆	中豌 4 号	0.20	0.50	0.08	0.09	0.30	0.20	1.37
	中豌 6 号	0.10	0.02	0.04	0.10	0.05	0.05	0.36
	本地种	0.06						0.06
	其他		0.05					0.05
	小计	0.36	0.57	0.12	0.19	0.35	0.25	1.84
高粱	红高粱		0.05		0.14	0.05		0.24
	小计	0.00	0.05	0.00	0.14	0.05	0.00	0.24
糖蔗	义红			0.08	0.35		0.05	0.48
	兰溪白皮			0.03		0.01	0.15	0.19
	本地种		0.05					0.05
	其他				0.10	0.20		0.30
	小计	0.00	0.05	0.11	0.45	0.21	0.20	1.02
其他作物					0.20		0.20	
合计		4.20	34.19	33.94	35.72	15.38	23.15	146.58

资料来源：衢州市种子管理站“衢州市 2007 年晚秋作物分品种面积统计表”

表 7-67　2008 年春花作物主要品种面积统计表　　面积：万亩

作物	品种	柯城区	衢江区	龙游县	江山市	常山县	开化县	合计
蚕豆	慈溪大白蚕	0.20		0.04		0.05	0.04	0.33
	大青皮			0.01				0.01
	青皮蚕豆	0.20	0.10		0.46	0.07	0.06	0.89
	本地种					0.01		0.01
	其他				0.06	0.02		0.08
	小计	0.40	0.10	0.05	0.52	0.15	0.10	1.32
豌豆	中豌 4 号	0.20	0.30	0.23	0.29	0.40	0.05	1.47
	中豌 6 号	0.10	0.03	0.07	0.07	0.20	0.04	0.51
	中豌 2 号						0.01	0.01
	地方品种	0.10						0.10

（续表）

作物	品种	柯城区	衢江区	龙游县	江山市	常山县	开化县	合计
豌豆	其他		0.01		0.05	0.10		0.16
	小计	0.40	0.34	0.30	0.41	0.70	0.10	2.25
大麦	花 30			0.12		0.05		0.17
	浙啤 4 号		0.02					0.02
	浙啤 3 号			0.05	0.10			0.15
	其他		0.01	0.02	0.16			0.19
	小计	0	0.03	0.19	0.26	0.05	0	0.53
绿肥	宁波种	1.00	0.10	0.30		1.30	0.30	3.00
	安徽种				2.57	0.40		2.97
	浙紫 5 号		2.00				0.20	2.20
	其他	0.50	0.01		0.25	0.20		0.96
	小计	1.50	2.11	0.30	2.82	1.90	0.50	9.13
牧草	黑麦草		0.5	0.1	2.35	0.4	0.04	3.39
	苏丹草		0.3	0.09	0.25	0.2		0.84
	墨西哥玉米				0.16			0.16
	其他		0.12					0.12
	小计	0	0.92	0.19	2.76	0.6	0.04	4.51
马铃薯	东农 303	0.15	0.30	0.18	0.96	0.06	0.10	1.75
	克新 4 号	0.15	0.20	0.06	0.29	0.03		0.73
	其他		0.02		0.15	0.01	0.08	0.26
	小计	0.30	0.52	0.24	1.40	0.10	0.18	2.74
小麦	扬麦 158		0.05		0.19			0.24
	温麦 10 号		0.15		0.16	0.10		0.41
	浙麦 2 号					0.10	0.35	0.45
	浙麦 1 号				0.10	0.10	0.15	0.35
	钱江 3 号						0.10	0.10
	钱江 2 号						0.10	0.10
	浙农大 105				0.05		0.10	0.15
	核组 8 号			0.35	0.11	0.20		0.66
	其他		0.02	0.13	0.07	0.10		0.32
	小计	0	0.22	0.48	0.68	0.60	0.80	2.78
油菜	浙双 72			3.10	6.65	1.40	2.80	13.95
	沪油 15	0.20	0.60			0.20	1.20	2.20
	高油 605		5.50	5.30	0.75	2.10	3.60	17.25
	九二 13 系						0.10	0.10
	浙双 758						0.50	0.50
	华杂 4 号						0.10	0.10
	中油杂 1 号	0.30						0.30
	浙优油 1 号	0.20					1.60	1.80
	油研 9 号			0.20		0.30		0.50
	浙双 6 号				4.27		0.50	4.77
	油研 10 号			0.20				0.20
	其他		0.21	0.34	0.39	0.30		1.24
	小计	0.70	6.31	9.14	12.06	4.30	10.40	42.91
合计		3.30	10.55	10.89	20.91	8.40	12.12	66.17

资料来源：衢州市种子管理站“衢州市 2008 年春花作物分品种面积统计表”

表 7-68　2008 年夏季作物主要品种面积统计表　　面积：万亩

作物	品种	柯城区	衢江区	龙游县	江山市	常山县	开化县	合计
常规早稻	金早 47	0. 50	5. 00	6. 90	3. 11			15. 51
	嘉育 253			0. 80	1. 13			1. 93
	中早 22		2. 00	3. 20	5. 71			10. 91
	甬籼 57			0. 50	0. 45			0. 95
	杭 959	0. 20		1. 20	0. 87			2. 27
	浙 106			0. 30	0. 37			0. 67
	天禾 1 号			1. 60	1. 96			3. 56
	中早 1 号			1. 20				1. 2
	温 220				0. 34			0. 34
	浙 101			0. 20				0. 2
	中嘉早 32		6. 00		0. 63			6. 63
	其他		2. 62	1. 70	1. 55			5. 87
	小计	0. 70	15. 62	17. 60	16. 12	0	0	50. 04
杂交早稻	金优 402	0. 08			0. 56	4. 50	0. 22	5. 36
	中优 402				0. 32	0. 30		0. 62
	中优 974					0. 20		0. 20
	中优 66					0. 20		0. 20
	Ⅱ优 92				0. 41			0. 41
	株两优 02				0. 43			0. 43
	汕优 482						0. 78	0. 78
	其他				0. 36	0. 83		1. 19
	小计	0. 08	0	0	2. 08	6. 03	1. 00	9. 19
早稻	合计	0. 78	15. 62	17. 60	18. 20	6. 03	1. 00	59. 23
春大豆	台湾 75	0. 03	2. 00	0. 62	0. 35	0. 25	0. 04	3. 29
	辽鲜 1 号	0. 04	0. 50		0. 36		0. 05	0. 95
	沪 95-1		0. 30					0. 30
	引豆 9701	0. 02	1. 00	0. 06	0. 13			1. 21
	台湾 292		0. 20		0. 16			0. 36
	矮脚毛豆				0. 19		0. 01	0. 20
	浙春 2 号				0. 11		0. 14	0. 25
	六月拔				0. 12			0. 12
	浙春 3 号						0. 43	0. 43
	地方品种				0. 03		0. 07	0. 10
	青酥 2 号					0. 05		0. 05
	春丰早		1. 00	0. 08	0. 16	0. 15		1. 39
	矮脚早				0. 23		0. 06	0. 29
	青皮豆						0. 04	0. 04
	日本青		0. 50		0. 15	0. 10		0. 75
	六月豆				0. 04			0. 04

（续表）

作物	品种	柯城区	衢江区	龙游县	江山市	常山县	开化县	合计
春大豆	合丰 25				0.02			0.02
	六月半				0.17			0.17
	其他		0.50	0.09	0.10	0.05	0.01	0.75
	小计	0.09	6.00	0.85	2.32	0.60	0.85	10.71
普通春玉米	丹玉 13		0.10	0.03	0.23		0.23	0.59
	农大 108	0.05	0.20	0.09	0.25	0.07	0.37	1.03
	苏玉 1 号	0.03	0.20	0.06	0.07	0.03	0.32	0.71
	掖单 13				0.22	0.01		0.23
	农大 3138		0.05			0.04	0.04	0.13
	郑单 958						0.51	0.51
	济单 7 号				0.09		0.05	0.14
	登海 9 号						0.10	0.10
	其他			0.01	0.08	0.02		0.11
	小计	0.08	0.55	0.19	0.94	0.17	1.62	3.55
春糯玉米	苏玉糯 1 号	0.03	0.30		0.05		0.01	0.39
	苏玉糯 2 号	0.05			0.11			0.16
	浙凤糯 2 号	0.02			0.10			0.12
	科糯 98-6	0.08	0.50	0.20	0.19	0.05	0.04	1.06
	沪玉糯 1 号			0.01				0.01
	浙糯玉 1 号					0.02		0.02
	都市丽人				0.07			0.07
	珍糯 2 号		0.20			0.01		0.21
	科糯 991				0.10			0.10
	其他	0.02	0.20	0.01	0.01			0.24
	小计	0.20	1.20	0.22	0.63	0.08	0.05	2.38
春甜玉米	浙甜 2018	0.03			0.06	0.01		0.10
	超甜 3 号			0.02	0.04	0.02	0.02	0.10
	超甜 204	0.02						0.02
	浙凤甜 2 号				0.02			0.02
	金银蜜脆	0.03						0.03
	万甜 2000			0.01		0.01	0.08	0.10
	科甜 98-1				0.03			0.03
	其他			0.01	0.01			0.02
	小计	0.08	0	0.04	0.16	0.04	0.10	0.42
春玉米	合计	0.36	1.75	0.45	1.73	0.29	1.77	6.35
西瓜	早佳 8424	0.05	1.00	1.00	0.91	0.70	0.03	3.69
	平 87-14	0.03	0.20	0.12			0.02	0.37
	浙蜜 3 号		0.05	0.03		0.05	0.04	0.17
	西农 8 号	0.03	1.00	0.06			0.15	1.24

（续表）

作物	品种	柯城区	衢江区	龙游县	江山市	常山县	开化县	合计
西瓜	京欣一号		0.10			0.10	0.01	0.21
	浙蜜 2 号						0.02	0.02
	卫星 2 号	0.05						0.05
	早春红玉		0.01			0.30	0.02	0.33
	拿比特					0.20		0.20
	浙蜜 5 号						0.02	0.02
	抗病京欣					0.05	0.01	0.06
	丰乐 5 号						0.03	0.03
	地雷王						0.01	0.01
	美抗 6 号		0.10	0.04				0.14
	丰抗 1 号		0.05	0.10		0.10	0.02	0.27
	红玲			0.08				0.08
	美抗九号		0.50					0.50
	丰抗 8 号						0.02	0.02
	新红宝						0.01	0.01
	科农九号						0.01	0.01
	其他	0.04		0.07	0.39			0.50
	小计	0.20	3.01	1.50	1.30	1.50	0.42	7.93
合计		1.43	26.38	20.40	23.55	8.42	4.04	84.22

资料来源：衢州市种子管理站“衢州市 2008 年夏季作物分品种面积统计表”

表 7-69　2008 年晚秋作物主要品种面积统计表　　单位：万亩

作物	品种	柯城区	衢江区	龙游县	江山市	常山县	开化县	合计
单季晚粳（常规）	秀水 09			0.07				0.07
	秀水 110		0.50	0.12				0.62
	浙粳 30			0.06				0.06
	原粳 35	0.20						0.20
	秀水 123		0.10					0.10
	秀水 03	0.30						0.30
	小计	0.50	0.60	0.25	0	0	0	1.35
连作晚粳（常规）	秀水 09			0.10				0.10
	浙粳 30			0.12				0.12
	秀水 110			0.33				0.33
	小计	0	0	0.55	0	0	0	0.55

（续表）

作物	品种	柯城区	衢江区	龙游县	江山市	常山县	开化县	合计
常规晚粳	小计	0.50	0.60	0.80	0	0	0	1.90
常规晚糯	浙糯 5 号	0.25		0.90	0.50	0.08	0.10	1.83
	绍糯 9714	0.25	3.50	1.70	0.70	0.12	0.07	6.34
	春江糯 2 号						0.05	0.05
	祥湖 84						0.13	0.13
	春江糯			0.40				0.40
	浙大 514		0.50					0.50
	绍糯 7954						0.05	0.05
	本地糯		1.00		0.20			1.20
	甬糯 5 号				0.20			0.20
	浙糯 36				0.70			0.70
	其他			0.20				0.20
	小计	0.50	5.00	3.20	2.30	0.20	0.40	11.60
常规晚稻	小计	1.00	5.60	4.00	2.30	0.20	0.40	13.50
杂交晚粳	嘉乐优 2 号				0.10			0.10
	甬优 9 号		0.20		0.02			0.22
	其他				0.03			0.03
	小计	0	0.20	0	0.15	0	0	0.35
杂交晚糯	甬优 10 号				0.15			0.15
	甬优 5 号		0.20		0.10			0.30
	小计	0	0.20	0	0.25	0	0	0.45
单季杂交晚籼	中浙优 1 号	1.20	5.00	2.90	1.00	3.00	3.50	16.60
	两优培九	0.50	2.00	1.75	1.50	1.50	3.30	10.55
	粤优 938		0.20		0.10			0.30
	丰两优 1 号			0.30	0.70	0.20	0.10	1.30
	Ⅱ优 7954			0.30	0.50			0.80
	国丰 1 号				0.30			0.30
	扬两优 6 号			1.20	0.80	0.30		2.30
	研优 1 号						0.10	0.10
	川香优 2 号				0.10		0.50	0.60
	两优 0293					0.20		0.20
	协优 963				0.50			0.50
	Ⅱ优 084		0.20	0.30	0.25			0.75
	协优 63				0.20			0.20
	钱优 1 号		0.05		0.70			0.75
	天优 998		0.20					0.20
	冈优 827		0.20				0.50	0.70
	Ⅱ优明 86				0.20			0.20
	Ⅱ优 2070				0.25			0.25
	新两优 6 号	0.22	2.50	0.20	0.40	0.50	0.05	3.87
	Ⅱ优航 1 号				0.50			0.50
	宜香优 1577		0.20		0.10			0.30

（续表）

作物	品种	柯城区	衢江区	龙游县	江山市	常山县	开化县	合计
单季杂交晚籼	富优 1 号		0. 20		0. 10			0. 30
	D 优 527		0. 20		0. 10			0. 30
	Ⅱ优 8006				0. 30			0. 30
	协优 7954				0. 30			0. 30
	协优 315				1. 50		2. 10	3. 60
	红良优 5 号			0. 60	0. 20			0. 80
	Ⅱ优 838				0. 20			0. 20
	国稻 1 号			0. 70	0. 30	0. 50		1. 50
	Ⅱ优 63				0. 10			0. 10
	中优 205				0. 50			0. 50
	泰优 1 号				0. 30			0. 30
	内香优 18				0. 20			0. 20
	国稻 6 号				0. 10			0. 10
	汕优 63				0. 05			0. 05
	中优 6 号				0. 30			0. 30
	宜香优 10 号			0. 10			0. 10	
	协优 205				0. 15			0. 15
	中浙优 8 号		0. 50		0. 15	0. 20		0. 85
	Ⅱ优 162				0. 20			0. 20
	E 福丰优 11		1. 00		0. 50			1. 50
	丰两优香 1 号				0. 10	0. 10		0. 20
	两优 2186				0. 30			0. 30
	甬优 6 号				0. 10			0. 10
	协优 9312				0. 20			0. 20
	金优 987		0. 50					0. 50
	Ⅱ优 906						3. 20	3. 20
	其他			0. 30	1. 16			1. 46
	小计	1. 92	12. 95	8. 55	15. 61	6. 50	13. 35	58. 88
连作杂交晚籼	协优 46			1. 90	0. 50	0. 80	0. 10	3. 30
	协优 914			0. 30	0. 20			0. 50
	金优 987				0. 30			0. 30
	汕优 10 号					0. 40		0. 40
	Ⅱ优 92		0. 60	0. 50	0. 80		0. 30	2. 20
	协优 92			0. 80	0. 30	0. 30		1. 40
	Ⅱ优 3027			0. 50	0. 50			1. 00
	协优 5968			0. 75				0. 75
	钱优 1 号		0. 55	1. 00	0. 60	0. 10		2. 25
	汕优 10 号				0. 30			0. 30
	Ⅱ优 8220				0. 20			0. 20
	协优 315			1. 10				1. 10
	丰优 191			0. 85				0. 85
	丰两优 1 号			1. 20				1. 20

（续表）

作物	品种	柯城区	衢江区	龙游县	江山市	常山县	开化县	合计
连作杂交晚籼	中优 208				0.30			0.30
	德农 2000			0.35				0.35
	金优 207					2.00		2.00
	协优 9308			0.30	0.20		0.20	0.70
	Ⅱ优 46		0.20		0.20			0.40
	新两优 6 号	0.23	2.50	0.20	0.40	0.50	0.05	3.88
	其他			1.31	1.00	0.80		3.11
	小计	0.23	3.85	11.06	5.80	4.90	0.65	26.49
杂交晚籼		2.15	16.80	19.61	21.41	11.40	14.00	85.37
杂交晚稻	小计	2.15	17.20	19.61	21.81	11.40	14.00	86.17
晚稻	合计	3.15	22.80	23.61	24.11	11.60	14.40	99.67
夏秋大豆	台湾 75		0.30	0.20		0.20	0.20	0.90
	六月半	0.20	0.50	0.25	0.15	0.10		1.20
	高雄 2 号		0.30					0.30
	地方品种					0.20	0.40	0.60
	浙春 2 号						0.70	0.70
	浙春 3 号						1.30	1.30
	衢鲜 1 号		2.50	0.60	0.30	1.80		5.20
	衢鲜 2 号			0.10				0.10
	衢秋 2 号		1.50	0.55		0.30		2.35
	引豆 9701	0.20			0.25			0.45
	辽鲜 1 号							0
	八月拔				0.10			0.10
	九月拔	0.50			0.10			0.60
	六月拔	0.50				0.10		0.60
	青皮豆						0.10	0.10
	十月黄					0.05		0.05
	萧垦 8901							0
	白花豆		0.20		0.30	0.05		0.55
	诱处 4 号	0.20	0.30					0.50
	日本青		0.20					0.20
	皖豆 15		0.20					0.20
	萧农越秀				0.04			0.04
	其他			0.11				0.11
	小计	1.60	6.00	1.81	1.24	2.80	2.70	16.15
普通夏秋玉米	农大 108	0.10	0.20	0.19	0.35	0.08	0.30	1.22
	丹玉 13		1.00	0.06	0.15	0.04	0.15	1.40
	苏玉 1 号	0.10	0.20	0.08	0.05	0.03	0.20	0.66
	掖单 13				0.15	0.03		0.18
	农大 3138		0.10			0.02		0.12
	郑单 958						0.35	0.35
	丹玉 26		0.10					0.10
	济单 7 号		0.10				0.05	0.15
	苏玉 2 号							0
	西玉 3 号				0.10			0.10
	农大 60						0.05	0.05
	小计	0.20	1.70	0.33	0.80	0.20	1.10	4.33

（续表）

作物	品种	柯城区	衢江区	龙游县	江山市	常山县	开化县	合计
夏秋糯玉米	苏玉糯 1 号	0.10		0.09	0.05		0.02	0.26
	苏玉糯 2 号		0.50		0.02			0.52
	科糯 98-6	0.05	0.50	0.02	0.35	0.05	0.15	1.12
	浙凤糯 2 号		0.20		0.02			0.22
	浙糯玉 1 号				0.02	0.03		0.05
	沪玉糯 1 号				0.02			0.02
	杭玉糯 3 号							0
	京科糯 2000	0.10	0.20					0.30
	都市丽人		0.20		0.03			0.23
	美玉 8 号		0.20					0.20
	科糯 991						0.03	0.03
	水晶糯 1 号							0
	燕禾金 2000	0.03						0.03
	京甜紫花糯	0.02						0.02
	小计	0.30	1.80	0.11	0.51	0.08	0.20	3.00
夏秋甜玉米	浙甜 2018		0.50		0.01			0.51
	浙凤甜 2 号				0.01			0.01
	超甜 3 号		0.30	0.03		0.03	0.04	0.40
	超甜 2000		0.20				0.06	0.26
	万甜 2000					0.04		0.04
	其他			0.01				0.01
	小计	0	1.00	0.04	0.02	0.07	0.10	1.23
马铃薯	本地种			0.03	0.50	0.04	0.03	0.60
	东农 303		0.30	0.16	1.00	0.03	0.05	1.54
	克新 4 号		0.20	0.06		0.03		0.29
	克新 6 号		0.32					0.32
	小计	0.00	0.82	0.25	1.50	0.10	0.08	2.75
甘薯	徐薯 18		0.10	0.80	1.50	0.06	1.90	4.36
	浙薯 13		0.70		0.20	0.10		1.00
	南薯 88				1.00			1.00
	浙 6025				0.50			0.50
	胜利百号			0.48		0.04	1.00	1.52
	地方品种	0.10				0.05	0.40	0.55
	心香		0.90	0.12		0.08		1.10
	渝紫 263		1.00			0.06		1.06
	浙薯 132		1.00			0.17		1.17
	东方红						0.50	0.50
	浙薯 75		0.30			0.14		0.44
	其他			0.25	0.30			0.55
	小计	0.10	4.00	1.65	3.50	0.70	3.80	13.75

（续表）

作物	品种	柯城区	衢江区	龙游县	江山市	常山县	开化县	合计
棉花	湘杂棉 3 号	0.05	0.05		0.85	0.03		0.98
	慈抗杂 3 号		0.05			0.05		0.10
	湘杂棉 8 号		0.05	0.42				0.47
	慈杂 1 号				0.06			0.06
	中棉所 12				0.10			0.10
	浙凤棉 1 号				0.10			0.10
	中棉所 29	0.10		0.12			0.41	0.63
	南农 6 号			0.12	0.09			0.21
	苏棉 12		0.05	0.06				0.11
	湘杂棉 11 号			0.18				0.18
	浙 1793						0.70	0.70
	其他			0.12				0.12
	小计	0.15	0.20	1.02	1.20	0.08	1.11	3.76
豌豆	中豌 4 号	0.30	0.50	0.14	0.20	0.09	0.15	1.38
	中豌 6 号	0.20		0.06	0.28	0.05	0.05	0.64
	本地种	0.10	0.05					0.15
	小计	0.60	0.55	0.20	0.48	0.14	0.20	2.17
花生	小京生	0.05		0.05		0.04	0.02	0.16
	本地种			0.06		0.05	0.01	0.12
	天府 10 号	0.05	0.10					0.15
	大红袍						0.04	0.04
	天府 3 号			0.19	0.45			0.64
	地方品种		0.10					0.10
	天府 2 号						0.03	0.03
	衢江黑花生		0.20					0.20
	其他			0.05	0.25			0.30
	小计	0.10	0.40	0.35	0.70	0.09	0.10	1.74
甘蔗	义红 1 号			0.07		0.05	0.05	0.17
	兰溪白皮			0.03			0.10	0.13
	本地种		0.30		0.15	0.10		0.55
	本地紫红皮					0.05		0.05
	温联果蔗				0.21			0.21
	红皮甘蔗		0.20			0.05		0.25
	小计	0	0.50	0.10	0.36	0.25	0.15	1.36

（续表）

作物	品种	柯城区	衢江区	龙游县	江山市	常山县	开化县	合计
夏秋西瓜	早佳	0. 10	0. 50	0. 20	0. 30	0. 15	0. 05	1. 30
	浙蜜 3 号		0. 50	0. 15	0. 10		0. 07	0. 82
	平 87-14	0. 10	0. 50	0. 30	0. 10	0. 10	0. 04	1. 14
	特小凤					0. 10	0. 02	0. 12
	黑美人				0. 20	0. 05	0. 01	0. 26
	浙蜜 5 号		0. 50	0. 12			0. 02	0. 64
	浙蜜 1 号				0. 20	0. 05		0. 25
	秀芳		0. 50					0. 50
	红玲		0. 50	0. 18	0. 03	0. 05	0. 01	0. 77
	丰抗 8 号						0. 05	0. 05
	西农 8 号						0. 12	0. 12
	其他			0. 15				0. 15
	小计	0. 20	3. 00	1. 10	0. 93	0. 50	0. 39	6. 12
麻	浙红 832							0
高粱	地方品种				0. 03	0. 03		0. 06
	湘两优糯粱 1 号	0. 05			0. 20	0. 05		0. 30
	小计	0. 05	0	0	0. 23	0. 08	0	0. 36
其他作物					0. 20		0. 20	
合计		7. 45	48. 37	34. 57	37. 88	17. 09	24. 73	170. 09

资料来源：衢州市种子管理站“衢州市 2008 年晚秋作物主要品种面积统计表”

表 7-70　2009 年春花作物主要品种面积统计表　　单位：万亩

作物	品种	柯城区	衢江区	龙游县	江山市	常山县	开化县	合计
蚕豆	慈溪大粒	0. 2						0. 2
	慈溪大白蚕	0. 2		0. 04	0. 1	0. 06	0. 03	0. 43
	白花大粒						0. 01	0. 01
	青皮蚕豆		0. 15		0. 4	0. 09	0. 05	0. 69
	大青皮			0. 01			0. 01	0. 02
	小计	0. 4	0. 15	0. 05	0. 5	0. 15	0. 1	1. 35
大麦	花 30			0. 13		0. 05		0. 18
	浙啤 3 号			0. 05	0. 1			0. 15
	小计	0	0	0. 18	0. 1	0. 05	0	0. 33
绿肥	宁波种	0. 1	0. 1	0. 5	2	1. 4	0. 5	4. 6
	安徽种					0. 6	0. 1	0. 7
	平湖种						0. 1	0. 1
	浙紫 5 号		2. 1				0. 2	2. 3
	小计	0. 1	2. 2	0. 5	2	2	0. 9	7. 7

（续表）

作物	品种	柯城区	衢江区	龙游县	江山市	常山县	开化县	合计
马铃薯	东农 303	0. 25	0. 3	0. 19	0. 9	0. 1	0. 18	1. 92
	克新 4 号	0. 1	0. 2	0. 06	0. 2			0. 56
	小计	0. 35	0. 5	0. 25	1. 1	0. 1	0. 18	2. 48
牧草	黑麦草	0. 12	0. 5	0. 1	2	0. 4	0. 06	3. 18
	苏丹草	0. 1	0. 3	0. 1	0. 35	0. 2		1. 05
	墨西哥玉米	0. 03	0. 01		0. 1			0. 14
	小计	0. 25	0. 81	0. 2	2. 45	0. 6	0. 06	4. 37
豌豆	中豌 4 号	0. 2	0. 3	0. 32	0. 25	0. 6	0. 08	1. 75
	中豌 6 号	0. 1	0. 03	0. 08	0. 1	0. 1	0. 04	0. 45
	中豌 2 号	0. 08					0. 03	0. 11
	小计	0. 38	0. 33	0. 4	0. 35	0. 7	0. 15	2. 31
小麦	扬麦 158		0. 05		0. 15			0. 2
	温麦 10 号		0. 15	0. 1	0. 15	0. 4		0. 8
	浙麦 2 号						0. 2	0. 2
	浙丰 2 号			0. 08			0. 1	0. 18
	浙麦 1 号				0. 1	0. 1		0. 2
	钱江 3 号						0. 2	0. 2
	扬麦 13			0. 07				0. 07
	核组 8 号			0. 25	0. 1	0. 1		0. 45
	钱江 2 号						0. 12	0. 12
	浙农大 105				0. 05			0. 05
	小计	0	0. 2	0. 5	0. 55	0. 6	0. 62	2. 47
油菜	浙双 72		1. 5	3. 25	6	1. 6	3. 2	15. 55
	沪油 15	0. 1			1	0. 2	2. 7	4
	高油 605	0. 2	2	5. 2	2	2. 3	1. 6	13. 3
	浙双 758			0. 4	0. 1			0. 5
	浙双 6 号	0. 1		0. 5	1		1. 6	3. 2
	湘杂油 1 号	0. 3			0. 1	0. 1		0. 5
	中油杂 1 号	0. 2			0. 1	0. 1		0. 4
	沪油杂 1 号			0. 2	0. 3	0. 1	0. 1	0. 7
	土油菜						0. 1	0. 1
	秦油 7 号				0. 1			0. 1
	华杂 4 号				0. 1			0. 1
	沪油 16				0. 1		0. 1	0. 2
	油研 9 号			0. 2		0. 1		0. 3
	中双 9 号				0. 2			0. 2
	浙油 18		1	0. 6	0. 5	0. 3	0. 3	2. 7
	秦油 8 号				0. 1			0. 1
	德油 8 号		1					1
	油研 10 号		2	0. 1	0. 2			2. 3
	浙双 8 号（原名浙油 17）				0. 1			0. 1
	小计	0. 9	7. 5	10. 45	12	4. 8	9. 7	45. 35
蔺草		0	0	0	0	0	0	0
合计		2. 38	11. 69	12. 53	19. 05	9. 00	11. 71	66. 36

资料来源：衢州市种子管理站“衢州市 2009 年度春花作物主要品种面积统计表”

表 7-71　2009 年夏季作物主要品种面积统计表　　单位：万亩

作物	品种	柯城区	衢江区	龙游县	江山市	常山县	开化县	合计
常规早稻	嘉育 253		2.4	1.5	2.25			6.15
	金早 09		0.3					0.3
	金早 47	0.6	7	10.55	7.15	0.3		25.6
	天禾 1 号			1.1	0.33			1.43
	温 220				0.05			0.05
	甬籼 57			0.6	0.1			0.7
	浙 101			0.25	0.1			0.35
	浙 106			0.3	0.05			0.35
	中嘉早 17				0.1			0.1
	中嘉早 32		5.3	0.3	1.85			7.45
	中早 22	0.15		2.5	4.55	0.1		7.3
	浙 105				0.1			0.1
	小计	0.75	15	17.1	16.63	0.4	0	49.88
春大豆	矮脚毛豆	0.2					0.1	0.3
	矮脚早				0.1		0.15	0.25
	春丰早		0.1	0.1	0.05	1		1.25
	地方品种		0.32		0.2		0.1	0.62
	辽鲜 1 号	0.3	0.5	0.15	0.14	0.05	0.1	1.24
	六月拔				0.1			0.1
	六月半		0.5					0.5
	六月豆						0.2	0.2
	青皮豆						0.1	0.1
	青酥 2 号		0.1			0.03		0.13
	衢鲜 2 号				0.25			0.25
	日本青		0.25			0.05		0.3
	台湾 292	0.16			0.1			0.26
	台湾 75	0.2	0.5	0.4	0.3	0.25	0.1	1.75
	引豆 9701		0.1	0.07	0.21	0.05		0.43
	浙春 1 号				0.04			0.04
	浙春 2 号						0.3	0.3
	浙春 3 号						0.6	0.6
	浙春 5 号				0.18			0.18
	浙鲜豆 3 号				0.37			0.37
	浙鲜豆 5 号				0.51	0.02		0.53
	小计	0.86	2.37	0.72	2.55	1.45	1.75	9.7

（续表）

作物	品种	柯城区	衢江区	龙游县	江山市	常山县	开化县	合计
春糯玉米	都市丽人				0.05	0.01		0.06
	杭玉糯 1 号		0.05	0.02	0.05			0.12
	沪玉糯 1 号			0.02	0.05	0.01		0.08
	沪玉糯 3 号			0.02				0.02
	金银糯				0.05			0.05
	京甜紫花糯	0.15	0.05					0.2
	科糯 98-6	0.13	0.1	0.16	0.1	0.03	0.03	0.55
	科糯 991				0.05			0.05
	苏玉糯 1 号		0.05		0.05	0.01	0.01	0.12
	苏玉糯 2 号	0.12	0.05					0.17
	燕禾金				1.05			1.05
	浙凤糯 2 号				0.05		0.01	0.06
	浙凤糯 5 号				0.05			0.05
	浙糯玉 1 号					0.01		0.01
	浙糯玉 4 号				0.05			0.05
	珍糯 2 号		0.05					0.05
	珍珠糯玉米		0.05					0.05
	中糯 301		0.02					0.02
	小计	0.4	0.42	0.22	1.6	0.07	0.05	2.76
春甜玉米	超甜 135				0.02			0.02
	超甜 1 号						0.01	0.01
	超甜 204	0.02				0.01		0.03
	超甜 3 号		0.1	0.03	0.02	0.02	0.02	0.19
	翠蜜 5 号				0.01			0.01
	华珍			0.08	0.01			0.09
	绿色超人		0.05		0.01			0.06
	美晶		0.05					0.05
	万甜 2000					0.03	0.05	0.08
	浙丰甜 2 号				0.01			0.01
	浙凤甜 2 号				0.02	0.01		0.03
	浙甜 2018	0.03			0.04			0.07
	浙甜 4 号						0.01	0.01
	浙甜 6 号						0.01	0.01
	小计	0.05	0.2	0.11	0.14	0.07	0.1	0.67

（续表）

作物	品种	柯城区	衢江区	龙游县	江山市	常山县	开化县	合计
普通春玉米	丹玉 13			0.02	0.3	0.04		0.36
	丹玉 26		0.1		0.1			0.2
	济单 7 号		0.2		0.1		0.1	0.4
	农大 108	0.05	0.1	0.06	0.2	0.06	0.4	0.87
	农大 3138					0.06		0.06
	苏玉 10 号						0.3	0.3
	苏玉 1 号	0.05	0.2	0.02	0.1			0.37
	掖单 13				0.1	0.02	0.2	0.32
	郑单 958						0.5	0.5
	小计	0.1	0.6	0.1	0.9	0.18	1.5	3.38
西瓜	地雷王	0.1	0.05					0.15
	丰抗 1 号			0.15		0.05	0.01	0.21
	丰抗 8 号						0.03	0.03
	红玲			0.1	0.02			0.12
	京欣一号		0.1	0.08	0.05	0.1		0.33
	抗病京欣		0.05		0.02	0.05		0.12
	美都		0.05					0.05
	美抗 6 号		0.05					0.05
	美抗九号			0.1	0.02			0.12
	拿比特		0.11		0.02	0.3		0.43
	平 87-14		0.05	0.15	0.9	0.2	0.04	1.34
	特小凤					0.05		0.05
	西农 8 号	0.1	0.3		0.05	0.05	0.2	0.7
	小兰		0.05					0.05
	欣抗		0.1					0.1
	欣秀				0.02			0.02
	秀芳				0.02			0.02
	早春红玉		0.1		0.1	0.4	0.02	0.62
	早佳	0.1	0.4	0.95		0.4	0.05	1.9
	浙蜜 3 号		0.05	0.07	0.1		0.1	0.32
	中科 1 号				0.01			0.01
	小计	0.3	1.46	1.6	1.33	1.6	0.45	6.74

（续表）

作物	品种	柯城区	衢江区	龙游县	江山市	常山县	开化县	合计
杂交早稻	Ⅱ优 92				0.1			0.1
	金优 207					2		2
	金优 402	0.05	0.3		0.4	1.3		2.05
	威优 402				0.3	0.8	0.86	1.96
	珍优 48-2					0.5		0.5
	中优 402					0.2		0.2
	中优 66					0.4		0.4
	中优 974					0.3		0.3
	株两优 02				0.1			0.1
	小计	0.05	0.3		0.9	5.5	0.86	7.61
合计		2.51	20.35	19.85	24.05	9.27	4.71	80.74

资料来源：衢州市种子管理站“衢州市 2009 年夏季作物主要品种面积统计表”

表 7-72　2009 年晚秋作物主要品种面积统计表　　单位：万亩

作物	作物类别	品种	柯城区	衢江区	龙游县	江山市	常山县	开化县	合计
常规晚稻	单季晚粳	秀水 09			0.1				0.1
		秀水 110			0.12				0.12
		浙粳 30			0.09				0.09
		小计			0.31				0.31
	连作晚粳	秀水 09			0.16				0.16
		秀水 110		0.2	0.36				0.56
		秀水 123		0.4					0.4
		原粳 35	0.05						0.05
		浙粳 22	0.15	0.1					0.25
		浙粳 30			0.14				0.14
		小计	0.2	0.7	0.66				1.56
	晚糯	春江糯			0.3	0.2			0.5
		嘉 65				0.2			0.2
		绍糯 119		0.5			0.04		0.54
		绍糯 7954				0.2			0.2
		绍糯 9714	0.2	3	2.2	0.7	0.12		6.22
		甬糯 5 号				0.2			0.2
		浙大 514		0.5					0.5
		浙糯 36				0.4			0.4
		浙糯 5 号	0.22		0.8	0.5	0.08		1.6
		其他			0.3				0.3
		小计	0.42	4	3.6	2.4	0.24		10.66
	晚籼	赣晚籼 30			0.2				0.2
		小计			0.2				0.2
常规晚稻小计			0.62	4.7	4.77	2.4	0.24		12.73

（续表）

作物	作物类别	品种	柯城区	衢江区	龙游县	江山市	常山县	开化县	合计
甘薯		南薯 88				1			1
		胜利百号			0. 45		0. 04		0. 49
		心香	0. 1	0. 3	0. 21		0. 02		0. 63
		徐薯 18		0. 1	0. 6	1	0. 06		1. 76
		渝紫 263		1		0. 2			1. 2
		浙 6025		0. 2					0. 2
		浙薯 13	0. 1		0. 35	0. 5	0. 15		1. 1
		浙薯 132		1			0. 25		1. 25
		浙薯 3 号				0. 1			0. 1
		浙薯 6025				0. 5			0. 5
		浙薯 75		1					1
		紫薯 1 号		0. 5		0. 2			0. 7
		小计	0. 2	4. 1	1. 61	3. 5	0. 52		9. 93
甘蔗		本地种					0. 1		0. 1
		本地紫红皮					0. 05		0. 05
		红皮甘蔗		0. 2			0. 05		0. 25
		兰溪白皮			0. 03				0. 03
		青皮甘蔗		0. 3					0. 3
		义红 1 号			0. 07		0. 05		0. 12
		小计		0. 5	0. 1		0. 25		0. 85
高粱		红高粱				0. 1			0. 1
		湘两优糯粱 1 号		0. 2		0. 1	0. 05		0. 35
		湘两优糯粱 2 号	0. 05			0. 05			0. 1
		小计	0. 05	0. 2		0. 25	0. 05		0. 55
花生		白沙 06		0. 1					0. 1
		本地种					0. 04		0. 04
		衢江黑花生	0. 05	0. 4					0. 45
		天府 10 号	0. 05	0. 2		0. 15			0. 4
		天府 2 号				0. 03			0. 03
		天府 3 号			0. 25	0. 5			0. 75
		小京生			0. 05	0. 03	0. 04		0. 12
		其他			0. 05				0. 05
		小计	0. 1	0. 7	0. 35	0. 71	0. 08		1. 94
马铃薯		东农 303		0. 2	0. 14	1	0. 03		1. 37
		费乌瑞它		0. 2					0. 2
		克新 4 号	0. 3	0. 2	0. 02		0. 03		0. 55
		克新 6 号			0. 02				0. 02
		小计	0. 3	0. 6	0. 18	1	0. 06		2. 14

（续表）

作物	作物类别	品种	柯城区	衢江区	龙游县	江山市	常山县	开化县	合计
棉花		慈抗杂 3 号		0.05		0.5	0.05		0.6
		金杂棉 3 号				0.4			0.4
		南农 6 号			0.14				0.14
		湘杂棉 11 号			0.21				0.21
		湘杂棉 3 号	0.05	0.05	0.55		0.03		0.68
		湘杂棉 8 号	0.1	0.05					0.15
		兴地棉 1 号		0.35					0.35
		浙凤棉 1 号			0.12	0.1			0.22
		中棉所 12				0.1			0.1
		中棉所 27		0.01					0.01
		中棉所 29			0.15				0.15
		其他			0.2				0.2
		小计	0.15	0.51	1.37	1.1	0.08		3.21
豌豆		食荚 1 号				0.01			0.01
		浙豌 1 号	0.1			0.05			0.15
		中豌 4 号	0.3	1.6	0.17	0.2	0.18	0.05	2.5
		中豌 6 号	0.2		0.1	0.2	0.04	0.12	0.66
		小计	0.6	1.6	0.27	0.46	0.22	0.17	3.32
夏秋大豆		矮脚早						0.11	0.11
		八月拔	0.6			0.2	0.05		0.85
		白花豆		0.1		0.2	0.05		0.35
		冬豆						0.6	0.6
		高雄 2 号						0.7	0.7
		九月拔				0.1			0.1
		辽鲜 1 号				0.15		0.5	0.65
		六月拔					0.1		0.1
		六月半	0.5	0.5	0.24	0.15	0.1		1.49
		六月豆						1.1	1.1
		绿鲜 70		0.2					0.2
		衢秋 2 号		1.2	0.45		0.4		2.05
		衢鲜 1 号		3.5	0.8	0.4	2.4		7.1
		衢鲜 2 号		0.2			0.2		0.4
		十月黄					0.05		0.05
		台湾 75			0.5		0.1	0.4	1
		萧农越秀				0.1			0.1
		引豆 9701				0.2		0.02	0.22
		诱处 4 号	0.7	0.2					0.9
		浙春 1 号				0.05			0.05
		浙春 2 号						0.08	0.08
		浙春 3 号						0.01	0.01
		其他			0.1				0.1
		小计	1.8	5.9	2.09	1.55	3.45	3.52	18.31

（续表）

作物	作物类别	品种	柯城区	衢江区	龙游县	江山市	常山县	开化县	合计
夏秋西瓜		丰抗 8 号		0.1					0.1
		黑美人					0.05		0.05
		红玲		0.05	0.15		0.05		0.25
		京欣 1 号		0.3		0.1			0.4
		抗病京欣		0.05		0.1			0.15
		美抗 9 号		0.2					0.2
		拿比特	0.05	0.05		0.1	0.35		0.55
		平 87-14		0.5	0.2	0.11	0.1		0.91
		特小凤					0.02		0.02
		西农 8 号		0.5					0.5
		欣抗		0.3					0.3
		秀芳		0.1					0.1
		早春红玉	0.05	0.05		0.1	0.15		0.35
		早佳	0.1	1	0.15	0.3	0.35		1.9
		浙蜜 1 号					0.05		0.05
		浙蜜 3 号		0.1	0.1	0.1			0.3
		浙蜜 5 号		0.2	0.11				0.31
夏秋西瓜小计			0.2	3.5	0.71	0.91	1.12		6.44
夏秋玉米	普通夏秋玉米	丹玉 13		0.1	0.15	0.1	0.04	0.9	1.29
		丹玉 26		0.7					0.7
		济单 7 号		0.4		0.1			0.5
		农大 108	0.15	0.2	0.32	0.2	0.08	1.8	2.75
		农大 3138		0.1			0.02		0.12
		苏玉 1 号	0.15	0.4	0.05	0.05			0.65
		西玉 3 号					0.04		0.04
		掖单 13				0.05	0.03		0.08
		郑单 958						0.6	0.6
		小计	0.3	1.9	0.52	0.5	0.21	3.3	6.73
	夏秋糯玉米	澳玉糯 3 号		0.1					0.1
		东糯 3 号		0.1					0.1
		都市丽人				0.05			0.05
		杭玉糯 1 号		0.1		0.05			0.15
		沪玉糯 1 号				0.05			0.05
		沪玉糯 3 号		0.1					0.1
		京科糯 2000	0.1	0.2					0.3
		京甜紫花糯		0.2					0.2
		科糯 98-6		0.3	0.05	0.2	0.03	0.05	0.63
		科糯 991				0.05			0.05
		美玉 8 号		0.1					0.1
		钱江糯 1 号				0.05			0.05

（续表）

作物	作物类别	品种	柯城区	衢江区	龙游县	江山市	常山县	开化县	合计
夏季玉米	夏秋糯玉米	苏玉糯 1 号			0.08	0.15	0.02	0.07	0.32
		苏玉糯 2 号		0.2					0.2
		万糯						0.03	0.03
		燕禾金 2000	0.1			0.05			0.15
		渝糯 1 号				0.05			0.05
		浙凤糯 2 号		0.2		0.05	0.02		0.27
		浙糯玉 1 号					0.02		0.02
		珍珠糯		0.1					0.1
		中糯 301		0.1					0.1
		小计	0.2	1.8	0.13	0.75	0.09	0.15	3.12
	夏秋甜玉米	超甜 2000		0.2				0.5	0.7
		超甜 204		0.1			0.01		0.11
		超甜 3 号		0.1	0.04	0.01	0.04	0.09	0.28
		华珍			0.02		0.04	0.2	0.26
		金凤 5 号						0.04	0.04
		金凤甜 5 号		0.2					0.2
		美晶		0.1					0.1
		蜜玉 8 号				0.01			0.01
		万甜 2000		0.2					0.2
		浙凤甜 2 号				0.01			0.01
		浙甜 2018		0.2		0.01		0.05	0.26
		其他			0.01				0.01
		小计		1.1	0.07	0.04	0.09	0.88	2.18
夏秋玉米小计			0.5	4.8	0.72	1.29	0.39	4.33	12.03
杂交晚稻	单季杂交晚粳	春优 658				0.2			0.2
		甬优 9 号		0.5	0.2	0.5			1.2
		浙优 12 号				0.3			0.3
		小计		0.5	0.2	1			1.7
	单季杂交晚糯	甬优 10 号			0.1	0.25			0.35
		甬优 5 号				0.2			0.2
		小计			0.1	0.45			0.55
	单季杂交晚籼	Ⅱ优 084		0.2	0.2	0.2			0.6
		Ⅱ优 162				0.1			0.1
		Ⅱ优 3027				0.1			0.1
		Ⅱ优 46		0.2					0.2
		Ⅱ优 7954			0.35	0.2			0.55
		Ⅱ优 838				0.1			0.1
		Ⅱ优 92		0.5				0.8	1.3
		Ⅱ优航 1 号				0.2			0.2
		Ⅱ优明 86				0.1			0.1

（续表）

作物	作物类别	品种	柯城区	衢江区	龙游县	江山市	常山县	开化县	合计
杂交晚稻	单季杂交晚籼	E 福丰优 11		1		0.3			1.3
		Y 两优 1 号		0.1		0.1			0.2
		川香 8 号				0.1			0.1
		川香优 2 号		0.2			0.05		0.25
		川香优 6 号		0.1		0.1			0.2
		丰两优 1 号			0.2	0.1	0.2		0.5
		丰两优香 1 号	0.3			0.1			0.4
		冈优 827		1					1
		国稻 1 号				0.2	0.06		0.26
		国稻 6 号			0.5	0.4	0.18	2.1	3.18
		国丰一号					0.12		0.12
		红良优 5 号			0.55				0.55
		金优 987		1.5					1.5
		两优 2186				0.1			0.1
		两优 6326		2					2
		两优培九	0.4	1	1.6	2.8	1.4	2.6	9.8
		珞优 8 号				0.2			0.2
		钱优 0508			0.3	0.3			0.6
		钱优 0612				0.1			0.1
		钱优 1 号		1		2.3	0.15	1.1	4.55
		泰优 1 号				0.1			0.1
		天优 998				0.2			0.2
		皖稻 153				0.5			0.5
		协优 205				0.25			0.25
		协优 315				1.8		1.4	3.2
		协优 7954				0.15			0.15
		协优 9308						1	1
		新两优 6 号	0.6	2		1	0.15		3.75
		扬两优 6 号			1.1	0.3	0.22		1.62
		粤优 9113				0.1			0.1
		粤优 938			0.3				0.3
		中百优 1 号				0.5			0.5
		中优 1176			1	0.1			1.1
		中优 205				0.3			0.3
		中优 6 号				0.1			0.1
		中浙优 1 号	0.8	2.9	3.05	2.5	3.1	3	15.35
		中浙优 2 号				0.1			0.1
		中浙优 8 号		1		0.5	0.47		1.97
		其他			0.44				0.44
		小计	2.1	14.7	9.59	16.7	6.1	12	61.19

（续表）

作物	作物类别	品种	柯城区	衢江区	龙游县	江山市	常山县	开化县	合计
杂交晚稻	连作杂交晚粳	甬优9号			0.3				0.3
		小计			0.3				0.3
	连作杂交晚糯	甬优10号			0.2				0.2
		甬优5号		0.2					0.2
		小计		0.2	0.2				0.4
	连作杂交晚籼	Ⅱ优3027			0.6	0.5			1.1
		Ⅱ优46		0.2	0.4	0.2			0.8
		Ⅱ优8220	0.1			0.2			0.3
		Ⅱ优92		0.5	0.35	0.3			1.15
		D优17				0.1			0.1
		安两优318			0.3				0.3
		德农2000		0.2	0.3				0.5
		丰两优1号			1.3	0.2			1.5
		丰两优香1号			0.4	0.3			0.7
		丰优191			0.3				0.3
		国稻1号				0.2			0.2
		金优207					2		2
		金优987			0.2	0.3			0.5
		钱优0506		0.1		0.4			0.5
		钱优100				0.1			0.1
		钱优1号	0.1	1	0.95	0.71	0.1		2.86
		钱优M15				0.1			0.1
		汕优10号					0.4		0.4
		天优998				0.2			0.2
		天优华占			0.3	0.1			0.4
		协优315		0.2	0.7	0.2			1.1
		协优46			2.1	0.3	0.8		3.2
		协优5968			0.8				0.8
		协优914			0.5				0.5
		协优92		0.1	0.3	0.15	0.3		0.85
		协优963				0.59			0.59
		新两优6号		2		1.1			3.1
		新优188		0.2					0.2
		宜香优1577				0.1			0.1
		岳优9113		0.4		0.2			0.6
		中百优1号			1.95	0.51			2.46
		中优208			0.2	0.35			0.55
		中优9号				0.3			0.3
		其他			0.71		0.9		1.61
		小计	0.2	4.9	12.66	7.71	4.5		29.97
杂交晚稻小计			2.3	20.3	23.05	25.86	10.6	12	94.11
合计			6.82	47.41	35.22	39.03	17.06	20.02	165.56

资料来源：衢州市种子管理站“衢州市2009年晚秋作物主要品种面积统计表”

表 7-73　2010 年春花作物主要品种面积统计表　　单位：万亩

作物	品种	柯城区	衢江区	龙游县	江山市	常山县	开化县	合计
蚕豆	白花大粒					0.03	0.02	0.05
	慈溪大白蚕	0.12		0.05	0.35	0.06		0.58
	慈溪大粒						0.1	0.1
	大白扁蚕豆				0.05			0.05
	大青皮			0.02				0.02
	利丰蚕豆	0.11						0.11
	青皮蚕豆		0.15		0.25		0.06	0.46
	小计	0.23	0.15	0.07	0.65	0.09	0.18	1.37
大麦	矮 209				0.03			0.03
	花 30			0.15		0.05		0.2
	浙农大 3 号				0.11		0.08	0.19
	浙啤 3 号			0.05	0.02			0.07
	小计			0.2	0.16	0.05	0.08	0.49
绿肥	安徽种				0.07	1.33	0.06	1.46
	箭舌豌豆	0.8						0.8
	宁波种	0.2	0.15	0.5	3.8	0.45	0.2	5.3
	平湖种					0.37		0.37
	三叶草					0.07		0.07
	弋阳种	0.2			0.15	0.32	0.1	0.77
	浙紫 5 号		2.1		0.08			2.18
	小计	1.2	2.25	0.5	4.1	2.54	0.36	10.95
马铃薯	大西洋						0.15	0.15
	东农 303	0.05	0.3	0.17	0.53	0.18	0.12	1.35
	荷兰 7 号	0.05						0.05
	克新 4 号	0.15	0.3	0.08		0.12	0.2	0.85
	克新 6 号	0.05						0.05
	中薯 3 号				0.65	0.1		0.75
	小计	0.3	0.6	0.25	1.18	0.4	0.47	3.2
牧草	黑麦草	0.1	0.5	0.1	1.65	0.21		2.56
	墨西哥玉米	0.02	0.02					0.04
	苏丹草	0.03	0.3	0.1		0.03	0.04	0.5
	小计	0.15	0.82	0.2	1.65	0.24	0.04	3.1
豌豆	青豆				0.05			0.05
	中豌 2 号	0.02						0.02
	中豌 4 号	0.15	0.3	0.33	0.5	0.47	0.12	1.87
	中豌 6 号	0.08	0.05	0.09	0.1		0.1	0.42
	小计	0.25	0.35	0.42	0.65	0.47	0.22	2.36

（续表）

作物	品种	柯城区	衢江区	龙游县	江山市	常山县	开化县	合计
小麦	核组 8 号	0.05		0.15		0.23		0.43
	钱江 2 号					0.17		0.17
	温麦 10 号		0.15	0.12				0.27
	扬麦 10 号						0.04	0.04
	扬麦 12			0.08				0.08
	扬麦 158		0.05		0.46			0.51
	浙丰 2 号			0.1				0.1
	浙麦 1 号					0.05		0.05
	浙麦 2 号						0.12	0.12
	浙农大 105				0.11	0.16		0.27
	小计	0.05	0.2	0.45	0.57	0.61	0.16	2.04
油菜	德油 8 号		1		0.18			1.18
	高油 605	0.5	2	5.8	0.6	0.5	1.8	11.2
	沪油 15				1.05	0.85	1.5	3.4
	沪油 16			0.4				0.4
	沪油杂 1 号				0.21			0.21
	华杂 4 号				0.31			0.31
	九二-13 系						0.7	0.7
	九二-58 系						0.8	0.8
	平头油菜						0.1	0.1
	秦油 7 号				0.21			0.21
	秦油 8 号			0.6	0.29	0.25		1.14
	土油菜				0.59		0.04	0.63
	湘杂油 1 号	0.2			0.04			0.24
	油研 10 号		2	0.3	0.35	0.08		2.73
	油研 5 号					0.13		0.13
	油研 7 号	0.26						0.26
	油研 8 号					0.15		0.15
	油研 9 号				0.08			0.08
	浙大 619			0.5				0.5
	浙双 6 号				0.45		0.2	0.65
	浙双 72		1.5	3.2	2.3	1.95	1.6	10.55
	浙双 758			0.7	0.51	0.26		1.47
	浙双 8 号（原名浙油 17）				0.2			0.2
	浙优油 1 号	0.3			0.2			0.5
	浙油 18		1	0.7	4.2	1.84	3.8	11.54
	浙油 19				0.07			0.07
	浙油 28				0.35			0.35
	浙油 50		0.1	0.3	0.95		0.1	1.45
	浙杂 2 号				0.03			0.03
	中双 9 号				0.36			0.36
	中油杂 15 号				0.2			0.2
	中油杂 1 号				0.37			0.37
	小计	1.26	7.6	12.5	14.1	6.01	10.64	52.11
合计		3.44	11.97	14.59	23.06	10.41	12.15	75.62

资料来源：衢州市种子管理站“衢州市 2010 年春花作物分品种面积统计表”

表 7-74　2010 年夏季作物主要品种面积统计表　单位：万亩

作物	品种	柯城区	衢江区	龙游县	江山市	常山县	开化县	合计
常规早稻	嘉育 253		0.5	1.2	3.25		0.3	5.25
	金早 09		2.5		0.45	0.5		3.45
	金早 47	0.6	7	8.4	6.85	0.8	0.5	24.15
	天禾 1 号			0.32	0.25			0.57
	温 220				0.95			0.95
	甬籼 57		2		0.15			2.15
	浙 101			0.3				0.3
	浙 106			0.4	0.3			0.7
	中嘉早 17		0.5		0.3	0.5		1.3
	中嘉早 32	0.1	2.5	0.4	3.66			6.66
	中早 22			1.5	1.64	0.2		3.34
	中早 39				0.05			0.05
	浙 408		0.1	0.2				0.3
	小计	0.7	15.1	12.72	17.85	2	0.8	49.17
春大豆	矮脚毛豆						0.01	0.01
	矮脚早						0.01	0.01
	春丰早		0.1	0.1		0.1		0.3
	地方品种	0.2	0.2		0.1			0.5
	沪 95-1				0.2	0.2		0.4
	辽鲜 1 号	0.3	0.35	0.16	0.4		0.02	1.23
	六月拔				0.1			0.1
	六月半	0.25	0.2					0.45
	六月豆				0.05			0.05
	青酥 2 号		0.1					0.1
	衢鲜 2 号				0.25			0.25
	日本青		0.1			0.1		0.2
	台湾 292				0.1			0.1
	台湾 75	0.5	0.25	0.46	0.3	0.2	0.01	1.72
	引豆 9701	0.3	0.1	0.08	0.2		0.02	0.7
	浙春 1 号				0.1			0.1
	浙春 2 号						0.02	0.02
	浙春 3 号						0.01	0.01
	浙春 5 号				0.15			0.15
	浙农 8 号				0.1			0.1
	浙鲜豆 3 号				0.35			0.35
	浙鲜豆 5 号			0.05	0.25	0.1		0.4
	小计	1.55	1.4	0.85	2.65	0.7	0.1	7.25

（续表）

作物	品种	柯城区	衢江区	龙游县	江山市	常山县	开化县	合计
春糯玉米	都市丽人				0.05			0.05
	杭玉糯 1 号		0.05	0.03	0.05			0.13
	沪玉糯 1 号				0.05			0.05
	沪玉糯 3 号		0.1	0.04				0.14
	金银糯				0.05			0.05
	京甜紫花糯	0.15	0.05			0.05		0.25
	科糯 98-6	0.1	0.3	0.17	0.15			0.72
	美玉 6 号				0.05			0.05
	美玉 8 号	0.3	0.05					0.35
	苏玉糯 1 号	0.1	0.05		0.05		0.02	0.22
	苏玉糯 2 号						0.03	0.03
	浙凤糯 2 号		0.25		0.05			0.3
	浙凤糯 5 号				0.05			0.05
	浙糯玉 1 号		0.05					0.05
	珍糯 2 号		0.4					0.4
	珍珠糯玉米		0.05					0.05
	中糯 301		0.02					0.02
	燕禾金 2000		0.1		0.1	0.05	0.01	0.26
	燕禾金 2005		0.05					0.05
	小计	0.65	1.52	0.24	0.65	0.1	0.06	3.22
春甜玉米	超甜 135					0.01		0.01
	超甜 204					0.02		0.02
	超甜 3 号		0.1	0.04	0.02		0.01	0.17
	华珍			0.06	0.01	0.01	0.03	0.11
	绿色超人		0.05		0.01	0.01	0.07	0.14
	美晶		0.05		0.01			0.06
	万甜 2000					0.04	0.05	0.09
	浙凤甜 2 号				0.01			0.01
	浙甜 2018				0.04			0.04
	小计		0.2	0.1	0.1	0.09	0.16	0.65
普通春玉米	丹玉 13	0.1			0.3		0.1	0.5
	丹玉 26		0.1		0.1			0.2
	济单 7 号		0.2		0.2			0.4
	农大 108		0.1	0.04	0.2	0.1	0.5	0.94
	农大 3138					0.05		0.05
	苏玉 10 号						0.6	0.6
	苏玉 1 号		0.2		0.1			0.3
	掖单 13						0.1	0.1
	郑单 958			0.08			0.8	0.88
	小计	0.1	0.6	0.12	0.9	0.15	2.1	3.97

（续表）

作物	品种	柯城区	衢江区	龙游县	江山市	常山县	开化县	合计
西瓜	地雷王	0.1	0.05			0.03		0.18
	丰抗 1 号			0.08				0.08
	丰抗 8 号		0.05				0.02	0.07
	红玲			0.07	0.02			0.09
	京欣一号		0.1	0.05	0.05			0.2
	抗病京欣		0.05		0.02			0.07
	丽芳				0.02			0.02
	美抗 6 号		0.05		0.01	0.01		0.07
	美抗九号		0.1	0.08				0.18
	拿比特		0.1		0.02	0.06		0.18
	平 87-14	0.2	0.05	0.07	0.1			0.42
	万福来					0.01		0.01
	西农 8 号		0.3		0.05		0.04	0.39
	西域星				0.01			0.01
	欣抗		0.2		0.02			0.22
	新红宝					0.02		0.02
	秀芳				0.02			0.02
	早春红玉		0.1		0.1	0.85		1.05
	早佳	0.2	0.4	0.3	0.85	0.32		2.07
	浙蜜 3 号		0.05	0.05	0.05			0.15
	小计	0.5	1.6	0.7	1.34	1.3	0.06	5.5
杂交早稻	金优 402	0.1			0.25	1	0.1	1.45
	威优 402		0.5		0.5	1.5		2.5
	中优 402					0.2		0.2
	中优 66					0.5		0.5
	中优 974				0.15			0.15
	株两优 02		0.5		0.15	1.5		2.15
	小计	0.1	1		1.05	4.7	0.1	6.95
合计		3.6	21.42	14.73	24.54	9.04	3.38	76.71

资料来源：衢州市种子管理站“衢州市 2010 年夏季作物主要品种面积统计表”

表 7-75　2010 年晚秋作物主要品种面积统计表　　单位：万亩

作物	作物类别	品种	柯城区	衢江区	龙游县	江山市	常山县	开化县	合计
常规晚稻	单季晚粳	秀水 09			0.08				0.08
		秀水 110			0.1			0.23	0.33
		秀水 123		0.1					0.1
		浙粳 22			0.06				0.06
		浙粳 30			0.08				0.08
		小计		0.1	0.32			0.23	0.65

（续表）

作物	作物类别	品种	柯城区	衢江区	龙游县	江山市	常山县	开化县	合计
常规晚稻	连作晚粳	宁 88					0.08		0.08
		秀水 09			0.15				0.15
		秀水 110			0.25				0.25
		浙粳 22	0.1	1	0.05	0.3	0.45		1.9
		浙粳 30			0.15				0.15
		小计	0.1	1	0.6	0.3	0.53		2.53
	晚糯	春江糯			0.2				0.2
		绍糯 119					0.05		0.05
		绍糯 9714	0.05	3.2	2.15	0.35	0.12		5.87
		祥湖 301			0.1	0.8		0.25	1.15
		甬糯 34		1					1
		甬糯 5 号				0.2			0.2
		浙糯 36				0.25			0.25
		浙糯 5 号	0.05		1	0.75	0.08	0.11	1.99
		其他			0.2				0.2
		小计	0.1	4.2	3.65	2.35	0.25	0.36	10.91
	晚籼	赣晚籼 30			0.3				0.3
	常规晚稻小计		0.2	5.3	4.87	2.65	0.78	0.59	14.39
甘薯	甘薯	地方品种					0.06		0.06
		南薯 88				0.7			0.7
		胜利百号			0.45		0.03	0.15	0.63
		心香	0.2	2.5	0.25	0.8	0.24		3.99
		徐薯 18		0.5	0.7	1.3	0.05		2.55
		浙薯 13		0.5		0.25	0.1	0.1	0.95
		浙薯 132		0.2	0.1		0.09		0.39
		浙薯 75		0.5					0.5
		浙紫薯 1 号	0.21	0.2		0.3			0.71
		小计	0.41	4.4	1.5	3.35	0.57	0.25	10.48
甘蔗	甘蔗	本地种					0.08		0.08
		本地紫红皮				0.13	0.06		0.19
		红皮甘蔗		0.2			0.05	0.08	0.33
		兰溪白皮			0.03	0.25			0.28
		青皮甘蔗		0.3				0.04	0.34
		义红 1 号			0.07		0.05		0.12
		小计		0.5	0.1	0.38	0.24	0.12	1.34
高粱	高粱	红高粱						0.04	0.04
		湘两优糯粱 1 号	0.2	0.2		0.1	0.03		0.53
		湘两优糯粱 2 号				0.15			0.15
		小计	0.2	0.2		0.25	0.03	0.04	0.72

（续表）

作物	作物类别	品种	柯城区	衢江区	龙游县	江山市	常山县	开化县	合计
花生	花生	白沙 06		0.2					0.2
		本地种			0.05		0.01		0.06
		大红袍				0.1		0.15	0.25
		衢江黑花生	0.2	0.5					0.7
		四粒红				0.1			0.1
		天府 3 号			0.18	0.5			0.68
		小京生			0.05	0.05	0.04		0.14
		其他			0.05				0.05
		小计	0.2	0.7	0.33	0.75	0.05	0.15	2.18
麻	麻	苎麻						0.06	0.06
马铃薯	马铃薯	本地种				0.35	0.01		0.36
		东农 303		0.2	0.15	0.25	0.01		0.61
		克新 4 号		0.2	0.03				0.23
		克新 6 号		0.1					0.1
		中薯 3 号				0.85	0.04	0.15	1.04
		其他			0.02				0.02
		小计		0.5	0.2	1.45	0.06	0.15	2.36
棉花	棉花	慈抗杂 3 号		0.1		0.6	0.02		0.72
		鄂杂棉 10 号				0.02			0.02
		南抗 3 号				0.03			0.03
		南农 6 号			0.1				0.1
		湘杂棉 11 号	0.05		0.2				0.25
		湘杂棉 3 号		0.1		0.02	0.01	0.15	0.28
		湘杂棉 8 号	0.05		0.4				0.45
		兴地棉 1 号		0.1	0.1	0.01			0.21
		浙凤棉 1 号			0.1	0.02			0.12
		中棉所 12				0.03			0.03
		中棉所 27		0.06					0.06
		中棉所 29		0.05	0.1			0.07	0.22
		中棉所 59		0.1					0.1
		其他			0.1				0.1
		小计	0.1	0.51	1.1	0.73	0.03	0.22	2.69
豌豆	豌豆	浙豌 1 号				0.1		0.06	0.16
		中豌 4 号	0.1	1	0.15	0.2	0.2	0.08	1.73
		中碗 6 号	0.1	0.6	0.1	0.23	0.04		1.07
		小计	0.2	1.6	0.25	0.53	0.24	0.14	2.96

（续表）

作物	作物类别	品种	柯城区	衢江区	龙游县	江山市	常山县	开化县	合计
夏秋大豆	夏秋大豆	矮脚毛豆						0.08	0.08
		矮脚早						0.19	0.19
		八月拔	0.25			0.15			0.4
		白花豆				0.15			0.15
		高雄2号		0.2				0.16	0.36
		九月拔				0.1			0.1
		六月半	0.4	0.8	0.48	0.15			1.83
		六月豆						0.23	0.23
		青皮豆						0.02	0.02
		青酥2号	0.5						0.5
		衢秋2号		0.6	0.2		0.2		1
		衢鲜1号		3	0.76	0.4	2.1		6.26
		衢鲜2号		1.5	0.3		0.6		2.4
		沈鲜3号	0.1						0.1
		台湾75			0.2		0.05	0.06	0.31
		皖豆15		0.2					0.2
		萧农越秀				0.1			0.1
		引豆9701	0.1			0.2			0.3
		诱处4号	0.1						0.1
		浙秋豆2号				0.2	0.3		0.5
		浙鲜豆2号					0.25		0.25
		其他			0.1				0.1
		小计	1.45	6.3	2.04	1.45	3.5	0.74	15.48
夏秋西瓜	夏秋西瓜	丰抗8号		0.1					0.1
		黑美人		0.1			0.04		0.14
		红玲			0.27				0.27
		京欣1号		0.3					0.3
		抗病京欣		0.1					0.1
		蜜童					0.25		0.25
		拿比特		0.2		0.05	0.35		0.6
		平87-14		0.5	0.35		0.08		0.93
		特小凤		0.1			0.11		0.21
		西农8号		0.5					0.5
		早春红玉	0.1	0.1			0.28	0.02	0.5
		早佳	0.15	1.3	0.3	0.1	0.36	0.18	2.39
		浙蜜3号		0.1	0.16	0.1	0.13		0.49
		浙蜜5号		0.1	0.12			0.07	0.29
		小计	0.25	3.5	1.2	0.25	1.6	0.27	7.07

（续表）

作物	作物类别	品种	柯城区	衢江区	龙游县	江山市	常山县	开化县	合计
夏秋玉米	普通夏秋玉米	丹玉 13					0.02	0.3	0.32
		丹玉 26		1					1
		济单 7 号		0.7		0.2			0.9
		农大 108		0.2	0.12	0.35	0.03	0.5	1.2
		农大 3138					0.02		0.02
		苏玉 1 号		0.1				0.2	0.3
		苏玉 2 号				0.1			0.1
		西玉 3 号					0.01		0.01
		掖单 13				0.25	0.01	0.4	0.66
		郑单 958			0.26			0.5	0.76
		中单 18	0.1						0.1
		小计	0.1	2	0.38	0.9	0.09	1.9	5.37
	夏秋糯玉米	都市丽人				0.05			0.05
		沪玉糯 3 号		0.1					0.1
		京科糯 2000	0.05	0.5					0.55
		京甜紫花糯	0.2	0.1					0.3
		科糯 98-6		0.3	0.05	0.05			0.4
		美玉 3 号	0.05						0.05
		美玉 8 号		0.1		0.12	0.02		0.24
		苏玉糯 1 号			0.07			0.01	0.08
		苏玉糯 2 号		0.3		0.05	0.03		0.38
		燕禾金 2000	0.05	0.2		0.05			0.3
		渝糯 1 号						0.01	0.01
		浙凤糯 2 号				0.13	0.04		0.17
		浙糯 5 号						0.05	0.05
		浙糯玉 5 号						0.05	0.05
		珍糯 2 号		0.5					0.5
		中糯 301		0.1					0.1
		小计	0.35	2.2	0.12	0.45	0.09	0.12	3.33
	夏秋甜玉米	超甜 15		0.1					0.1
		超甜 2000	0.1	0.1				0.2	0.4
		超甜 3 号		0.3	0.04				0.34
		超甜 4 号						0.1	0.1
		华珍				0.01	0.03	0.02	0.06
		金凤甜 5 号		0.1				0.1	0.2
		金银蜜脆	0.05						0.05
		万甜 2000		0.3				0.2	0.5
		浙凤甜 2 号				0.01	0.05		0.06
		浙甜 2018		0.1	0.01	0.01			0.12
		小计	0.15	1	0.05	0.03	0.08	0.62	1.93
	夏秋玉米小计		0.6	5.2	0.55	1.38	0.26	2.64	10.63

（续表）

作物	作物类别	品种	柯城区	衢江区	龙游县	江山市	常山县	开化县	合计
杂交晚稻	单季杂交晚粳	嘉乐优 2 号				0.05			0.05
		甬优 9 号		2	0.3	0.2			2.5
		浙优 10 号		0.1					0.1
		小计		2.1	0.3	0.25			2.65
	单季杂交晚糯	甬优 10 号			0.1	0.15			0.25
		甬优 5 号		0.3		0.1			0.4
		小计		0.3	0.1	0.25			0.65
	单季杂交晚籼	Ⅱ优 084		0.3	0.3	0.12			0.72
		Ⅱ优 1259		1					1
		Ⅱ优 6216				0.13			0.13
		Ⅱ优 7954			0.45				0.45
		Ⅱ优 838						0.6	0.6
		Ⅱ优 906						2.4	2.4
		Ⅱ优 92						0.2	0.2
		351 优 1 号						0.02	0.02
		C 两优 87			0.3				0.3
		E 福丰优 11		1		0.11			1.11
		Y 两优 1 号				0.21	0.02		0.23
		川香优 2 号					0.02		0.02
		川香优 6 号		0.2					0.2
		丰两优 1 号			0.2	0.15			0.35
		丰两优香 1 号				0.15			0.15
		丰优 22		0.2					0.2
		冈优 827		0.4				0.5	0.9
		国稻 6 号				0.51			0.51
		国稻 8 号					0.03		0.03
		国丰一号					0.01		0.01
		华优 18		0.1					0.1
		金优 987		1.5					1.5
		两优 363				0.22			0.22
		两优 6326		0.8	0.6				1.4
		两优培九	0.2	0.5	0.9	2.63	1	1.2	6.43
		珞优 8 号				0.28			0.28
		内 2 优 3015		0.1					0.1
		钱优 0501				0.12			0.12
		钱优 0508				0.55			0.55
		钱优 0612				0.7			0.7
		钱优 1 号		1		0.6	0.33		1.93
		汕优 10 号						0.2	0.2
		汕优 63						0.4	0.4
		深两优 5814			0.5				0.5

（续表）

作物	作物类别	品种	柯城区	衢江区	龙游县	江山市	常山县	开化县	合计
杂交晚稻	单季杂交晚籼	协优 315				0.2		1.2	1.4
		协优 9308						0.6	0.6
		新两优 6 号	0.5	2	0.9	0.7	0.26		4.36
		研优 1 号						0.3	0.3
		扬两优 6 号			1.2	0.2	0.2		1.6
		中百优 1 号				0.2			0.2
		中优 1176				0.2			0.2
		中优 205				0.22			0.22
		中优 448						0.3	0.3
		中优 6 号				0.15			0.15
		中浙优 1 号	0.7	4	2.8	1.85	3.02	2.3	14.67
		中浙优 2 号	0.1						0.1
		中浙优 8 号	0.3	0.5	1.5		0.65	0.5	3.45
		其他			0.85				0.85
		小计	1.8	13.6	10.5	10.2	5.54	10.72	52.36
	连作杂交晚粳	甬优 9 号			0.5				0.5
	连作杂交晚糯	甬优 10 号			0.2				0.2
		甬优 5 号		0.2					0.2
		小计		0.2	0.2				0.4
	连作杂交晚籼	Ⅱ优 3027			0.2	0.5			0.7
		Ⅱ优 46				0.12			0.12
		Ⅱ优 8220				0.1			0.1
		Ⅱ优 92		0.2	0.2	0.75		0.3	1.45
		安两优 318			0.5				0.5
		丰两优 1 号				0.3			0.3
		丰两优香 1 号			1.4	0.13			1.53
		丰源优 272			0.5				0.5
		国稻 1 号				0.35			0.35
		华两优 1206			0.9				0.9
		金优 987		0.5		0.5			1
		两优 363			0.5				0.5
		钱优 0506		0.5		0.35	1.1		1.95
		钱优 1 号		1.5	1.3	3.25	1.02		7.07
		钱优 M15				0.2			0.2
		汕优 10 号						0.1	0.1
		天优 998				0.2			0.2
		天优华占			0.8	0.35			1.15
		协优 315			0.5				0.5
		协优 46			0.3	0.3	0.13		0.73
		协优 5968			0.3				0.3

（续表）

作物	作物类别	品种	柯城区	衢江区	龙游县	江山市	常山县	开化县	合计
杂交晚稻	连作杂交晚籼	协优 728				0.1			0.1
		协优 963			0.2	0.15			0.35
		新两优 6 号		1.5		2.64	0.89		5.03
		新优 188		0.5					0.5
		岳优 9113		1	1.2				2.2
		中百优 1 号			0.7	0.3			1
		中优 161				0.8			0.8
		中优 208				0.11			0.11
		中浙优 1 号					0.25		0.25
		其他			1.8		0.14		1.94
		小计		5.7	11.3	11.5	3.53	0.4	32.43
杂交晚稻小计			1.8	21.9	22.9	22.2	9.07	11.12	88.99
合计			5.41	50.61	35.04	35.37	16.43	16.49	159.35

资料来源：衢州市种子管理站“衢州市 2010 年晚秋作物分品种面积统计表”

表 7-76　2011 年春花作物主要品种面积汇总表　　单位：万亩

作物	作物分类	品种	柯城区	衢江区	龙游县	江山市	常山县	开化县	合计
大麦	大麦	浙农大 3 号				0.10			0.10
		浙啤 3 号			0.06	0.03			0.09
		矮 209				0.02			0.02
		秀麦 11			0.06				0.06
		花 30			0.12				0.12
		小计			0.24	0.15			0.39
小麦	小麦	扬麦 11					0.26	0.08	0.34
		扬麦 12			0.12	0.40			0.52
		扬麦 158		0.05		0.15			0.20
		核组 8 号			0.08				0.08
		浙丰 2 号			0.20				0.20
		浙农大 105				0.10			0.10
		温麦 10 号	0.05	0.15	0.16		0.10		0.46
		小计	0.05	0.20	0.56	0.65	0.36	0.08	1.90
油菜	油菜	九二-13 系						0.60	0.60
		九二-58 系						0.80	0.80
		德油 8 号		0.50					0.50
		沪油 15 号				0.20	0.60	0.80	1.60
		沪油杂 1 号					0.20		0.20
		油研 10 号	0.29	2.00		0.20			2.49
		浙双 6 号				0.30	0.50		0.80

（续表）

作物	作物分类	品种	柯城区	衢江区	龙游县	江山市	常山县	开化县	合计
油菜	油菜	浙双 72		1. 30	4. 65	3. 10	1. 20	1. 20	11. 45
		浙双 758			0. 50	0. 50			1. 00
		浙大 619	0. 50		0. 50			1. 10	2. 10
		浙油 18	0. 42	1. 00	1. 20	4. 80	0. 70	3. 80	11. 92
		浙油 50	0. 51	0. 20	1. 00	3. 05	0. 80	0. 70	6. 26
		湘杂油 1 号					0. 20		0. 20
		秦油 8 号			0. 80			0. 30	1. 10
		高油 605		2. 00	4. 10	1. 50	0. 80	1. 60	10. 00
		小计	1. 72	7. 00	12. 75	13. 65	5. 00	10. 90	51. 02
蚕豆	蚕豆	利丰蚕豆	0. 01						0. 01
		慈溪大白蚕	0. 04		0. 05	0. 30		0. 10	0. 49
		慈溪大粒	0. 02						0. 02
		日本寸蚕	0. 03						0. 03
		白花大粒					0. 06		0. 06
		青皮蚕豆		0. 20	0. 03	0. 20	0. 05	0. 20	0. 68
		小计	0. 10	0. 20	0. 08	0. 50	0. 11	0. 30	1. 29
豌豆	豌豆	中豌 2 号	0. 05						0. 05
		中豌 4 号	0. 12	1. 00	0. 30	0. 25	0. 22	0. 15	2. 04
		中豌 6 号	0. 07	0. 50	0. 08	0. 20	0. 16	0. 10	1. 11
		浙豌 1 号	0. 05			0. 10		0. 10	0. 25
		青豆				0. 05			0. 05
		食荚豌豆	0. 03						0. 03
		小计	0. 32	1. 50	0. 38	0. 60	0. 38	0. 35	3. 53
马铃薯	马铃薯	东农 303	0. 15	0. 30	0. 26	0. 55	0. 10	0. 10	1. 46
		中薯 3 号	0. 18			0. 65			0. 83
		克新 4 号		0. 30	0. 12	0. 10		0. 20	0. 72
		小计	0. 33	0. 60	0. 38	1. 30	0. 10	0. 30	3. 01
绿肥	绿肥	三叶草	0. 07						0. 07
		宁波种	0. 03	0. 10	0. 30	3. 50	1. 25	0. 20	5. 38
		安徽种				0. 20	0. 45	0. 15	0. 80
		弋阳种	0. 05			0. 80	0. 40	0. 10	1. 35
		浙紫 5 号		1. 90		0. 10			2. 00
		苜蓿	0. 01						0. 01
		小计	0. 16	2. 00	0. 30	4. 60	2. 10	0. 45	9. 61
牧草	牧草	墨西哥玉米	0. 06	0. 10		0. 15		0. 02	0. 33
		紫色苜蓿				0. 25			0. 25
		苏丹草	0. 04	0. 20	0. 10	0. 30	0. 08	0. 02	0. 74
		黑麦草	0. 23	0. 50	0. 20	0. 90	0. 18	0. 04	2. 05
		小计	0. 33	0. 80	0. 30	1. 60	0. 26	0. 08	3. 37
	合计		0. 33	0. 80	0. 30	1. 60	0. 26	0. 08	3. 37

资料来源：衢州市种子管理站“衢州市 2011 年春花作物主要品种面积汇总表”

表 7-77　2011 年夏季作物主要品种面积汇总表　　单位：万亩

作物	作物分类	品种	柯城区	衢江区	龙游县	江山市	常山县	开化县	合计
早稻	常规早稻	中嘉早 17	0.15	3.50	0.80	5.00	0.50		8.95
		中嘉早 32		0.50	0.50				1.00
		中早 22	0.15		0.50	1.20			1.85
		中早 39	0.15	3.40	1.20	3.00			8.75
		嘉育 253			0.50	0.30			0.80
		浙 101			0.30				0.30
		浙 106		0.50	0.40				0.90
		甬籼 57			0.50	0.50			1.00
		金早 09	0.15	3.40		0.20			3.75
		金早 47	0.20	3.50	7.64	6.00	0.10	0.20	17.64
		小计	0.80	14.80	12.34	16.20	0.60	0.20	44.94
	杂交早稻	Ⅱ优 92				0.20			0.20
		威优 402				0.50	0.30		0.80
		株两优 02		0.20		0.30	0.80		1.30
		株两优 609					0.40		0.40
		金优 402				0.35	1.00		1.35
		小计		0.20		1.35	2.50		4.05
	合计		0.80	15.00	12.34	17.55	3.10	0.20	48.99
春大豆	春大豆	六月半				0.10		0.02	0.12
		台湾 292	0.10	0.10					0.20
		台湾 75	0.10	0.25	0.64	0.20	0.18		1.37
		开交 8157				0.10			0.10
		引豆 1 号				0.10			0.10
		引豆 9701	0.10	0.10	0.25	0.10			0.55
		日本青		0.10		0.15	0.04		0.29
		早生 75		0.10					0.10
		春丰早	0.10	0.10	0.25	0.15	0.06	0.05	0.71
		沪 95-1	0.10				0.08		0.18
		浙农 6 号	0.10				0.05		0.15
		浙农 8 号			0.10				0.10
		浙鲜豆 5 号		0.20	0.15	0.20	0.25		0.80
		浙鲜豆 6 号	0.10	0.10			0.05		0.25
		浙鲜豆 7 号					0.05		0.05
		矮脚早				0.10			0.10
		矮脚毛豆				0.05			0.05
		辽鲜 1 号	0.10	0.15	0.30	0.35		0.03	0.93
		青酥 2 号		0.20		0.05			0.25
		小计	0.80	1.40	1.69	1.65	0.76	0.10	6.40
春玉米	普通春玉米	丹玉 13		0.10		0.20			0.30
		丹玉 26		0.30					0.30
		农大 108		0.20	0.07	0.30	0.05	0.50	1.12
		农大 3138					0.02		0.02
		掖单 13			0.02	0.15			0.17

（续表）

作物	作物分类	品种	柯城区	衢江区	龙游县	江山市	常山县	开化县	合计
春玉米	普通春玉米	济单 7 号		0.20		0.30	0.08		0.58
		浚单 18		0.10		0.10	0.02		0.22
		苏玉 1 号				0.15			0.15
		郑单 958		0.10	0.05			0.80	0.95
		小计		1.00	0.14	1.20	0.17	1.30	3.81
	春糯玉米	中糯 301		0.05					0.05
		京甜紫花糯		0.10		0.05			0.15
		京科糯 2000	0.25			0.10			0.35
		杭玉糯 1 号		0.05		0.05			0.10
		沪玉糯 1 号				0.10			0.10
		沪玉糯 2 号				0.05			0.05
		沪玉糯 3 号		0.05	0.06				0.11
		浙凤糯 2 号		0.15		0.10			0.25
		浙凤糯 5 号				0.05			0.05
		浙糯玉 1 号		0.05		0.01			0.06
		燕禾金 2000		0.30		0.10			0.40
		燕禾金 2005				0.10			0.10
		珍珠糯玉米				0.05			0.05
		珍糯 2 号		0.40		0.05			0.45
		白玉糯						0.01	0.01
		科糯 98-6	0.15	0.10	0.21	0.45	0.02		0.93
		科糯 991				0.05			0.05
		美玉 3 号				0.05			0.05
		美玉 8 号	0.20	0.05		0.05	0.05		0.35
		苏玉糯 1 号				0.10			0.10
		苏玉糯 2 号	0.10	0.10		0.10		0.02	0.32
		都市丽人		0.05		0.10			0.15
		金银糯				0.05			0.05
		小计	0.70	1.45	0.27	1.76	0.07	0.03	4.28
	春甜玉米	万甜 2000	0.05	0.05	0.03		0.03	0.20	0.36
		华珍			0.05		0.02	0.10	0.17
		嵊科甜 208		0.05					0.05
		浙凤甜 2 号				0.01	0.02		0.03
		浙甜 2018				0.01			0.01
		绿色超人		0.05				0.20	0.25
		超甜 3 号		0.05	0.06	0.01			0.12
		金银蜜脆	0.05						0.05
		小计	0.10	0.20	0.14	0.03	0.07	0.50	1.04
	合计		0.80	2.65	0.55	2.99	0.31	1.83	9.13
西瓜	西瓜	丰抗 1 号		0.05	0.09				0.14
		丰抗 8 号		0.05		0.01		0.02	0.08
		丽芳				0.01			0.01

（续表）

作物	作物分类	品种	柯城区	衢江区	龙游县	江山市	常山县	开化县	合计
西瓜	西瓜	京欣一号		0.05	0.05	0.02			0.12
		佳乐		0.05					0.05
		巨龙		0.05					0.05
		平 87-14	0.15	0.05	0.08	0.10			0.38
		抗病京欣		0.05		0.01			0.06
		拿比特				0.01	0.08		0.09
		新澄				0.01			0.01
		新红宝				0.01			0.01
		早佳		0.60	0.32	0.80	0.32	0.01	2.05
		早春红玉				0.10	0.58		0.68
		欣抗		0.20		0.01			0.21
		欣秀				0.01			0.01
		浙蜜 3 号		0.05	0.05				0.10
		浙蜜 5 号		0.05					0.05
		浙蜜 6 号				0.01			0.01
		特小凤	0.05			0.01			0.06
		科农九号				0.02			0.02
		红玲			0.07	0.01			0.08
		美抗 6 号		0.05					0.05
		美抗九号		0.10	0.09				0.19
		西农 8 号		0.05		0.10		0.05	0.20
		西域星		0.05					0.05
		小计	0.20	1.50	0.75	1.25	0.98	0.08	4.76
合计			2.60	20.55	15.33	23.44	5.15	2.21	69.28

资料来源：衢州市种子管理站“衢州市 2011 年夏季作物主要品种面积汇总表”

表 7-78　2011 年晚秋作物主要品种面积汇总表　　单位：万亩

分类	作物	作物分类	品种	柯城区	衢江区	龙游县	江山市	常山县	开化县	合计
夏秋玉米	普通夏秋玉米	普通夏秋玉米	农大 108		0.20	0.20	0.21		0.50	1.11
			苏玉 1 号		0.10				0.30	0.40
			苏玉 2 号				0.14			0.14
			掖单 13			0.10	0.09			0.19
			济单 7 号		0.70		0.16	0.08	0.50	1.44
			郑单 958			0.15				0.15
			丹玉 26		1.00					1.00
			农大 3138					0.02		0.02
			蠡玉 35				0.08			0.08
			浚单 18				0.09		0.30	0.39
			小计		2.00	0.45	0.77	0.10	1.60	4.92

（续表）

分类	作物	作物分类	品种	柯城区	衢江区	龙游县	江山市	常山县	开化县	合计
	夏秋糯玉米	夏秋糯玉米	苏玉糯 1 号			0.06			0.10	0.16
			苏玉糯 2 号		0.30		0.12		0.20	0.62
			科糯 98-6		0.30	0.07		0.02		0.39
			浙凤糯 2 号				0.10		0.20	0.30
			美玉 8 号	0.10	0.10		0.11	0.03	0.20	0.54
			燕禾金 2000	0.02	0.20		0.06			0.28
			京科糯 2000	0.03	0.50					0.53
			都市丽人				0.04			0.04
			京甜紫花糯		0.10					0.10
			沪玉糯 3 号		0.10					0.10
			珍珠糯		0.50					0.50
			万糯	0.05						0.05
			中糯 301		0.10					0.10
			小计	0.20	2.20	0.13	0.43	0.05	0.70	3.71
	夏秋甜玉米	夏秋甜玉米	超甜 3 号		0.30	0.05				0.35
			浙甜 2018		0.10	0.01				0.11
			华珍			0.01	0.02		0.15	0.18
			浙凤甜 2 号				0.01		0.20	0.21
			金凤 5 号		0.10					0.10
			超甜 2000	0.05	0.10					0.15
			美晶	0.02						0.02
			万甜 2000	0.03	0.30			0.02	0.15	0.50
			先甜 5 号					0.05		0.05
			超甜 15		0.10					0.10
			绿色超人						0.10	0.10
			小计	0.10	1.00	0.07	0.03	0.07	0.60	1.87
	合计			0.30	5.20	0.65	1.23	0.22	2.90	10.50
夏秋大豆	夏秋大豆	夏秋大豆	台湾 75			0.10				0.10
			六月半	0.50	0.80	0.40		0.10		1.80
			八月拔	0.60			0.13		0.03	0.76
			衢鲜 1 号		2.40	0.70	0.40	1.80	0.05	5.35
			高雄 2 号		0.20					0.20
			引豆 9701	0.20			0.08			0.28
			浙春 3 号				0.10			0.10
			衢秋 2 号			0.20				0.20
			矮脚毛豆						0.02	0.02
			春丰早		0.30					0.30
			辽鲜 1 号				0.31		0.02	0.33
			浙秋豆 2 号				0.34		0.05	0.39
			萧垦 8901				0.05			0.05
			诱处 4 号	0.15						0.15
			衢鲜 2 号		1.70	0.40	0.10	1.10		3.30
			合丰 25	0.20						0.20
			衢鲜 3 号		0.90	0.30		0.35		1.55
		合计		1.65	6.30	2.10	1.51	3.35	0.17	15.08

（续表）

分类	作物	作物分类	品种	柯城区	衢江区	龙游县	江山市	常山县	开化县	合计
晚稻	常规晚稻	单季晚粳	秀水 09			0.10		0.02		0.12
			浙粳 22	0.05		0.08				0.13
			秀水 123		0.10			0.16		0.26
			秀水 110	0.06		0.15				0.21
			浙粳 30			0.08				0.08
			秀水 134					0.04		0.04
			嘉 33					0.02		0.02
			小计	0.11	0.10	0.41		0.24		0.86
		连作晚粳	浙粳 22		1.00	0.10	0.25			1.35
			秀水 09			0.15				0.15
			秀水 110			0.26				0.26
			浙粳 30			0.13				0.13
			小计		1.00	0.64	0.25			1.89
		晚籼	湘晚籼 3 号					0.02		0.02
		晚糯	浙糯 5 号			0.80			0.20	1.00
			绍糯 9714	0.20	3.20	2.40	0.94	0.12		6.86
			甬糯 34		1.00					1.00
			祥湖 301				0.73		0.10	0.83
			浙糯 36				0.21			0.21
			春江糯 2 号			0.20				0.20
			甬糯 5 号				0.23			0.23
			小计	0.20	4.20	3.40	2.11	0.12	0.30	10.33
	合计			0.31	5.30	4.45	2.36	0.38	0.30	13.10
晚稻	杂交晚稻	单季杂交晚粳	嘉优 2 号					0.02		0.02
			嘉乐优 2 号				0.05			0.05
			甬优 9 号		0.50	0.50	0.41	0.20		1.61
			浙优 10 号		0.10					0.10
			常优 5 号					0.01		0.01
			小计		0.60	0.50	0.46	0.23		1.79
		连作杂交晚粳	甬优 9 号			0.30				0.30
		单季杂交晚籼	中浙优 1 号	0.80	4.00	1.80	2.43	1.20	2.60	12.83
			两优培九	0.50	0.50	1.20	2.07	0.80	2.40	7.47
			中浙优 8 号	0.30	1.00	1.20	0.61	1.50	0.20	4.81
			扬两优 6 号			1.10	0.26	0.20		1.56
			新两优 6 号	0.30	2.00	0.80	0.71	0.10		3.91
			丰两优香 1 号				0.23	0.18		0.41
			丰两优 1 号			0.40	0.21	0.12		0.73
			钱优 1 号	0.30	0.50		0.66	0.10		1.56
			国丰一号					0.20		0.20
			Ⅱ优 906						1.80	1.80
			菲优 600				0.54			0.54
			E 福丰优 11		1.00					1.00

（续表）

分类	作物	作物分类	品种	柯城区	衢江区	龙游县	江山市	常山县	开化县	合计
晚稻	杂交晚稻	单季杂交晚籼	Ⅱ优 7954			0.50				0.50
			协优 963					0.05		0.05
			Ⅱ优 084			0.40				0.40
			川香优 6 号		0.20					0.20
			川香优 2 号		0.30					0.30
			冈优 827		0.40					0.40
			国稻 6 号				0.51			0.51
			菲优 E1				0.43			0.43
			天优 998					0.10		0.10
			金优 987		1.50					1.50
			Y 两优 1 号				0.27			0.27
			两优 6326		0.80	0.50				1.30
			中优 1176				0.24			0.24
			Ⅱ优 162		0.20					0.20
			Ⅱ优 92						0.20	0.20
			中优 6 号				0.16			0.16
			两优 363				0.43			0.43
			丰优 22		0.20					0.20
			珞优 8 号				0.28			0.28
			中百优 1 号				0.41			0.41
			浙辐两优 12					0.10		0.10
			钱优 0508			0.30			0.40	0.70
			华优 18		0.10		0.54			0.64
			C 两优 87			0.30				0.30
			D 优 781		0.30					0.30
			华优 2 号		0.20					0.20
			钱优 0612				0.73			0.73
			内 2 优 3015		0.10					0.10
			Y 两优 689				0.34	0.30	0.30	0.94
			C 两优 396				0.23		0.80	1.03
			内 5 优 8015				0.56		1.80	2.36
			深两优 5814		0.30	0.50		0.20		1.00
			小计	2.20	13.60	9.00	12.85	5.15	10.50	53.30
		连作杂交晚籼	金优 987		0.50					0.50
			协优 46			0.40				0.40
			新两优 6 号		1.50		1.84			3.34
			钱优 1 号		1.50	1.40	2.26	1.60	0.10	6.86
			Ⅱ优 92		0.20	0.20	0.90	0.20	0.30	1.80
			丰优 191			0.30	0.12			0.42
			天优 998				0.20	0.36		0.56
			丰两优 1 号			0.40	0.33			0.73
			金优 207					1.20		1.20
			Ⅱ优 3027			0.30				0.30

（续表）

分类	作物	作物分类	品种	柯城区	衢江区	龙游县	江山市	常山县	开化县	合计
晚稻	杂交晚稻	连作杂交晚籼	协优 92			0.20				0.20
			协优 315			0.30	0.37			0.67
			国稻 1 号				0.56			0.56
			协优 5968			0.30				0.30
			两优 363			0.50	0.20			0.70
			天优华占			1.20	0.45	0.25		1.90
			Ⅱ优 46			0.30				0.30
			德农 2000			0.20				0.20
			丰两优香 1 号			1.50	0.16			1.66
			丰优香占		0.20					0.20
			中百优 1 号			0.50	0.23			0.73
			岳优 9113		1.00	1.50	0.38			2.88
			钱优 0506		0.50	0.30	0.68	0.10		1.58
			钱优 0618				0.27			0.27
			内 2 优 111				0.36			0.36
			中优 9 号				0.30			0.30
			协优 702			0.50				0.50
			钱优 2 号				0.28			0.28
			泸香 658		0.30					0.30
			小计		5.70	10.30	9.89	3.71	0.40	30.00
晚稻	杂交晚稻	单季杂交晚糯	甬优 5 号		0.30		0.10			0.40
			甬优 10 号			0.50	0.15	0.10		0.75
			小计		0.30	0.50	0.25	0.10		1.15
		连作杂交晚糯	甬优 5 号		0.20					0.20
			甬优 10 号			0.30				0.30
			小计		0.20	0.30				0.50
		合计		2.20	20.40	20.90	23.45	9.19	10.90	87.04
	合计			2.51	25.70	25.35	25.81	9.57	11.20	100.14
甘薯	甘薯	甘薯	徐薯 18	0.08	0.50	0.70	1.25			2.53
			浙薯 13		0.50			0.08		0.58
			胜利百号			0.40				0.40
			南薯 88	0.03			0.52			0.55
			浙薯 1 号						0.11	0.11
			心香		1.50	0.50	0.91	0.42		3.33
			浙薯 132		0.30					0.30
			浙薯 6025				0.24			0.24
			紫薯 1 号		0.30		0.30			0.60
			浙薯 75		0.50					0.50
			浙 6025				0.12			0.12
			浙薯 3 号						0.16	0.16
			小计	0.11	3.60	1.60	3.34	0.50	0.27	9.42

（续表）

分类	作物	作物分类	品种	柯城区	衢江区	龙游县	江山市	常山县	开化县	合计
甘蔗	甘蔗	甘蔗	义红 1 号			0. 07		0. 16		0. 23
			兰溪白皮			0. 03	0. 22			0. 25
			本地紫红皮					0. 02		0. 02
			红皮甘蔗		0. 20				0. 09	0. 29
			本地红皮	0. 08			0. 12	0. 06		0. 26
			青皮甘蔗		0. 30				0. 09	0. 39
			小计	0. 08	0. 50	0. 10	0. 34	0. 24	0. 18	1. 44
高粱	高粱	高粱	湘两优糯粱 1 号		0. 20		0. 15	0. 06		0. 41
			红高粱						0. 04	0. 04
			湘两优糯粱 2 号				0. 18			0. 18
			小计		0. 20		0. 33	0. 06	0. 04	0. 63
花生	花生	花生	小京生	0. 03		0. 06	0. 05	0. 02		0. 16
			白沙 06		0. 20					0. 20
			大红袍				0. 15		0. 15	0. 30
			天府 10 号	0. 02				0. 06		0. 08
			天府 3 号			0. 25	0. 50			0. 75
			衢江黑花生		0. 50			0. 02		0. 52
			四粒红	0. 02						0. 02
			小计	0. 07	0. 70	0. 31	0. 70	0. 10	0. 15	2. 03
马铃薯	马铃薯	马铃薯	东农 303	0. 15	0. 20	0. 12	0. 45	0. 06	0. 08	1. 06
			克新 4 号		0. 20	0. 05				0. 25
			中薯 3 号	0. 18			0. 80		0. 10	1. 08
			克新 6 号		0. 10	0. 04				0. 14
			小计	0. 33	0. 50	0. 21	1. 25	0. 06	0. 18	2. 53
棉花	棉花	棉花	湘杂棉 3 号		0. 10			0. 02		0. 12
			慈抗杂 3 号		0. 10		0. 17	0. 04		0. 31
			鄂杂棉 10 号		0. 06					0. 06
			湘杂棉 8 号			0. 40	0. 52		0. 16	1. 08
			湘杂棉 11 号			0. 15				0. 15
			中棉所 29		0. 05	0. 15		0. 02		0. 22
			南农 6 号			0. 15	0. 05			0. 20
			中棉所 12	0. 04						0. 04
			浙凤棉 1 号			0. 20	0. 10		0. 08	0. 38
			中棉所 59		0. 10		0. 12			0. 22
			兴地棉 1 号		0. 10	0. 15				0. 25
			苏杂棉 3 号				0. 05			0. 05
			小计	0. 04	0. 51	1. 20	1. 01	0. 08	0. 24	3. 08

（续表）

分类	作物	作物分类	品种	柯城区	衢江区	龙游县	江山市	常山县	开化县	合计
豌豆	豌豆	豌豆	中豌 4 号	0.15	1.00	0.15	0.20	0.17	0.70	2.37
			中豌 6 号	0.13	0.60	0.08	0.20	0.08	0.50	1.59
			中豌 2 号	0.04						0.04
			浙豌 1 号				0.15		0.30	0.45
			小计	0.32	1.60	0.23	0.55	0.25	1.50	4.45
夏秋西瓜	夏秋西瓜	夏秋西瓜	早佳	0.05	1.30	0.35	0.15	0.46	0.08	2.39
			浙蜜 3 号		0.10	0.15	0.05	0.12	0.10	0.52
			平 87-14		0.50	0.40				0.90
			西农 8 号		0.50					0.50
			秀芳					0.18		0.18
			浙蜜 5 号		0.10	0.15				0.25
			京欣 1 号		0.30					0.30
			黑美人		0.10					0.10
			红玲			0.25				0.25
			特小凤		0.10					0.10
			早春红玉		0.10		0.10	0.35	0.05	0.60
			丰抗 8 号		0.10					0.10
			小兰					0.21		0.21
			拿比特		0.20		0.05	0.06	0.05	0.36
			抗病京欣		0.10					0.10
			极品小兰	0.02						0.02
			超甜地雷王	0.08						0.08
			小计	0.15	3.50	1.30	0.35	1.38	0.28	6.96
麻	麻	麻	苎麻						0.07	0.07
合计				5.56	48.31	33.05	36.42	15.81	17.18	156.33

资料来源：衢州市种子管理站“衢州市 2011 年晚秋作物主要品种面积汇总表”

表 7-79　2012 年春花作物主要品种面积统计表　　单位：万亩

作物	作物分类	品种	柯城区	衢江区	龙游县	江山市	常山县	开化县	合计
大麦	大麦	浙农大 3 号				0.1			0.1
		浙啤 3 号			0.06	0.05			0.11
		矮 209				0.03			0.03
		秀麦 11			0.05				0.05
		花 30			0.14				0.14
		小计			0.25	0.18			0.43
小麦	小麦	扬麦 11 号						0.06	0.06
		扬麦 12			0.13	0.35	0.34		0.82
		扬麦 158		0.1		0.15			0.25
		核组 8 号			0.04				0.04
		浙丰 2 号			0.25				0.25
		浙农大 105				0.1			0.1
		温麦 10 号	0.05	0.15	0.15				0.35
		小计	0.05	0.25	0.57	0.6	0.34	0.06	1.87

（续表）

作物	作物分类	品种	柯城区	衢江区	龙游县	江山市	常山县	开化县	合计
油菜	油菜	华油杂 95		0.1					0.1
		宁杂 19 号		0.5					0.5
		德油 8 号		0.5					0.5
		沪油 15 号				0.2	0.1		0.3
		沪油 16			0.8				0.8
		油研 10 号	0.2	2		0.2	0.3		2.7
		浙双 6 号				0.3	0.4		0.7
		浙双 72	0.55	0.5	6.32	3.1	1.1		11.57
		浙双 758			0.4	0.5			0.9
		浙大 619			0.3		0.8	4.3	5.4
		浙油 18		1	0.7	4.8	0.6	1.8	8.9
		浙油 50		0.2	1.25	3.05	0.7	2.3	7.5
		湘杂油 1 号					0.2		0.2
		秦油 8 号			0.6				0.6
		绵新油 68			0.8				0.8
		高油 605	0.23	1.5	2.55	1.5	0.8	2.5	9.08
		小计	0.98	6.3	13.72	13.65	5	10.9	50.55
蚕豆	蚕豆	利丰蚕豆	0.02						0.02
		慈溪大白蚕	0.05		0.05	0.3		0.2	0.6
		慈溪大粒	0.08						0.08
		日本寸蚕				0.05			0.05
		白花大粒				0.1	0.06		0.16
		青皮蚕豆		0.2	0.03	0.2	0.07	0.3	0.8
		小计	0.15	0.2	0.08	0.65	0.13	0.5	1.71
豌豆	豌豆	中豌 2 号	0.05						0.05
		中豌 4 号	0.12	1	0.28	0.25	0.24	0.2	2.09
		中豌 6 号	0.06	0.5	0.1	0.2	0.14	0.1	1.1
		浙豌 1 号	0.04			0.1			0.14
		青豆				0.05			0.05
		食荚豌豆	0.04			0.1			0.14
		小计	0.31	1.5	0.38	0.7	0.38	0.3	3.57
马铃薯	马铃薯	东农 303		0.1	0.3	0.6		0.15	1.15
		中薯 3 号	0.19			0.65	0.11		0.95
		克新 4 号	0.16	0.1	0.14	0.1		0.2	0.7
		小计	0.35	0.2	0.44	1.35	0.11	0.35	2.8

（续表）

作物	作物分类	品种	柯城区	衢江区	龙游县	江山市	常山县	开化县	合计
绿肥	绿肥	三叶草	0.07						0.07
		宁波种	0.1	0.1	0.35	3.5	0.8	0.2	5.05
		安徽种				0.2	0.5		0.7
		平湖种					0.3		0.3
		弋阳种				0.8	0.6	0.2	1.6
		浙紫5号		1.9		0.1			2
		苜蓿	0.81						0.81
		小计	0.98	2	0.35	4.6	2.2	0.4	10.53
牧草	牧草	墨西哥玉米	0.05	0.1		0.15		0.3	0.6
		紫色苜蓿	0.02			0.25			0.27
		苏丹草	0.06	0.2	0.13	0.3	0.04	0.2	0.93
		黑麦草	0.31	0.5	0.2	0.9	0.23	0.4	2.54
		小计	0.44	0.8	0.33	1.6	0.27	0.9	4.34
蔺草	蔺草							0	
合计			3.26	11.25	16.12	23.33	8.43	13.41	75.8

资料来源：衢州市种子管理站“2012年衢州春花作物主要品种面积”统计表

表7-80　2012年夏季作物主要品种面积统计表　　单位：万亩

作物	作物分类	品种	柯城区	衢江区	龙游县	江山市	常山县	开化县	合计
早稻	常规早稻	中嘉早17		3.5	1	3.9	0.5		8.9
		中嘉早32		0.5					0.5
		中早22			0.5	0.65			1.15
		中早39		3.5	1	5.11	0.3		9.91
		嘉育253			0.5	0.3			0.8
		甬籼15			0.3				0.3
		金早09		3.5		0.2			3.7
		金早47	0.32	3	9.3	4.1		0.3	17.02
		小计	0.32	14	12.6	14.26	0.8	0.3	42.28
	杂交早稻	Ⅱ优92				0.1			0.1
		株两优02		0.1		0.2	0.5		0.8
		株两优609				0.2	0.6		0.8
		金优402	0.1			0.25	1		1.35
		小计	0.1	0.1		0.75	2.1		3.05
	合计		0.42	14.1	12.6	15.01	2.9	0.3	45.33

（续表）

作物	作物分类	品种	柯城区	衢江区	龙游县	江山市	常山县	开化县	合计
春大豆	春大豆	六月半	0.45		0.1	0.1			0.65
		六月拔						0.02	0.02
		六月豆	0.25						0.25
		台湾 75		0.35	0.2	0.2	0.24		0.99
		引豆 9701	0.21	0.2	0.1	0.15	0.12		0.78
		日本青		0.1		0.15	0.05		0.3
		春丰早		0.1	0.2	0.15	0.03	0.04	0.52
		浙农 6 号			0.1	0.1	0.18		0.38
		浙农 8 号			0.1				0.1
		浙鲜豆 4 号				0.05			0.05
		浙鲜豆 5 号		0.2	0.1	0.2	0.12		0.62
		浙鲜豆 6 号		0.2			0.02		0.22
		浙鲜豆 7 号					0.02		0.02
		矮脚早				0.1			0.1
		矮脚毛豆				0.05			0.05
		苏豆 8 号	0.25						0.25
		辽鲜 1 号		0.3	0.25	0.45		0.05	1.05
		青酥 2 号		0.2		0.05			0.25
		小计	1.16	1.65	1.15	1.75	0.78	0.11	6.6
春玉米	普通春玉米	丹玉 13		0.1		0.15			0.25
		丹玉 26		0.3					0.3
		农大 108		0.2	0.06	0.15		0.3	0.71
		掖单 13				0.1			0.1
		济单 7 号		0.5	0.03	0.45	0.05	0.6	1.63
		浚单 18		0.2		0.05			0.25
		苏玉 10 号				0.05	0.01	0.5	0.56
		苏玉 1 号				0.1			0.1
		郑单 958			0.1	0.2	0.12	0.6	1.02
		小计		1.3	0.19	1.25	0.18	2	4.92
	春糯玉米	中糯 301		0.05					0.05
		京甜紫花糯	0.12	0.1					0.22
		京科糯 2000				0.1			0.1
		杭玉糯 1 号		0.05		0.1			0.15
		沪玉糯 1 号			0.04	0.1			0.14
		沪玉糯 3 号		0.05	0.05				0.1
		浙凤糯 2 号		0.15		0.15	0.02		0.32
		浙凤糯 5 号				0.1			0.1
		浙糯玉 1 号		0.05		0.1			0.15
		燕禾金 2000		0.2		0.1			0.3
		燕禾金 2005		0.3		0.1			0.4

（续表）

作物	作物分类	品种	柯城区	衢江区	龙游县	江山市	常山县	开化县	合计
春玉米	春糯玉米	珍糯2号		0.4					0.4
		白玉糯						0.03	0.03
		科糯98-6		0.2	0.18	0.25	0.02		0.65
		美玉7号	0.12			0.1			0.22
		美玉8号				0.2	0.04		0.24
		脆甜糯5号	0.15						0.15
		苏玉糯1号				0.1			0.1
		苏玉糯2号		0.1				0.05	0.15
		都市丽人				0.1			0.1
		小计	0.39	1.65	0.27	1.6	0.08	0.08	4.07
	春甜玉米	万甜2000	0.11	0.05	0.05			0.12	0.33
		先甜5号					0.02		0.02
		华珍					0.03	0.1	0.13
		嵊科甜208		0.05					0.05
		浙凤甜2号				0.01	0.03		0.04
		浙甜2018			0.03	0.01			0.04
		浙甜4号				0.01			0.01
		绿色超人		0.05				0.1	0.15
		美晶		0.05					0.05
		超甜3号		0.05	0.07				0.12
		超甜4号				0.01			0.01
		小计	0.11	0.25	0.15	0.04	0.08	0.32	0.95
	合计		0.5	3.2	0.61	2.89	0.34	2.4	9.94
西瓜	西瓜	丰抗1号		0.05	0.08				0.13
		丰抗8号		0.05					0.05
		丽芳					0.02		0.02
		京欣一号		0.05	0.05	0.1			0.2
		佳乐		0.05					0.05
		小兰					0.01		0.01
		巨龙		0.05					0.05
		平87-14		0.05	0.07	0.2			0.32
		抗病京欣		0.05					0.05
		拿比特					0.05		0.05
		早佳	0.12	1	0.35	0.6	0.45	0.02	2.54
		早春红玉				0.2	0.42		0.62
		欣抗		0.25					0.25
		浙蜜3号		0.05	0.06		0.05		0.16
		浙蜜5号		0.05					0.05
		特小凤					0.01		0.01
		秀芳				0.1			0.1

（续表）

作物	作物分类	品种	柯城区	衢江区	龙游县	江山市	常山县	开化县	合计
西瓜	西瓜	科农九号						0.03	0.03
		红玲			0.08				0.08
		美抗6号		0.05					0.05
		美抗九号		0.1	0.07				0.17
		西农8号		0.05				0.06	0.11
		西域星		0.05					0.05
		小计	0.12	1.95	0.76	1.2	1.01	0.11	5.15
合计			2.2	20.9	15.12	20.85	5.03	2.92	67.02

资料来源：衢州市种子管理站“2012年衢州夏季作物主要品种面积”统计表

表7-81　2012年晚秋作物主要品种面积统计表　　单位：万亩

分类	作物	作物分类	品种	柯城区	衢江区	龙游县	江山市	常山县	开化县	合计
夏秋玉米	普通夏秋玉米	普通夏秋玉米	农大108		0.2	0.12	0.18		0.3	0.8
			丹玉13		0.1					0.1
			苏玉1号				0.1			0.1
			苏玉2号		0.3					0.3
			济单7号		0.8	0.18	0.22	0.02	0.6	1.82
			郑单958	0.05		0.12	0.2	0.08	0.5	0.95
			丹玉26		0.8					0.8
			浚单18				0.05			0.05
			登海605	0.04					0.2	0.24
			小计	0.09	2.2	0.42	0.75	0.1	1.6	5.16
	夏秋糯玉米	夏秋糯玉米	苏玉糯1号			0.02			0.4	0.42
			科糯98-6		0.3	0.03	0.05	0.01		0.39
			浙凤糯2号				0.15	0.01	0.3	0.46
			美玉8号	0.04	0.1		0.2	0.04		0.38
			燕禾金2000	0.03	0.2		0.05			0.28
			京科糯2000	0.05	0.5		0.05			0.6
			沪玉糯1号	0.01			0.05			0.06
			都市丽人				0.05			0.05
			美玉3号				0.05			0.05
			京甜紫花糯	0.15	0.1					0.25
			沪玉糯3号		0.1					0.1
			珍珠糯		0.5					0.5
			万糯			0.02				0.02
			中糯301		0.1					0.1
			天糯一号	0.03						0.03
			京糯208	0.04						0.04
			小计	0.35	1.9	0.07	0.65	0.06	0.7	3.73

（续表）

分类	作物	作物分类	品种	柯城区	衢江区	龙游县	江山市	常山县	开化县	合计
夏秋玉米	夏秋甜玉米	夏秋甜玉米	超甜 3 号		0. 3	0. 03				0. 33
			浙甜 2018	0. 06	0. 1		0. 01			0. 17
			华珍			0. 01	0. 01	0. 05	0. 1	0. 17
			浙凤甜 2 号				0. 01	0. 02		0. 03
			金凤 5 号		0. 1					0. 1
			超甜 2000	0. 03	0. 1					0. 13
			金银蜜脆	0. 02						0. 02
			万甜 2000		0. 3				0. 2	0. 5
			超甜 15		0. 1					0. 1
			浙甜 2088	0. 02						0. 02
			绿色超人		0. 1				0. 15	0. 25
			小计	0. 13	1. 1	0. 04	0. 03	0. 07	0. 45	1. 82
	合计			0. 57	5. 2	0. 53	1. 43	0. 23	2. 75	10. 71
夏秋大豆	夏秋大豆	夏秋大豆	六月半	0. 6	0. 8	0. 2	0. 1	0. 05		1. 75
			八月拔	0. 2			0. 1		0. 05	0. 35
			衢鲜 1 号		1. 4	0. 4	0. 2	0. 65	0. 03	2. 68
			高雄 2 号		0. 2	0. 15				0. 35
			浙春 2 号				0. 15			0. 15
			衢秋 2 号			0. 15				0. 15
			矮脚毛豆				0. 05		0. 03	0. 08
			春丰早		0. 2					0. 2
			辽鲜 1 号		0. 3		0. 05		0. 02	0. 37
			浙秋豆 2 号				0. 25		0. 04	0. 29
			皖豆 15	0. 15						0. 15
			诱处 4 号	0. 1						0. 1
			十月拔	0. 1						0. 1
			华春 18	0. 2						0. 2
			衢鲜 2 号		2. 3	0. 5	0. 63	1. 9		5. 33
			开交 8157	0. 15						0. 15
			衢鲜 3 号		1. 2	0. 3	0. 2	0. 65		2. 35
			衢鲜 5 号		0. 3	0. 1		0. 1		0. 5
			小计	1. 5	6. 7	1. 8	1. 73	3. 35	0. 17	15. 25
晚稻	常规晚稻	单季晚粳	秀水 09			0. 2				0. 2
			浙粳 22			0. 15				0. 15
			秀水 123			0. 02				0. 02
			秀水 110			0. 13				0. 13
			浙粳 30			0. 1				0. 1
			秀水 134			0. 12		0. 24		0. 36
			小计			0. 72		0. 24		0. 96

（续表）

分类	作物	作物分类	品种	柯城区	衢江区	龙游县	江山市	常山县	开化县	合计
晚稻	常规晚稻	连作晚粳	浙粳 22	0.04	1	0.05	0.21			1.3
			秀水 09			0.08				0.08
			秀水 110			0.07				0.07
			秀水 123		0.1					0.1
			浙粳 30			0.06				0.06
			秀水 134			0.5				0.5
			小计	0.04	1.1	0.76	0.21			2.11
		晚籼	湘晚籼 3 号					0.02		0.02
			黄华占			0.2				0.2
			小计			0.2		0.02		0.22
		晚糯	浙糯 5 号						0.1	0.1
			绍糯 9714	0.1	3.2	2.6	0.91	0.12		6.93
			甬糯 34		1	0.3				1.3
			祥湖 301			0.35	0.72		0.2	1.27
			浙糯 36				0.2			0.2
			甬糯 5 号				0.28			0.28
			小计	0.1	4.2	3.25	2.11	0.12	0.3	10.08
		合计		0.14	5.3	4.93	2.32	0.38	0.3	13.37
	杂交晚稻	单季杂交晚粳	嘉优 2 号		0.1					0.1
			嘉乐优 2 号				0.05			0.05
			甬优 9 号		0.5	1.32	0.485	0.28		2.585
			浙优 10 号		0.1					0.1
			甬优 12		0.6	1.8	0.815			3.215
			甬优 15	0.3	0.6	0.3			0.3	1.5
			小计	0.3	1.9	3.42	1.35	0.28	0.3	7.55
		连作杂交晚粳	甬优 9 号			1.9				1.9
		单季杂交晚籼	中浙优 1 号	0.6	4	1	2.48	1.5	2.6	12.18
			两优培九		0.5	0.5	2.01	0.8	1.1	4.91
			中浙优 8 号	0.4	2	1.1	0.59	1.1	0.2	5.39
			扬两优 6 号			0.3	0.25	0.2		0.75
			新两优 6 号	0.2	1	0.5	0.66	0.22		2.58
			丰两优香 1 号			0.4	0.22	0.24		0.86
			丰两优 1 号			0.3	0.23			0.53
			钱优 1 号				0.67	0.15		0.82
			两优 0293			0.2				0.2
			Ⅱ优 906						1.5	1.5
			菲优 600				0.37			0.37
			丰优 191			0.1				0.1
			E 福丰优 11		1	0.1	0.25			1.35
			Ⅱ优 7954			0.5				0.5

（续表）

分类	作物	作物分类	品种	柯城区	衢江区	龙游县	江山市	常山县	开化县	合计
晚稻	杂交晚稻	单季杂交晚籼	Ⅱ优 084			0.4				0.4
			川香优 6 号		0.2					0.2
			川香优 2 号		0.3					0.3
			协优 728		0.4					0.4
			金优 987		1.5					1.5
			Y 两优 1 号			0.2	0.29		0.3	0.79
			两优 6326		0.8	0.3				1.1
			中优 1176				0.27			0.27
			Ⅱ优 162		0.2					0.2
			中优 6 号				0.21			0.21
			两优 363			0.9	0.48			1.38
			丰优 22		0.2					0.2
			珞优 8 号				0.15			0.15
			中百优 1 号				0.27			0.27
			钱优 0508			0.5	0.57			1.07
			华优 18		0.1					0.1
			C 两优 87					0.05		0.05
			D 优 781		0.3					0.3
			华优 2 号		0.2					0.2
			钱优 0612				0.76			0.76
			内 2 优 3015		0.1					0.1
			Y 两优 689				0.44	0.6	1.5	2.54
			两优 688					0.05		0.05
			C 两优 396			1	0.26		1.1	2.36
			内 5 优 8015			0.7	0.73	0.05	1.6	3.08
			深两优 5814		0.3	0.4		0.22		0.92
			中浙优 10 号	0.3						0.3
			Y 两优 9918		0.2					0.2
			小计	1.5	13.3	9.4	12.16	5.18	9.9	51.44
		连作杂交晚籼	金优 987		0.5					0.5
			新两优 6 号		1.5	0.2	1.81			3.51
			钱优 1 号		1.5		2.37	1.6		5.47
			Ⅱ优 92				0.88		0.2	1.08
			中浙优 1 号			0.6				0.6
			丰优 191				0.11			0.11
			天优 998				0.22	0.36		0.58
			丰两优 1 号			0.1	0.35			0.45
			金优 207					1.2		1.2
			协优 315				0.3			0.3
			国稻 1 号				0.58			0.58
			两优 363			1.09	0.23			1.32
			天优华占			0.1	0.47	0.46	0.3	1.33
			扬两优 6 号			0.4				0.4

（续表）

分类	作物	作物分类	品种	柯城区	衢江区	龙游县	江山市	常山县	开化县	合计
晚稻	杂交晚稻	连作杂交晚籼	丰两优香 1 号			0. 8	0. 14			0. 94
			中百优 1 号				0. 2			0. 2
			岳优 9113		1	0. 15	0. 36			1. 51
			钱优 0506				0. 71	0. 05		0. 76
			钱优 0618				0. 3			0. 3
			内 2 优 111				0. 37			0. 37
			中优 9 号				0. 32			0. 32
			钱优 2 号				0. 29			0. 29
			泸香 658		0. 3					0. 3
			钱优 0508		0. 5	1. 2				1. 7
			小计		5. 3	4. 64	10. 01	3. 67	0. 5	24. 12
		杂交晚糯	甬优 5 号		0. 2		0. 12			0. 32
			甬优 10 号			0. 3	0. 165	0. 08		0. 545
			小计		0. 2	0. 3	0. 285	0. 08		0. 865
		合计		1. 8	20. 7	19. 66	23. 805	9. 21	10. 7	85. 875
	合计			1. 94	26	24. 59	26. 125	9. 59	11	99. 245
甘薯	甘薯	甘薯	徐薯 18		0. 5	0. 65	1. 17	0. 07		2. 39
			浙薯 13		0. 5	0. 45		0. 08		1. 03
			南薯 88				0. 465			0. 465
			浙薯 1 号	0. 2					0. 3	0. 5
			心香		1. 9	0. 74	0. 83	0. 36		3. 83
			浙薯 132		0. 3					0. 3
			浙薯 6025				0. 22			0. 22
			紫薯 1 号		0. 3		0. 33		0. 05	0. 68
			浙薯 75		0. 5					0. 5
			浙 6025				0. 1			0. 1
			浙薯 3 号	0. 21						0. 21
			小计	0. 41	4	1. 84	3. 115	0. 51	0. 35	10. 225
甘蔗	甘蔗	甘蔗	义红 1 号			0. 08		0. 16		0. 24
			兰溪白皮			0. 03	0. 17			0. 2
			红皮甘蔗	0. 05	0. 2		0. 15		0. 3	0. 7
			本地红皮				0. 1	0. 08		0. 18
			青皮甘蔗		0. 3				0. 7	1
			小计	0. 05	0. 5	0. 11	0. 42	0. 24	1	2. 32
高粱	高粱	高粱	湘两优糯粱 1 号	0. 1	0. 2		0. 17	0. 06		0. 53
			红高粱						0. 05	0. 05
			湘两优糯粱 2 号				0. 21			0. 21
			小计	0. 1	0. 2		0. 38	0. 06	0. 05	0. 79
花生	花生	花生	小京生	0. 05		0. 08	0. 05	0. 04		0. 22
			白沙 06		0. 2					0. 2
			大红袍				0. 2		0. 02	0. 22
			天府 10 号					0. 04		0. 04
			天府 3 号			0. 23	0. 55			0. 78

（续表）

分类	作物	作物分类	品种	柯城区	衢江区	龙游县	江山市	常山县	开化县	合计
花生	花生	花生	衢江黑花生	0.1	0.6			0.02		0.72
			四粒红	0.02						0.02
			小计	0.17	0.8	0.31	0.8	0.1	0.02	2.2
马铃薯	马铃薯	马铃薯	东农 303	0.1	0.2	0.13			0.06	0.49
			克新 4 号	0.1	0.2	0.03				0.33
			中薯 3 号					0.06	0.03	0.09
			克新 6 号		0.2					0.2
			小计	0.2	0.6	0.16		0.06	0.09	1.11
棉花	棉花	棉花	湘杂棉 3 号	0.01	0.1				0.15	0.26
			慈抗杂 3 号		0.1		0.22	0.02		0.34
			鄂杂棉 10 号		0.05	0.45				0.5
			湘杂棉 8 号			0.55	0.51	0.06		1.12
			中棉所 29		0.05					0.05
			浙凤棉 1 号				0.1		0.15	0.25
			中棉所 59		0.1		0.1			0.2
			兴地棉 1 号		0.1	0.2				0.3
			苏杂棉 3 号				0.05			0.05
			小计	0.01	0.5	1.2	0.98	0.08	0.3	3.07
豌豆	豌豆	豌豆	中豌 4 号	0.15	0.8	0.12	0.15	0.12	0.08	1.42
			中豌 6 号	0.13	0.6	0.08	0.2	0.14	0.05	1.2
			中豌 2 号	0.1						0.1
			浙豌 1 号				0.15		0.03	0.18
			小计	0.38	1.4	0.2	0.5	0.26	0.16	2.9
夏秋西瓜	夏秋西瓜	夏秋西瓜	早佳	0.15	1.3	0.3	0.1	0.56	0.06	2.47
			浙蜜 3 号		0.1	0.15	0.05	0.14	0.01	0.45
			平 87-14		0.5	0.45	0.1			1.05
			西农 8 号		0.5				0.05	0.55
			秀芳					0.12		0.12
			浙蜜 5 号			0.1				0.1
			京欣 1 号		0.3					0.3
			黑美人		0.1					0.1
			红玲			0.2				0.2
			特小凤		0.1					0.1
			早春红玉		0.1		0.1	0.36	0.05	0.61
			丰抗 8 号		0.1					0.1
			小兰					0.12		0.12
			拿比特		0.1			0.06	0.05	0.21
			抗病京欣		0.2					0.2
			小计	0.15	3.4	1.2	0.35	1.36	0.22	6.68
麻	麻	麻	苎麻						0.08	0.08
合计				5.48	49.3	31.94	35.83	15.84	16.19	154.58

资料来源：衢州市种子管理站“2012 年衢州晚秋作物主要品种面积”统计表

表 7-82　2013 年春花作物主要品种面积统计表　　单位：万亩

作物	作物分类	品种	柯城区	衢江区	龙游县	江山市	常山县	开化县	合计
大麦	大麦	浙农大 3 号				0.05			0.05
		浙啤 33				0.05			0.05
		浙啤 3 号			0.06	0.05			0.11
		矮 209				0.03			0.03
		秀麦 11			0.11				0.11
		花 30			0.07				0.07
		小计			0.24	0.18			0.42
小麦	小麦	扬麦 11 号						0.08	0.08
		扬麦 12			0.25	0.15	0.23		0.63
		扬麦 158		0.10		0.10	0.11		0.31
		核组 8 号			0.03				0.03
		温麦 10 号		0.15	0.29	0.05			0.49
		小计		0.25	0.57	0.30	0.34	0.08	1.54
油菜	油菜	中双 9 号				0.15			0.15
		农华油 101				0.05			0.05
		华油杂 95		0.50					0.50
		宁杂 19 号		0.50					0.50
		德油 8 号		0.50					0.50
		沪油 15 号				0.20			0.20
		沪油 21			1.20				1.20
		沪油杂 1 号				0.20			0.20
		油研 10 号		2.00		0.20	0.20		2.40
		油研 9 号	0.60						0.60
		浙双 6 号				0.30	0.10		0.40
		浙双 72	0.80	0.70	4.70	0.50	0.80		7.50
		浙双 758				0.30			0.30
		浙大 619		1.50	1.50	3.05	2.10	4.30	12.45
		浙油 18		0.25		4.30	0.60	2.50	7.65
		浙油 50	0.75	1.50	0.70	3.25	0.80	3.00	10.00
		秦油 8 号			0.70				0.70
		绵新油 68			1.10				1.10
		绵新油 78			1.25				1.25
		高油 605		0.80	2.00	1.10	0.50	1.30	5.70
		小计	2.15	8.25	13.15	13.60	5.10	11.10	53.35
蚕豆	蚕豆	慈溪大白蚕	0.12		0.08	0.35		0.20	0.75
		慈溪大粒	0.10						0.10
		日本寸蚕				0.05			0.05
		白花大粒				0.10	0.06		0.16
		青皮蚕豆		0.20	0.05	0.15	0.06	0.10	0.56
		小计	0.22	0.20	0.13	0.65	0.12	0.30	1.62

（续表）

作物	作物分类	品种	柯城区	衢江区	龙游县	江山市	常山县	开化县	合计
豌豆	豌豆	中豌4号	0.08	0.80	0.41	0.15	0.25	0.15	1.84
		中豌6号	0.04	0.50	0.15	0.15	0.12	0.10	1.06
		浙豌1号				0.15			0.15
		青豆				0.05			0.05
		食荚豌豆				0.10			0.10
		小计	0.12	1.30	0.56	0.60	0.37	0.25	3.20
马铃薯	马铃薯	东农303	0.28	0.10	0.39	0.50		0.15	1.42
		中薯3号				0.55	0.10	0.15	0.80
		克新2号				0.10			0.10
		克新4号	0.20	0.10	0.18	0.15			0.63
		小计	0.48	0.20	0.57	1.30	0.10	0.30	2.95
绿肥	绿肥	三叶草	0.04						0.04
		宁波种		0.10	0.35	2.85	1.00	0.20	4.50
		安徽种				0.15	0.60	0.10	0.85
		弋阳种	0.15			0.75	0.50	0.10	1.50
		浙紫5号		1.90		0.10			2.00
		小计	0.19	2.00	0.35	3.85	2.10	0.40	8.89
牧草	牧草	墨西哥玉米		0.10		0.15		0.04	0.29
		紫色苜蓿				0.35			0.35
		苏丹草		0.20	0.12	0.25	0.06		0.63
		黑麦草	0.52	0.50	0.21	0.50	0.25	0.05	2.03
		小计	0.52	0.80	0.33	1.25	0.31	0.09	3.30
蔺草	蔺草								0.00
合计			3.68	13.00	15.90	21.73	8.44	12.52	75.27

资料来源：衢州市种子管理站“2013年衢州春花作物主要品种面积”统计表

表7-83　2013年夏季作物主要品种面积统计表　　单位：万亩

作物	作物分类	品种	柯城区	衢江区	龙游县	江山市	常山县	开化县	合计
早稻	常规早稻	中嘉早17	0.30	4.50	3.50	4.50	0.80		13.60
		中早35				0.50			0.50
		中早39		5.00	1.50	5.50		0.30	12.30
		嘉育253			0.30				0.30
		温814		0.40		0.50			0.90
		甬籼15			0.60				0.60
		金早09	0.50	3.00	0.50				4.00
		金早47	0.10	2.50	6.40	3.40			12.40
		小计	0.90	15.40	12.80	14.40	0.80	0.30	44.60

（续表）

作物	作物分类	品种	柯城区	衢江区	龙游县	江山市	常山县	开化县	合计
早稻	杂交早稻	T优15				0.02			0.02
		两优6号	0.02						0.02
		威优402				0.02			0.02
		株两优02				0.03			0.03
		株两优609				0.03	0.07		0.10
		陆两优173				0.01			0.01
		陵两优104		0.20		0.02			0.22
		陵两优268			0.03	0.02			0.05
		小计	0.02	0.20	0.03	0.15	0.07		0.47
	合计		0.92	15.60	12.83	14.55	0.87	0.30	45.07
春大豆	春大豆	五月拔						0.05	0.05
		六月半	0.20		0.10				0.30
		六月拔	0.30						0.30
		六月豆				0.15		0.03	0.18
		台湾292				0.05			0.05
		台湾75		0.35	0.25	0.15	0.22		0.97
		开交8157				0.05			0.05
		引豆1号	0.30						0.30
		引豆9701	0.50	0.20	0.18	0.15	0.06		1.09
		日本青		0.10			0.05		0.15
		春丰早		0.10	0.20	0.15	0.08		0.53
		沪宁95-1			0.02		0.05		0.07
		浙农6号			0.12	0.15	0.18		0.45
		浙鲜豆3号				0.10			0.10
		浙鲜豆5号		0.20	0.05	0.15	0.10		0.50
		浙鲜豆6号		0.20			0.03		0.23
		浙鲜豆7号					0.02		0.02
		矮脚早				0.10			0.10
		矮脚毛豆				0.10			0.10
		辽鲜1号		0.30	0.21	0.30		0.04	0.85
		青酥2号		0.20		0.10			0.30
		小计	1.30	1.65	1.13	1.70	0.79	0.12	6.69
春玉米	普通春玉米	农大108		0.10	0.05	0.10		0.20	0.45
		济单7号		1.00	0.04	0.45	0.06	0.70	2.25
		浚单18		0.10		0.05			0.15
		登海605			0.01	0.05		0.30	0.36
		苏玉10号		0.20		0.05	0.02	0.50	0.77
		蠡玉35				0.05			0.05
		郑单958		0.20	0.10	0.25	0.10	0.80	1.45
		小计		1.60	0.20	1.00	0.18	2.50	5.48

（续表）

作物	作物分类	品种	柯城区	衢江区	龙游县	江山市	常山县	开化县	合计
春玉米	春糯玉米	中糯 301		0.10					0.10
		京甜紫花糯	0.05	0.05					0.10
		京科糯 2000	0.15	0.20					0.35
		杭玉糯 1 号				0.10			0.10
		沪玉糯 1 号			0.03	0.05			0.08
		沪玉糯 3 号		0.05					0.05
		浙凤糯 2 号			0.09	0.10	0.04		0.23
		浙大糯玉 2 号				0.05			0.05
		浙糯玉 1 号				0.05			0.05
		浙糯玉 4 号		0.02			0.02	0.05	0.09
		浙糯玉 6 号	0.02	0.02		0.02	0.02	0.07	0.15
		燕禾金 2000		0.20	0.03	0.05			0.28
		燕禾金 2005		0.40		0.05		0.02	0.47
		珍珠糯玉米				0.05			0.05
		珍糯 2 号		0.30					0.30
		科糯 98-6		0.10	0.11	0.05	0.02		0.28
		美玉 3 号	0.10						0.10
		美玉 6 号		0.10					0.10
		美玉 8 号		0.10		0.10	0.02	0.02	0.24
		苏玉糯 2 号		0.10				0.03	0.13
		都市丽人				0.05			0.05
		金银糯				0.05			0.05
		钱江糯 1 号				0.05			0.05
		小计	0.32	1.74	0.26	0.82	0.12	0.19	3.45
	春甜玉米	万甜 2000		0.05	0.05			0.10	0.20
		先甜 5 号					0.02		0.02
		华珍			0.03	0.01	0.06	0.08	0.18
		嵊科甜 208		0.05					0.05
		浙丰甜 2 号	0.05						0.05
		浙凤甜 2 号			0.02	0.01	0.02		0.05
		浙甜 2018		0.05		0.01			0.06
		浙甜 6 号	0.02	0.05		0.01	0.02	0.02	0.12
		科甜 2 号		0.05					0.05
		绿色超人		0.05				0.10	0.15
		美晶	0.05						0.05
		超甜 135		0.02		0.01	0.02	0.03	0.08
		超甜 3 号	0.02	0.05	0.04	0.01	0.02	0.02	0.16
		超甜 4 号	0.02			0.01	0.02		0.05
		小计	0.16	0.37	0.14	0.07	0.18	0.35	1.27
	合计		0.48	3.71	0.60	1.89	0.48	3.04	10.20

（续表）

作物	作物分类	品种	柯城区	衢江区	龙游县	江山市	常山县	开化县	合计
西瓜	西瓜	丰抗1号		0.05	0.07				0.12
		丰抗8号		0.05		0.05			0.10
		丽芳					0.10		0.10
		京欣一号		0.05	0.03	0.05			0.13
		佳乐		0.05					0.05
		利丰1号		0.10					0.10
		利丰2号		0.10					0.10
		小兰					0.02		0.02
		巨龙		0.05					0.05
		平87-14	0.15	0.05	0.05	0.25			0.50
		抗病京欣		0.05		0.05			0.10
		拿比特				0.15	0.05		0.20
		新澄				0.05			0.05
		新金兰					0.02		0.02
		早佳		1.00	0.38	0.45	0.62	0.03	2.48
		早春红玉			0.02	0.10	0.18		0.30
		欣抗		0.25					0.25
		浙蜜3号		0.05	0.05	0.10			0.20
		浙蜜5号		0.05					0.05
		特小凤				0.05	0.02		0.07
		科农九号		0.10				0.08	0.18
		红玲			0.06				0.06
		美抗6号		0.05					0.05
		美抗九号		0.10	0.10				0.20
		西农8号		0.05		0.10		0.04	0.19
		西域星		0.05					0.05
		小计	0.15	2.25	0.76	1.40	1.01	0.15	5.72
合计			2.85	23.21	15.32	19.54	3.15	3.61	67.68

资料来源：衢州市种子管理站“2013年衢州夏季作物主要品种面积”统计表

表7-84　2013年晚秋作物主要品种面积统计表　　单位：万亩

分类	作物	作物分类	品种	柯城区	衢江区	龙游县	江山市	常山县	开化县	合计
夏秋玉米	普通夏秋玉米	普通夏秋玉米	农大108			0.19			0.20	0.39
			济单7号		0.10	0.15	0.45	0.04	0.70	1.44
			郑单958	0.03	0.10	0.07		0.07	0.80	1.07
			丹玉26		0.10					0.10
			蠡玉35				0.10			0.10
			苏玉21		0.10					0.10
			浚单18				0.15			0.15
			登海605			0.02	0.25		0.50	0.77
			承玉19		0.10					0.10
			小计	0.03	0.50	0.43	0.95	0.11	2.20	4.22

（续表）

分类	作物	作物分类	品种	柯城区	衢江区	龙游县	江山市	常山县	开化县	合计
夏秋玉米	夏秋糯玉米	夏秋糯玉米	苏玉糯 1 号				0.05			0.05
			苏玉糯 2 号			0.07			0.05	0.12
			科糯 98-6	0.05	0.10	0.10	0.05	0.01		0.31
			浙凤糯 2 号				0.05		0.03	0.08
			美玉 8 号	0.10	0.10		0.05	0.05	0.03	0.33
			燕禾金 2000	0.12	0.20		0.05			0.37
			京科糯 2000		0.20		0.05			0.25
			都市丽人				0.05			0.05
			美玉 3 号	0.03						0.03
			京甜紫花糯		0.10					0.10
			杭玉糯 1 号			0.02	0.05			0.07
			沪玉糯 3 号		0.10					0.10
			丽晶			0.01				0.01
			万糯				0.05			0.05
			浙糯玉 5 号		0.10	0.01	0.05			0.16
			美玉 13 号				0.05			0.05
			珍糯 2 号		0.20					0.20
			小计	0.30	1.10	0.21	0.55	0.06	0.11	2.33
	夏秋甜玉米	夏秋甜玉米	超甜 3 号			0.01				0.01
			浙甜 2018				0.01			0.01
			华珍	0.05	0.01	0.02	0.01	0.04	0.08	0.21
			浙凤甜 2 号				0.01	0.03		0.04
			万甜 2000		0.01				0.07	0.08
			金凤甜 5 号		0.01					0.01
			绿色超人		0.01				0.04	0.05
			嵊科金银 838		0.01					0.01
			小计	0.05	0.05	0.03	0.03	0.07	0.19	0.42
	合计			0.38	1.65	0.67	1.53	0.24	2.50	6.97
夏秋大豆	夏秋大豆	夏秋大豆	台湾 75				0.10	0.05		0.15
			六月半	0.10	0.40	0.18	0.20	0.05		0.93
			八月拔	0.10			0.20		0.05	0.35
			衢鲜 1 号		1.10	0.38	0.10	0.32	0.04	1.94
			高雄 2 号		0.10	0.12				0.22
			引豆 9701				0.10			0.10
			衢秋 2 号			0.18				0.18
			春丰早						0.05	0.05
			辽鲜 1 号				0.20		0.13	0.33
			浙秋豆 2 号						0.03	0.03
			萧垦 8901				0.10			0.10
			衢鲜 2 号		1.40	0.61		0.82		2.83
			衢鲜 3 号	0.30	1.60	0.35		1.16		3.41
			萧农秋艳				0.15			0.15
			衢鲜 5 号	0.30	0.70	0.12		0.45		1.57
			小计	0.80	5.30	1.94	1.15	2.85	0.30	12.34
	合计			0.80	5.30	1.94	1.15	2.85	0.30	12.34

（续表）

分类	作物	作物分类	品种	柯城区	衢江区	龙游县	江山市	常山县	开化县	合计
晚稻	常规晚稻	单季晚粳	秀水 09			0.20				0.20
			秀水 123			0.02				0.02
			秀水 134		0.30	0.48		0.20		0.98
			小计		0.30	0.70		0.20		1.20
		连作晚粳	浙粳 22		0.10					0.10
			秀水 09			0.03	0.03			0.06
			秀水 03				0.03			0.03
			原粳 35	0.05						0.05
			秀水 134		0.30	0.50				0.80
			小计	0.05	0.40	0.53	0.06			1.04
		晚籼	黄华占			0.10				0.10
			小计			0.10				0.10
		晚糯	绍糯 9714	0.10	1.00	2.58	1.12	0.14	0.20	5.14
			祥湖 914						0.10	0.10
			甬糯 34		1.50	0.34				1.84
			祥湖 301			0.80	0.37			1.17
			小计	0.10	2.50	3.72	1.49	0.14	0.30	8.25
		合计		0.15	3.20	5.05	1.55	0.34	0.30	10.59
	杂交晚稻	单季杂交晚粳	嘉优 2 号				0.02			0.02
			秀优 5 号				0.03			0.03
			甬优 9 号	0.40	3.50	1.65	1.02	0.26		6.83
			浙优 12 号				0.05			0.05
			嘉优 5 号		0.05		0.02			0.07
			甬优 12	0.20	0.50	1.50	0.51	0.22		2.93
			甬优 15	0.15	3.00	0.60	0.63	0.36	0.50	5.24
			甬优 17		0.10					0.10
			浙优 18		0.20	0.01	0.05			0.26
			春优 84		0.30	0.48	0.45	0.12		1.35
			甬优 538		0.05					0.05
			小计	0.75	7.70	4.24	2.78	0.96	0.50	16.93
		连作杂交晚粳	甬优 9 号		0.10	2.35				2.45
			甬优 8 号				0.04			0.04
			甬优 15			1.00				1.00
			浙优 18			0.01				0.01
			小计		0.10	3.36	0.04		0.50	3.50
		单季杂交晚籼	中浙优 1 号	0.15	2.50	0.50	1.26	0.96	3.80	9.17
			两优培九	0.10	0.10	0.10	0.50	0.32	3.30	4.42
			中浙优 8 号	0.70	1.50	0.96	1.31	0.78		5.25
			扬两优 6 号			0.15	0.10	0.24		0.49
			新两优 6 号		0.40	0.14		0.30		0.84
			丰两优香 1 号			0.26		0.22		0.48

（续表）

分类	作物	作物分类	品种	柯城区	衢江区	龙游县	江山市	常山县	开化县	合计
晚稻	杂交晚稻	单季杂交晚籼	丰两优 1 号	0.10		0.13	0.33			0.56
			钱优 1 号		0.30			0.26		0.56
			国丰一号				0.20			0.20
			Ⅱ优 906						0.80	0.80
			E 福丰优 11		0.30		0.20			0.50
			Ⅱ优航 1 号				0.05			0.05
			川香优 6 号		0.10		0.05			0.15
			天优 998					0.32		0.32
			金优 987		0.10					0.10
			Ⅱ优 1273		0.10					0.10
			Y 两优 1 号		0.60	0.16	1.00		0.50	2.26
			两优 6326		0.50	0.25	0.08			0.83
			准两优 527					0.05		0.05
			Ⅱ优 2070			1.10				1.10
			Ⅱ优 8006				0.20			0.20
			Ⅱ优 6216		0.30					0.30
			丰优 22		0.10			0.04		0.14
			珞优 8 号				0.15			0.15
			浙辐两优 12					0.05		0.05
			钱优 0508			0.13				0.13
			C 两优 87			0.30	0.25	0.05		0.60
			Y 两优 689		1.00		1.25	0.24	1.60	4.09
			Y 两优 5867				0.40			0.40
			新两优 223				0.13	0.02		0.15
			C 两优 396			0.50	0.40		1.20	2.10
			C 两优 608			0.36	0.75	0.05		1.16
			C 两优 343				0.15			0.15
			内 5 优 8015			0.90	0.55		1.50	2.95
			新两优 343		0.10		0.15			0.25
			Y 两优 302				0.50			0.50
			深两优 5814			0.40	1.50	0.32		2.22
			中浙优 10 号				0.03			0.03
			钱优 930				0.01			0.01
			小计	1.05	8.00	6.34	11.50	4.22	12.70	43.81
		连作杂交晚籼	新两优 6 号		0.50	0.15	0.10			0.75
			钱优 1 号		1.10		0.17			1.27
			Ⅱ优 92				0.10			0.10
			中浙优 1 号			0.38				0.38
			天优 998					0.32		0.32
			丰两优 1 号			0.08	0.25			0.33
			金优 207					0.16		0.16

（续表）

分类	作物	作物分类	品种	柯城区	衢江区	龙游县	江山市	常山县	开化县	合计
晚稻	杂交晚稻	连作杂交晚籼	丰优 9 号				0. 20			0. 20
			两优 363				0. 20			0. 20
			天优华占				0. 70	0. 28	0. 50	1. 48
			宜香优 1577				0. 10			0. 10
			德农 2000				0. 10			0. 10
			扬两优 6 号			0. 15				0. 15
			丰两优香 1 号			0. 43	0. 35			0. 78
			中百优 1 号				0. 20			0. 20
			岳优 712				0. 10			0. 10
			岳优 9113		1. 10		0. 05			1. 15
			钱优 0506				0. 30	0. 06		0. 36
			内 2 优 111				0. 30			0. 30
			协优 702			1. 50				1. 50
			钱优 2 号				0. 05			0. 05
			五丰优 T025		0. 10					0. 10
			湘菲优 8118				0. 10			0. 10
			钱优 0508		0. 60	0. 57	0. 25			1. 42
			准两优 608	0. 05			0. 65	3. 80		4. 50
			丰源优 272				0. 20	0. 42		0. 62
			国丰 2 号				0. 25	0. 20		0. 45
			小计	0. 05	3. 40	3. 26	4. 72	5. 24	0. 50	17. 17
		单季杂交晚糯	甬优 10 号		0. 30	0. 20	0. 73	0. 12		1. 35
		连作杂交晚糯	甬优 10 号			0. 30				0. 30
		小计		1. 85	19. 50	17. 70	19. 77	10. 54	14. 20	83. 06
	合计			2. 00	22. 70	22. 75	21. 32	10. 88	14. 50	93. 65
甘薯	甘薯	甘薯	徐薯 18	0. 50	0. 05	0. 65	1. 00	0. 12		2. 32
			浙薯 13	0. 34		0. 45	0. 15	0. 08		1. 02
			胜利百号						0. 10	0. 10
			南薯 88				0. 10			0. 10
			浙薯 1 号						0. 20	0. 20
			心香		0. 90	0. 75	0. 40	0. 30		2. 35
			浙薯 132		0. 10					0. 10
			浙薯 6025				0. 30			0. 30
			紫薯 1 号	0. 10	0. 01		0. 20		0. 06	0. 37
			浙薯 75		0. 10					0. 10
			小计	0. 94	1. 16	1. 85	2. 15	0. 50	0. 36	6. 96

（续表）

分类	作物	作物分类	品种	柯城区	衢江区	龙游县	江山市	常山县	开化县	合计
甘蔗	甘蔗	甘蔗	义红 1 号			0. 07		0. 16		0. 23
			紫皮甘蔗		0. 10					0. 10
			兰溪白皮			0. 03	0. 20			0. 23
			本地紫红皮	0. 02						0. 02
			红皮甘蔗			0. 01			0. 40	0. 41
			本地青皮				0. 10			0. 10
			本地红皮				0. 20	0. 08		0. 28
			青皮甘蔗				0. 20		0. 50	0. 70
			小计	0. 02	0. 10	0. 11	0. 70	0. 24	0. 90	2. 07
高粱	高粱	高粱	湘两优糯粱 1 号	0. 05	0. 08		0. 05	0. 06		0. 24
			红高粱		0. 02				0. 06	0. 08
			湘两优 1 号			0. 05	0. 05			0. 10
			湘两优糯粱 2 号			0. 05	0. 15			0. 20
			小计	0. 05	0. 10	0. 10	0. 25	0. 06	0. 06	0. 62
花生	花生	花生	小京生	0. 10		0. 09	0. 02	0. 05		0. 26
			白沙 06		0. 10					0. 10
			大红袍				0. 15		0. 03	0. 18
			天府 10 号		0. 10			0. 03		0. 13
			天府 3 号			0. 21	0. 40			0. 61
			衢江黑花生		0. 40			0. 02	0. 01	0. 43
			天府 2 号	0. 09						0. 09
			小计	0. 19	0. 60	0. 30	0. 57	0. 10	0. 04	1. 80
马铃薯	马铃薯	马铃薯	东农 303	0. 23	0. 05	0. 15	0. 40		0. 05	0. 88
			克新 4 号	0. 24			0. 20			0. 44
			中薯 3 号			0. 01	0. 30	0. 06	0. 03	0. 40
			蒙古种				0. 15			0. 15
			小计	0. 47	0. 05	0. 16	1. 05	0. 06	0. 08	1. 87
棉花	棉花	棉花	湘杂棉 3 号				0. 10		0. 18	0. 28
			慈抗杂 3 号	0. 01			0. 20	0. 03		0. 24
			鄂杂棉 10 号		0. 05	0. 15				0. 20
			湘杂棉 8 号		0. 10	0. 38	0. 10	0. 04		0. 62
			湘杂棉 11 号				0. 05			0. 05
			中棉所 29					0. 02		0. 02
			南农 6 号				0. 05			0. 05
			浙凤棉 1 号						0. 13	0. 13
			中棉所 59		0. 05		0. 15			0. 20
			兴地棉 1 号			0. 15	0. 05			0. 20
			苏杂棉 3 号				0. 05			0. 05
			创 075				0. 10			0. 10
			创杂棉 21 号				0. 10			0. 10
			中棉所 63		0. 10	0. 10	0. 10			0. 30
			泗杂棉 8 号			0. 20				0. 20
			小计	0. 01	0. 30	0. 98	1. 05	0. 09	0. 31	2. 74

（续表）

分类	作物	作物分类	品种	柯城区	衢江区	龙游县	江山市	常山县	开化县	合计
豌豆	豌豆	豌豆	中豌 4 号	0.08	0.60	0.13	0.15	0.14	0.06	1.16
			中豌 6 号	0.07	0.40	0.08	0.10	0.12	0.05	0.82
			改良甜脆豌				0.10			0.10
			浙豌 1 号				0.10		0.05	0.15
			小计	0.15	1.00	0.21	0.45	0.26	0.16	2.23
夏秋西瓜	夏秋西瓜	夏秋西瓜	早佳	0.30	0.80	0.31	0.15	0.62	0.04	2.22
			浙蜜 3 号			0.12	0.10	0.08	0.03	0.33
			平 87-14	0.15	0.10	0.43	0.20			0.88
			西农 8 号		0.20		0.05			0.25
			浙蜜 5 号			0.08				0.08
			丰乐 5 号		0.05					0.05
			红玲			0.21				0.21
			特小凤				0.05			0.05
			早春红玉					0.36		0.36
			抗病 948		0.10					0.10
			丰抗 8 号						0.05	0.05
			小兰					0.12		0.12
			拿比特	0.05				0.06	0.06	0.17
			抗病京欣					0.06		0.06
			佳乐		0.20					0.20
			欣抗		0.20					0.20
			小计	0.50	1.65	1.15	0.55	1.30	0.18	5.33
麻	麻	麻	苎麻						0.07	0.07
合计				5.51	34.61	30.22	30.77	16.58	19.46	137.15

资料来源：衢州市种子管理站“2013 年衢州晚秋作物主要品种面积”统计表

表 7-85　2014 年春花作物主要品种面积统计表　　单位：万亩

作物	作物分类	品种	柯城区	衢江区	龙游县	江山市	常山县	开化县	合计
大麦	大麦	浙农大 3 号				0.03			0.03
		浙啤 33				0.03			0.03
		浙啤 3 号			0.07	0.03			0.1
		矮 209				0.02			0.02
		秀麦 11			0.12				0.12
		花 30			0.07				0.07
		小计			0.26	0.11			0.37
小麦	小麦	扬麦 12		0.05	0.26	0.3	0.24		0.85
		扬麦 158				0.2	0.06		0.26
		扬麦 19						0.07	0.07
		温麦 10 号		0.1	0.24	0.14	0.04		0.52
		小计		0.15	0.5	0.64	0.34	0.07	1.7

（续表）

作物	作物分类	品种	柯城区	衢江区	龙游县	江山市	常山县	开化县	合计
油菜	油菜	中双 11 号			0. 37	0. 42	0. 4		1. 19
		中油 88				0. 11			0. 11
		中油杂 898				0. 13			0. 13
		农华油 101				0. 07			0. 07
		华油杂 62				0. 16			0. 16
		华油杂 95		0. 5					0. 5
		华浙油 0742				0. 56			0. 56
		华湘油 11 号			0. 18				0. 18
		宁杂 19 号		0. 5			0. 05		0. 55
		宁杂 21 号				0. 12			0. 12
		沣油 737				1. 32	0. 1		1. 42
		沪油 15 号	0. 2						0. 2
		油研 10 号	0. 2	1. 3		0. 6	0. 3		2. 4
		油研 817				0. 19			0. 19
		油研 818				0. 46			0. 46
		油研 9 号	0. 2						0. 2
		浙双 6 号				0. 2			0. 2
		浙双 72	0. 35	0. 5	7. 93	0. 34	1	0. 5	10. 62
		浙双 758				0. 16			0. 16
		浙大 619		2	0. 22	0. 19	0. 8	4. 5	7. 71
		浙油 18	0. 3			0. 04	0. 4	1. 9	2. 64
		浙油 19				0. 09			0. 09
		浙油 50	0. 5	1	1. 11	0. 74	0. 6	3. 5	7. 45
		浙油杂 2 号				0. 42			0. 42
		盐油杂 3 号				0. 63			0. 63
		福油 518				0. 16			0. 16
		秦油 7 号				0. 49			0. 49
		秦油 8 号				0. 33			0. 33
		绵新油 68			0. 74	0. 07	0. 1		0. 91
		绵新油 78			0. 74	0. 1			0. 84
		高油 605	0. 2	2	2. 1	4. 29	0. 8	1. 2	10. 59
		黔油 28 号				0. 1			0. 1
		小计	1. 95	7. 8	13. 21	12. 67	4. 55	11. 6	51. 78
蚕豆	蚕豆	慈溪大白蚕			0. 04	0. 34		0. 15	0. 53
		日本寸蚕	0. 2		0. 03	0. 06	0. 1		0. 39
		珍珠绿						0. 05	0. 05
		白花大粒				0. 09			0. 09
		青皮蚕豆		0. 2	0. 07	0. 18	0. 06	0. 15	0. 66
		小计	0. 2	0. 2	0. 14	0. 67	0. 16	0. 35	1. 72

（续表）

作物	作物分类	品种	柯城区	衢江区	龙游县	江山市	常山县	开化县	合计
豌豆	豌豆	中豌 2 号	0. 02						0. 02
		中豌 4 号	0. 15	0. 8	0. 32	0. 13	0. 26	0. 16	1. 82
		中豌 6 号	0. 03	0. 5	0. 22	0. 17	0. 12	0. 09	1. 13
		浙豌 1 号				0. 18			0. 18
		青豆				0. 07			0. 07
		食荚豌豆				0. 11			0. 11
		小计	0. 2	1. 3	0. 54	0. 66	0. 38	0. 25	3. 33
马铃薯	马铃薯	东农 303	0. 16	0. 1	0. 34	0. 48		0. 1	1. 18
		中薯 3 号			0. 18	0. 55	0. 1	0. 2	1. 03
		克新 2 号				0. 11			0. 11
		克新 4 号	0. 17	0. 1		0. 17			0. 44
		小计	0. 33	0. 2	0. 52	1. 31	0. 1	0. 3	2. 76
绿肥	绿肥	三叶草	0. 05						0. 05
		宁波种	0. 12	0. 1	0. 35	2. 02	1. 2	0. 1	3. 89
		安徽种					0. 4	0. 15	0. 55
		弋阳种					0. 6	0. 15	0. 75
		浙紫 5 号		1. 5					1. 5
		小计	0. 17	1. 6	0. 35	2. 02	2. 2	0. 4	6. 74
牧草	牧草	墨西哥玉米		0. 1		0. 2		0. 04	0. 34
		紫色苜蓿				0. 4			0. 4
		苏丹草	0. 05	0. 2	0. 08	0. 22	0. 06		0. 61
		黑麦草	0. 2	0. 5	0. 2	0. 7	0. 25	0. 08	1. 93
		小计	0. 25	0. 8	0. 28	1. 52	0. 31	0. 12	3. 28
蔺草	蔺草								0
合计			3. 1	12. 05	15. 8	19. 60	8. 04	13. 09	71. 68

资料来源：衢州市种子管理站“2014 年衢州春花作物主要品种面积”统计表

表 7-86　2014 年夏季作物主要品种面积统计表　　单位：万亩

作物	作物分类	品种	柯城区	衢江区	龙游县	江山市	常山县	开化县	合计
早稻	常规早稻	中嘉早 17	0. 26	5. 00	6. 00	4. 54	0. 80		16. 60
		中早 35				0. 15			0. 15
		中早 39		6. 00	2. 00	7. 20		0. 30	15. 50
		台早 733			0. 20				0. 20
		温 814			0. 20	0. 25			0. 45
		甬籼 15		1. 00	0. 80	0. 10			1. 90
		金早 09	0. 48	1. 10	1. 20				2. 78
		金早 47		2. 50	3. 00	3. 00			8. 50
		小计	0. 74	15. 60	13. 40	15. 24	0. 80	0. 30	46. 08

（续表）

作物	作物分类	品种	柯城区	衢江区	龙游县	江山市	常山县	开化县	合计
早稻	杂交早稻	威优 402				0.05			0.05
		株两优 02				0.03	0.05		0.08
		株两优 609				0.03	0.05		0.08
		陆两优 173				0.01			0.01
		陵两优 104				0.02			0.02
		陵两优 268			0.06				0.06
		小计			0.06	0.14	0.10		0.30
	合计		0.74	15.60	13.46	15.38	0.90	0.30	46.38
春大豆	春大豆	五月拔						0.03	0.03
		六月半			0.08			0.02	0.10
		六月拔						0.02	0.02
		六月豆						0.01	0.01
		引豆 9701	0.10	0.10	0.18	0.15	0.12		0.65
		日本青				0.10	0.12		0.22
		春丰早	0.10	0.20	0.19		0.06	0.01	0.56
		春绿				0.30			0.30
		毛豆 3 号	0.09	0.40	0.15	0.20	0.18		1.02
		沪宁 95-1		0.20	0.10				0.30
		浙农 6 号			0.10		0.28	0.02	0.40
		浙春 2 号						0.01	0.01
		浙春 3 号						0.02	0.02
		浙鲜豆 3 号			0.01		0.04		0.05
		浙鲜豆 4 号					0.03		0.03
		浙鲜豆 5 号		0.10	0.05				0.15
		浙鲜豆 6 号		0.10		0.26			0.36
		浙鲜豆 7 号		0.10					0.10
		矮脚早						0.02	0.02
		辽鲜 1 号	0.08	0.30	0.25	0.30		0.02	0.95
		青酥 2 号		0.10		0.10			0.20
		小计	0.37	1.60	1.11	1.41	0.83	0.18	5.50
春玉米	普通春玉米	丰乐 21		0.05	0.01				0.06
		农大 108			0.02				0.02
		承玉 19		0.10	0.01				0.11
		济单 7 号		0.30	0.05	0.75	0.05	0.75	1.90
		浚单 18		0.10	0.06				0.16
		登海 605		0.05	0.01	0.03	0.03	0.10	0.22
		苏玉 10 号						0.55	0.55
		郑单 958		0.10	0.10	0.08	0.10	0.80	1.18
		小计		0.70	0.26	0.86	0.18	2.20	4.20

（续表）

作物	作物分类	品种	柯城区	衢江区	龙游县	江山市	常山县	开化县	合计
春玉米	春糯玉米	京甜紫花糯		0.05					0.05
		京科糯 2000		0.10	0.01				0.11
		彩糯 8 号			0.01				0.01
		杭玉糯 1 号			0.03	0.01			0.04
		沪玉糯 1 号			0.01	0.05			0.06
		沪紫黑糯 1 号			0.01				0.01
		浙凤糯 2 号			0.05	0.01	0.03	0.01	0.10
		浙凤糯 3 号				0.01			0.01
		浙凤糯 5 号						0.03	0.03
		浙大糯玉 3 号				0.05			0.05
		浙糯玉 1 号				0.05		0.01	0.06
		浙糯玉 5 号	0.06			0.07			0.13
		浙糯玉 6 号				0.01			0.01
		燕禾金 2000	0.03	0.10	0.03	0.01	0.02		0.19
		燕禾金 2005		0.20	0.02	0.02		0.02	0.26
		珍珠糯玉米				0.05			0.05
		珍糯 2 号		0.20					0.20
		白玉糯						0.01	0.01
		科糯 98-6		0.10	0.05	0.05	0.03		0.23
		美玉 7 号		0.05					0.05
		美玉 8 号	0.16	0.05	0.01	0.01	0.06	0.02	0.31
		脆甜糯 6 号			0.01				0.01
		苏玉糯 202			0.01	0.01			0.02
		苏玉糯 2 号			0.01			0.01	0.02
		苏玉糯 6 号		0.10					0.10
		都市丽人		0.05		0.05			0.10
		金糯 628	0.10						0.10
		金银糯				0.05			0.05
		钱江糯 1 号				0.05			0.05
		小计	0.35	1.00	0.26	0.56	0.14	0.11	2.42
	春甜玉米	万甜 2000		0.05	0.02		0.03	0.08	0.18
		丽晶		0.01					0.01
		先甜 5 号		0.01					0.01
		华珍	0.06	0.02	0.04	0.01	0.05	0.01	0.19
		嵊科甜 208		0.02					0.02
		浙凤甜 2 号	0.05		0.02	0.01	0.03		0.11
		浙甜 2018				0.01		0.03	0.04
		浙甜 4 号						0.03	0.03
		浙甜 6 号				0.01			0.01
		绿色超人		0.01				0.05	0.06

（续表）

作物	作物分类	品种	柯城区	衢江区	龙游县	江山市	常山县	开化县	合计
春玉米	春甜玉米	超甜 135				0.01			0.01
		超甜 3 号			0.03	0.01			0.04
		超甜 4 号				0.01			0.01
		金玉甜 1 号	0.04				0.04		0.08
		金玉甜 2 号			0.02				0.02
		小计	0.15	0.12	0.13	0.07	0.15	0.20	0.82
	小计		0.50	1.82	0.65	1.49	0.47	2.51	7.44
西瓜	西瓜	中科 1 号		0.05					0.05
		丰抗 1 号		0.05	0.07				0.12
		丰抗 8 号		0.05		0.05		0.01	0.11
		丽芳					0.03	0.01	0.04
		京欣一号			0.02	0.05			0.07
		佳乐		0.30					0.30
		利丰 2 号		0.05					0.05
		利丰 3 号		0.10					0.10
		小兰					0.03		0.03
		平 87-14	0.03	0.10	0.04	0.25			0.42
		抗病 948		0.05					0.05
		抗病京欣		0.05		0.05	0.02		0.12
		拿比特				0.15	0.05	0.01	0.21
		新澄				0.05			0.05
		早佳	0.12	1.00	0.40	0.45	0.56	0.01	2.54
		早春红玉			0.03	0.10	0.16	0.01	0.30
		欣抗		0.03					0.03
		欣秀		0.05					0.05
		浙蜜 3 号		0.05	0.06	0.10	0.06		0.27
		浙蜜 5 号		0.05				0.01	0.06
		浙蜜 6 号		0.05					0.05
		特小凤				0.05			0.05
		科农 3 号		0.05					0.05
		科农九号		0.05				0.06	0.11
		红玲		0.05	0.08				0.13
		美抗 6 号		0.10					0.10
		美抗九号		0.30	0.08				0.38
		西农 10 号		0.05					0.05
		西农 8 号		0.20		0.10		0.02	0.32
		超甜地雷王		0.05					0.05
		小计	0.15	2.88	0.78	1.40	0.91	0.14	6.26
合计			1.76	21.90	16.00	19.68	3.11	3.13	65.58

资料来源：衢州市种子管理站“2014 年衢州夏季作物主要品种面积”统计表

表 7-87　2014 年晚秋作物主要品种面积统计表　　单位：万亩

分类	作物	作物分类	品种	柯城区	衢江区	龙游县	江山市	常山县	开化县	合计
夏秋玉米	普通夏秋玉米	普通夏秋玉米	农大 108			0.15			0.40	0.55
			济单 7 号			0.10	1.00	0.04	1.20	2.34
			郑单 958	0.03		0.02	0.08	0.08	2.20	2.41
			苏玉 21				0.03			0.03
			浚单 18			0.08	0.12			0.20
			登海 605			0.05	0.07		0.82	0.94
			承玉 19			0.02	0.02			0.04
			丰乐 21			0.01	0.02			0.03
			小计	0.03		0.43	1.34	0.12	4.62	6.54
	夏秋糯玉米	夏秋糯玉米	苏玉糯 1 号				0.10			0.10
			苏玉糯 2 号			0.06				0.06
			科糯 98-6			0.04	0.04			0.08
			浙凤糯 2 号				0.10			0.10
			美玉 8 号	0.15	0.10	0.01	0.10	0.05		0.41
			燕禾金 2000	0.12	0.10	0.03	0.10			0.35
			京科糯 2000	0.05	0.10	0.01	0.10			0.26
			都市丽人				0.10			0.10
			杭玉糯 1 号			0.03	0.10			0.13
			科糯 991						0.08	0.08
			珍珠糯						0.05	0.05
			万糯				0.05			0.05
			浙糯玉 5 号			0.02	0.05	0.05		0.12
			美玉 13 号				0.05			0.05
			珍糯 2 号		0.20					0.20
			小计	0.32	0.50	0.20	0.89	0.10	0.13	2.14
	夏秋甜玉米	夏秋甜玉米	超甜 3 号			0.01				0.01
			浙甜 2018				0.01			0.01
			浙甜 6 号					0.02	0.05	0.07
			华珍	0.05		0.01	0.01	0.06	0.20	0.33
			浙凤甜 2 号				0.01	0.03		0.04
			超甜 2000						0.20	0.20
			超甜 4 号					0.03	0.03	0.06
			万甜 2000		0.01				0.40	0.41
			金凤甜 5 号		0.01					0.01
			绿色超人		0.01				0.40	0.41
			浙凤甜 3 号			0.01				0.01
			小计	0.05	0.03	0.03	0.03	0.14	1.28	1.56
	合计			0.40	0.53	0.66	2.26	0.36	6.03	10.24
夏秋大豆	夏秋大豆	夏秋大豆	六月半	0.20	0.20	0.10	0.20	0.12		0.82
			八月拔	0.10			0.20		0.20	0.50
			衢鲜 1 号		0.60	0.35	0.10	0.30	0.30	1.65

（续表）

分类	作物	作物分类	品种	柯城区	衢江区	龙游县	江山市	常山县	开化县	合计
夏秋大豆	夏秋大豆	夏秋大豆	六月拔						0. 20	0. 20
			高雄 2 号		0. 10	0. 08				0. 18
			浙春 2 号						0. 20	0. 20
			引豆 9701	0. 02			0. 10		0. 10	0. 22
			衢秋 2 号			0. 20			0. 20	0. 40
			矮脚毛豆						0. 20	0. 20
			辽鲜 1 号				0. 20			0. 20
			萧垦 8901				0. 10			0. 10
			衢鲜 2 号		0. 70	0. 40		0. 35		1. 45
			衢鲜 3 号	0. 25	2. 30	0. 53		1. 53		4. 61
			萧农秋艳			0. 02				0. 02
			衢鲜 5 号	0. 23	1. 60	0. 10		1. 12		3. 05
			毛豆 3 号				0. 20			0. 20
			小计	0. 80	5. 50	1. 78	1. 10	3. 42	1. 40	14. 00
晚稻	常规晚稻	单季晚粳	秀水 09			0. 17				0. 17
			浙粳 22						0. 20	0. 20
			秀水 123			0. 01				0. 01
			原粳 35	0. 04						0. 04
			秀水 134		0. 30	0. 68		0. 20		1. 18
			浙粳 88						0. 20	0. 20
			小计	0. 04	0. 30	0. 86		0. 20	0. 40	1. 80
		连作晚粳	浙粳 22		0. 10					0. 10
			秀水 09			0. 03				0. 03
			秀水 134		0. 30	0. 38				0. 68
			浙粳 59			0. 06				0. 06
			小计		0. 40	0. 47				0. 87
		晚糯	绍糯 9714	0. 16	1. 50	2. 60	0. 20	0. 16		4. 62
			甬糯 34		1. 00	0. 72				1. 72
			祥湖 301			0. 30	0. 25		0. 30	0. 85
			祥湖 13			0. 15				0. 15
			小计	0. 16	2. 50	3. 77	0. 45	0. 16	0. 30	7. 34
		合计		0. 20	3. 20	5. 10	0. 45	0. 36	0. 70	10. 01
	杂交晚稻	单季杂交晚粳	甬优 9 号	0. 40	3. 50	2. 80	0. 28	0. 35		7. 33
			甬优 12	0. 20	0. 50	1. 80	0. 75	0. 12		3. 37
			甬优 15	0. 25	3. 20	1. 30	0. 27	0. 75	1. 20	6. 97
			甬优 17		0. 10	0. 15	0. 06			0. 31
			浙优 18			0. 05	0. 08			0. 13
			春优 84		0. 50	0. 20	0. 44	0. 16	0. 60	1. 90
			甬优 538	0. 20	0. 20	0. 60	0. 16	0. 25		1. 41
			甬优 1540	0. 20			0. 02			0. 22
			小计	1. 25	8. 00	6. 90	2. 06	1. 63	1. 80	21. 64

（续表）

分类	作物	作物分类	品种	柯城区	衢江区	龙游县	江山市	常山县	开化县	合计
晚稻	杂交晚稻	连作杂交晚粳	甬优 9 号		0. 20	3. 20				3. 40
			甬优 11 号				0. 35			0. 35
			甬优 15			2. 00				2. 00
			甬优 17			0. 20				0. 20
			浙优 18			0. 15				0. 15
			甬优 2640		0. 10	0. 30	0. 05			0. 45
			小计		0. 30	5. 85	0. 40			6. 55
		单季杂交晚籼	中浙优 1 号	0. 15	2. 00	0. 30	1. 50	0. 48	0. 80	5. 23
			两优培九			0. 06	0. 10	0. 15	1. 20	1. 51
			中浙优 8 号	0. 60	1. 30	0. 33	1. 50	0. 62	1. 10	5. 45
			扬两优 6 号			0. 12	0. 10	0. 18		0. 40
			新两优 6 号		0. 10					0. 10
			丰两优香 1 号	0. 20		0. 20	0. 56	0. 22		1. 18
			丰两优 1 号			0. 10	0. 10			0. 20
			钱优 1 号		0. 30			0. 15		0. 45
			E 福丰优 11		0. 10		0. 10			0. 20
			Ⅱ优 7954						1. 10	1. 10
			川香优 6 号		0. 10					0. 10
			天优 998					0. 26		0. 26
			金优 987		0. 10					0. 10
			Ⅱ优 1273		0. 10					0. 10
			Y 两优 1 号		0. 50	0. 08	0. 90		0. 40	1. 88
			两优 6326		0. 20					0. 20
			Ⅱ优 6216		0. 10					0. 10
			两优 363			0. 40				0. 40
			丰优 22		0. 10			0. 12		0. 22
			珞优 8 号				0. 15			0. 15
			浙辐两优 12					0. 06		0. 06
			钱优 0508			0. 08				0. 08
			C 两优 87			0. 10	0. 15			0. 25
			内 2 优 3015						0. 40	0. 40
			Y 两优 689		1. 50	0. 60	1. 40	0. 35	0. 80	4. 65
			Y 两优 5867				0. 50	0. 06		0. 56
			两优 688					0. 05		0. 05
			C 两优 396			0. 25	0. 80			1. 05
			C 两优 608			0. 22	0. 50			0. 72
			C 两优 343				0. 10			0. 10
			内 5 优 8015			0. 82	0. 21		1. 20	2. 23
			新两优 343		0. 10					0. 10
			Y 两优 302				0. 20	0. 06		0. 26
			深两优 5814			0. 30	1. 00	0. 34		1. 64
			中浙优 10 号				0. 75	0. 07		0. 82
			Ⅱ优 371				0. 10			0. 10
			Y 两优 9918				0. 10	0. 05		0. 15

（续表）

分类	作物	作物分类	品种	柯城区	衢江区	龙游县	江山市	常山县	开化县	合计
晚稻	杂交晚稻	单季杂交晚籼	Ⅱ优 508				0.10			0.10
			钱优 930						0.30	0.30
			甬优 1512					0.24	0.10	0.34
			钱优 911				1.00			1.00
			丰两优 6 号				0.10	0.05		0.15
			盐两优 888			0.20				0.20
			华两优 1206			1.20				1.20
			Y 两优 2 号				0.82	0.08		0.90
			小计	0.95	6.60	5.36	12.84	3.59	7.40	36.74
		连作杂交晚籼	新两优 6 号		0.20		0.08			0.28
			钱优 1 号		0.50					0.50
			中浙优 1 号			0.11				0.11
			丰两优 1 号			0.04				0.04
			天优华占				0.55	0.45	0.70	1.70
			扬两优 6 号			0.12				0.12
			丰两优香 1 号			0.20		0.42		0.62
			岳优 9113		1.10		0.32			1.42
			钱优 0506				0.23			0.23
			泸香 658			0.06				0.06
			钱优 0508		0.50	0.04	0.08			0.62
			钱优 817		0.05					0.05
			天优华占			0.18				0.18
			准两优 608			0.20	1.00	3.65		4.85
			丰源优 272					0.35		0.35
			国丰 2 号				0.06	0.12		0.18
			广两优 9388				1.00			1.00
			小计		2.35	0.95	3.32	4.99	0.70	12.31
		单季杂交晚糯	甬优 10 号		0.30	0.10	0.80	0.10		1.30
			小计		0.30	0.10	0.80	0.10		1.30
		连作杂交晚糯	甬优 10 号			0.10				0.10
			小计			0.10				0.10
		合计		2.20	17.55	19.26	19.42	10.31	9.90	78.64
	合计			2.40	20.75	24.36	19.87	10.67	10.60	88.65
甘薯	甘薯	甘薯	徐薯 18	0.15	0.05	0.55	0.50	0.16	1.80	3.21
			浙薯 13			0.42	0.15	0.12	0.20	0.89
			胜利百号						1.60	1.60
			南薯 88	0.10			0.10			0.20
			心香		0.80	0.90	0.20	0.22		2.12
			浙薯 132		0.10					0.10
			浙薯 6025				0.30			0.30
			紫薯 1 号		0.01				0.30	0.31
			浙薯 75		0.10					0.10
			东方红						1.20	1.20
			浙紫薯 1 号				0.20			0.20
			小计	0.25	1.06	1.87	1.45	0.50	5.10	10.23

（续表）

分类	作物	作物分类	品种	柯城区	衢江区	龙游县	江山市	常山县	开化县	合计
甘蔗	甘蔗	甘蔗	义红 1 号			0.07		0.14		0.21
			紫皮甘蔗		0.10					0.10
			兰溪白皮			0.02	0.25			0.27
			本地紫红皮						0.06	0.06
			红皮甘蔗			0.01				0.01
			本地青皮				0.15	0.06	0.08	0.29
			本地红皮	0.05			0.25	0.08		0.38
			青皮甘蔗				0.25			0.25
			小计	0.05	0.10	0.10	0.90	0.28	0.14	1.57
高粱	高粱	高粱	湘两优糯粱 1 号	0.05	0.10			0.08		0.23
			红高粱		0.05				0.05	0.10
			湘两优 1 号		0.05	0.05				0.10
			湘两优糯粱 2 号		0.05	0.06	0.10			0.21
			小计	0.05	0.25	0.11	0.10	0.08	0.05	0.64
花生	花生	花生	小京生	0.15		0.10	0.02	0.05	0.10	0.42
			白沙 06		0.10					0.10
			大红袍	0.10					0.20	0.30
			天府 10 号		0.10			0.03		0.13
			天府 3 号			0.23	0.71			0.94
			衢江黑花生		0.40			0.03		0.43
			小计	0.25	0.60	0.33	0.73	0.11	0.30	2.32
马铃薯	马铃薯	马铃薯	东农 303	0.15	0.05	0.16	0.40		0.50	1.26
			克新 4 号	0.14			0.30			0.44
			中薯 3 号			0.01	0.50	0.06		0.57
			蒙古种				0.40			0.40
			大西洋						0.30	0.30
			小计	0.29	0.05	0.17	1.60	0.06	0.80	2.97
棉花	棉花	棉花	湘杂棉 3 号				0.10			0.10
			慈抗杂 3 号	0.03			0.25			0.28
			鄂杂棉 10 号		0.05	0.10				0.15
			湘杂棉 8 号		0.05	0.25	0.10	0.08		0.48
			湘杂棉 11 号				0.05			0.05
			中棉所 29					0.02		0.02
			南农 6 号				0.05			0.05
			中棉所 59		0.05		0.15			0.20
			兴地棉 1 号			0.12	0.05			0.17
			苏杂棉 3 号				0.05			0.05
			创 075				0.10			0.10
			创杂棉 21 号				0.10			0.10
			中棉所 63		0.05		0.10			0.15
			泗杂棉 8 号			0.15				0.15
			中棉所 87			0.06				0.06
			国丰棉 12			0.10				0.10
			小计	0.03	0.20	0.78	1.10	0.10		2.21

（续表）

分类	作物	作物分类	品种	柯城区	衢江区	龙游县	江山市	常山县	开化县	合计
豌豆	豌豆	豌豆	中豌 4 号	0.04	0.50	0.12	0.30	0.18	0.08	1.22
			中豌 6 号	0.03	0.30	0.08	0.20	0.12	0.08	0.81
			改良甜脆豌				0.40			0.40
			浙豌 1 号	0.02			0.20			0.22
			小计	0.09	0.80	0.20	1.10	0.30	0.16	2.65
夏秋西瓜	夏秋西瓜	夏秋西瓜	早佳		0.80	0.25	0.15	0.34	0.20	1.74
			浙蜜 3 号			0.11	0.15			0.26
			平 87-14	0.10	0.10	0.30	0.20			0.70
			西农 8 号		0.20		0.05		0.08	0.33
			浙蜜 5 号			0.02				0.02
			京欣 1 号						0.02	0.02
			红玲			0.30				0.30
			特小凤	0.02			0.05			0.07
			抗病 948		0.10					0.10
			丰抗 8 号						0.10	0.10
			拿比特	0.03						0.03
			佳乐		0.20					0.20
			欣抗		0.20					0.20
			小计	0.15	1.60	0.98	0.60	0.34	0.40	4.07
麻	麻	麻	苎麻							0.00
合计				4.76	31.44	31.34	30.81	16.22	24.98	139.55

资料来源：衢州市种子管理站“2014 年衢州晚秋作物主要品种面积”统计表

表 7-88　2015 年春花作物主要品种面积统计表　　单位：万亩

作物	作物分类	品种	柯城区	衢江区	龙游县	江山市	常山县	开化县	合计
大麦	大麦	浙农大 3 号				0.02			0.02
		浙啤 33				0.02			0.02
		浙啤 3 号			0.12	0.02			0.14
		秀麦 11			0.10				0.10
		小计			0.22	0.06			0.28
小麦	小麦	扬麦 12			0.26	0.24	0.22		0.72
		扬麦 158				0.20			0.20
		扬麦 18		0.10			0.12		0.22
		扬麦 20						0.03	0.03
		浙麦 2 号						0.06	0.06
		温麦 10 号			0.20	0.14			0.34
		小计		0.10	0.46	0.58	0.34	0.09	1.57

（续表）

作物	作物分类	品种	柯城区	衢江区	龙游县	江山市	常山县	开化县	合计
油菜	油菜	中双 11 号		0. 50	0. 37	1. 15	0. 60		2. 62
		宁杂 19 号					0. 10		0. 10
		德核杂油 8 号				0. 85			0. 85
		沣油 737			0. 70	2. 15	0. 20		3. 05
		油研 10 号	0. 20	1. 00		0. 16	0. 20		1. 56
		油研 817				0. 06			0. 06
		油研 818				0. 65			0. 65
		浙双 6 号				0. 10			0. 10
		浙双 72	0. 40	0. 50	6. 70	0. 23	0. 40	3. 20	11. 43
		浙双 758	0. 10						0. 10
		浙大 619		2. 00	1. 00	0. 40	1. 20	2. 00	6. 60
		浙大 622	0. 10	0. 20	0. 72		0. 10	0. 20	1. 32
		浙油 18				0. 08	0. 30		0. 38
		浙油 50		1. 00	1. 00	1. 54	1. 00	1. 60	6. 14
		浙油 51					0. 40	0. 20	0. 60
		浙油杂 2 号				0. 27			0. 27
		盐油杂 3 号				0. 36			0. 36
		秦油 7 号				0. 62			0. 62
		秦油 8 号			0. 30				0. 30
		绵新油 68			0. 60	0. 20	0. 20		1. 00
		绵新油 78			0. 40				0. 40
		高油 605		1. 80	1. 20	4. 77	0. 80	5. 00	13. 57
		小计	0. 80	7. 00	12. 99	13. 59	5. 50	12. 20	52. 08
蚕豆	蚕豆	利丰蚕豆	0. 02						0. 02
		大青皮						0. 20	0. 20
		慈溪大白蚕			0. 04	0. 25		0. 30	0. 59
		慈蚕 1 号（慈溪大粒）	0. 01		0. 03				0. 04
		日本寸蚕			0. 03	0. 06	0. 06		0. 15
		白花大粒				0. 09			0. 09
		青皮蚕豆		0. 20	0. 06	0. 18	0. 11		0. 55
		小计	0. 03	0. 20	0. 16	0. 58	0. 17	0. 50	1. 64
豌豆	豌豆	中豌 4 号	0. 02	1. 00	0. 19	0. 13	0. 24	0. 60	2. 18
		中豌 6 号	0. 01	0. 50	0. 20	0. 15	0. 14	0. 20	1. 20
		浙豌 1 号				0. 10			0. 10
		食荚豌豆				0. 15			0. 15
		小计	0. 03	1. 50	0. 39	0. 53	0. 38	0. 80	3. 63
马铃薯	马铃薯	东农 303	0. 01	0. 10	0. 24	0. 73			1. 08
		中薯 3 号			0. 16	0. 55	0. 10		0. 81
		克新 2 号				0. 11			0. 11
		克新 4 号	0. 02			0. 17			0. 19
		小计	0. 03	0. 10	0. 40	1. 56	0. 10		2. 19

（续表）

作物	作物分类	品种	柯城区	衢江区	龙游县	江山市	常山县	开化县	合计
绿肥	绿肥	宁波种	0. 01	0. 50	0. 36	1. 48	1. 20	0. 80	4. 35
		安徽种					0. 50		0. 50
		弋阳种	0. 00				0. 60		0. 60
		浙紫 5 号		1. 00					1. 00
		小计	0. 01	1. 50	0. 36	1. 48	2. 30	0. 80	6. 45
牧草	牧草	墨西哥玉米		0. 10		0. 20			0. 30
		紫色苜蓿				0. 40			0. 40
		苏丹草		0. 10	0. 08	0. 22	0. 04		0. 44
		黑麦草	0. 20	0. 50	0. 19	0. 85	0. 28	0. 15	2. 17
		小计	0. 20	0. 70	0. 27	1. 67	0. 32	0. 15	3. 31
蔺草	蔺草	小计							0
合计			1. 10	11. 10	15. 25	20. 05	9. 11	14. 54	71. 15

资料来源：衢州市种子管理站“2015 年衢州春花作物主要品种面积汇总表”

表 7-89　2015 年夏季作物主要品种面积统计表　　单位：万亩

作物	作物分类	品种	柯城区	衢江区	龙游县	江山市	常山县	开化县	合计
早稻	常规早稻	中嘉早 17	0. 26	1. 00	3. 65	2. 45	0. 60		7. 96
		中早 39		2. 00	0. 60	5. 20	0. 20		8. 00
		台早 733			0. 26				0. 26
		温 926		0. 10	0. 20				0. 30
		甬籼 15		1. 00	0. 80	0. 10			1. 90
		金早 09		0. 30	0. 60				0. 90
		金早 47		0. 50	2. 29	0. 95	0. 20	0. 30	4. 24
		小计	0. 26	4. 90	8. 40	8. 70	1. 00	0. 30	23. 56
	杂交早稻	T 优 535				0. 10			0. 10
		威优 402	0. 04						0. 04
		株两优 02					0. 05		0. 05
		株两优 609					0. 05		0. 05
		陵两优 104				0. 03			0. 03
		陵两优 268				0. 90			0. 90
		小计	0. 04			1. 03	0. 10		1. 17
	合计		0. 30	4. 90	8. 40	9. 73	1. 10	0. 30	24. 73
大豆	大豆	五月拔						0. 30	0. 30
		六月半			0. 08				0. 08
		六月拔	0. 25						0. 25
		六月豆						0. 20	0. 20
		台湾 75		0. 40		0. 10		0. 20	0. 70
		引豆 9701	0. 30	0. 10	0. 10	0. 08	0. 10		0. 68
		日本青		0. 10		0. 15	0. 15		0. 40

（续表）

作物	作物分类	品种	柯城区	衢江区	龙游县	江山市	常山县	开化县	合计
大豆	大豆	春丰早	0.10	0.10	0.23	0.20	0.05	0.80	1.48
		春绿				0.20			0.20
		毛豆 3 号			0.01	0.15			0.16
		沪宁 95-1		0.20	0.10		0.05		0.35
		浙农 6 号		0.10	0.28		0.16		0.54
		浙农 8 号		0.10			0.24		0.34
		浙春 2 号	0.20					0.40	0.60
		浙鲜豆 3 号		0.10			0.03		0.13
		浙鲜豆 4 号					0.03		0.03
		浙鲜豆 6 号		0.10		0.25			0.35
		浙鲜豆 7 号						0.20	0.20
		浙鲜豆 8 号					0.12		0.12
		矮脚毛豆						0.50	0.50
		辽鲜 1 号		0.30	0.18	0.25			0.73
		青皮豆						0.30	0.30
		青酥 2 号				0.10			0.10
		小计	0.85	1.60	0.98	1.48	0.93	2.90	8.74
春玉米	普通春玉米	丰乐 21		0.05	0.03				0.08
		农大 108		0.05				0.10	0.15
		承玉 19		0.10					0.10
		济单 7 号		0.20	0.08	0.60	0.10	1.20	2.18
		浙凤单 1 号		0.05				0.10	0.15
		浙单 11						0.10	0.10
		浚单 18		0.05	0.15	0.12		0.20	0.52
		登海 605			0.02	0.06	0.10	0.20	0.38
		苏玉 10 号						0.50	0.50
		郑单 958		0.10	0.07	0.07	0.15	1.50	1.89
		小计		0.60	0.35	0.85	0.35	3.90	6.05
	春糯玉米	京甜紫花糯	0.03	0.05		0.01			0.09
		京科糯 2000		0.10					0.10
		彩糯 8 号			0.01				0.01
		杭玉糯 1 号			0.01	0.02			0.03
		浙凤糯 2 号			0.02				0.02
		浙凤糯 3 号				0.02	0.05		0.07
		浙凤糯 5 号			0.01				0.01
		浙糯玉 4 号		0.05					0.05
		燕禾金 2000		0.10	0.01	0.03	0.03		0.17
		燕禾金 2005	0.12	0.20	0.01	0.06			0.39
		珍珠糯玉米	0.15						0.15

（续表）

作物	作物分类	品种	柯城区	衢江区	龙游县	江山市	常山县	开化县	合计
春玉米	春糯玉米	珍糯 2 号		0.10					0.10
		科糯 98-6			0.02		0.02		0.04
		美玉 7 号		0.10					0.10
		美玉 8 号		0.10		0.02	0.08		0.20
		脆甜糯 6 号		0.05	0.01				0.06
		苏玉糯 1 号				0.12			0.12
		苏玉糯 202			0.18				0.18
		苏玉糯 2 号						0.10	0.10
		苏玉糯 6 号		0.05					0.05
		苏花糯 2 号				0.01			0.01
		金银糯		0.05					0.05
		小计	0.30	0.95	0.28	0.29	0.18	0.10	2.10
	春甜玉米	万甜 2000			0.01		0.02	0.20	0.23
		丽晶		0.01	0.01				0.02
		先甜 5 号					0.05		0.05
		华珍		0.05	0.03	0.01	0.02	0.25	0.36
		嵊科甜 208		0.02					0.02
		正甜 68		0.05					0.05
		浙凤甜 2 号			0.02	0.01	0.02		0.05
		浙甜 2018				0.01			0.01
		浙甜 2088					0.08		0.08
		浙甜 6 号				0.01			0.01
		科甜 1 号						0.05	0.05
		科甜 98-1						0.10	0.10
		绿色超人			0.01			0.10	0.11
		美晶		0.03					0.03
		超甜 135				0.01			0.01
		超甜 1 号		0.05					0.05
		超甜 3 号			0.02	0.01			0.03
		金玉甜 1 号		0.05			0.04		0.09
		金玉甜 2 号			0.01				0.01
		小计		0.26	0.11	0.06	0.23	0.70	1.36
	合计		0.30	1.81	0.74	1.20	0.76	4.70	9.51
西瓜	西瓜	丰抗 1 号		0.05	0.03				0.08
		丰抗 8 号		0.05		0.05		0.20	0.30
		京欣一号		0.05	0.01	0.05		0.05	0.16
		佳乐		0.05					0.05
		利丰 3 号		0.05					0.05
		小芳		0.05					0.05
		平 87-14	0.05	0.10	0.02	0.20			0.37
		抗病 948		0.05					0.05

（续表）

作物	作物分类	品种	柯城区	衢江区	龙游县	江山市	常山县	开化县	合计
西瓜	西瓜	抗病京欣				0.05	0.02		0.07
		拿比特				0.10	0.06		0.16
		新澄				0.05			0.05
		早佳	0.06	0.80	0.20	0.40	0.46	0.40	2.32
		早春红玉			0.01	0.05	0.18		0.24
		欣抗		0.05					0.05
		浙蜜 2 号						0.06	0.06
		浙蜜 3 号		0.05	0.01	0.20	0.02		0.28
		浙蜜 5 号		0.05			0.05		0.10
		浙蜜 6 号		0.05					0.05
		特小凤				0.05			0.05
		甘露			0.01				0.01
		秀芳		0.05					0.05
		科农九号						0.05	0.05
		红玲		0.05	0.20				0.25
		美抗九号		0.10	0.20				0.30
		翠玲						0.05	0.05
		西农 8 号		0.20		0.10		0.20	0.50
		超甜地雷王		0.05					0.05
		金蜜 2 号						0.06	0.06
		小计	0.11	1.90	0.69	1.30	0.79	1.07	5.86
合计			1.56	10.21	10.81	13.71	3.58	8.97	48.84

资料来源：衢州市种子管理站“2015 年衢州夏季作物主要品种面积汇总表”

表 7-90　2015 年晚秋作物主要品种面积统计表　　单位：万亩

分类	作物	作物分类	品种	柯城区	衢江区	龙游县	江山市	常山县	开化县	合计
夏秋玉米	普通夏秋玉米	普通夏秋玉米	农大 108	0.07		0.09			0.20	0.36
			苏玉 1 号	0.03			0.08			0.11
			苏玉 2 号	0.02						0.02
			济单 7 号		0.05	0.16	1.14	0.04	0.50	1.89
			郑单 958		0.05	0.03	0.14	0.08	1.00	1.30
			农大 60	0.09						0.09
			苏玉 21			0.02				0.02
			浚单 18			0.09	0.06			0.15
			登海 605			0.02	0.06		0.20	0.28
			承玉 19			0.02				0.02
			浙凤单 1 号				0.01		0.10	0.11
			浙单 11						0.10	0.10
			丰乐 21		0.05	0.02	0.02			0.09
			小计	0.21	0.15	0.45	1.51	0.12	2.10	4.54

（续表）

分类	作物	作物分类	品种	柯城区	衢江区	龙游县	江山市	常山县	开化县	合计
夏秋玉米	夏秋糯玉米	夏秋糯玉米	苏玉糯 1 号	0.20			0.10			0.30
			苏玉糯 2 号	0.12		0.10				0.22
			科糯 98-6			0.04		0.01		0.05
			浙凤糯 2 号				0.01			0.01
			美玉 8 号	0.07	0.10	0.01	0.03	0.04		0.25
			燕禾金 2000	0.05	0.10	0.03	0.60	0.02		0.80
			京科糯 2000	0.08	0.10	0.01				0.19
			杭玉糯 1 号			0.01	0.02			0.03
			珍珠糯				0.01			0.01
			丽晶		0.10					0.10
			万糯			0.02				0.02
			浙糯玉 5 号			0.01	0.03		0.06	0.10
			珍糯 2 号		0.10					0.10
			脆甜糯 6 号			0.01	0.01			0.02
			浙凤糯 3 号				0.01	0.02		0.03
			小计	0.52	0.50	0.24	0.82	0.09	0.06	2.23
夏秋玉米	夏秋甜玉米	夏秋甜玉米	超甜 3 号		0.01	0.01				0.02
			浙甜 2018				0.01			0.01
			浙甜 6 号						0.20	0.20
			华珍			0.01	0.01	0.02	0.20	0.24
			浙凤甜 2 号				0.01			0.01
			超甜 2000						0.10	0.10
			超甜 4 号						0.20	0.20
			万甜 2000		0.01	0.01		0.01	0.40	0.43
			先甜 5 号		0.01			0.06		0.07
			金凤甜 5 号		0.01					0.01
			科甜 98-1	0.11						0.11
			华穗 2000						0.10	0.10
			浙甜 2088					0.03		0.03
			绿色超人		0.01				0.10	0.11
			浙凤甜 3 号	0.05		0.01				0.06
			金玉甜 1 号					0.02		0.02
			小计	0.16	0.05	0.04	0.03	0.14	1.30	1.72
	合计			0.89	0.70	0.73	2.36	0.35	3.46	8.49
夏秋大豆	夏秋大豆	夏秋大豆	台湾 75	0.05			0.02			0.07
			六月半	0.07	0.20	0.08		0.10		0.45
			八月拔						0.20	0.20
			衢鲜 1 号	0.52	0.30	0.30		0.10	0.30	1.52
			六月拔						0.20	0.20
			高雄 2 号		0.10					0.10
			浙春 2 号						0.20	0.20

（续表）

分类	作物	作物分类	品种	柯城区	衢江区	龙游县	江山市	常山县	开化县	合计
夏秋大豆	夏秋大豆	夏秋大豆	浙春 3 号						0. 10	0. 10
			衢秋 2 号	0. 24		0. 07			0. 20	0. 51
			矮脚毛豆						0. 20	0. 20
			春丰早				0. 04			0. 04
			辽鲜 1 号				0. 05			0. 05
			日本青				0. 03			0. 03
			衢鲜 2 号	0. 05	0. 40	0. 36	0. 20	0. 50		1. 51
			衢鲜 3 号	0. 35	2. 50	0. 73	0. 40	1. 50		5. 48
			衢鲜 5 号	0. 33	2. 10	0. 30	0. 60	1. 10		4. 43
			小计	1. 61	5. 60	1. 84	1. 34	3. 30	1. 40	15. 09
晚稻	常规晚稻	单季晚粳	秀水 09	0. 07		0. 05				0. 12
			秀水 128						0. 20	0. 20
			秀水 134		0. 30	0. 70		0. 20		1. 20
			绍粳 18						0. 20	0. 20
			浙粳 60		0. 10					0. 10
			小计	0. 07	0. 40	0. 75		0. 20	0. 40	1. 82
		连作晚粳	浙粳 88			0. 20				0. 20
			秀水 134		0. 30	0. 30				0. 60
			浙粳 59			0. 10				0. 10
			小计		0. 30	0. 60				0. 90
		晚糯	绍糯 9714	0. 10	1. 50	2. 60	0. 30	0. 18	0. 20	4. 88
			甬糯 34		0. 40	1. 00				1. 40
			祥湖 301			0. 05			0. 10	0. 15
			祥湖 13			0. 02				0. 02
			浙糯 65			0. 04				0. 04
			小计	0. 10	1. 90	3. 71	0. 30	0. 18	0. 30	6. 49
		合计		0. 17	2. 60	5. 06	0. 30	0. 38	0. 70	9. 21
	杂交晚稻	单季杂交晚粳	甬优 9 号		2. 00	0. 80		0. 28		3. 08
			甬优 12	0. 40	0. 10	0. 60	0. 25			1. 35
			秀优 378				0. 01			0. 01
			甬优 15	0. 23	4. 50	1. 90	0. 38	0. 60	2. 20	9. 81
			嘉禾优 555			0. 07				0. 07
			甬优 17		0. 20	2. 80		0. 20		3. 20
			浙优 18			0. 10				0. 10
			春优 84		1. 90	0. 50	0. 54	0. 30	1. 20	4. 44
			甬优 538	0. 20	1. 50	3. 11	0. 50	0. 30	0. 20	5. 81
			甬优 1540		0. 10	0. 20	0. 05		0. 20	0. 55
			小计	0. 83	10. 30	10. 08	1. 73	1. 68	3. 80	28. 42
		连作杂交晚粳	甬优 9 号		0. 50	2. 31	0. 40			3. 21
			甬优 15	0. 05		0. 20	0. 10			0. 35
			甬优 17	0. 06		0. 70	0. 10			0. 86
			浙优 18			0. 22	0. 10			0. 32
			甬优 720				0. 02			0. 02
			甬优 2640		0. 10	0. 20	0. 05			0. 35
			小计	0. 11	0. 60	3. 63	0. 77			5. 11

（续表）

分类	作物	作物分类	品种	柯城区	衢江区	龙游县	江山市	常山县	开化县	合计
晚稻	杂交晚稻	单季杂交晚籼	中浙优 1 号	0.04	1.00	0.10	0.17	0.36	1.00	2.67
			两优培九				0.04		0.60	0.64
			中浙优 8 号		2.30	0.10	0.48	0.54	1.50	4.92
			扬两优 6 号			0.12		0.15		0.27
			丰两优香 1 号	0.21		0.30		0.46		0.97
			丰两优 1 号				0.04			0.04
			钱优 1 号		0.10					0.10
			E 福丰优 11		0.10					0.10
			Ⅱ优 7954						0.40	0.40
			Ⅱ优 084			0.04				0.04
			天优 998					0.12	0.40	0.52
			Ⅱ优 1273		0.10					0.10
			Ⅱ优 838				0.02			0.02
			Y 两优 1 号		0.10	0.04	0.45		0.20	0.79
			两优 6326		0.10	0.18				0.28
			准两优 527					0.10		0.10
			Ⅱ优 98				0.06			0.06
			Ⅱ优 8006				0.35			0.35
			Ⅱ优 6216		0.10					0.10
			岳优 9113				0.15			0.15
			丰优香占				0.15			0.15
			两优 363			0.20				0.20
			丰优 22					0.05		0.05
			珞优 8 号				0.05			0.05
			浙辐两优 12					0.05		0.05
			钱优 0508			0.06	0.21			0.27
			C 两优 87			0.12	0.05			0.17
			Y 两优 689		2.00	0.30	1.23	0.56	0.50	4.59
			Y 两优 5867				0.28			0.28
			C 两优 396			0.10	0.36			0.46
			C 两优 608			0.30	0.32			0.62
			C 两优 343				0.06			0.06
			内 5 优 8015			0.50	0.17	0.05	0.40	1.12
			Y 两优 302				0.09	0.12		0.21
			深两优 5814			0.24	1.04	0.42		1.70
			中浙优 10 号				0.06	0.10		0.16
			天两优 616				0.24			0.24
			泸优 9803				0.15			0.15
			Y 两优 9918			0.30	0.05			0.35
			汕优 06				0.10			0.10
			Ⅱ优 508				0.06			0.06
			钱优 930				0.04	0.12		0.16

（续表）

分类	作物	作物分类	品种	柯城区	衢江区	龙游县	江山市	常山县	开化县	合计
晚稻	杂交晚稻	单季杂交晚籼	盐两优 888				0.55			0.55
			甬优 1512	0.30		0.20		0.06	0.60	1.16
			深两优 884				0.17			0.17
			丰两优 6 号					0.04		0.04
			华两优 1206			1.00				1.00
			Y 两优 2 号			0.12	0.84			0.96
			Y 两优 6 号				1.84			1.84
			深两优 865				1.70			1.70
			齐优 1068				0.77			0.77
			小计	0.55	5.90	4.32	12.34	3.30	5.60	32.01
		连作杂交晚籼	天优 998					0.10		0.10
			丰优 9 号					0.05		0.05
			扬两优 6 号			0.12				0.12
			丰两优香 1 号			0.20	0.91	0.10		1.21
			岳优 9113		0.30					0.30
			钱优 0506				0.24			0.24
			钱优 0508		0.20	0.04				0.24
			天优华占			0.10	0.25	0.46		0.81
			天优湘 99				0.20			0.20
			准两优 608			0.60	1.50	2.20		4.30
			丰源优 272				0.25	0.12		0.37
			五优 308				0.15	0.10		0.25
			小计		0.50	1.06	3.50	3.13		8.19
		单季杂交晚糯	甬优 10 号		0.20	0.15	0.40	0.10		0.85
			小计		0.20	0.15	0.40	0.10		0.85
		连作杂交晚糯	甬优 10 号			0.10				0.10
			小计			0.10				0.10
		合计		1.49	17.50	19.34	18.74	8.21	9.40	74.68
	合计			1.66	20.10	24.40	19.04	8.59	10.10	83.89
甘薯	甘薯	甘薯	徐薯 18		0.05	0.53	0.50	0.12	1.50	2.70
			浙薯 13			0.43	0.10	0.18	0.80	1.51
			胜利百号						1.50	1.50
			南薯 88	0.08			0.10			0.18
			心香		0.80	0.90	0.30	0.20		2.20
			浙薯 132		0.10					0.10
			浙薯 6025				0.40			0.40
			紫薯 1 号		0.01				0.30	0.31
			浙薯 75		0.10					0.10
			东方红						1.00	1.00
			浙紫薯 1 号				0.30			0.30
			小计	0.08	1.06	1.86	1.70	0.50	5.10	10.30

（续表）

分类	作物	作物分类	品种	柯城区	衢江区	龙游县	江山市	常山县	开化县	合计
甘蔗	甘蔗	甘蔗	义红1号			0.06		0.12		0.18
			紫皮甘蔗		0.10					0.10
			兰溪白皮			0.02	0.20			0.22
			本地紫红皮						0.08	0.08
			红皮甘蔗			0.02				0.02
			本地青皮				0.20	0.08	0.07	0.35
			本地红皮				0.20	0.08		0.28
			青皮甘蔗				0.20			0.20
			小计		0.10	0.10	0.80	0.28	0.15	1.43
高粱	高粱	高粱	湘两优糯粱1号	0.02	0.10	0.03		0.08		0.23
			红高粱	0.12	0.05	0.02			0.08	0.27
			湘两优糯粱2号	0.03	0.05	0.06	0.10			0.24
			小计	0.17	0.20	0.11	0.10	0.08	0.08	0.74
花生	花生	花生	小京生	0.02		0.12	0.02	0.06	0.10	0.32
			白沙06		0.10					0.10
			大红袍						0.20	0.20
			天府10号		0.10			0.04		0.14
			天府3号			0.20	0.70		0.10	1.00
			衢江黑花生	0.02	0.40			0.02		0.44
			小计	0.04	0.60	0.32	0.72	0.12	0.40	2.20
马铃薯	马铃薯	马铃薯	东农303	0.15	0.05	0.17	0.50	0.03	0.50	1.40
			克新4号	0.12			0.30		0.10	0.52
			中薯3号			0.01	0.60	0.05		0.66
			蒙古种				0.40			0.40
			大西洋						0.30	0.30
			小计	0.27	0.05	0.18	1.80	0.08	0.90	3.28
棉花	棉花	棉花	鄂杂棉10号		0.05	0.02	0.03			0.10
			湘杂棉8号		0.05	0.10	0.02	0.10		0.27
			中棉所59		0.05		0.04			0.09
			兴地棉1号			0.03	0.02			0.05
			创075				0.02			0.02
			创杂棉21号				0.01			0.01
			中棉所63		0.05					0.05
			鄂杂棉29				0.04			0.04
			泗杂棉8号			0.10	0.01			0.11
			中棉所87				0.02			0.02
			国丰棉12			0.05	0.02			0.07
			小计		0.20	0.30	0.23	0.10		0.83

（续表）

分类	作物	作物分类	品种	柯城区	衢江区	龙游县	江山市	常山县	开化县	合计
豌豆	豌豆	豌豆	中豌 4 号	0.13	0.50	0.13	0.02	0.20	0.08	1.06
			中豌 6 号	0.12	0.30	0.08	0.02	0.10	0.08	0.70
			改良甜脆豌				0.60			0.60
			浙豌 1 号	0.08			0.20			0.28
			小计	0.33	0.80	0.21	0.84	0.30	0.16	2.64
夏秋西瓜	夏秋西瓜	夏秋西瓜	早佳		0.80	0.20	0.20	0.24	0.30	1.74
			浙蜜 3 号			0.18	0.20			0.38
			平 87-14	0.03	0.10	0.28	0.15			0.56
			西农 8 号		0.20		0.08		0.09	0.37
			浙蜜 5 号			0.10				0.10
			黑美人	0.09						0.09
			浙蜜 1 号	0.18						0.18
			红玲			0.35			0.04	0.39
			特小凤				0.05			0.05
			早春红玉	0.12						0.12
			抗病 948		0.10					0.10
			丰抗 8 号						0.08	0.08
			拿比特	0.06						0.06
			佳乐		0.20					0.20
			科农 3 号	0.02						0.02
			欣抗		0.20					0.20
			小计	0.50	1.60	1.11	0.68	0.24	0.51	4.64
麻	麻	麻	苎麻							
			浙红 832							
			小计							
合计				5.55	31.01	31.16	29.61	13.94	22.26	133.53

资料来源：衢州市种子管理站“2015 年衢州晚秋作物主要品种面积汇总表”

备注：因“甬优 1512”属于杂交晚籼、不属于杂交晚粳。将衢州市种子管理站“2015 年衢州晚秋作物主要品种面积汇总表”中的单季杂交晚粳“甬优 1512”0.6 万亩（柯城区 0.3 万亩、开化县 0.3 万亩），并入单季杂交晚籼“甬优 1512”0.56 万亩（龙游县 0.2 万亩、常山县 0.06 万亩、开化县 0.3 万亩）改为 1.16 万亩（柯城区 0.3 万亩、龙游县 0.2 万亩、常山县 0.06 万亩、开化县 0.6 万亩）